面向新工科专业建设计算机系列教材

物联网
技术基础教程（第3版）

李联宁◎编著

清華大学出版社
北京

内容简介

本书详细介绍了物联网技术的基础理论、实际应用案例和最新的前沿技术。全书共分为14章，第1章为物联网概述，其他13章内容主要涉及物联网工程中的13类关键技术，包括物联网架构技术，标识技术，通信技术，网络技术，网络定位技术，软件、服务和算法技术，硬件技术，数据和信号处理技术，发现与搜索引擎技术，关系网络管理技术，电源和能量储存技术，安全与隐私技术，标准化和相关技术。

各章后都附有习题与思考题，以帮助读者学习和理解实际工程应用。同时，每一章除讲解相关技术原理外，还附有相应章节的应用案例，以便学生深入了解课程内容及增加工程经验。

本书主要作为物联网专业、计算机专业和电气信息类的大学本科生教材，也可作为高职高专和职业培训机构的物联网工程专业培训教材，对从事物联网及计算机网络工作的工程技术人员也有学习参考价值。

图书在版编目(CIP)数据

物联网技术基础教程/李联宁编著. —3版. —北京：清华大学出版社，2020.1(2025.1重印)
面向新工科专业建设计算机系列教材
ISBN 978-7-302-53936-0

Ⅰ. ①物… Ⅱ. ①李… Ⅲ. ①互联网络—应用—高等学校—教材 ②智能技术—应用—高等学校—教材 Ⅳ. ①TP393.4 ②TP18

中国版本图书馆CIP数据核字(2019)第224393号

责任编辑：白立军
封面设计：杨玉兰
责任校对：徐俊伟
责任印制：沈　露

出版发行：清华大学出版社
网　　址：https://www.tup.com.cn, https://www.wqxuetang.com
地　　址：北京清华大学学研大厦A座　　**邮　　编**：100084
社 总 机：010-83470000　　**邮　　购**：010-62786544
投稿与读者服务：010-62776969，c-service@tup.tsinghua.edu.cn
质量反馈：010-62772015，zhiliang@tup.tsinghua.edu.cn
课件下载：https://www.tup.com.cn，010-83470236
印 装 者：三河市君旺印务有限公司
经　　销：全国新华书店
开　　本：185mm×260mm　　**印　　张**：24.5　　**字　　数**：609千字
版　　次：2012年6月第1版　2020年1月第3版　　**印　　次**：2025年1月第9次印刷
定　　价：69.00元

产品编号：084833-03

出版说明

一、系列教材背景

人类已经进入智能时代。云计算、大数据、物联网、人工智能、机器人、量子计算等是这个时代最重要的技术热点。为了适应和满足时代发展对人才培养的需要，2017年2月以来，教育部积极推进新工科建设，先后形成了“复旦共识”“天大行动”和“北京指南”，并发布了《教育部高等教育司关于开展新工科研究与实践的通知》《教育部办公厅关于推荐新工科研究与实践项目的通知》，全力探索形成领跑全球工程教育的中国模式、中国经验，助力高等教育强国建设。新工科有两个内涵：一是新的工科专业；二是传统工科专业的新需求。新工科建设将促进一批新专业的发展，这批新专业有的是依托于现有计算机类专业派生、扩展而成的，有的是多个专业有机整合而成的。由计算机类专业派生、扩展形成的新工科专业有计算机科学与技术、软件工程、网络工程、物联网工程、信息管理与信息系统、数据科学与大数据技术等。由“计算机类”学科交叉融合形成的新工科专业有网络空间安全、人工智能、机器人工程、数字媒体技术、智能科学与技术等。

在新工科建设的“九个一批”中，明确提出“建设一批体现产业和技术最新发展的新课程”“建设一批产业急需的新兴工科专业”，新课程和新专业的持续建设，都需要以适应新工科教育的教材作为支撑。由于各个专业之间的课程相互交叉，但是又不能相互包含，所以在选题方向上，既考虑由计算机类专业派生、扩展形成的新工科专业的选题，又考虑由计算机类专业交叉融合形成的新工科专业的选题，特别是网络空间安全专业、智能科学与技术专业的选题。基于此，清华大学出版社计划出版“面向新工科专业建设计算机系列教材”。

二、教材定位

教材使用对象为“211工程”高校或同等水平及以上高校计算机类专业及相关专业学生。

三、教材编写原则

(1) 借鉴 *Computer Science Curricula* 2013（以下简称CS2013）。CS2013的核心知识领域包括算法与复杂度、体系结构与组织、计算科学、离散结构、图形学与可视化、人机交互、信息保障与安全、信息管理、智能系统、网络与通信、操作系统、基于平台的开发、并行与分布式计算、程序设计语言、软件开发基础、软件工程、系统基础、社会问题与专业实践等内容。

(2) 处理好理论与技能培养的关系，注重理论与实践相结合，加强对学生思维方式的训练和计算思维的培养。计算机专业学生能力的培养特别强调理论学习、计算思维培养和实践训练。本系列教材以“重视理论，加强计算思维培养，突出案例和实践应用”为主要目标。

(3) 为便于教学,在纸质教材的基础上,融合多种形式的教学辅助材料。每本教材可以有主教材、教师用书、习题解答、实验指导等。特别是在数字资源建设方面,可以结合当前出版融合的趋势,做好立体化教材建设,可考虑加上微课、微视频、二维码、MOOC 等扩展资源。

四、教材特点

1. 满足新工科专业建设的需要

系列教材涵盖计算机科学与技术、软件工程、物联网工程、数据科学与大数据技术、网络空间安全、人工智能等专业的课程。

2. 案例体现传统工科专业的新需求

编写时,以案例驱动,任务引导,特别是有一些新应用场景的案例。

3. 循序渐进,内容全面

讲解基础知识和实用案例时,由简单到复杂,循序渐进,系统讲解。

4. 资源丰富,立体化建设

除了教学课件外,还可以提供教学大纲、教学计划、微视频等扩展资源,以方便教学。

五、优先出版

1. 精品课程配套教材

主要包括国家级或省级的精品课程和精品资源共享课的配套教材。

2. 传统优秀改版教材

对于已经出版过的优秀教材,经过市场认可,由于新技术的发展,给图书配上新的教学形式、教学资源,计划改版的教材。

3. 前沿技术与热点教材

反映计算机前沿和当前热点的相关教材,例如云计算、大数据、人工智能、物联网、网络空间安全等方面的教材。

六、联系方式

联系人:白立军
联系电话:010-83470179
联系和投稿邮箱:bailj@tup.tsinghua.edu.cn

"面向新工科专业建设计算机系列教材"编委会
2019 年 6 月

选题征集表

由计算机领域派生扩展形成的新工科专业（计算机科学、软件工程、网络工程等）	高级语言程序设计	软件项目管理
	集合论与图论	离散结构
	数理逻辑	计算机系统基础
	形式语言与自动机	软件过程与管理
	电子技术基础	可靠性技术
	数字逻辑设计	软件测试
	数据结构与算法	互联网协议分析与设计
	计算机组成原理	网络应用开发与系统集成
	软件工程	路由与交换技术
	数据库系统	EDA 技术及应用
	操作系统	网络管理
	计算机网络	移动通信与无线网络
	编译原理	网络测试与评价
	计算机体系结构	物联网工程设计与实践
	计算概论	物联网通信技术
	算法设计与分析	RFID 原理及应用
	汇编语言程序设计	传感器原理及应用
	计算机图形学	物联网中间件设计
	C 程序设计	物联网控制原理与技术
	C++ 程序设计	传感器原理及应用
	Python 程序设计	物联网安全
	Java 程序设计	云计算
	计算机导论	大数据概论
	多媒体技术	大数据分析与应用实践
	VLSI 设计导论	数据可视化技术
	信息检索	数据挖掘
	多媒体技术	大数据处理技术
	人机交互的软件工程方法	虚拟化技术
	软件工程综合实践	数据仓库与商业智能
	软件设计与体系结构	面向大数据分析的计算机编程
	软件质量保证与测试	大数据统计建模和挖掘
	软件需求分析	大数据开发基础

选题征集表

网络空间安全专业（信息安全）	网络空间安全导论	密码学
	安全法律法规与伦理	面向安全的信号处理
	软件安全	博弈论
	网络安全原理与实践	硬件安全基础
	逆向工程	区块链安全与数字货币原理
	人工智能安全	无线与物联网安全
	多媒体安全	系统安全
	安全多方计算	信任与认证
	数据安全与隐私保护	入侵检测与网络防护技术
	舆情分析与社交网络安全	电子取证
	量子密码	电子商务安全
	工业控制安全	云与边缘计算安全
	信息关联与情报分析	存储安全及数据备份与恢复
	网络空间安全数学基础	机器学习与信息内容安全
	计算机犯罪与取证	信息论与编码理论
	Web 安全	网络空间安全案例分析
	信息安全导论	安全协议分析与设计
	无线网络安全	区块链与数字货币
	信息隐藏与数字水印	操作系统安全技术
	网络攻防对抗	软件漏洞分析与防范
	嵌入式系统与安全	计算机病毒防治
	可信计算	数据存储与存储安全
	二进制代码分析	网络空间安全的法律基础
	大数据系统与安全	密码分析
	数字逻辑电路与硬件安全	数据库系统原理及安全
	网络安全理论与技术	网络空间安全实训

物联网工程专业核心教材体系建设——建议使用时间

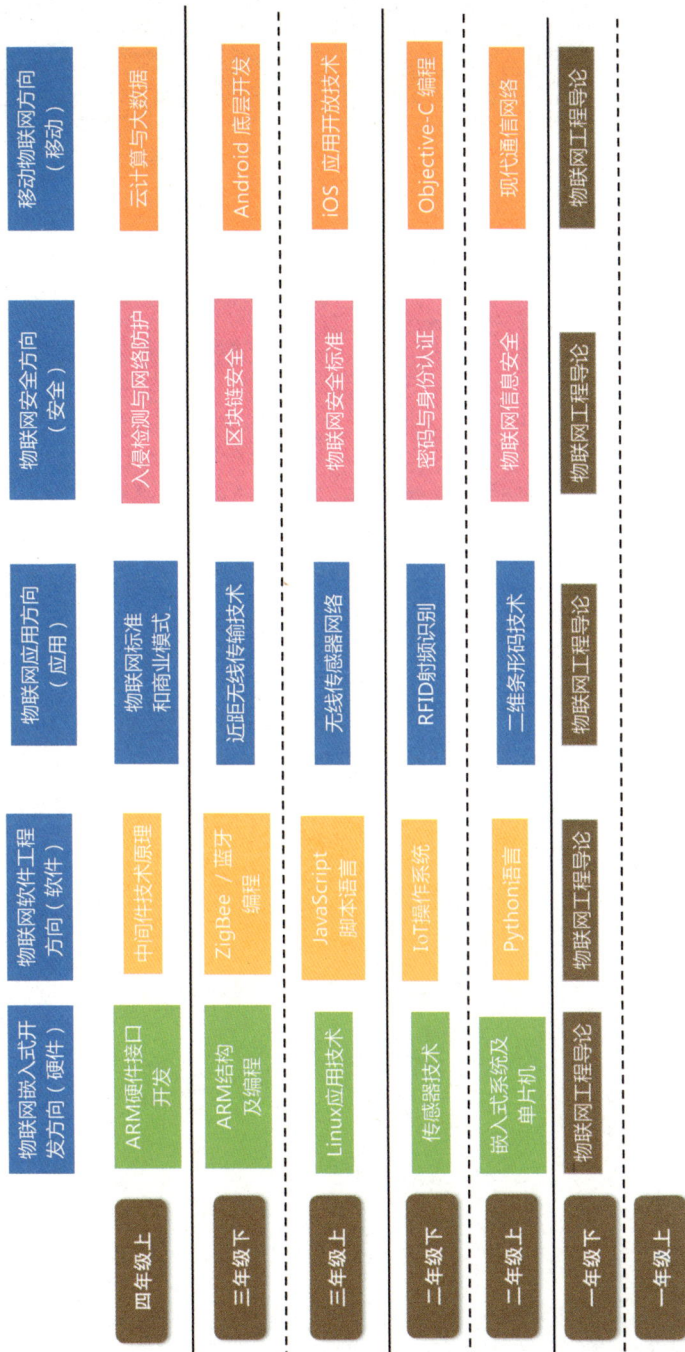

	物联网嵌入式开发方向（硬件）	物联网软件工程方向（软件）	物联网应用方向（应用）	物联网安全方向（安全）	移动物联网方向（移动）
四年级上	ARM硬件接口开发	中间件技术原理	物联网标准和商业模式	入侵检测与网络防护	云计算与大数据
三年级下	ARM结构及编程	ZigBee / 蓝牙编程	近距无线传输技术	区块链安全	Android 底层开发
三年级上	Linux应用技术	JavaScript脚本语言	无线传感器网络	物联网安全标准	iOS 应用开放技术
二年级下	传感器技术	IoT操作系统	RFID射频识别	密码与身份认证	Objective-C 编程
二年级上	嵌入式系统及单片机	Python语言	二维条形码技术	物联网信息安全	现代通信网络
一年级下	物联网工程导论	物联网工程导论	物联网工程导论	物联网工程导论	物联网工程导论
一年级上					

第3版前言

随着物联网技术的迅速发展和各高等学校物联网专业的教学需要，本书第2版自2016年1月出版以来，颇受读者厚爱，在3年之间已印刷4次，目前已有20余所教育部属985/211院校、省属重点高校、独立学院、职业技术学院使用本书作为物联网工程基础课程的教材，也有院校将其作为相关专业的硕士研究生的教学参考书。

本书已经过各校5届以上学生的教学实践检验，得到普遍认可，教学效果良好。结合编者本身教学实践及各地同行专家的指正意见，为了跟踪物联网技术的发展和教学需要、更好地为读者和高校师生服务，编者对原书内容进行了认真修改，写出了第3版。

这次修改的指导思想仍然是保持原书按照《欧盟物联网战略研究路线图》白皮书中列出的13类关键技术为基本框架、列举各类物联网技术案例的特色，增加了反映学科最新发展方向的新内容。

具体讲，主要增加了第4章通信技术中的第五代(5G)移动通信技术，第5章网络技术中的窄带物联网(NB-IoT)技术，第9章数据和信号处理技术中的边缘计算、人工智能、大数据处理技术，第12章电源和能量储存技术中的无线充电技术等方面的新内容，更换了部分新的实际应用案例，对原书中的具体内容进行了200多处适当的增删或修改，并相应对授课所需使用的教学PPT课件进行了修改。

值得注意的是，物联网技术近几年取得长足进展，特别是第五代移动通信技术、人工智能技术和大数据处理技术的飞跃发展，使得物联网技术更加贴近实际应用。敬请各位老师、各位同学及广大读者对上述相关技术给予充分重视及关注。

在此次编写过程中，各地专家、学者与老师在网络论坛提供了丰富的资料和意见，清华大学出版社诸位编辑付出了大量的时间和精力，谨在此一并表示衷心的感谢。

本书不当之处敬请广大读者、各位老师、各位同学不吝赐教。

编　者

2019年10月

第2版前言

本书第1版自2012年6月出版以来，颇受读者厚爱，在3年之间已印刷3次，目前已有18所教育部属985/211院校、省属重点高校、独立学院、职业技术学院使用本书作为物联网工程基础课程的教材，也有部分院校将其作为相关专业的硕士研究生的教学参考书。

目前销售本教材的除新华书店等各地实体书店外，网上销售的还有亚马逊(中国)、当当网等数十家网上销售单位，教材销售量较大，读者反映热烈，评价较高。

本书已经过各校2届以上学生教学实践检验，得到普遍认可，教学效果良好。结合编者本身教学实践及各地同行专家的指正意见，为了跟踪学科发展方向，更好地为读者服务，编者对原书内容进行了认真修订，写出了第2版。

这次修订的指导思想是，保持原书按照《欧盟物联网战略研究路线图》白皮书中列出的13类关键技术为基本框架、内容比较丰富、有丰富案例的特点，增加了反映学科最新发展方向的新内容，对原书中的具体内容进行了100多处适当的增删或修改。

另外，鉴于物联网技术基础理论和最新主流的前沿技术中出现了相当多的技术专业名称和缩写，有些英文名词目前还没有特别确切的中文专业译名相对应，所以编者在此类名词和术语缩写后全部加注英文原文与中文翻译，以便教师授课时更清晰地进行表述和说明，希望有助于在教学中将基本概念、原理、技术和方法讲深讲透。

在此次编写过程中，各地专家、学者与老师提供了各自教学过程中很有价值的资料和意见，清华大学出版社诸位编辑也付出了大量的时间与关注，谨在此一并表示衷心的感谢。

本书不当之处敬请广大读者与同行老师不吝赐教。

编　者

2015年10月

第 1 版前言

物联网的出现被称为是继计算机、互联网后世界信息产业发展的第三次浪潮，面临诸多难得的发展机遇。国家及各地政府给予了物联网在政策、资金、试点等方面的扶持。2010年初，教育部办公厅发布《关于战略性新兴产业相关专业申报和审批工作的通知》后，全国已有近700所高等院校向教育部提交了增设物联网等相关专业的申请，首批37所院校已获准开设物联网相关专业，并从2011年起开始招生。物联网是典型的交叉学科，涉及电子专业、计算机专业、测控专业、通信专业等多方面专业知识，目前符合大学物联网工程专业教学要求的教材十分稀缺，社会上对物联网技术书籍需求数量也很大。

但目前市场上出版的物联网教科书与技术书籍主要内容大多只涉及射频识别和传感器网络两大部分，容易给读者造成物联网技术就是"传感器＋网络"的误解。实际上物联网涉及的技术领域非常广泛，例如欧盟于2009年9月发布的《欧盟物联网战略研究路线图》白皮书中列出13类关键技术，包括标识技术、物联网体系结构技术、通信技术、网络技术、软件和算法、硬件技术、数据和信号处理技术、发现与搜索引擎技术、关系网络管理技术、电源和能量储存技术、安全与隐私技术、标准化和相关技术。本书试图在全面详细介绍物联网各技术领域的基础上，给出实际工程案例及行业解决方案，达到技术全面、案例教学及工程实用的目的。

全书主要分为5部分，分别按物联网技术架构分层次详细讲述物联网各类相关技术。

第一部分为物联网概述，其中第1章讲述物联网技术的基本知识，第2章讲述物联网的系统结构。

第二部分为物联网感知层技术，即第3章讲述的是各个特定领域的标识与自动识别技术、不同的标识体系、物品的统一标识体系、电子产品EPC编码。

第三部分为物联网网络构建层，包括第4～8章的内容，其中第4章主要讲述无线低速网络、移动通信网络、设备对设备及工业领域的无线网络等方面通信技术基础；第5章主要讲述RFID非接触射频识别系统、无线传感器网络、宽带网络、无线网格网、云计算网络等技术；第6章涉及GPS全球定位系统、蜂窝基站定位、新兴定位系统、无线室内环境定位、传感器网络结点定位及时间同步技术；第7章讲述环境感知型中间件、嵌入式软件、微型操作系统、面向服务架构、物联网海量数据存储与查询、物联网数据融合及路由等技术；第8章讲述微电子机械系统、移动设备内置传感器硬件平台、数字化传感器及网络接口技术等。

第四部分为物联网管理服务层，包括第9～11章的内容，其中第9章讲述可扩展标记语言、高性能计算、海量数据数据库技术、语义网、智能决策算法、人工智能技术、人机交互技术；第10章讲述物联网搜索引擎和服务发现技术；第11章讲述网络管理的热点技术、分布式网络管理技术、分布式数据库/资料集合的管理。

第五部分为物联网支撑技术，包括第12～14章的内容，其中第12章讲述能源采集转换技术、能量储存(电池)技术、无线供电技术；第13章讲述物联网安全性、RFID标签安全机制、无线传感器网络安全机制、物联网身份识别技术、信息隐藏。第14章讲述物联网标准化的意义、国际标准化组织和各国标准化组织、射频识别技术的标准化工作、无线传感器网络技术的标准化工作、设备对设备通信技术的标准化工作。

本书主要作为普通高等院校本科生教材,教材力争紧跟物联网技术的最新发展,使用大量的实际工程案例辅助教学,使学生在完成学习后能够具备实际工程能力;也可以作为干部培训、职业技术教育以及职业培训机构的物联网专业训练教材,对专业从事物联网工作的工程技术人员也有学习参考价值。

课程学时数可由授课教师调节,在课程学时数较少的情况下,可以重点学习前8章。

本书各章都附有习题、工程案例,以帮助读者学习并理解实际工程应用。随书配套有开放的全书教学课件(PowerPoint 演示文件),可从清华大学出版社的网站上下载。

本书由李联宁教授编著,在本书编写过程中,编者参考了国内外大量的物联网及计算机网络书刊及文献资料,主要参考书籍在参考文献中列出,但疏漏之处在所难免,在此一并对书刊文献的作者表示感谢。如有遗漏,恳请相应书刊文献作者及时告知,将在书籍再版时列入。如发现本书有错误或不妥之处,恳请广大读者不吝赐教。

编　者

2012年2月

目 录

第1章 物联网概述

1.1 物联网的起源与发展

物联网作为一种模糊的意识或想法而出现，可以追溯到20世纪末。1995年，比尔·盖茨在《未来之路》一书中就已经提及类似于物品互连的想法，只是当时受限于无线网络、硬件及传感设备的发展，并未引起重视。

1999年，美国麻省理工学院Auto-ID研究中心的创建者之一的Kevin Ashton教授在他的一份报告中首次使用了Internet of Things(IoT)这个短语，事实上，Auto-ID中心的目标就是在Internet的基础上建造一个网络，实现计算机与物品(objects)之间的互连，这里的物品包括各种各样的硬件设备、软件、协议等。

1999—2003年，物联网方面的工作局限于实验室中，这一时期的主要工作集中在物品身份的自动识别，如何减少识别错误和提高识别效率是关注的重点。2003年，"EPC决策研讨会"在芝加哥召开，可以看作是这一阶段的结束。作为物联网方面的第一个国际会议，该研讨会得到全球90多个公司的大力支持。从此，Sun、IBM等IT界巨头纷纷加入到物联网研发队伍中，物联网相关工作开始走出实验室。

经过工业界与学术界的共同努力，2005年物联网终于大放异彩。这一年，国际电信联盟(International Telecommunication Union，ITU)发布了题为《ITU互联网报告2005：物联网》的报告，物联网概念开始正式出现在官方文件中。

从此以后，物联网获得跨越式发展，美国、中国、日本以及欧洲一些国家纷纷将发展物联网基础设施列为国家发展战略计划的重要内容。在美国，IBM公司提出了"智慧地球"的构想，其中，物联网是不可缺少的一部分，2009年1月，美国将其提升到国家战略。

在欧洲，2009年6月，欧盟在比利时首都布鲁塞尔向欧洲议会、欧洲理事会、欧洲经济与社会委员会和地区委员会提交了以《物联网——欧洲行动计划》为题的公告，其目的是希望欧洲通过构建新型物联网管理框架来引领世界物联网发展。在计划书中，欧盟委员会提出物联网的三方面特性：第一，不能简单地将物联网看作互联网的延伸，物联网建立在特有基础设施上，将是一系列新的独立系统，当然，部分基础设施仍要依存于现有的互联网；第二，物联网将伴随新的业务共同发展；第三，物联网包括多种不同的通信模式，物与人通信，物与物通信，其中特别强调了包括机对机通信。

在我国，我国官方对物联网的多次提议和众多规划表示我国物联网的发展已正式提上议事日程。

1.2 物联网的定义

1.2.1 物联网的概念

从网络结构上看，物联网就是通过 Internet 将众多信息传感设备与应用系统连接起来并在广域网范围内对物品身份进行识别的分布式系统，如图 1.1 所示。

图 1.1 物联网

物联网的概念是在 1999 年提出的。当时基于互联网、RFID 技术、EPC 标准，在计算机互联网的基础上，利用射频识别技术、无线数据通信技术等，构造了一个实现全球物品信息实时共享的实物互联网，简称物联网。

1.2.2 物联网的定义及组成

1. 物联网定义

目前较为公认的物联网的定义：通过射频识别(Radio Frequency Identification，RFID)装置、红外感应器、全球定位系统、激光扫描器等信息传感设备，按约定的协议，把任何物品与互联网相连接，进行信息交换和通信，以实现智能化识别、定位、跟踪、监控和管理的一种网络。当每个而不是每种物品能够被唯一标识后，利用识别、通信和计算等技术，在互联网基础上，构建的连接各种物品的网络，就是人们常说的物联网。

物联网中的"物"的含义要满足以下条件才能够被纳入物联网的范围。

(1) 要有相应信息的接收器。

(2) 要有数据传输通路。

(3) 要有一定的存储功能。

(4) 要有中央处理部件(CPU)。

(5) 要有操作系统。

(6) 要有专门的应用程序。

(7) 要有数据发送器。

(8) 遵循物联网的通信协议。

(9) 在世界网络中有可被识别的唯一编号。

2. 物联网的发展与形成

物联网的发展与互联网是分不开的，主要有两个层面的含义。

第一，物联网的核心和基础仍然是互联网，它是在互联网基础上的延伸和扩展。

第二，物联网是比互联网更庞大的网络，其网络连接延伸到任何的物品与物品之间，这些物品可以通过各种信息传感设备与互联网络连接在一起，进行更为复杂的信息交换和通信。

所以，从技术上看，物联网是各类传感器与现有的互联网相互衔接的一种新技术，它不仅仅只是与网络信息技术有关，同时还涉及现代控制领域的相关技术。一个物联网的构成融合了网络技术、信息技术、传感器技术、控制技术等各个方面的知识和应用。物联网的概念模型如图 1.2 所示。

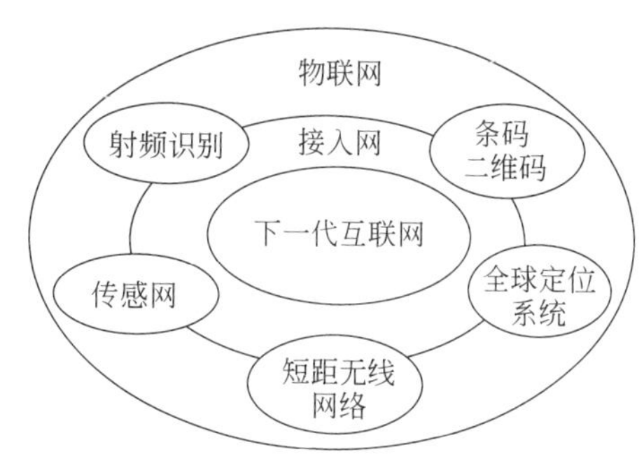

图 1.2　物联网概念模型

3. 物联网的三大特征

一般认为，物联网具有以下三大特征。

1）全面感知

利用射频识别器件（RFID）、传感器、二维码等随时随地获取物体的信息。

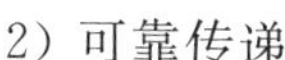

2）可靠传递

通过无线网络与互联网的融合，将物体的信息实时准确地传递给用户。

3）智能处理

利用云计算、数据挖掘以及模糊识别等人工智能技术，对海量的数据和信息进行分析和处理，对物体实施智能化的控制。

4. 物联网认识方面的误区

目前关于物联网的认识还有很多误区，因此有必要首先辨误。

误区之一，把传感器网络或 RFID 射频识别网络等同于物联网。事实上无论是传感技术还是 RFID 技术，都仅仅是信息采集技术之一。除传感技术和 RFID 技术外，GPS、红外、激光、扫描等所有能够实现自动识别与物物通信的技术都可以称为物联网的信息采集技术。传感器网络或者 RFID 网只是物联网的一种应用，但绝不是物联网的全部。

误区之二，把物联网当成互联网的无限延伸，把物联网当成所有物的完全开放、全部互连、全部共享的互联网平台。实际上物联网绝不是简单的全球共享互联网的无限延伸。

物联网可以是平常意义上的互联网向“物”的延伸，也可以根据现实需要及产业应用组成局域网、专业网。现实中没有必要也不可能使全部物品联网；也没有必要使专业网、局域网都必须连接到全球互联网共享平台。今后的物联网与互联网会有很大不同，类似智慧物流、智能交通、智能电网等专业网以及智能小区等局域网才是最大的应用空间。

误区之三，认为物联网就是物物互连的无所不在的网络，因此认为物联网是空中楼阁，是目前很难实现的技术。事实上物联网是实实在在的，很多初级的物联网应用早就在为人们服务。物联网理念就是在很多现实应用基础上推出的聚合型集成的创新，是对早就存在的具有物物互连的网络化、智能化、自动化系统的概括与提升，它从更高的角度升级了人们的认识。

误区之四，把物联网当成“筐”，什么都往里装。基于自身认识，把仅仅能够互动、通信的产品都当成物联网应用，如仅仅嵌入了一些传感器，就成了所谓的物联网家电；把产品贴上 RFID 标签，就成了物联网应用等。

1.3 物联网技术体系

1.3.1 物联网技术概述

物联网是典型的交叉学科，它所涉及的核心技术包括 IPv6 技术、云计算技术、传感技术、RFID 智能识别技术、无线通信技术等。因此，从技术角度讲，物联网专业主要涉及的专业有计算机科学与工程、电子与电气工程、电子信息与通信、自动控制、遥感与遥测、精密仪器、电子商务等。

欧盟于 2009 年 9 月发布的《欧盟物联网战略研究路线图》白皮书中列出 13 类关键技术，包括标识技术、物联网体系结构技术、通信与网络技术、数据和信号处理技术、软件和算法、发现与搜索引擎技术、电源和能量储存技术等(见图 1.3)。

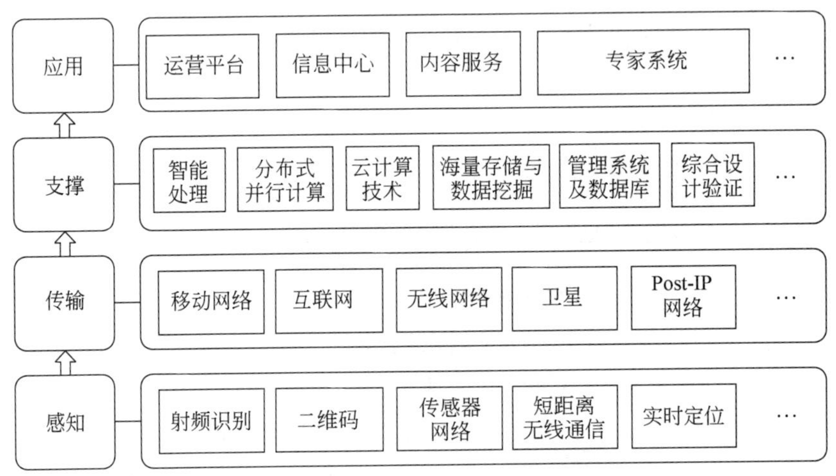

图 1.3 物联网的技术体系框架

1.3.2 物联网技术体系

物联网涉及感知、控制、网络通信、微电子、计算机、软件、嵌入式系统、微机电等技术领域，因此物联网涵盖的关键技术也非常多，为了系统分析物联网技术体系，将物联网技术体系划分为感知、网络通信和应用关键技术，支撑技术，共性技术。

1. 感知、网络通信和应用关键技术

1) 传感和识别技术

传感和识别技术是物联网感知物理世界获取信息和实现物体控制的首要环节。传感器将物理世界中的物理量、化学量、生物量转化成可供处理的数字信号。识别技术实现对物联网中物体标识和位置信息的获取。

2) 网络通信技术

网络通信技术主要实现物联网数据信息和控制信息的双向传递、路由和控制，重点包括

低速近距离无线通信技术、低功耗路由、自组织通信、无线接入 M2M 通信增强、IP 承载技术、网络传送技术、异构网络融合接入技术以及认知无线电技术。

3）海量信息智能处理

综合运用高性能计算、人工智能、数据库和模糊计算等技术，对收集的感知数据进行通用处理，重点涉及数据存储、并行计算、数据挖掘、平台服务、信息呈现等。

4）面向服务的体系架构（Service-Oriented Architecture，SOA）

面向服务的体系架构是一种松耦合的软件组件技术，它将应用程序的不同功能模块化，并通过标准化的接口和调用方式联系起来，实现快速可重用的系统开发和部署。SOA 可提高物联网架构的扩展性，提升应用开发效率，充分整合和复用信息资源。

2. 支撑技术

物联网支撑技术包括微机电系统（Micro-Electro-Mechanical Systems，MEMS）、嵌入式系统、软件和算法、电源和储能、新材料技术等。

1）微机电系统

微机电系统可实现对传感器、执行器、处理器、通信模块、电源系统等的高度集成，是支撑传感器结点微型化、智能化的重要技术。

2）嵌入式系统

嵌入式系统是满足物联网对设备功能、可靠性、成本、体积、功耗等的综合要求，可以按照不同应用定制裁剪的嵌入式计算机技术，是实现物体智能的重要基础。

3）软件和算法

软件和算法是实现物联网功能、决定物联网行为的主要技术，重点包括各种物联网计算系统的感知信息处理、交互与优化软件与算法、物联网计算系统体系结构与软件平台研发等。

4）电源和储能

电源和储能是物联网关键支撑技术之一，包括电池技术、能量储存、能量捕获、恶劣情况下的发电、能量循环、新能源等技术。

5）新材料技术

新材料技术主要是指应用于传感器的敏感元件实现的技术。传感器敏感材料包括湿敏材料、气敏材料、热敏材料、压敏材料、光敏材料等。新敏感材料的应用可以使传感器的灵敏度、尺寸、精度、稳定性等特性获得改善。

3. 共性技术

物联网共性技术涉及网络的不同层面，主要包括架构技术、标识和解析、安全和隐私、网络管理技术等。物联网架构技术目前处于概念发展阶段。物联网需具有统一的架构、清晰的分层，支持不同系统的互操作性，适应不同类型的物理网络，适应物联网的业务特性。

1）标识和解析技术

标识和解析技术是对物理实体、通信实体和应用实体赋予的或其本身固有的一个或一组属性，并能实现正确解析的技术。物联网标识和解析技术涉及不同的标识体系、不同体系的互操作、全球解析或区域解析、标识管理等。

2）安全和隐私技术

安全和隐私技术包括安全体系架构、网络安全技术、“智能物体”的广泛部署对社会生活带来的安全威胁、隐私保护技术、安全管理机制和保证措施等。网络管理技术重点包括管理需求、管理模型、管理功能、管理协议等。为实现对物联网广泛部署的“智能物体”的管理，需要进行网络功能和适用性分析，开发适合的管理协议。

1.3.3 物联网面临的主要技术问题

物联网的发展主要面临5个主要技术问题。

1. 技术标准问题

世界各国存在不同的标准。全国信息技术标准化技术委员会于2006年成立了无线传感器网络标准项目组。2009年9月，传感器网络标准工作组正式成立了PG1(国际标准化)、PG2(标准体系与系统架构)、PG3(通信与信息交互)、PG4(协同信息处理)、PG5(标识)、PG6(安全)、PG7(接口)和PG8(电力行业应用调研)8个专项组，开展具体的国家标准的制定工作。

2. 安全问题

信息采集频繁，其数据安全也必须重点考虑。

3. 协议问题

物联网是互联网的延伸，在物联网核心层面是基于TCP/IP，但在接入层面，协议类别五花八门，GPRS/CDMA、短信、传感器、有线等多种通道，物联网需要一个统一的协议栈。

4. IP地址问题

每个物品都需要在物联网中被寻址，就需要一个地址。物联网需要更多的IP地址，IPv4资源已耗尽，那就需要IPv6来支撑。IPv4向IPv6过渡是一个漫长的过程，因此物联网一旦使用IPv6地址，就必然会存在与IPv4的兼容性问题。

5. 终端问题

物联网终端除具有本身功能外还拥有传感器和网络接入等功能，且不同行业需求千差万别，如何满足终端产品的多样化需求，对运营商来说是一大挑战。

1.4 物联网的应用领域

物联网用途广泛，遍及智能交通、环境保护、政府工作、公共安全、平安家居、智能消防、工业监测、老人护理、个人健康、花卉栽培、水系监测、食品溯源等多个领域，如图1.4所示。

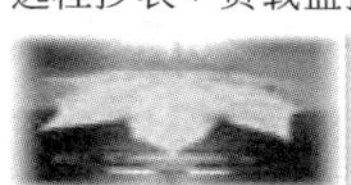

图 1.4　我国的物联网应用领域

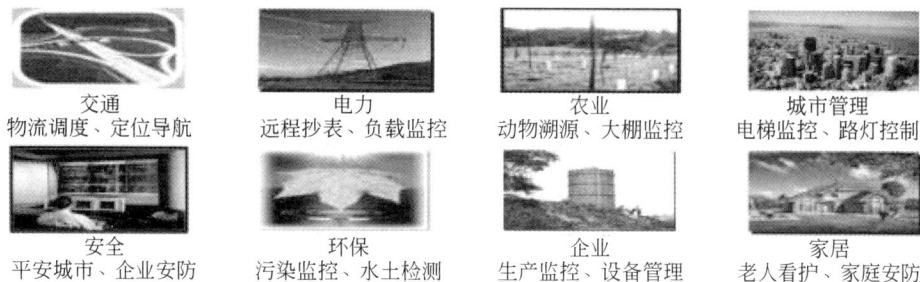

物联网把新一代 IT 技术充分运用在各行各业之中。具体地说，就是把感应器嵌入和装备到电网、铁路、桥梁、隧道、公路、建筑、供水系统、大坝、油气管道等各种物体中，然后将物联网与现有的互联网整合起来，实现人类社会与物理系统的整合。在这个整合的网络当中，存在能力超级强大的中心计算机群，能够对整合网络内的人员、机器、设备和基础设施实施实时的管理和控制，在此基础上，人类可以以更加精细和动态的方式管理、生产和生活，达到"智慧"状态，提高资源利用率和生产力水平，改善人与自然间的关系。

我国的物联网应用领域主要有智能交通、环境保护、政府工作、公共安全、平安家居、智能消防、工业监测、机械制造等。

以下试举出一些具体的案例和图片来概要说明。

1. 物联网应用示例——食品安全

如图 1.5 所示，给放养的牲畜中的每一只动物都贴上一个二维码，这个二维码会一直保持到超市出售的肉品上，消费者可通过手机阅读二维码，知道牲畜的成长历史，确保食品安全。我国已有 10 亿存栏动物贴上了这种二维码。

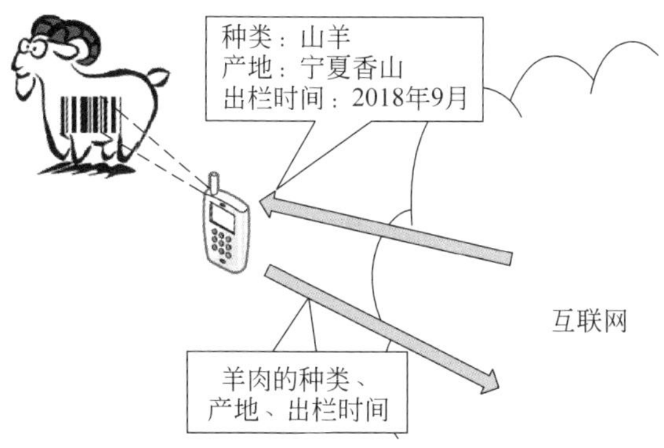

图 1.5　物联网应用示例——食品安全

2. 物联网应用示例——平安城市

利用部署在大街小巷的传感器，实现图像敏感性智能分析并与公安、交管报警电话 110、119、120 等交互，实现探头与探头、探头与人、探头与报警系统之间的联动，从而构建和谐安全的城市生活环境，如图 1.6 所示。

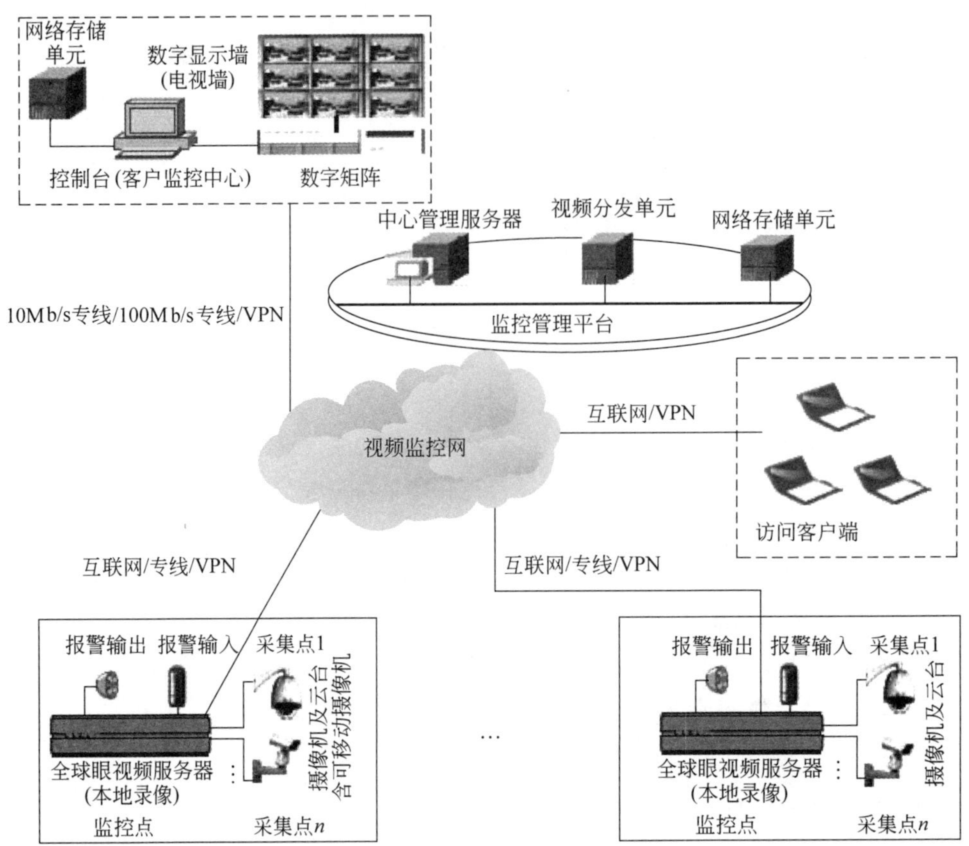

图 1.6　物联网应用示例——平安城市

3. 物联网应用示例——人体健康

人身上可以安装不同的传感器,对人的健康参数进行监控,并且实时传送到相关的医疗保健中心,如果有异常,保健中心通过手机,提醒人们去医院检查身体,如图 1.7 所示。

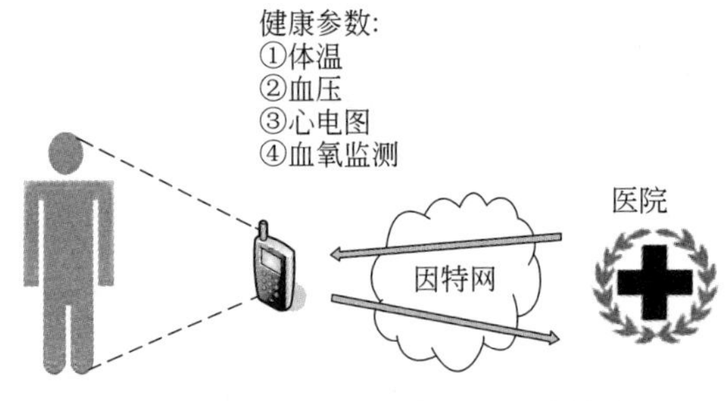

图 1.7　物联网应用示例——人体健康

4. 物联网应用示例——智能家庭

智能家庭是各类消费电子产品、通信产品、信息家电及智能家居等通过物联网进行通信及数据交换,实现家庭网络中各类电子产品之间的互连互通,并实现随时随地对智能设备的控制。

在智能家庭的应用场景中，用户在下班回家的路上即可用手机启动"下班"业务流程，将热水器和空调调节到预订的温度，并检测冰箱内的食物容量，若不足，则通过网络下订单要求超市按照当天的菜谱送货，如图 1.8 所示。

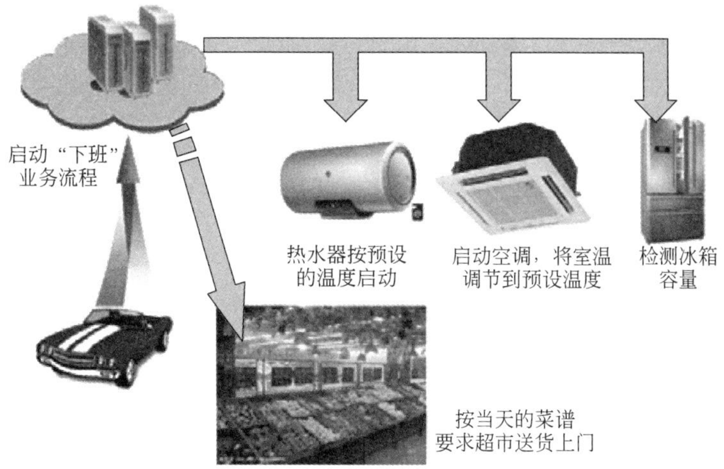

图 1.8　物联网应用示例——智能家庭

5. 物联网应用示例——智慧农业(农业标准化生产监测系统)

将农业生产过程中最关键的温度、湿度、二氧化碳含量、土壤温度、土壤含水率的信息通过农田中的传感器组实时采集，利用 M2M 运营支撑平台和 GPRS/EDGE 网络传输，利用短信息、Web、WAP 等手段，让从事农业生产的客户实时掌握这些信息，如图 1.9 所示。

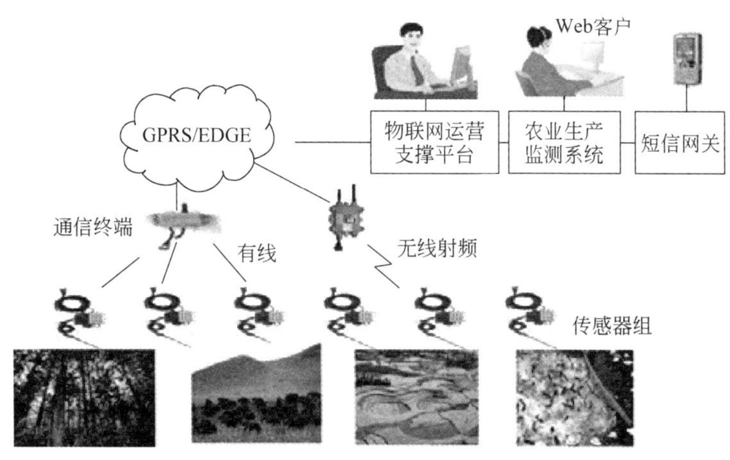

图 1.9　物联网应用示例——智慧农业

1.5　应用案例：光纤传感温度监测系统

分布式光纤光学传感能提供完整事件发生的探测和定位。利用光入射到光纤光栅时产生的反射光谱和透射光谱原理来获取环境温度及应变的变化情况，从而实现对环境的连续安全检测。

1. 产品概述

新一代分布式光纤测温与火灾探测系统利用激光在光纤中传输时产生的背向拉曼散射信号和光时域反射原理来获取空间温度分布信息。分布式光纤测温与火灾探测系统采用独特的光路设计和高性能光电器件，稳定性和可靠性高，在空间分辨率、温度分辨率和测量距离等方面均达到国际领先水平。

2. 产品特点

连续分布式测量，误报率和漏报率极低；光纤传感抗电磁干扰，本征安全，防雷防爆；灵敏度高，响应速度快，测量距离远；系统简单可靠，维护成本低，使用寿命长。

3. 典型应用

1）电力电缆火情监测（见图1.10）

通过对电力电缆温度的在线监测，准确捕捉电缆异常热点，提前发现电缆故障并告警，将火灾消灭在萌芽状态。在电网领域，还可依据实时温度信息确定电缆负荷并进行合理调度，保障其在安全运行的基础上发挥出最佳输电效能。

图1.10　电力电缆火情监测

2）高速公路隧道监控与地铁火情监测（见图1.11和图1.12）

通过实时监测高速公路隧道内环境温度的变化情况，从而实现对隧道火情的判断并预先报警，通过光纤串接成传感链从而实现了准分布式测量，避免了测量盲区，误报和漏报率极低，同时光纤不易受电磁干扰及雷击的影响，测量性能稳定可靠，保障了公共财产安全和人身安全。

图1.11　高速公路隧道监控

图1.12　地铁火情监测

对高速公路隧道、过江隧道、地铁等公共交通运输设施的实时温度和火情监测，为消防监控系统提供及时的预警信号和事故点准确位置信息，保护公共交通设施安全，保障人民群众的出行安全。

3）水利大坝在线安全监测（见图1.13）

通过实时监测水利大坝建设过程中混凝土的内部温度，可以调整浇注进度，控制固化过程，提高大坝工程的安全指数。通过对大坝混凝土与山体等交界面温度的在线监测，可有效监控大坝的渗漏情况，减少大坝安全隐患。

4）油气管道泄漏监测（见图 1.14）

通过对油气输送管道的外表面温度进行实时在线监测和分析，可及时发现油气泄漏点并提供准确位置信息，减少资源损失和环境污染，并彻底消除石油、天然气等易燃易爆品泄漏可能导致的火灾事故隐患。

图 1.13　水利大坝在线安全监测

图 1.14　油气管道泄漏监测

习题与思考题

（1）简述物联网的定义，分析物联网的“物”的含义。

（2）物联网由哪几部分组成？简述它们的作用与相互关系。

（3）简述物联网应具备的 3 个特征。

（4）你对物联网的认识有哪些误区？谈谈自己的想法。

（5）简述物联网感知、网络与应用的关键技术。

（6）物联网的发展主要面临哪些主要技术问题？

（7）举例说明物联网的应用领域及前景。

（8）物联网作为一个开放、复杂的智能系统，给人们带来新的挑战，人们需要如何应对？

第 2 章　物联网架构技术

物联网虽然具有计算机、通信、网络、控制和电子等方面技术特征，但现有这些技术的简单集成无法构成一个灵活、高效、实用的物联网。物联网是在融合现有计算机、网络、通信、电子和控制等技术的基础上，通过进一步研究、开发和应用，形成自身的技术架构。

2.1　物联网结构

从物联网的功能上来说，物联网结构应该具备 4 个特征。

一是全面感知能力，可以利用 RFID、传感器、二维条形码等获取被控/被测物体的信息。

二是数据信息的可靠传递，可以通过各种电信网络与互联网的融合，将物体的信息实时准确地传递出去。

三是可以智能处理，利用现代控制技术提供的智能计算方法，对大量数据和信息进行分析和处理，对物体实施智能化的控制。

四是可以根据各个行业、各种业务的具体特点形成各种单独的业务应用，或者整个行业及系统的建成应用解决方案。

预计未来物联网技术发展的架构将包括更多层次智能服务与应用，如图 2.1 所示。

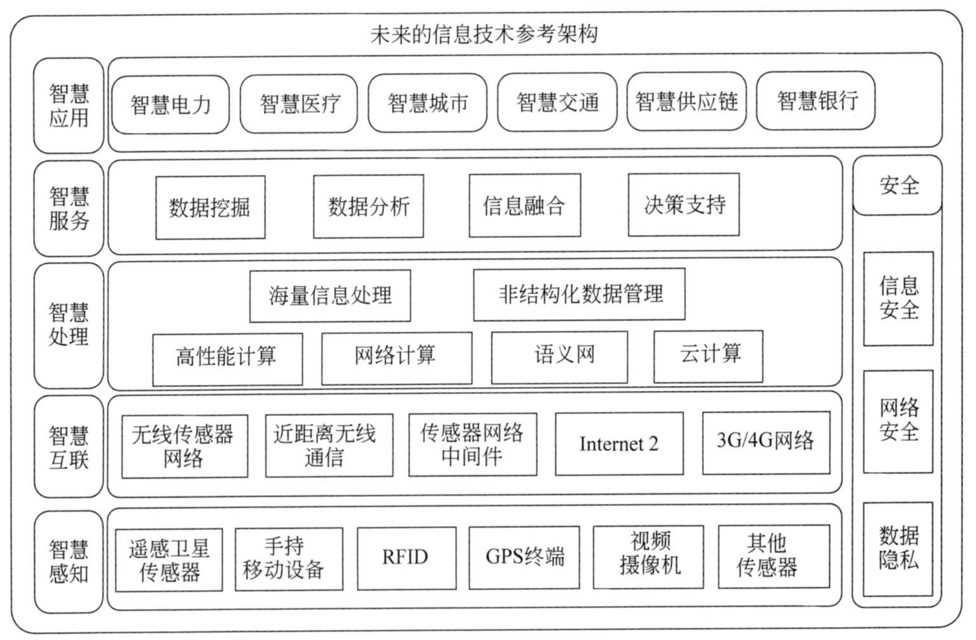

图 2.1　未来的物联网技术发展的架构

按照更为科学及严谨的表述，物联网结构应分成感知识别层、网络构建层、管理服务层、综合应用层。

2.1.1　感知识别层

感知识别层是物联网发展和应用的基础，RFID 技术、传感和控制技术、短距离无线通信技术是感知识别层的主要技术。例如，RFID 技术作为一项先进的自动识别和数据采集技术，已经成功应用到生产制造、物流管理、公共安全等各个领域。粘贴和安装在设备上的 RFID 标签和用来识别 RFID 信息的扫描仪、感应器都属于物联网的感知层。现在的高速公路不停车收费系统、超市仓储管理系统等都是基于这一类结构的物联网，如图 2.2 所示。

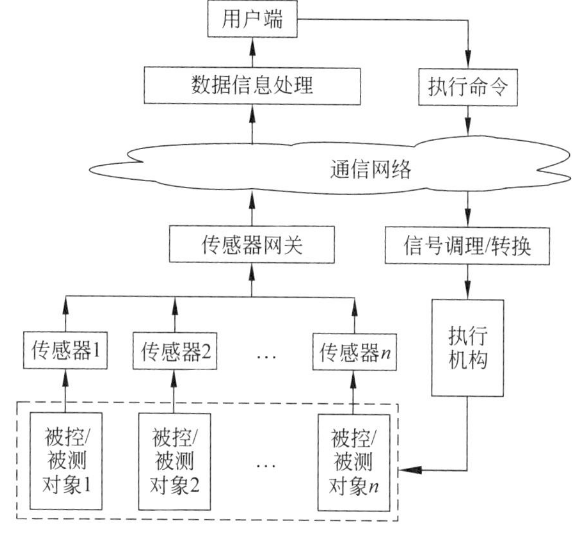

图 2.2　由传感器组成的感知结构

感知识别层由传感器结点接入网关组成，智能结点感知信息（温度、湿度、图像等），并自行组网传递到上层网关接入点，由网关将收集到的感应信息通过网络层提交到后台处理。当后台对数据处理完毕，发送执行命令到相应的执行机构完成对被控/被测对象的控制参数调整或发出某种提示信号以实现对其的一个远程监控。

2.1.2　网络构建层

网络是物联网最重要的基础设施之一。网络构建层在物联网四层模型中连接感知识别层和管理服务层，具有强大的纽带作用，高效、稳定、及时、安全地传输上下层的数据。

物联网在网络构建层存在各种网络形式，通常使用的网络形式有如下几种，如图 2.3 所示。

1. 互联网

互联网/电信网是物联网的核心网络、平台和技术支持。IPv6 的使用扫清了可接入网络的终端设备在数量上的限制。

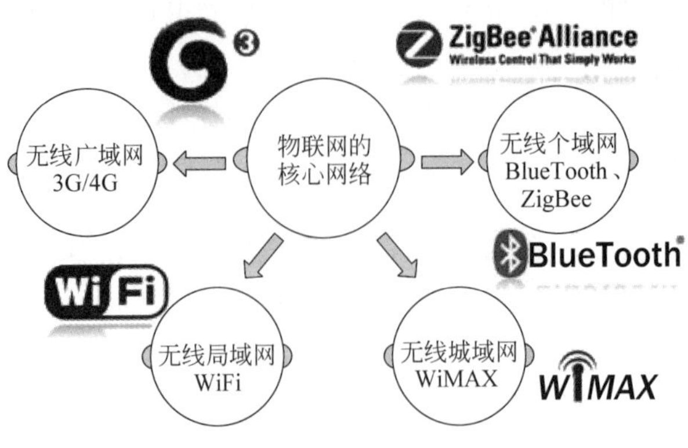

图 2.3 网络构建层

2. 无线宽带网

WiFi/WiMAX 等无线宽带技术的覆盖范围较广，传输速率较快，为物联网提供高速可靠、廉价且不受接入设备位置限制的互连手段。

3. 无线低速网

ZigBee/蓝牙/红外等低速网络协议能够适应物联网中能力较低的结点的低速率、低通信半径、低计算能力和低能量来源等特征。

4. 移动通信网

移动通信网将成为全面、随时、随地传输信息的有效平台。高速、实时、高覆盖率、多元化处理多媒体数据，为"物品触网"创造条件。

2.1.3 管理服务层

管理服务层位于感知识别层和网络构建层之上，综合应用层之下，人们通常把物联网应用冠以"智能"的名称，如智能电网、智能交通、智能物流等，其中的"智能"就来自这一层。

当感知识别层生成的大量信息经过网络层传输汇聚到管理服务层，管理服务层解决数据如何存储（数据库与海量存储技术）、如何检索（搜索引擎）、如何使用（数据挖掘与机器学习）、如何不被滥用（数据安全与隐私保护）等问题。

1. 数据库

物联网数据的特点是海量性、多态性、关联性及语义性。为适应这种需求，在物联网中主要使用的是关系数据库和新兴数据库系统。

（1）关系数据库系统作为一项有着近半个世纪历史的数据处理技术，仍可在物联网中使用，为物联网的运行提供支撑。

（2）新兴数据库系统（NoSQL 数据库）针对非关系型、分布式的数据存储，并不要求数据库具有确定的表模式，通过避免连接操作提升数据库性能。

2. 海量信息存储

海量信息存储早期采用大型服务器存储，基本都是以服务器为中心的处理模式，使用直连存储(Direct Attached Storage, DAS)，存储设备(包括磁盘阵列、磁带库、光盘库等)作为服务器的外设使用。

随着网络技术的发展，服务器之间交换数据或向磁盘库等存储设备备份时，都是通过局域网进行，主要应用网络附加存储(Network Attached Storage, NAS)技术来实现网络存储，但这将占用大量的网络开销，严重影响网络的整体性能。

为了能够共享大容量、高速度存储设备，实现不占用局域网资源的海量信息传输和备份就需要专用存储区域网络(Storage Area Network, SAN)来发挥作用。

3. 数据中心

数据中心不仅包括计算机系统和配套设备(如通信、存储设备)，还包括冗余的数据通信连接、环境控制设备、监控设备及安全装置，是一大型的系统工程。通过高度的安全性和可靠性提供及时持续的数据服务，为物联网应用提供良好的支持。

4. 搜索引擎

Web搜索引擎是一个能够在合理响应时间内，根据用户的查询关键词，返回一个包含相关信息的结果列表(Hits List)服务的综合体。

传统的Web搜索引擎是基于查询关键词的，对于相同的关键词，会得到相同的查询结果。物联网时代的搜索引擎必须是从智能物体角度思考搜索引擎与物体之间的关系，主动识别物体并提取有用信息。从用户角度上的多模态信息利用，使查询结果更精确，更智能，更定制化。

5. 数据挖掘技术

物联网需要对海量的数据进行更透彻的感知，要求对海量数据多维度整合与分析，更深入的智能化需要普适性的数据搜索和服务，需要从大量数据中获取潜在有用的且可被人理解的模式，基本类型有关联分析、聚类分析、演化分析等。这些需求都使用了数据挖掘技术。

例如，用于精准农业可以实时监测环境数据，挖掘影响产量的重要因素，获得产量最大化配置方式。用于市场营销则可以通过数据库行销和货篮分析等方式获取顾客购物取向和兴趣。

2.1.4 综合应用层

传统互联网经历了以数据为中心到以人为中心的转化，典型应用包括文件传输、电子邮件、万维网、电子商务、视频点播、在线游戏和社交网络等。

物联网应用以“物”或者物理世界为中心，涵盖物品追踪、环境感知、智能物流、智能交通、智能电网等。物联网应用目前正处于快速增长期，具有多样化、规模化、行业化等特点。

1. 智能物流

现代物流系统希望利用信息生成设备,如RFID设备、感应器或全球定位系统等装置与互联网结合起来而形成一个巨大网络,并能够在这个物联化的物流网络中实现智能化的物流管理。

2. 智能交通

通过在基础设施和交通工具当中广泛应用信息、通信技术来提高交通运输系统的安全性、可管理性、运输效能同时降低能源消耗和对地球环境的负面影响。

3. 绿色建筑

物联网技术为绿色建筑带来新的力量。通过建立以节能为目标的建筑设备监控网络,将各种设备和系统融合在一起,形成以智能处理为中心的物联网应用系统,有效地为建筑节能减排提供有力的支撑。

4. 智能电网

以先进的通信技术、传感器技术、信息技术为基础,以电网设备间的信息交互为手段,以实现电网运行的可靠、安全、经济、高效、环境友好和使用安全为目的的先进的现代化电力系统。

5. 环境监测

通过对人类和环境有影响的各种物质的含量、排放量以及各种环境状态参数的监测,跟踪环境质量的变化,确定环境质量水平,为环境管理、污染治理、防灾减灾等工作提供基础信息、方法指引和质量保证。

2.2 未来的物联网架构技术

通过专业人员对物联网体系结构的长期讨论,目前可以明确以下几点。

首先,未来的物联网需要一个开放的架构来最大限度地满足各种不同系统和分布式资源之间的互操作性需求。这些系统和资源既可能是来自于信息和服务的提供者,也可能来自于信息和服务的使用者或者客户。同时,未来的物联网需要由明确定义的抽象数据模型、数据接口和协议组成;并且要使这些模型、接口和协议确实地、具体地绑定在各种中立、开放的技术(如XML、Web服务等)之上,以便于整个物联网架构可以得到最为广泛的操作系统以及编程语言的支持。

其次,未来的物联网架构还需要有良好的、明确定义的、呈现为粒度形式的层次划分。物联网架构技术应该促进用户丰富的选择权,而不应该将用户锁定到必须使用某一家或者某几家大的、处于垄断地位的解决方案服务提供商所发布的各种应用上。

同时,物联网的架构技术需要设计为可以抵御物理网络中各种中断以及干扰的形式,尽可能将这些情况所带来的影响降到最低程度。而且,未来的物联网架构还需要考虑这样一个事实，即以后网络中的很多结点和网络设备将是移动的。一方面，它们的网络通信能力将往往是时断时续的和不稳定的。另一方面，这些网络设备与结点也将会在它们需要与物联网进行连接时，依照时间与地点的差异，使用多种多样不同的通信协议。

最后，对于未来物联网的架构技术来说，要理解下列几件事情。

第一，对于身处未来物联网中的各种结点，它们中的大多数将需要有能力与其他结点一起动态地、自主地组建各式各样的本地或者远程对等网络。物联网架构技术不但需要为这种组网形式提供支持，而且可以通过使用语义搜索技术、语义发现技术和对等网络技术等各种技术手段，将这些对等的网络以分散的、分布式的方式整合到整个物联网体系结构中来。

第二，可以预料到，未来的物联网中产生的数据将是海量的。物联网架构技术一定要同时支持移动的"智能"、自主的信息过滤、自主模式识别、自主机器学习以及自主判断决策能力，要让这些能力能够达到各种物联网子网络的边缘地带，而无须考虑数据是在附近产生的还是远程生成的。只有这样做，基于物联网的分布式、离散信息处理技术才有实现的可能性。

第三，在未来物联网架构的设计过程中，要一方面使基于事件的处理、路由、存储、检索以及引用能力成为可能，另一方面还要允许这些能力可以在离线的、非连接情况（如哪些网络连接是时断时续的，或者根本没有网络覆盖的地方）下进行操作。上述这些都指向一件事情，那就是要让高效的缓存能力、预先和预约定位能力以及对于请求、状态更新和数据流的同步能力在未来物联网的整体架构角度上得到支持。

2.3　应用案例：镇海智慧水务项目

2.3.1　项目简介

浙江省宁波市镇海区智慧水务项目建设内容包括水环境治理设施监测、水务信息资源中心、水务综合监管平台（监测监控、治水监督、应急指挥、综合服务、决策支撑及集成开发）、水务专题应用（包括防汛、环保、排水）等，智慧水务监管体系如图 2.4 所示。

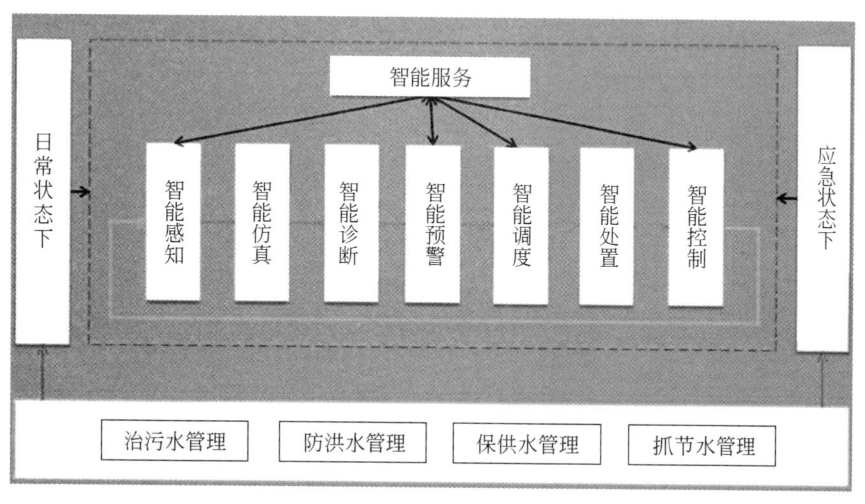

图 2.4　智慧水务监管体系

2.3.2 技术架构

按照物联网的体系结构，镇海智慧水务架构被抽象为4个层：感知层、网络层、平台层、应用层。图2.5展示了基于物联网体系结构而设计的镇海水务项目分层架构模型。

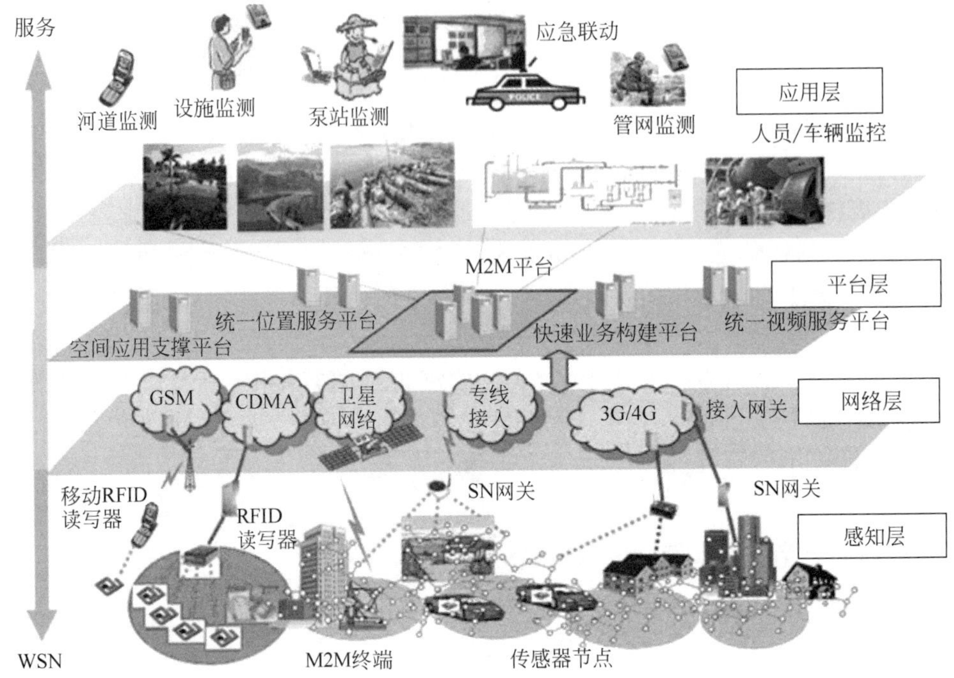

图2.5 镇海水务项目分层架构模型

2.3.3 关键设计决策

任何架构和设计决策，最终都是解决业务问题的重大关键。镇海智慧水务项目开发和实施过程中面临着如下技术挑战。

1. 技术挑战

1）"物"的多样性和差异性

镇海水务的监测对象包括闸门、泵站、排海管网、水质检测站等。监测指标涉及pH值、COD、流量等。监测数据来自于不同的工业传感器、自动控制系统、智能终端设备、电子标签，它们运行于不同类型的操作系统或者微控制器上，使用不同的数据协议，如Modbus、DNP3、DL101、OPC等。

2）"物"所处的网络环境多样性

物联网设备通过不同的方式接入到骨干传输网络中，如RFID、WiFi、蓝牙等。

3）物联网应用层协议的多样性

在镇海水务项目中，采用的协议有MQTT、HTTP(REST)、WebSocket。

4）数据采集、传输和处理的实时性

在应急响应、实时监控方面，对数据以及系统响应的实时性有较高的要求。

5）海量数据的实时处理和存储、分析

除此之外，各单位都存在一些已建或在建的系统，数据孤岛现象严重，难以互连互通。智慧水务系统的逻辑架构如图 2.6 所示。

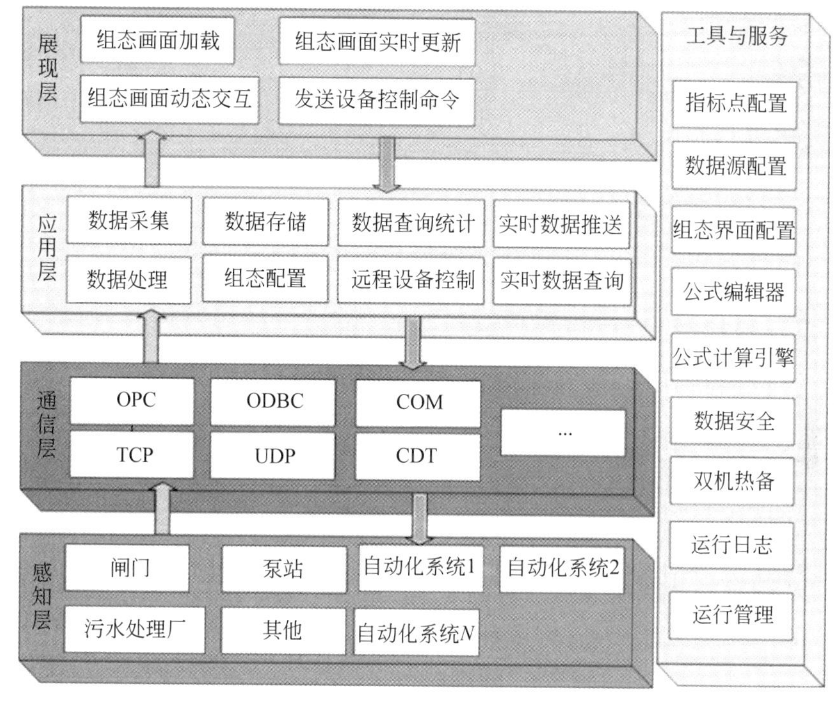

图 2.6　智慧水务系统的逻辑架构

2. 解决方案

解决和应对这诸多挑战采用了 4 项关键技术，它们是物联网网关、海量数据存储、实时通信、数据交换与共享。

物联网网关——解决众多传感设备的数据采集和处理问题。

海量数据存储——解决物联网传感器产生的海量数据存储问题。

实时通信——解决数据通信的实时性问题，从感知层到展现层的上行通信，以及从展现层到感知层的下行通信。

数据交换与共享——解决不同单位和系统间数据交换与共享的问题。

1）物联网网关

镇海智慧水务项目的各类监测设备主要是工业自动化系统的传感器，如水质 pH 值、COD、流量计、水位计等。Modbus 协议是水务水利工业传感协议的事实标准，此外，OPC 协议应用也较为广泛。虽然是标准协议，但由于各单位已经存在一些原有的自动化监控系统，设备来自不同的厂家，系统也不是一个开发商提供的，所以对 Modbus 协议的实现方式不完全一致，增加了系统开发和集成的难度及工作量。

针对此类共性需求，项目中自主研发了物联网网关产品。物联网网关通俗地讲就是一个通用的数据采集和通信网关。它内置了对主流数据协议的支持,并且提供自定义插件来实现动态扩展,即对于非内置支持的协议,可支持协议的二次定制开发。开发人员只需要继承 DataSource 基类,实现特定的 override 方法,即可迅速完成一个新数据源程序的开发。然后将动态连接库(DLL)通过管理工具发布到物联网网关服务器,即可实现与特定类型设备和传感器的通信,如图 2.7 所示。

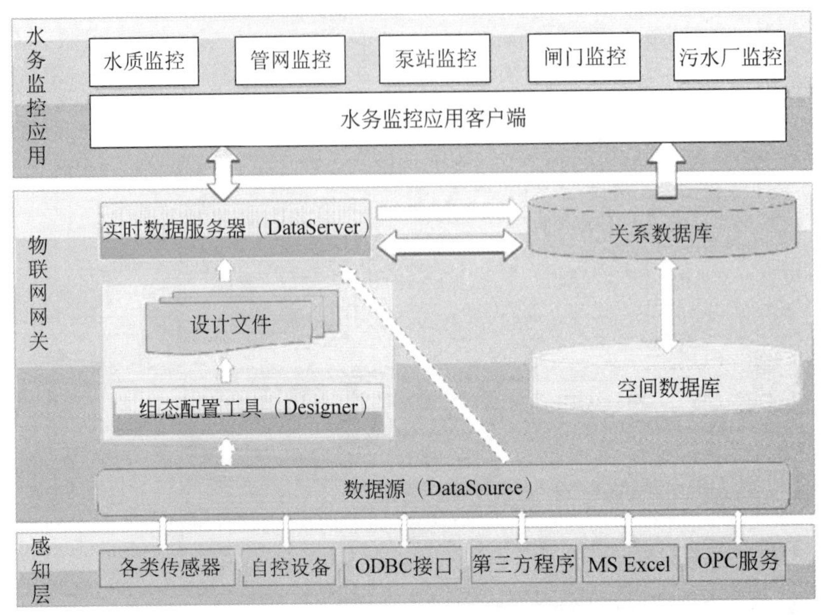

图 2.7 物联网网关工作原理示意图

2)海量数据存储

镇海智慧水务项目一期接入了诸多的监测厂、站、结点等,不同类型监测指标的采集频率也不完全相同。根据统计,所有结点一天上报的监测数据约为 4.32 亿条,一年下来就是 1500 亿条记录,约 7.2TB。

基于以上的容量规划,经过技术调研和可行性验证,最终选择采用 MongoDB 数据库作为实时数据的持久化存储。同时需要考虑最佳性能和最大数据可靠性的平衡,如图 2.8 所示。

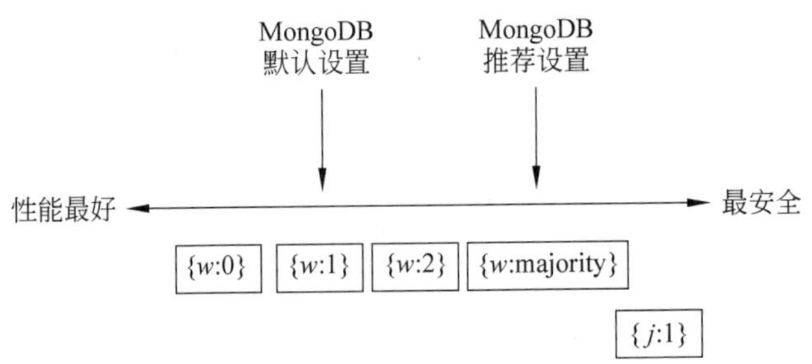

图 2.8 最佳性能和最大数据可靠性的平衡

3)实时通信

物联网应用从传感设备的数据采集、处理到存储、传输、分析、展示,中间要经过很多环节，除了程序运行处理的时间开销，还应考虑网络传输的延时，即用户对系统实时性的要求。除此之外，人机交互的模式对系统可伸缩性的影响也不容忽视——当新的监测数据上传到服务器时，是主动推送至监控系统的用户界面，还是让用户发送新的数据请求然后将结果返回给用户？推送动作的触发是采用数据库轮询模式，还是基于事件通知？这些都会影响最终的技术选型。表 2.1 是对相关通信技术的简单对比。

表 2.1　通信技术的简单对比

技　　术	PULL 或 PUSH	延时或实时	HTTP 或非 HTTP
Polling	PULL	延时	HTTP
Comet	PULL	延时	HTTP
Flash XML Socket	PUSH	实时	XML Socket
HTML5 Server-Sent Events	PUSH	实时	HTTP
HTML5 WebSocket	PUSH	实时	WebSocket

最终，选择了 HTML5 WebSocket 作为从物联网网关到监控系统用户界面的实时数据通信机制。主要评估指标包括实时性、系统可伸缩性、技术复杂度、浏览器兼容性、标准性与开放性、用户体验。

4）数据交换与共享

如前文所述，由于政府部门和单位间的"数据孤岛"现象严重而导致难以实现系统间互连互通，因此，迫切需要一种数据交换与共享的解决方案。经过市场调研之后，最终开发了一个轻量级的数据交换与共享服务器程序，来满足镇海智慧水务的数据交换需求，如图 2.9 所示。

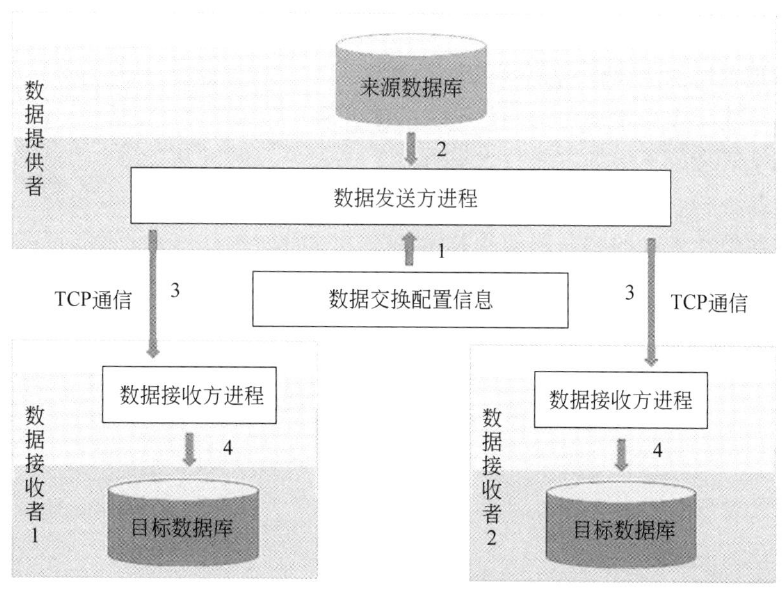

图 2.9　数据交换与共享服务工作原理

数据提供者程序和数据接收者程序可以分别部署在不同的网段、不同的服务器上，只要两台服务器之间存在可以连通的网络即可。数据发送方进程和数据接收方进程分别具有本方数据库的访问权限,而无须知道对方数据库。

数据交换配置信息用来描述源数据库和目标数据库的标识、表及字段映射关系。

一个数据提供者可以向多个接收者发送数据,一个数据接收者也可以从多个提供者接收数据。

2.3.4 经验总结

1. 多了解项目相关的知识

实施镇海智慧水务项目,需要了解工业传感器、PLC编程、嵌入式系统和编程、网络通信、服务器端开发、大数据相关技术、GIS、数据可视化分析和展示等知识。

2. 架构设计需谨慎

在技术落地和项目实施的过程中,要不断优化和演进架构设计,并且防止设计的退化。

3. 系统集成和设备联调

对物联网应用项目的实施来说,很大一部分工作量在于系统集成和设备联调。使用实时数据模拟程序、可视化数据分析等工具能够将整个项目进行合理划分和分解,也有利于并行开发,加快进度,便于系统集成。

习题与思考题

(1) 简要概述物联网的框架结构。

(2) 感知识别层的主要作用是什么?

(3) 网络构建层中通常使用的网络形式有哪几种?

(4) 应用于管理服务层的主要技术有哪些?

(5) 列举几种物联网综合应用层中的典型系统应用。

(6) 简要地叙述未来的物联网架构技术的发展方向。

第 3 章　标 识 技 术

3.1　特定领域的标识与自动识别技术

数据采集方式的发展主要经历了数据人工采集和数据自动采集两个阶段。数据自动采集在不同的历史阶段及针对不同的应用领域可以使用不同的技术手段，如图 3.1 所示。目前数据自动采集主要使用条形码技术、磁卡、IC 卡技术、射频识别技术、光符号识别技术、语音识别技术、生物计量识别技术、遥感遥测、机器人智能感知等技术。

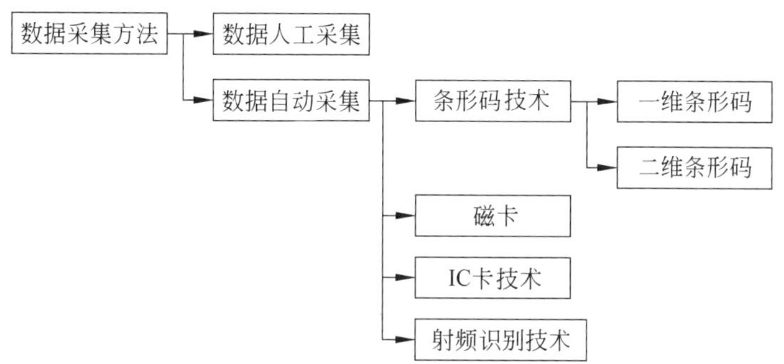

图 3.1　数据采集方式的发展过程

3.1.1　条形码技术

条形码是一种信息图形化表示方法，可以把信息制作成条形码，然后用相应的扫描设备把其中的信息输入到计算机中。条形码分为一维条形码和二维条形码，下面分别介绍。

1. 一维条形码

条形码或者条码（Barcode）是将宽度不等的多个黑条和空白，按一定的编码规则排列，用于表达一组信息的图形标识符，如图 3.2 所示。常见的一维条形码是由黑条（简称条）和白条（简称空）排成平行线图案。条形码可以标出物品的生产国、制造厂家、商品名称、生产日期以及图书分类号、邮件起止地点、类别、日期等信息，因此在商品流通、图书管理、邮政管

图 3.2　一维条形码

理、银行系统等很多领域得到广泛应用。

2. 二维条形码

通常一维条形码所能表示的字符集不过10个数字、26个英文字母及一些特殊字符,条码字符集最大所能表示的字符个数为128个ASCII字符,信息量非常有限,因此二维条形码诞生了。

二维条形码是在二维空间水平和竖直方向存储信息的条形码,如图3.3所示。它的优点是信息容量大,译码可靠性高,纠错能力强,制作成本低,保密与防伪性能好。以常用的二维条形码PDF417码为例,可以表示字母、数字、ASCII字符与二进制数;该编码可以表示1850个字符/数字,1108B的二进制数,2710个压缩的数字;PDF417码还具有纠错能力,即使条形码的某个部分遭到一定程度的损坏,也可以通过存在于其他位置的纠错码将损失的信息还原出来。

例如,2009年12月10日,铁道部对火车票进行了升级改版。新版火车票明显的变化是车票下方的一维条形码变成二维防伪条形码,火车票的防伪能力增强。进站口检票时,检票人员通过二维条形码识读设备对车票上的二维条形码进行识读,系统自动辨别车票的真伪并将相应信息存入系统中。图3.4给出一维条形码与二维条形码火车票的比较。

图3.3 二维条形码

图3.4 一维条形码与二维条形码火车票的比较

作为一种比较廉价实用的技术,一维条形码和二维条形码在今后一段还会在各个行业中得到一定的应用。然而,条码有如下缺点。

(1) 它们是可视传播技术。也就是说,扫描器必须"看见"条码才能读取它,这表明人们通常必须将条码对准扫描仪才有效。

(2) 如果印有条形码的横条被撕裂、污损或脱落,就无法扫描这些商品。

(3) 人们认为唯一产品的识别对于某些商品,非常必要。而条形码只能识别制造商和产品名称,而不是唯一性。由于牛奶纸盒上的条形码到处都一样,故无法辨别哪一盒牛奶最先超过有效期。

条形码表示的信息依然很有限,而且在使用过程中需要用扫描器以一定的方向近距离地进行扫描,这对于未来的物联网中动态、快读、大数据量以及有一定距离要求的数据采集、自动身份识别等有很大的限制,因此需要采用基于无线技术的射频识别。

3.1.2 磁卡

磁卡(Magnetic Card):一种卡片状的磁性记录介质,利用磁性载体记录字符与数字信息，用来识别身份或其他用途，如图3.5所示。

按照使用基材的不同，磁卡可分为PET卡、PVC卡和纸卡3种；视磁层构造的不同，又可分为磁条卡和全涂磁卡两种。

通常，磁卡的一面印刷有说明提示性信息，如插卡方向；另一面则有磁层或磁条，具有2～3个磁道以记录有关信息数据。磁条是一层薄薄的由排列定向的铁性氧化粒子组成的材料（也称为颜料）。用树脂黏合剂严密地黏合在一起，并黏合在诸如纸或塑料这样的非磁基片媒介上。

从本质意义上讲，磁条与计算机用的磁带或磁盘是一样的，它可以用来记载字母、字符及数字信息。通过黏合或热合与塑料或纸牢固地整合在一起形成磁卡。磁条中所包含的信息一般比条形码大。磁条内可分为3个独立的磁道，称为TK1、TK2、TK3，TK1最多可写79个字母或字符，TK2最多可写40个字符，TK3最多可写107个字符。图3.6所示为磁卡刷卡器。

由于磁卡成本低廉，易于使用，便于管理，且具有一定的安全特性，因此它的发展得到很多世界知名公司，特别是各国政府部门几十年的鼎力支持，使得磁卡的应用非常普及，遍布国民生活的方方面面。特别是银行系统几十年的普遍推广使用使得磁卡的普及率得到很大发展。但随着磁卡应用的不断扩大，有关磁卡技术，特别是安全技术已难以满足越来越多的对安全性要求较高的应用需求。

3.1.3 IC卡技术

IC卡（Integrated Circuit Card，集成电路卡）也称为智能卡（Smart Card），如图3.7所示。它是通过在集成电路芯片上写的数据来进行识别的。IC卡与IC卡读写器以及后台计算机管理系统组成了IC卡应用系统。

图3.5 磁卡

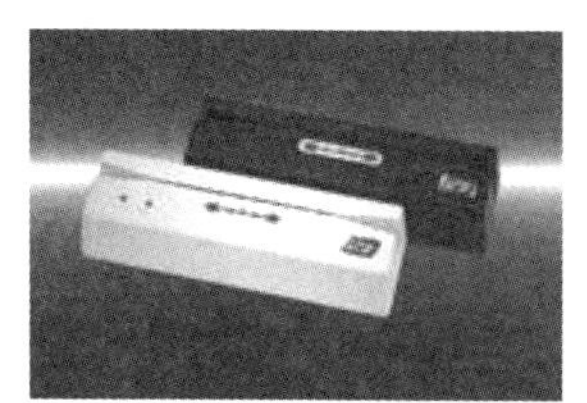

图3.6 磁卡刷卡器

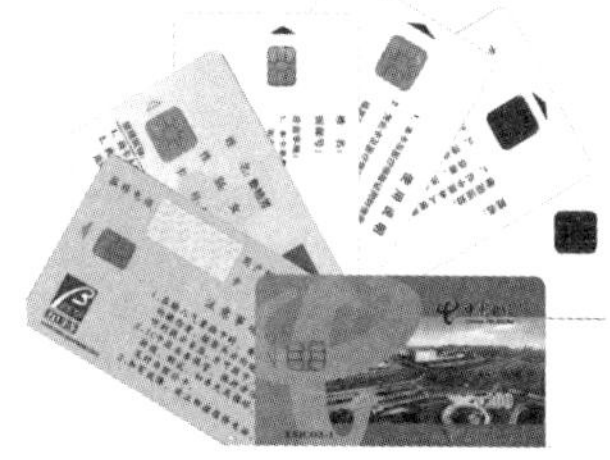

图3.7 IC卡

IC卡是将一个微电子芯片嵌入符合ISO 7816标准的卡基中，做成卡片形式。IC卡读写器是IC卡与应用系统间的桥梁，在ISO国际标准中称为接口设备（Interface Device，IFD）。IFD内CPU通过一个接口电路与IC卡相连并进行通信。IC卡接口电路是IC卡读写器中至关重要的部分，根据实际应用系统的不同，可选择并行通信、半双工串行通信和I2C通信等不同的IC卡读写芯片。非接触式IC卡又称为射频卡，如图3.8所示。

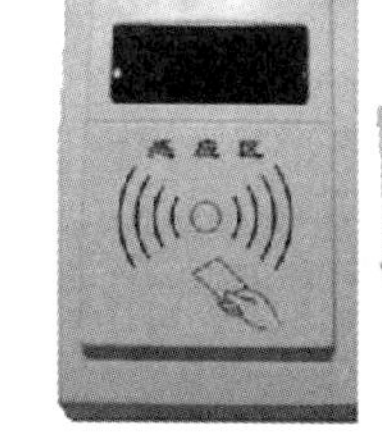

图3.8 非接触式IC卡（射频卡）

IC卡与磁卡是有区别的，IC卡是通过卡里的集成电路存储信息，而磁卡是通过卡内的磁力记录信息。IC卡的成本一般比磁卡高,但保密性更好。

非接触式IC卡又称为射频卡,采用射频技术与IC卡的读卡器进行通信,成功地解决了无源(卡中无电源)和免接触这一难题,是电子器件领域的一大突破。它主要用于公交、轮渡、地铁的自动收费系统,也应用在门禁管理、身份证明和电子钱包中。

IC卡工作的基本原理:射频读写器向IC卡发一组固定频率的电磁波,卡片内有一个IC串联谐振电路,其频率与读写器发射的频率相同,这样在电磁波激励下,LC谐振电路产生共振,从而使电容内有了电荷;在这个电荷的另一端,接有一个单向导通的电子泵,将电容内的电荷送到另一个电容内存储,当所积累的电荷达到2V时,此电容可作为电源为其他电路提供工作电压,将卡内数据发射出去或接收读写器的数据。

3.1.4 射频识别技术

RFID的英文全称为Radio Frequency Identification,即射频识别,俗称电子标签。RFID是一种非接触式的自动识别技术,主要用来为各种物品建立唯一的身份标识,是物联网的重要支持技术。

1. 系统组成

RFID的系统组成包括电子标签、读写器(阅读器)以及作为服务器的计算机。其中,电子标签中包含RFID芯片和天线,如图3.9所示。

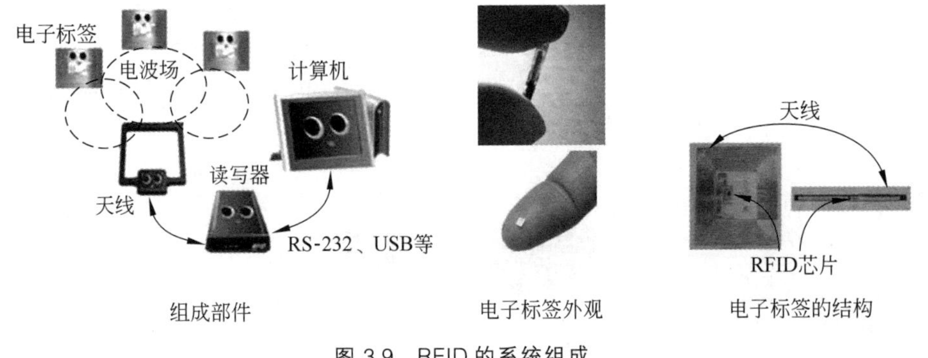

图3.9 RFID的系统组成

2. RFID系统原理

无线射频识别技术的基本原理是利用射频信号和空间耦合(电感或电磁耦合)或雷达反射的传输特性,实现对被识别物体的自动识别。

RFID是一种简单的无线系统,从前端器件级方面来说,只有两个基本器件,用于控制、检测和跟踪物体。系统由一个询问器(阅读器)和很多应答器(射频卡)组成,如图3.10所示。

3. 各类RFID电子标签

根据RFID电子标签在各种不同场合使用时的需要,电子标签可以封装成不同的形态,图3.11显示了被封装成不同类型的RFID电子标签的外观图像。

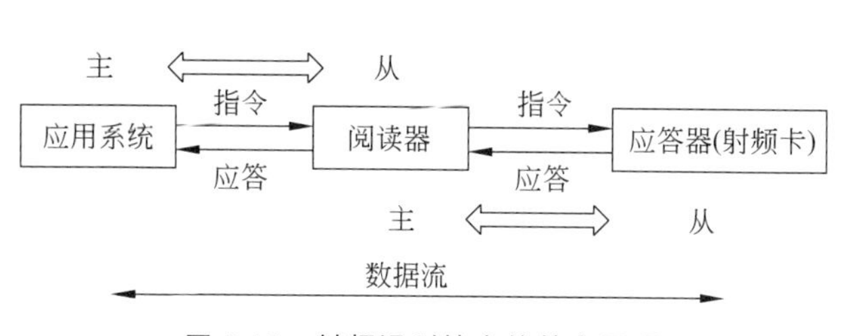

图 3.10 射频识别技术的基本原理

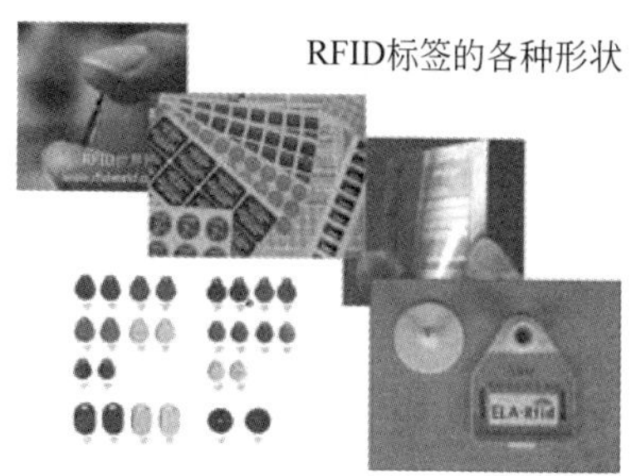

图 3.11 各类 RFID 电子标签

4. RFID 与其他方式的比较

与条形码、磁卡、IC 卡相比，RFID 卡在信息量、读写性能、读取方式、智能化、抗干扰能力、使用寿命方面都具备不可替代的优势，但制造成本比条形码和 IC 卡稍高。为方便比较说明，请参看表 3.1。

表 3.1 RFID 与其他方式的比较

名称	信息载体	信息量	读/写性	读取方式	保密性	智能化	抗干扰能力	寿命	成本
条形码/二维条形码	纸、塑料薄膜、金属表面	小	只读	CCD 或激光束扫描	差	无	差	较短	最低
磁卡	磁条	中	读/写	扫描	中等	无	中	长	低
IC 卡	EEPROM	大	读/写	接触	好	有	好	长	高
RFID 卡	EEPROM	大	读/写	无线通信	最好	有	很好	最长	较高

3.1.5 传感器技术

传感器网络是一种由传感器结点组成的网络，其中每个传感器结点都具有传感器、微处理器以及通信单元，结点之间通过通信联络组成网络，共同协作来监测各种物理量和事件。传感器网络使用各种不同的通信技术，其中又以无线传感器网络（Wireless Sensor Network，WSN）发展最为迅速，受到了普遍的重视。图 3.12 给出无线传感网络及几种传感器结点。

图 3.12 无线传感器网络及结点

1. 传感器分类

传感器是各种信息处理系统获取信息的一个重要途径。在物联网中传感器的作用尤为突出,是物联网中获得信息的主要设备。传感器的种类繁多,往往同一种被测量可以用不同类型的传感器来测量,而同一原理的传感器又可测量多种物理量,因此传感器有许多种分类方法。常用的分类方法有以下几种。

1) 按被测量分类

被测量的类型主要有4种。

(1) 机械量,如位移、力、速度、加速度等。

(2) 热工量,如温度、热量、流量(速)、压力(差)、液位等。

(3) 物性参量,如浓度、黏度、密度、酸碱度等。

(4) 状态参量,如裂纹、缺陷、泄漏、磨损等。

2) 按测量原理分类

按传感器的工作原理可分为电阻式、电感式、电容式、压电式、光电式、磁电式、光纤、激光、超声波等传感器。现有传感器的测量原理都是基于物理、化学和生物等各种效应和定律,这种分类方法便于从原理上认识输入与输出之间的变换关系,有利于专业人员从原理、设计及应用上进行归纳性的分析与研究。

3) 按信号变换特征分类

(1) 结构型:主要是通过传感器结构参量的变化实现信号变换。例如,电容式传感器依靠极板间距离的变化引起电容量的改变。

(2) 物性型:利用敏感元件材料本身物理属性的变化来实现信号的变换。例如,水银温度计是利用水银热胀冷缩现象测量温度;压电式传感器是利用石英晶体的压电效应实现测量等。

4) 按能量关系分类

(1) 能量转换型:传感器直接由被测对象输入能量使其工作。例如,热电偶、光电池等,这种类型传感器又称为有源传感器。

(2) 能量控制型:传感器从外部获得能量使其工作,由被测量的变化控制外部供给能量的变化。例如,电阻式、电感式等传感器,这种类型的传感器必须由外部提供激励源(电源等),因此又称为无源传感器。

5) 按工作原理分类

(1) 电学式传感器。

电学式传感器是非电量测量技术中应用范围较广的一种传感器,常用的有电阻式传感器、电容式传感器、电感式传感器、磁电式传感器及电涡流式传感器等。

(2) 磁学式传感器。

磁学式传感器是利用铁磁物质的一些物理效应而制成的,主要用于位移、转矩等参数的测量。

(3) 光电式传感器。

光电式传感器在非电量电测及自动控制技术中占有重要的地位。它是利用光电器件的光电效应和光学原理制成的,主要用于光强、光通量、位移、浓度等参数的测量。

(4) 电势型传感器。

电势型传感器是利用热电效应、光电效应、霍尔效应等原理制成,主要用于温度、磁通、电流、速度、光强、热辐射等参数的测量。

(5) 电荷传感器。

电荷传感器是利用压电效应原理制成的,主要用于力及加速度的测量。

(6) 半导体传感器。

半导体传感器是利用半导体的压阻效应、内光电效应、磁电效应、半导体与气体接触产生物质变化等原理制成,主要用于温度、湿度、压力、加速度、磁场和有害气体的测量。

(7) 谐振式传感器。

谐振式传感器利用改变电或机械的固有参数来改变谐振频率的原理制成,主要用来测量压力。

(8) 电化学式传感器。

电化学式传感器是以离子导电为基础制成,根据其电特性的形成不同,电化学传感器可分为电位式传感器、电导式传感器、电量式传感器、极谱式传感器和电解式传感器等。

另外,根据传感器对信号的检测转换过程,传感器可划分为直接转换型传感器和间接转换型传感器两大类。

如图 3.13 所示,前者是把输入给传感器的非电量一次性地变换为电信号输出,如光敏电阻受到光照射时,电阻值会发生变化,直接把光信号转换成电信号输出;后者则要把输入给传感器的非电量先转换成另外一种非电量,然后再转换成电信号输出,如采用弹簧管敏感元件制成的压力传感器就属于这一类,当有压力作用到弹簧管时,弹簧管发生形变,传感器再把变形量转换为电信号输出。

图 3.13 传感器的转换框图

2. 常见传感器

作为物联网中的信息采集设备,传感器利用各种机制把被观测量转换为一定形式的电信号,然后由相应的信号处理装置来处理,并产生相应的动作。常见的传感器包括温度传感器、压力传感器、湿度传感器、光传感器、霍尔(磁性)传感器等。

1) 温度传感器

常见的温度传感器包括热敏电阻、半导体温度传感器,以及温差电偶,如图 3.14 所示。

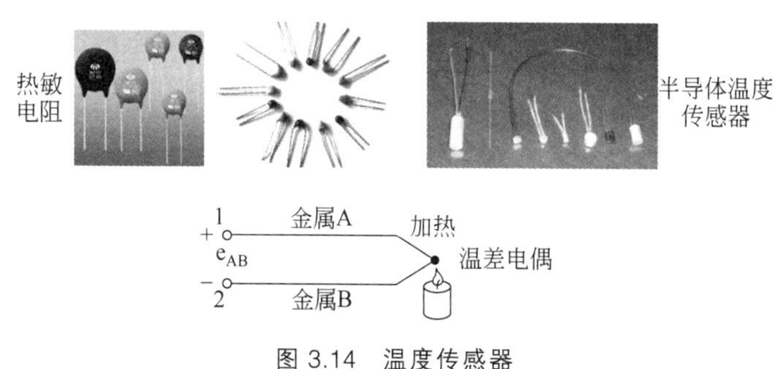

图 3.14 温度传感器

热敏电阻主要是利用各种材料电阻率的温度敏感性来测量温度，热敏电阻可以用于设备的过热保护，以及温控报警等。半导体温度传感器利用半导体器件的温度敏感性来测量温度，具有成本低廉、线性度好等优点。温差电偶则是利用温差电现象，把被测端的温度转化为电压和电流的变化。温差电偶能够在比较大的范围内测量温度，例如 −200～2000℃。

2）压力传感器

常见的压力传感器在受到外部压力时会产生一定的内部结构的变形或位移，进而转化为电特性的改变，产生相应的电信号，翼状活接头压力传感器如图 3.15 所示。

3）湿度传感器

湿度传感器主要包括电阻式和电容式两个类别，如图 3.16 所示。

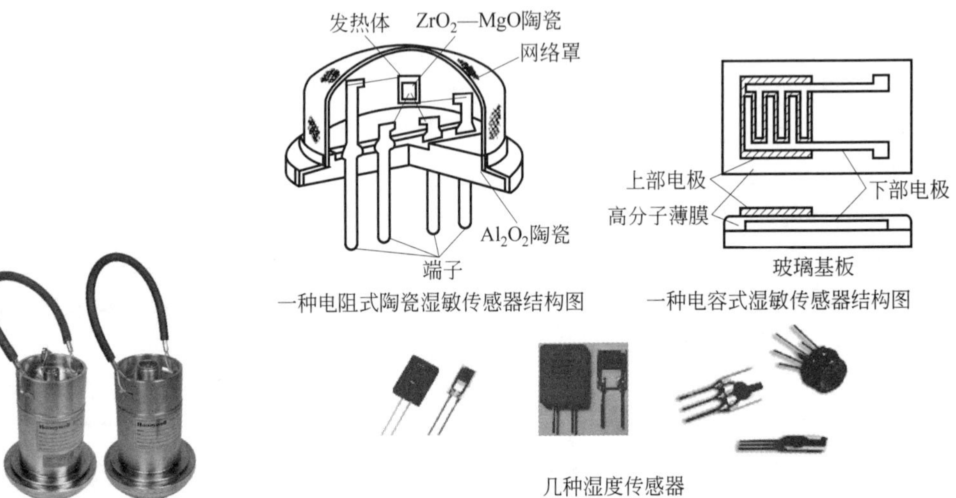

图 3.15　翼状活接头压力传感器

图 3.16　湿度传感器

电阻式湿度传感器也称为湿敏电阻，利用氯化锂、碳、陶瓷等材料的电阻率的湿度敏感性来探测湿度。

电容式湿度传感器也称为湿敏电容，利用材料的介电系数的湿度敏感性来探测湿度。

4）光传感器

光传感器可以分为光敏电阻以及光电传感器两大类。光敏电阻主要利用各种材料的电阻率的光敏感性来进行光探测。

光传感器主要包括光敏二极管和光敏三极管，这两种器件都是利用半导体器件对光照的敏感性来进行光探测。光敏二极管的反向饱和电流在光照的作用下会显著变大，而光敏三极管在光照时其集电极、发射极导通，类似于受光照控制的开关。此外，为方便使用，市场上出现了把光敏二极管和光敏三极管与后续信号处理电路制作成一个芯片的集成光传感器，如图 3.17 所示。

光传感器的不同种类可以覆盖可见光、红外线(热辐射)，以及紫外线等波长范围的传感应用。

5）霍尔(磁性)传感器

霍尔传感器是利用霍尔效应制成的一种磁性传感器，如图 3.18 和图 3.19 所示。霍尔效应是指：把一个金属或者半导体材料薄片置于磁场中，当有电流流过时，由于形成电流的

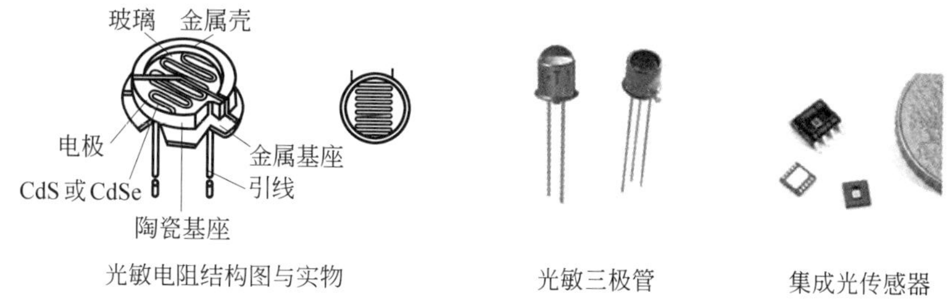

图 3.17　光传感器

电子在磁场中运动而受到磁场的作用力，会使得材料中产生与电流方向垂直的电压差。可以通过测量霍尔传感器所产生的电压的大小来计算磁场的强度。

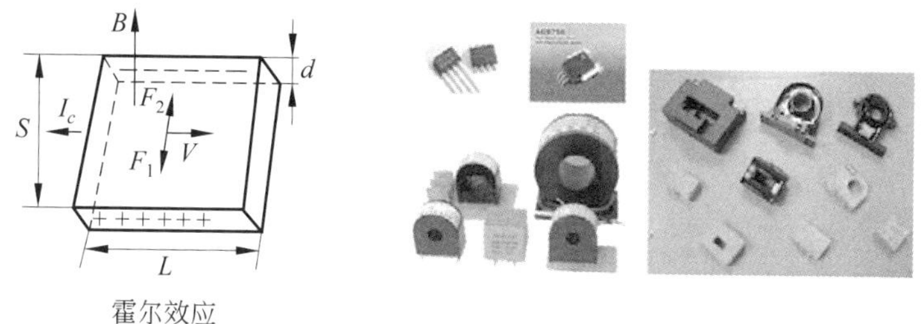

图 3.18　霍尔传感器

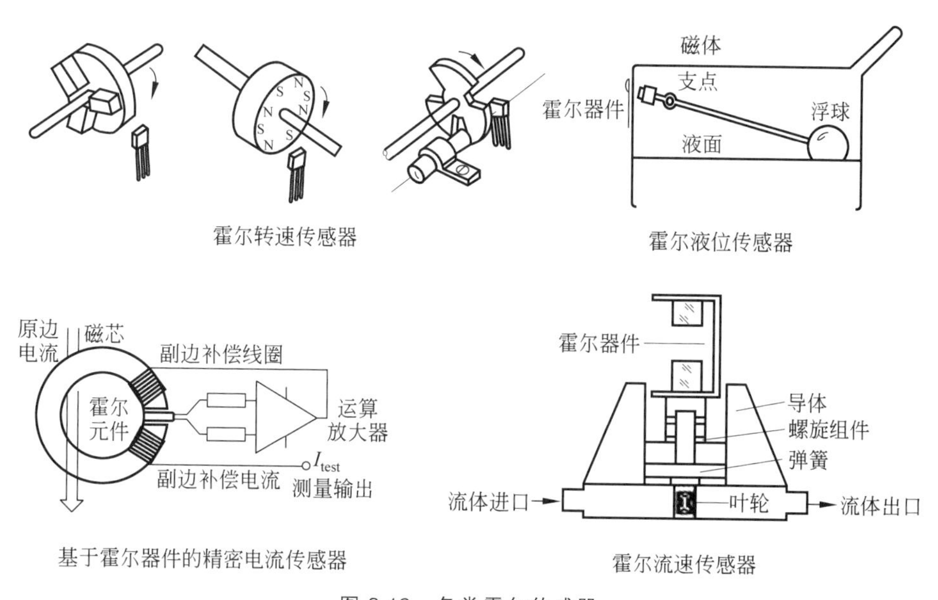

图 3.19　各类霍尔传感器

霍尔传感器具有不同的结构，能够间接测量电流、振动、位移、速度、加速度、转速等，具有广泛的应用价值。

3. 微机电传感器

微机电系统的英文名称是 Micro-Electro-Mechanical Systems，简称 MEMS，是一种由微电子、微机械部件构成的微型器件，多采用半导体工艺加工。目前已经出现的微机电器件包括压力传感器、加速度传感器、气体流速传感器等。微机电系统的出现体现了当前的器件微型化发展趋势。

1) 微机电压力传感器

某轮胎压力传感器的内部结构以及外观如图 3.20 所示。该压力传感器利用了传感器中的硅应变电阻在压力作用下发生形变而改变了电阻来测量压力,测试时使用了传感器内部集成的测量电桥。

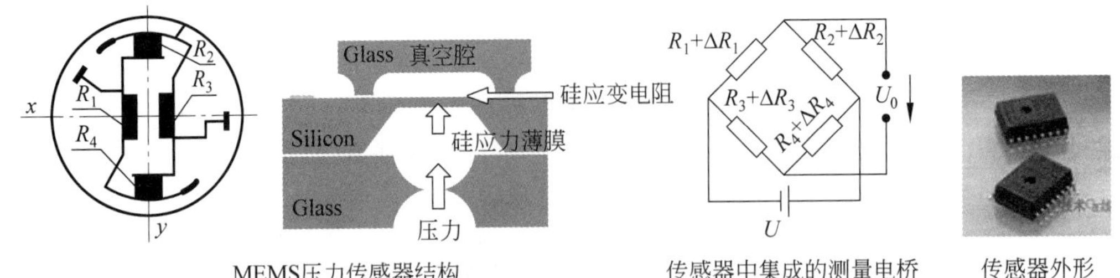

图 3.20　微机电压力传感器

2) 微机电加速度传感器

微机电加速度传感器主要通过半导体工艺在硅片中加工出可以在加速运动中发生形变的结构,并且能够引起电特性的改变,如变化的电阻和电容。

例如,图 3.21 所示的 MEMS(微机电系统)三轴加速度传感芯片能够在 3 个轴向(x,y,z)上感知±3G 的加速度,并且采用模拟的方式输出结果。这就意味着在 3 个轴向上运动速度越大,输出的电压越强,反之输出的电压越小。

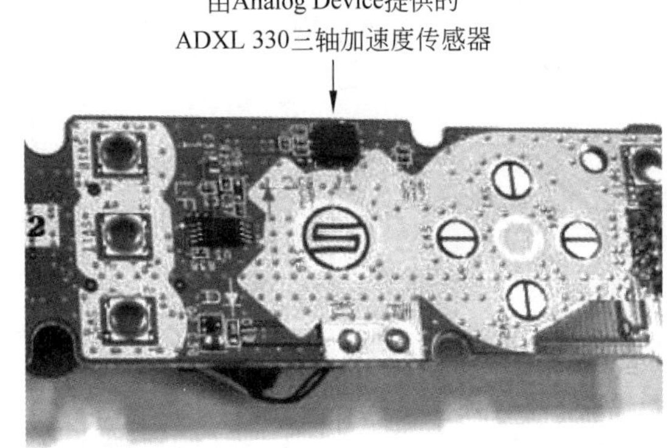

图 3.21　MEMS(微机电系统)三轴加速度传感芯片

3) 微机电气体流速传感器

图 3.22 所示的微机电气体流速传感器可以用于空调等设备的监测与控制。

4. 智能传感器

智能传感器(Smart Sensor)是一种具有一定信息处理能力的传感器,目前多采用把传统的传感器与微处理器结合的方式来制造。

如图 3.23 所示,在传统的传感器构成的应用系统中,传感器所采集的信号通常要传输到系统的主机中进行分析处理。

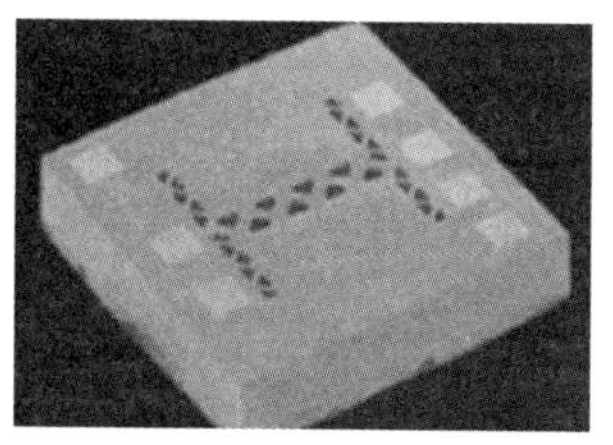

气体流速传感器显微照片

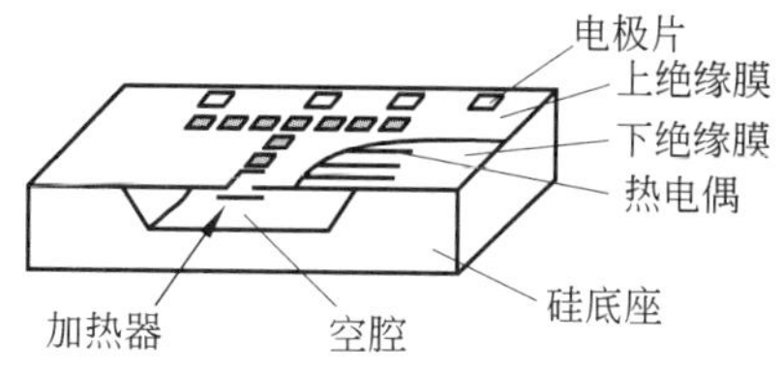

气体流速传感器结构图

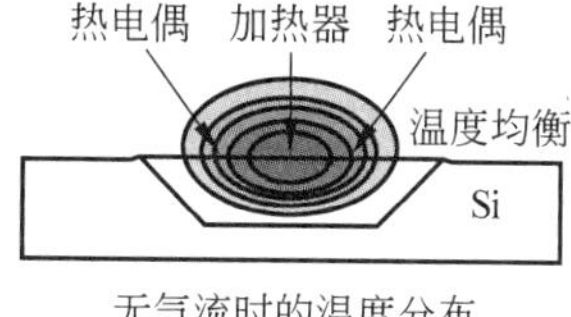

无气流时的温度分布

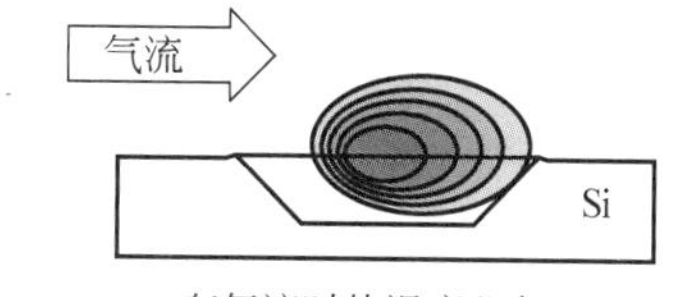

有气流时的温度分布

图 3.22　微机电气体流速传感器

在图 3.24 所示的智能传感器构成的应用系统中，其包含的微处理器能够对采集的信号进行分析处理，然后把处理结果发送给系统中的主机。

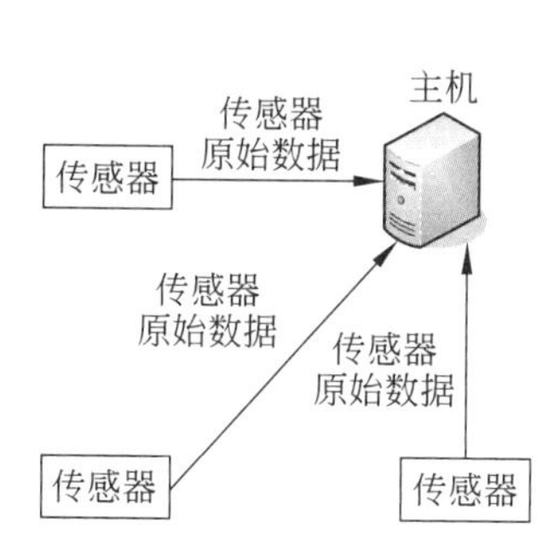

图 3.23　传统的传感器构成的应用系统

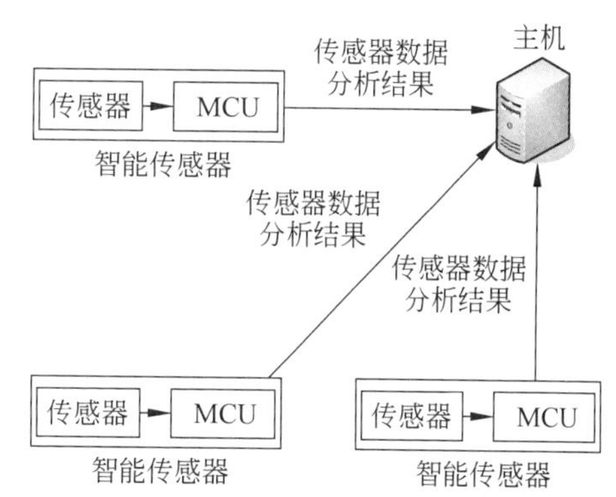

图 3.24　智能传感器构成的应用系统

智能传感器能够显著减小传感器与主机之间的通信量，并简化了主机软件的复杂程度，使得包含多种不同类别的传感器应用系统易于实现。此外，智能传感器常常还能进行自检、诊断和校正。

1）智能压力传感器

图 3.25 显示的是 Honeywell 公司开发的 PPT 系列智能压力传感器的外形以及内部结构。

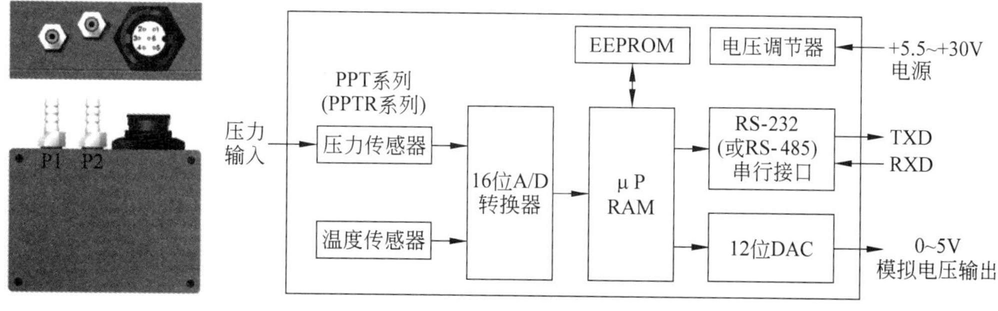

图 3.25　智能压力传感器

2）智能温湿度传感器

图 3.26～图 3.28 显示的是 Sensirion 公司推出的 SHT11/15 温湿度智能传感器的外形、引脚以及内部框图。

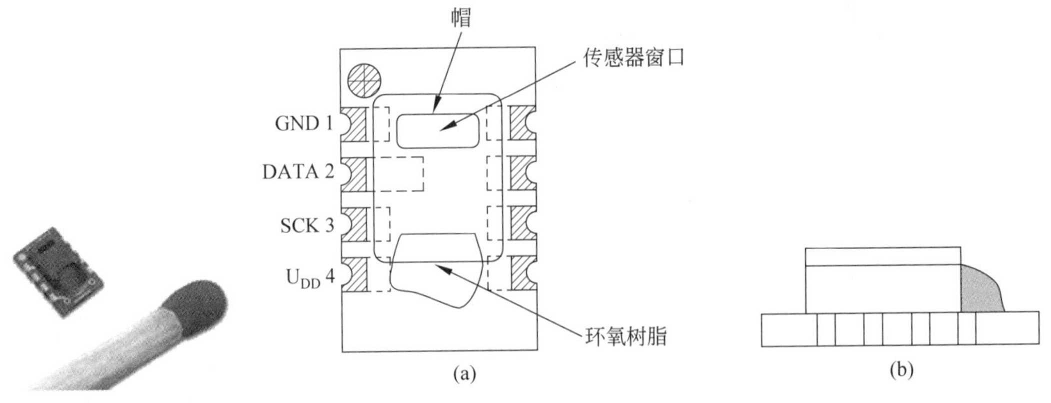

图 3.26　温湿度智能传感器外形

图 3.27　温湿度智能传感器的引脚

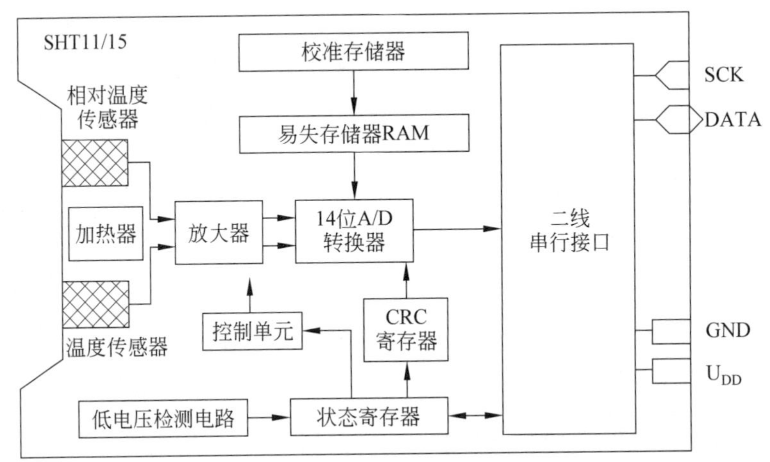

图 3.28　温湿度智能传感器的内部框图

3）智能液体浑浊度传感器

图 3.29～图 3.31 显示的是 Honeywell 公司推出的 AMPS-10G 型智能液体浑浊度传感器的外形、测量原理以及内部框图。

图 3.29　智能液体浑浊度传感器的外形

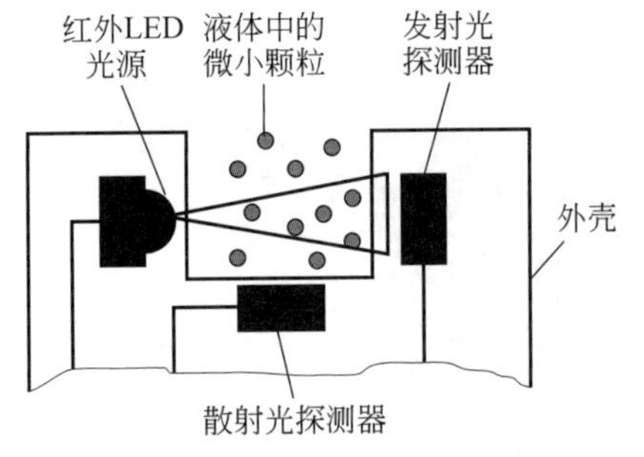

图 3.30　智能液体浑浊度传感器的测量原理

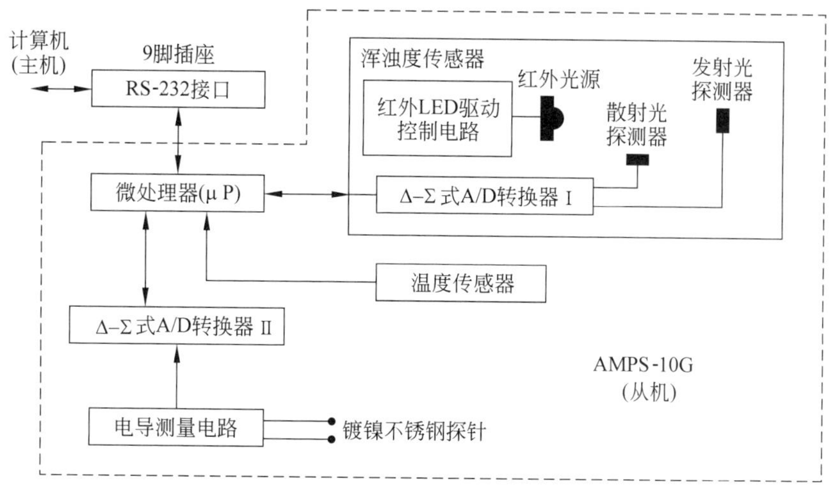

图 3.31　智能液体浑浊度传感器的内部框图

5. 传感器的应用

随着电子计算机、生产自动化、现代信息、军事、交通、化学、环保、能源、海洋开发、遥感、宇航等科学技术的发展，对传感器的需求量与日俱增，其应用已渗入国民经济的各个部门以及人们的日常生活之中。可以说，从太空到海洋，从各种复杂的工程系统到人们日常生活的衣食住行，都离不开各种各样的传感器，传感技术对国民经济的发展起着巨大的作用。

1）传感器在工业监测和自动控制系统中的应用

在石油、化工、电力、钢铁、机械等加工工业中，传感器在各自的工作岗位上担负着相当于人们感觉器官的作用，它们每时每刻地按需要完成对各种信息的监测，再把大量测得的信息通过自动控制、计算机处理等进行反馈，用以进行生产过程、质量、工艺管理与安全方面的控制。

2）汽车与传感器

传感器在汽车上的应用已不仅局限于对行驶速度、行驶距离、发动机旋转速度以及燃料剩余量等有关参数的测量。由于汽车交通事故的不断增多和汽车对环境的危害，传感器在一些新的设施，如汽车安全气囊系统、防盗装置、防滑控制系统、防抱死装置、电子变速控制装置、排气循环装置、电子燃料喷射装置及汽车“黑匣子”等都得到实际应用。可以预测，随着汽车电子技术和汽车安全技术的发展，传感器在汽车领域的应用将会更为广泛。

3）传感器与家用电器

传感器已在现代家用电器中得到普遍应用，譬如，在电子炉灶、自动电饭锅、吸尘器、空调、电子热水器、热风取暖器、风干器、报警器、电熨斗、电风扇、游戏机、电子驱蚊器、洗衣机、洗碗机、照相机、电冰箱、彩色电视机、录像机、录音机、收音机、电唱机及家庭影院等方面都得到广泛应用。

4）传感器在机器人上的应用

传感器使现代机器人获得了视觉、听觉、嗅觉，进一步实现了拟人化的设计目标。

5）传感器在医疗及人体医学上的应用

应用医用传感器可以对人体的表面和内部温度、血压及腔内压力、血液及呼吸流量、肿瘤、血液的分析、脉波及心音、心脑电波等进行高准确度的诊断。

6）传感器与环境保护

环球的大气污染、水质污浊及噪声已严重地破坏了地球的生态平衡和人们赖以生存的环境，这一现状已引起世界各国的重视。为保护环境，利用传感器制成的各种环境监测仪器正在发挥着积极的作用。

7）传感器与航空航天

为了解飞机或火箭的飞行轨迹，并把它们控制在预定的轨道上，就要使用传感器进行速度、加速度和飞行距离的测量。要了解飞行器飞行的方向，就必须掌握它的飞行姿态，飞行姿态可以使用红外水平线传感器陀螺仪、阳光传感器、星光传感器及地磁传感器等进行测量。

8）传感器与遥感技术

所谓遥感技术，简单地说就是从飞机、人造卫星、宇宙飞船及船舶上对远距离的广大区域的被测物体及其状态进行大规模探测的一门技术。

3.1.6 光学字符识别技术

光学字符识别(Optical Character Recognition，OCR)技术是指电子设备(例如，扫描仪或数码相机)检查纸上打印的字符，通过检测暗、亮的模式确定其形状，然后用字符识别方法将形状翻译成计算机文字的过程，即对文本资料进行扫描，然后对图像文件进行分析处理，获取文字及版面信息的过程。

一个 OCR 识别系统，从影像到结果输出，需要经过影像输入、影像前处理、文字特征抽取、比对识别，最后经人工校正将认错的文字更正，将结果输出。OCR 识别系统的工作流程如图 3.32 所示。

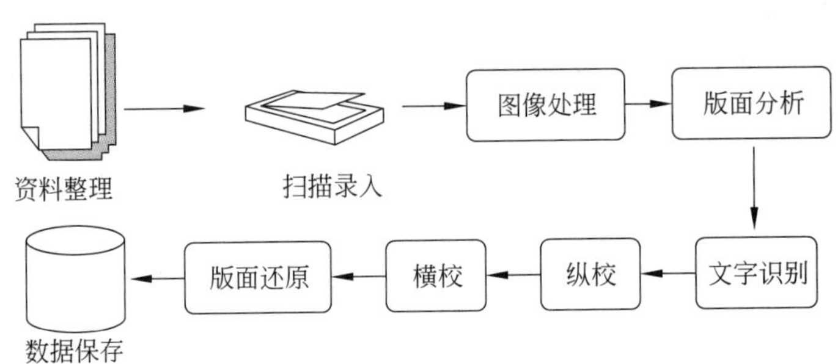

图 3.32　OCR 识别系统的工作流程

1. 影像输入

准备经过 OCR 处理的标的物需透过光学仪器，如影像扫描仪、传真机或任何摄影器材，将影像转入计算机。如果使用的扫描仪的扫描速度更快、分辨率更高而能使影像更清晰，则将增进 OCR 处理的效率。

2. 影像前处理

影像前处理是 OCR 系统中需解决问题最多的一个模块，从得到一个不是黑色就是白色的二值化影像，或灰阶、彩色的影像，到独立出一个个的文字影像的过程，都属于影像前处理。此阶段包含影像正规化、去除噪声、影像矫正等影像处理，以及图文分析、文字行与字分离的文件前处理。影像需先将图片、表格及文字区域分离出来，甚至可将文章的编排方向、文章的提纲及内容主体区分开，而文字的大小及文字的字体亦可如原始文件一样地判断出来。

3. 文字特征抽取

单以识别率而言，特征抽取可说是 OCR 的核心，使用什么特征、怎么抽取，直接影响识别的好坏。文字特征抽取可以简易地区分为两类。

一类为统计的特征，如文字区域内的黑/白点数比，当文字区分成好几个区域时，这一个个区域黑/白点数比之联合，就成了空间的一个数值向量，在比对时，基本的数学理论就足以应付了。

另一类特征为结构的特征，如文字影像细线化后，取得字的笔画端点、交叉点之数量及位置，或以笔画段为特征，配合特殊的比对方法，进行比对，市面上的线上手写输入软件的识别方法多以此种结构的方法为主。

4. 对比数据库

当输入文字算完特征后，不管是用统计或结构的特征，都需有一比对数据库或特征数据库来进行比对，数据库的内容应包含所有欲识别的字集文字，是根据与输入文字一样的特征抽取方法所得的特征群组。

5. 对比识别

根据不同的特征特性，选用不同的数学距离函数，较有名的比对方法有，欧式空间的比对方法、松弛比对法(Relaxation)、动态程序比对法(Dynamic Programming，DP)，以及类神经网络的数据库建立及比对、HMM(Hidden Markov Model)等，为了使识别的结果更稳定，也有专家系统(Experts System)被提出，利用各种特征比对方法的相异互补性，使识别出的结果，其信心度特别高。

6. 字词后处理

由于 OCR 的识别率并无法达到百分之百，要想加强比对的正确性及信心值，一些清除错误或帮忙更正的功能，也成为 OCR 系统中必要的一个模块。字词后处理就是一例，利用比对后的识别文字与其可能的相似的候选字群中的文字对比，根据前后的识别文字找出最合乎逻辑的词，实现更正的功能。图 3.33 给出了手写汉字识别过程。

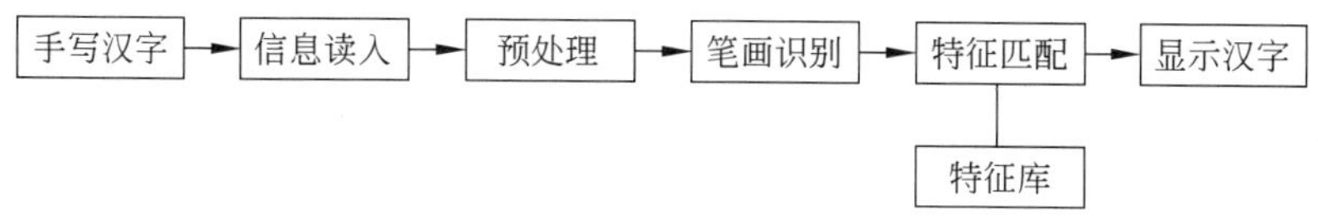

图 3.33 手写汉字识别

7. 人工校正

一个好的OCR软件,除了有一个稳定的影像处理及识别核心,以降低错误率外,人工校正的操作流程及其功能,亦影响OCR的处理效率,因此,文字影像与识别文字的对照,及其屏幕信息摆放的位置还有每一识别文字的候选字功能、拒认字的功能及字词后处理后特意标识出可能有问题的字词,都是为使用者设计尽量少使用键盘的一种功能,这时要重新校正一次或能允许些许的错误。

8. 结果输出

输出需要的文件格式。结果的输出需看使用者用OCR的目的,如果只要文本文件做部分文字的再使用之用,则只要输出一般的文字文件;如果需要和输入文件一模一样,则需要有原文重现的功能;如果注重表格内的文字,则需要和Excel等软件结合。

3.1.7 语音识别技术

语音识别技术也被称为自动语音识别(Automatic Speech Recognition,ASR),其目标是将人类的语音中的词汇内容转换为计算机可读的输入,如按键、二进制编码或者字符序列。

语音识别技术的应用包括语音拨号、语音导航、室内设备控制、语音文档检索、简单的听写数据录入等。语音识别技术所涉及的领域包括信号处理、模式识别、概率论和信息论、发声机理和听觉机理、人工智能等。不同的语音识别系统,虽然具体实现细节有所不同,但所采用的基本技术相似,一个典型语音识别系统的实现过程如图3.34所示。

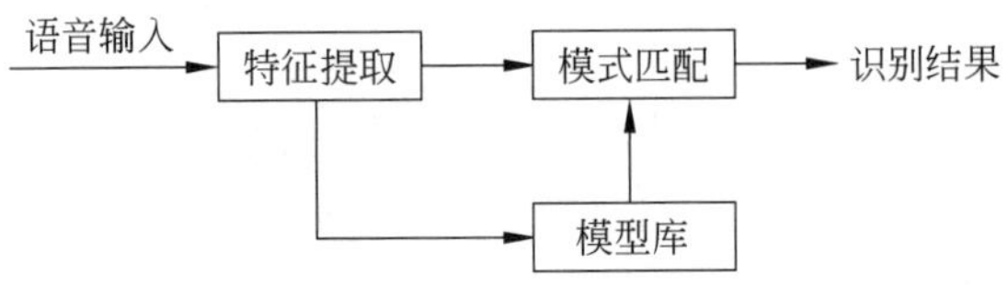

图3.34 语音识别系统的实现过程

语音识别技术主要包括语音识别单元的选取、特征参数提取技术、模式匹配准则及模型训练技术3个方面。此外,还涉及语音识别单元的选取。

1. 语音识别单元的选取

选择识别单元是语音识别研究的第一步。语音识别单元有单词(句)、音节和音素3种,具体选择哪一种,由具体的研究任务决定。

单词(句)单元广泛应用于中小词汇语音识别系统,但不适合大词汇系统,原因在于模型库太庞大,训练模型任务繁重,模型匹配算法复杂,难以满足实时性要求。

音节单元多见于汉语语音识别,主要因为汉语是单音节结构的语言,而英语是多音节,并且汉语虽然有大约1300个音节,但若不考虑声调,约有408个无调音节,数量相对较少。因此,对于中、大词汇量汉语语音识别系统来说,以音节为识别单元基本是可行的。

2. 特征参数提取技术

语音信号中含有丰富的信息，但如何从中提取出对语音识别有用的信息呢？特征提取就是完成这项工作的技术，它对语音信号进行分析处理，去除对语音识别无关紧要的冗余信息，获得影响语音识别的重要信息。对于非特定人语音识别来讲，希望特征参数尽可能多地反映语义信息，尽量减少说话人的个人信息（对特定人语音识别来讲，则相反）。从信息论角度讲，这是信息压缩的过程。

线性预测（Linear Prediction，LP）分析技术是目前应用广泛的特征参数提取技术，许多成功的应用系统都采用基于 LP 技术提取的倒谱参数。但线性预测模型是纯数学模型，没有考虑人类听觉系统对语音的处理特点。

Mel 参数和基于感知线性预测（Perceptual Linear Prediction，PLP）分析提取的感知线性预测倒谱，在一定程度上模拟了人耳对语音的处理特点，应用了人耳听觉感知方面的一些研究成果。实验证明，采用这种技术，语音识别系统的性能有一定提高。

3. 模式匹配准则及模型训练技术

模型训练是指按照一定的准则，从大量已知模式中获取表征该模式本质特征的模型参数，而模式匹配则是根据一定准则，使未知模式与模型库中的某一个模型获得最佳匹配。

语音识别所应用的模式匹配和模型训练技术主要有动态时间归正技术（Dynamic Time Warp，DTW）、隐马尔可夫模型（Hidden Markov Model，HMM）和人工神经网络（Artificial Neural Networks，ANN）。

3.1.8 生物计量识别技术

生物计量识别技术通过计算机与光学、声学、生物传感器和生物统计学原理等高科技手段密切结合，利用人体固有的生理特性（如指纹、脸像、虹膜等）和行为特征（如笔迹、声音、步态等）来进行个人身份的鉴定。

传统的身份鉴定方法包括身份标识物品（如钥匙、证件、ATM 卡等）和身份标识知识（如用户名和密码），但由于其主要借助体外物，一旦证明身份的标识物品和标识知识被盗或遗忘，其身份就容易被他人冒充或取代。生物计量识别技术比传统的身份鉴定方法更具安全、保密和方便性。生物特征识别技术具有不易遗忘、防伪性能好、不易伪造或被盗、随身携带和随时随地可用等优点。

1. 基于生理特征的识别技术

1）指纹识别

指纹识别技术是通过取像设备读取指纹图像，然后用计算机识别软件分析指纹的全局特征和指纹的局部特征，特征点如嵴、谷、终点、分叉点和分歧点等，从指纹中抽取特征值，可以非常可靠地确认一个人的身份，如图 3.35 所示。

指纹识别的优点是研究历史较长，技术相对成熟，图像提取设备小巧，成本较低；其缺点为指纹识别是物理接触式的，具有侵犯性，易磨损，手指太干或太湿都不易提取图像。

图 3.36 给出了指纹识别软件流程图。

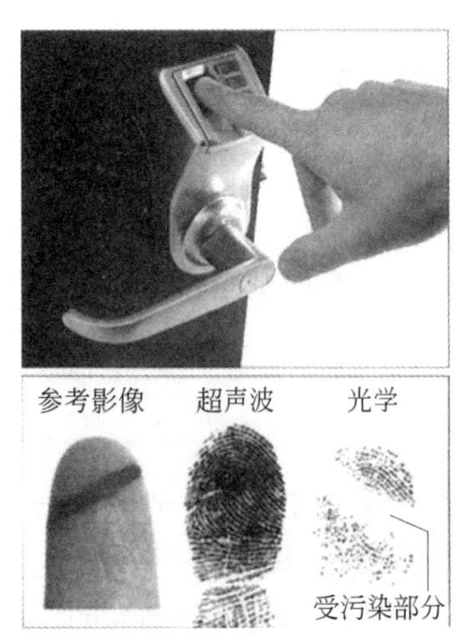

图 3.35　指纹识别技术

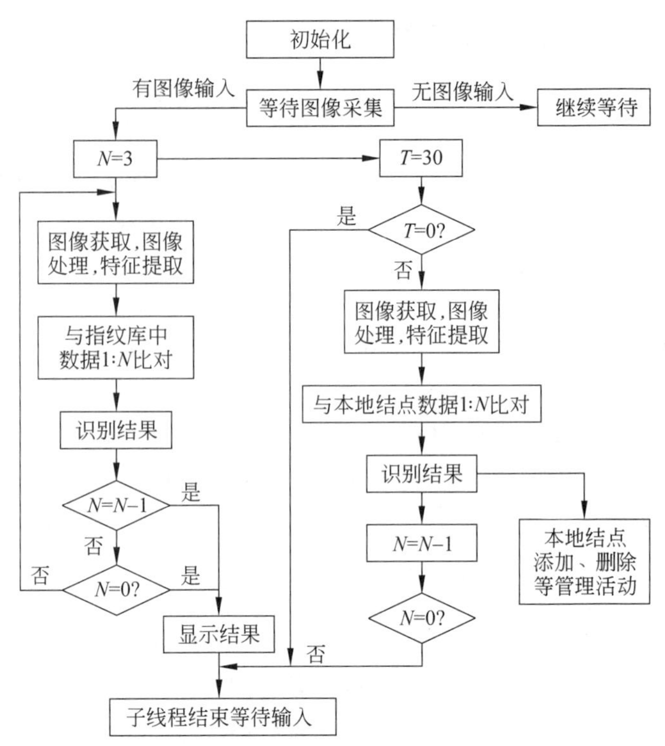

图 3.36　指纹识别软件流程图

2）虹膜识别

虹膜识别技术是利用虹膜终身不变性和差异性的特点来识别身份的，虹膜是一种在眼睛中瞳孔内的织物状的各色环状物，每个虹膜都包含一个独一无二的基于水晶体、细丝、斑点、凹点、皱纹和条纹等特征的结构。

虹膜在眼睛的内部，用外科手术很难改变其结构；由于瞳孔随光线的强弱变化，想用伪造的虹膜代替活的虹膜是不可能的。目前世界上还没有发现虹膜特征重复的案例，就是同一个人的左右眼虹膜也有很大区别。除了白内障等原因外，即使是接受了角膜移植手术，虹膜也不会改变。虹膜识别技术与相应的算法结合后，可以到达十分优异的准确度，即使全人类的虹膜信息都录入到一个数据中，出现认假和拒假的可能性也相当小。

与常用的指纹识别相比，虹膜识别技术操作更简便，检验的精确度也更高。统计表明，到目前为止，虹膜识别的错误率是各种生物特征识别中最低的，并且具有很强的实用性，一般计算机与 CCD 摄像机即可满足对硬件的需求。

3）视网膜识别

人体的血管纹路也是具有独特性的，人的视网膜上面血管的图样可以利用光学方法透过人眼晶体来测定。用于生物识别的血管分布在神经视网膜周围，即视网膜四层细胞的最远处。如果视网膜不被损伤，从三岁起就会终身不变。同虹膜识别技术一样，视网膜扫描可能具有最可靠、最值得信赖的生物识别技术，但它运用起来的难度较大。视网膜识别技术要求激光照射眼球的背面以获得视网膜特征的唯一性。

视网膜技术的优点：视网膜是一种极其固定的生物特征，因为它是“隐藏”的，故而不易磨损、老化或是被疾病影响；非接触性的；视网膜是不可见的，故而不会被伪造。

视网膜技术的主要缺点：视网膜技术尚未经过任何测试，可能会损坏使用者的健康，这需要进一步的研究；对于消费者，视网膜技术没有吸引力；很难进一步降低它的成本。

4）面部识别

面部识别技术通过对面部特征和它们之间的关系（眼睛、鼻子和嘴的位置以及它们之间的相对位置）来进行识别。用于捕捉面部图像的两项技术为标准视频和热成像技术：标准视频技术通过视频摄像头摄取面部的图像，热成像技术通过分析由面部的毛细血管的血液产生的热线来产生面部图像，与视频摄像头不同，热成像技术并不需要较好的光源，即使在黑暗情况下也可以使用。

面部识别技术的优点是非接触性。缺点是要使用比较高级的摄像头才可有效高速地捕捉面部图像，使用者面部的位置与周围的光环境都可能影响系统的精确性，而且面部识别也是最容易被欺骗的；另外，对于因人体面部中如头发、饰物、变老以及其他变化可能需要通过人工智能技术来得到补偿，采集图像的设备会比其他技术昂贵得多。这些因素限制了面部识别技术广泛的运用。

5）掌纹识别

掌纹与指纹一样也具有稳定性和唯一性，利用掌纹的线特征、点特征、纹理特征、几何特征等完全可以确定一个人的身份，因此掌纹识别是基于生物特征身份认证技术的重要内容。目前采用的掌纹图像主要分脱机掌纹和在线掌纹两大类。脱机掌纹图像是指在手掌上涂上油墨，最后在一张白纸上按印，最后通过扫描仪进行扫描而得到数字化的图像。在线掌纹则是用专用的掌纹采样设备直接获取，图像质量相对比较稳定。随着网络、通信技术的发展，在线身份认证将变得更加重要。

掌纹识别一般用作整体分离后的同一认定。有将其用作批量商品的防伪，以防止成箱的商品内有部分被调包，以部分赝品充真。也有将其用于通道口安全防范系统。

6）手形识别

手形指的是手的外部轮廓所构成的几何图形。手形识别技术中，可利用的手形几何信息包括手指不同部位的宽度、手掌宽度和厚度、手指的长度等。经过生物学家大量实验证明，人的手形在一段时期具有稳定性，且两个不同人手形是不同的，即手形作为人的生物特征具有唯一性，手形作为生物特征也具有稳定性，且手形也比较容易采集，故可以利用手形对人的身份进行识别和认证。

手形识别是速度最快的一种生物特征识别技术，它对设备的要求较低，图像处理简单，且可接受程度较高。但是由于手形特征不像指纹和掌纹特征那样具有高度的唯一性，因此，手形特征只用于认证，满足中级和低级的安全要求。

7）红外温谱图

人的身体各个部位都在向外散发热量，这种散发热量的模式就是一种每人都不同的生物特征。通过红外设备可以获得反映身体各个部位的发热强度的图像，这种图像称为温谱图。拍摄温谱图的方法和拍摄普通照片的方法类似，因此，可以用人体的各个部位来进行鉴别，比如可对面部或手背静脉结构进行鉴别来区分不同的身份。

温谱图的数据采集方式决定了温谱图的方法可以用于隐蔽的身份鉴定。除了用来进行身份鉴别外，温谱图的另一个应用是吸毒检测，因为人体服用某种毒品后，其温谱图会显示特定的结构。

温谱图的方法具有可接受性，因为数据的获取是非接触式的，具有非侵犯性。但是，人体的温谱值受外界环境影响很大,对于每个人来说不是完全固定的。目前,已经有温谱图身份鉴别的产品,但是由于红外测温设备的昂贵价格,使得该技术不能得到广泛应用。

8) 人耳识别

人耳识别技术是 20 世纪 90 年代末开始兴起的一种生物特征识别技术。人耳识别的对象实际上是外耳裸露在外的耳廓,也就是人们习惯上所说的"耳朵"。一套完整的人耳自动识别系统一般包括以下几个过程:人耳图像采集、图像的预处理、人耳图像的边缘检测与分割、特征提取、人耳图像的识别。目前的人耳识别技术是在特定的人耳图像库上实现的,一般通过摄像机或数码相机采集一定数量的人耳图像,建立人耳图像库,动态的人耳图像检测与获取尚未实现。

与其他生物特征识别技术比较,人耳识别具有以下几个特点。

(1) 与人脸识别方法比较,人耳识别方法不受面部表情、化妆品和胡须变化的影响,同时保留了面部识别图像采集方便的优点。与人脸相比,整个人耳的颜色更加一致、图像尺寸更小,数据处理量也更小。

(2) 与指纹识别方法比较,人耳图像的获取是非接触的,其信息获取方式容易被人接受。

(3) 与虹膜识别方法比较,人耳图像采集更为方便。并且,虹膜采集装置的成本要高于人耳采集装置。

9) 味纹识别

人的身体是一种味源,人类的气味,虽然会受到饮食、情绪、环境、时间等因素的影响和干扰,其成分和含量会发生一定的变化,但作为由基因决定的那一部分气味——味纹却始终存在,而且终生不变,可以作为识别任何一个人的标记。

由于气味的性质相当稳定,如果将其密封在试管里制成气味档案,可以保存 3 年,即使是在露天空气中也能保存 18 小时。科学家告诉人们,人的味纹从手掌中可以轻易获得。首先将手掌握过的物品,用一块经过特殊处理的棉布包裹住,放进一个密封的容器,然后通入氮气,让气流慢慢地把气味分子转移到棉布上,这块棉布就成了保持人类味纹的档案。可以利用训练有素的警犬或电子鼻来识别不同的气味。

10) 基因识别

DNA(Deoxyribonucleic Acid,脱氧核糖核酸)存在于一切有核的动(植)物中,生物的全部遗传信息都储存在 DNA 分子里。DNA 识别是利用不同的人体的细胞中具有不同的 DNA 分子结构。人体内的 DNA 在整个人类范围内具有唯一性和永久性。除了对双胞胎个体的鉴别可能有不足之处外,这种方法具有绝对的权威性和准确性。不像指纹必须从手指上提取,DNA 模式在身体的每一个细胞和组织都一样。这种方法的准确性优于其他任何生物特征识别方法,它广泛应用于识别罪犯。它的主要问题是使用者的伦理问题和实际的可接受性。DNA 模式识别必须在实验室中进行,不能达到实时以及抗干扰,耗时长是另一个问题。这就限制了 DNA 识别技术的使用;另外,某些特殊疾病可能改变人体 DNA 的结构,系统无法对这类人群进行识别。

2. 基于行为特征的生物识别技术

1) 步态识别

步态是指人们行走时的方式,这是一种复杂的行为特征。步态识别主要提取的特征是人体每个关节的运动。尽管步态不是每个人都不相同的，但是它也提供了充足的信息来识别人的身份。步态识别的输入是一段行走的视频图像序列，因此其数据采集与脸相识别类似，具有非侵犯性和可接受性。但是，由于序列图像的数据量较大，因此步态识别的计算复杂性比较高，处理起来也比较困难。尽管生物力学中对于步态进行了大量的研究工作，但基于步态的身份鉴别的研究工作却是刚刚开始。到目前为止，还没有商业化的基于步态的身份鉴别系统。图 3.37 给出步态识别的过程。

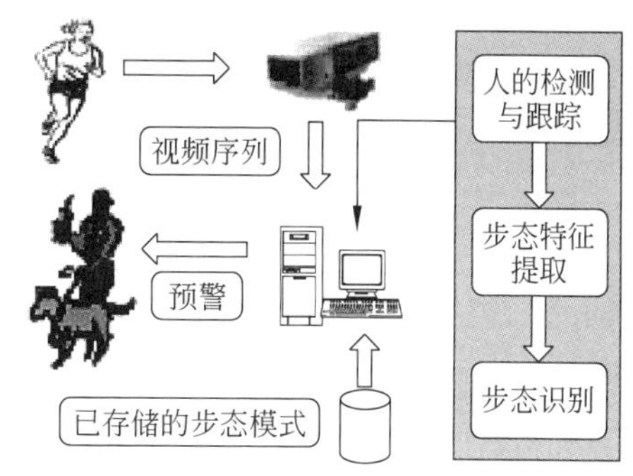

图 3.37　步态识别

2）击键识别

这是基于人击键时的特性，如击键的持续时间、击不同键之间的时间、出错的频率以及力度大小等而达到进行身份识别的目的。20 世纪 80 年代初期，美国国家科学基金和国家标准局研究证实，击键方式是一种可以被识别的动态特征。

3）签名识别

签名作为身份认证的手段已经用了几百年了，而且人们都很熟悉在银行的格式表单中签名作为人们身份的标志。将签名数字化是这样一个过程：测量图像本身以及整个签名的动作——在每个字母以及字母之间的不同的速度、顺序和压力。签名识别易被大众接受，是一种公认的身份识别的技术。但事实表明人们的签名在不同的时期和不同的精神状态下是不一样的。这就降低了签名识别系统的可靠性。

3. 兼具生理特征和行为特征的声音识别

声音识别本质上是一个模式识别问题。识别时需要说话人讲一句或几句试验短句，对它们进行某些测量，然后计算量度矢量与存储的参考矢量之间的一个（或多个）距离函数。语音信号获取方便，并且可以通过电话进行鉴别。语音识别系统对人们在感冒时变得嘶哑的声音比较敏感；另外，同一个人的磁带录音也能欺骗语音识别系统。

3.1.9　遥感遥测

遥感是通过遥感器这类对电磁波敏感的仪器，在远离目标和非接触目标物体条件下探测目标物，获取其反射、辐射或散射的电磁波信息（如电场、磁场、电磁波、地震波等信息），并进行提取、判定、加工处理、分析与应用的一门科学和技术，如图 3.38 所示。

遥测是将对象参量的近距离测量值传输至远距离的测量站点来实现远距离测量的技术。遥测是利用传感技术、通信技术和数据处理技术的一门综合性技术。遥测主要用于集中检测分散的或难以接近的被测对象，如被测对象距离遥远，所处环境恶劣，或处于高速运动状态。遥测在国民经济、科学研究和军事技术等方面得到广泛应用。

图 3.38　遥感技术

实际遥测系统包括传感器、通信设备和数据处理设备。

传感技术和信号传输技术是遥测的两项关键技术。现代遥测系统广泛应用高精度的传感器、数字通信和电子计算机等先进设备。最先进的遥测系统则是航空航天遥测系统。

3.1.10 机器人智能感知

机器感知(Machine Cognition)是一连串复杂程序所组成的大规模信息处理系统,信息通常由很多常规传感器采集,经过这些程序的处理后,会得到一些非基本感官能得到的结果。

机器感知技术重点研究基于生物特征、以自然语言和动态图像的理解为基础的“以人为中心”的智能信息处理和控制技术,中文信息处理,研究生物特征识别、智能交通等相关领域的系统技术。

3.2 不同的标识体系

在物联网技术领域,目前存在不同的标识体系和标准,主要分为以下几大类。

(1) 国际标准:由 ISO(International Standards Organization,国际标准化组织)IEC(International Electrotechnical Commission,国际电工委员会)负责制定。

(2) 国家标准:由各个国家的相关政府机构与权威组织制定本国的相应国家标准,中国的国家标准由工业与信息化部与国家标准化管理委员会负责制定。

(3) 行业标准:由国际、国家的行业组织制定,例如,国际物品编码协会(International Article Numbering Association)与美国统一代码委员会(Uniform Code Council,UCC)制定的用于物体识别的 EPC 标准。

此外,还有涉及道德、伦理、健康、数据安全、隐私等的规范。

3.2.1 ISO 标识体系

ISO 制定的标准主要是为了确保协同工作的进行,规模经济的实现,工作实施的安全性以及其他许多方面。目前应用在物联网领域中的比较成熟的是 RFID 标准。

RFID 标准化的主要目的在于通过制定、发布和实施标准,解决编码、通信、空中接口和数据共享等问题,最大限度地促进 RFID 技术及相关系统的应用。ISO/IEC 已出台的 RFID 标准主要关注基本的模块构建、空中接口,涉及的数据结构以及其实施问题。具体可以分为技术标准、数据内容标准、一致性标准及应用标准 4 个方面。

RFID 标准涉及的主要内容包括如下。

(1) 技术(接口和通信技术,如空中接口、防碰撞方法、中间件技术、通信协议)。

(2) 一致性(数据结构、编码格式及内存分配)。

(3) 电池辅助及与传感器的融合。

(4) 应用(如不停车收费系统、身份识别、动物识别、物流、追踪、门禁等,应用往往涉及有关行业的规范)。

目前在我国常用的两个 RFID 标准为用于非接触智能卡的两个 ISO 标准：ISO 14443 和 ISO 15693。

3.2.2 GS1 标识体系

GS1(Globe Standard 1)全球统一标识系统是由国际物品编码协会开发、管理和维护，在全球推广应用的一套编码及数据自动识别标准。其核心价值就在于采用标准化的编码方案，解决在开放流通环境下商品、物流、服务、资产等特征值唯一标识与自动识别的技术难题。该系统能确保标识代码在全球范围内的通用性和唯一性，克服了企业使用自身的编码体系只能在闭环系统中应用的局限性，有效地提高了供应链的效率，推动了电子商务的发展。

GS1 系统主要包含三部分内容：编码体系、可自动识别的数据载体、电子数据交换标准协议。

GS1 系统的应用领域非常广泛，是供应链管理及商务信息化的基石。将 GS1 系统应用于商业零售、物流管理、产品追溯、电子商务、物联网建设等领域，可有效解决贸易伙伴间信息交换和共享的问题，促进商品的贸易流通，提高管理效率。在商业零售业，应用 GS1 系统可实现对商品进、销、存的高效管理，极大地促进了商业自动化。

在物流管理中，如果应用 GS1 系统等相关的物流信息标准，可使物流企业的信息系统开发费用降低 80%，将各系统连通起来的成本也可以减少一半。在食品追溯中，应用 GS1 系统可实现对食品供应链全过程的跟踪与追溯，建立"从农场到餐桌"食物供应链跟踪与追溯体系。

3.2.3 IEEE 标识体系

美国电气和电子工程师协会(Institute of Electrical and Electronics Engineers，IEEE)是一个国际性的电子技术与信息科学工程师的协会，是世界上最大的专业技术组织之一。

IEEE 被国际标准化组织授权为可以制定标准的组织，设有专门的标准工作委员会，有 30 000 名义务工作者参与标准的研究和制定工作，每年制定和修订 800 多个技术标准。

IEEE 的标准制定内容有电气与电子设备、试验方法、元器件、符号、定义以及测试方法等。

随着通信技术的迅速发展，人们提出了在人自身附近几米范围之内通信的需求，这样就出现了个人区域网络(Personal Area Network，PAN)和无线个人区域网络(Wireless Personal Area Network，WPAN)的概念。WPAN 网络为近距离范围内的设备建立无线连接，把几米范围内的多个设备通过无线方式连接在一起，使它们可以相互通信甚至接入 LAN 或 Internet。

物联网中涉及的 802.15.4 协议，即 IEEE 用于低速无线个人域网(LR-WPAN)的物理层和媒体接入控制层规范。该协议能支持消耗功率最少，一般在个人活动空间(10m 直径或更小)工作的简单器件，如图 3.39 所示。

图 3.39　IEEE 802.15.4 器件

3.2.4 IPv6与6LoWPAN标识体系

1. 下一代IP协议IPv6

IPv6是Internet Protocol Version 6的缩写,其中Internet Protocol译为互联网协议。IPv6是IETF(Internet Engineering Task Force,互联网工程任务组)设计的用于替代现行版本IP协议(IPv4)的下一代IP协议。目前IP协议的版本号是4(简称为IPv4),它的下一个版本就是IPv6。

目前人们使用的第二代互联网IPv4技术,它的最大问题是网络地址资源有限,以致目前的IP地址已枯竭。

一方面是地址资源数量的限制,另一方面是随着电子技术及网络技术的发展,计算机网络将进入人们的日常生活,可能身边的每一样东西都需要联网。在这样的环境下,IPv6应运而生。单从数字上来说,IPv6所拥有的地址容量是IPv4的约8×10^{28}倍,达到2^{128}个。这不但解决了网络地址资源数量的问题,同时也为除计算机外的设备连入互联网在数量的限制上扫清了障碍。

如果说IPv4实现的只是人机对话,而IPv6则扩展到任意事物之间的对话。它不仅可以为人类服务,还将服务于众多硬件设备,如家用电器、传感器、远程照相机、汽车等。

2. 6LoWPAN

过去将IP协议引入无线通信网络一直被认为是不现实的,迄今为止,基于IEEE 802.15.4实现IPv6通信的IETF 6LoWPAN草案标准的发布有望改变这一局面。

1) 6LoWPAN的优势

IETF 6LoWPAN标准基于IEEE 802.15.4实现IPv6通信。6LoWPAN的最大优点是低功率支持,几乎可运用到所有设备,包括手持设备和高端通信设备;它内植有AES-128加密标准,支持增强的认证和安全机制。

2) 扩展IP应用

IETF 6LoWPAN的突破口在于,实现了IP紧凑、高效应用,消除了此前Ad Hoc标准和专有协议过于混杂的情形。这对相关产业协议发展意义尤其重大,如BACNet、LonWorks、通用工业协议(CIP)、数据采集与监控系统(SCADA),此前设计用于特定、专门产业总线及连接中,从控制器区域网络总线(CAN-BUS)到AC电源线路。

6LoWPAN的出现,使已有协议进一步扩展了IP连接功能,自动实现了新型协议间的互操作,尤其802.15.4协议间,如ZigBee与SP100.11a。如今,所有类型的低功耗无线设备都可加入IP家族,与WiFi、以太网及其他类型设备“平起平坐”。现在,各类低功率无线设备第一次能够加入IP家庭中,与WiFi、以太网以及其他类型的设备共同工作。

3.3 用于物联网标识的开放架构

物联网的目标是物物相联相通,但是,如果连物品编码都无法统一,物联网势必被局限在一个狭窄的范围内,变成孤岛。目前的状况就是:多种物品编码方式共存,企业无所适从，甚至出现很多企业自行编码，不利于统一管理和信息共享。

针对目前物联网编码技术标准不统一、少量应用局限在局域网内、物联网应用门槛高等问题，适用于物联网标识应该像基因一样具有唯一性，并且标准的开放架构很重要。

在物流供应链领域，某种产品在供应链的不同环节都要有不同的标识，当某种饮品产品出厂后，要给它一个全球唯一的编码，其标识可用条码符号表示，也可以写进 RFID 标签。如果多个单品装成一盒，每一箱也要有一个全球唯一的编码；如果每 8 箱组成一个物流单元，每个物流单元还是要有一个全球唯一的编码。这样才能在物联网上实现对物的识别、对物的跟踪，实现物物相连。

用最少的编码信息解决最大的应用需求，通过全球统一的编码标识体系可以有效地解决物联网的这一需求。经过运输、储存等物流过程，直到超市上架销售的时候，一瓶饮品可能已经通过了多个甚至十多个数据采集点，这些数据采集点的编码也是唯一的。

所以从生产到储运，再从储运到销售，当某一物品通过任何一个环节的任何一个数据采集点时，不仅可以正确地识读出该物品的唯一编码，还可以识读出该物品与其他物品的内在关联。通过收集各个数据采集点的相关信息，从而实现对该物品的跟踪与追溯。

如果需要了解这瓶饮品物流过程中的状态，如 40℃以上高温环境下是否会变质，或零下 30℃以下严寒环境下是否以固体的形态存在等，就需要传感技术的支撑。这瓶饮品到了超市，所在仓库的楼层、搬运的叉车、经过的门、摆放的货架等都应该安装有识读设备，通过这些与互联网连接的识读设备，可以实时记录这瓶饮品的物流过程。对于生产企业，从车间到仓储同样需要这样的识读设备。物联网中的各个计算机、识读器、感知设备等都被分配了唯一的编码，否则是无法实现物物互连的。所有的编码都在一定的编码规则下生成，即使不同的编码体系，也可以通过编码解析实现物品的唯一标识。

物联网概念一经提出，立即受到各国政府、企业和学术界的重视，在需求和研发的相互推动下，迅速热遍全球。目前国际上对物联网的研究逐渐明朗起来，最典型的用于物联网标识解决方案有欧美的 EPC 系统和日本的 UID 系统。这里着重介绍 EPC 物联网。

3.4　电子产品编码

3.4.1　电子产品编码体系及其特点

电子产品编码(Electronic Product Code，EPC)由分别代表版本号、制造商、物品种类以及序列号的编码组成。EPC 是唯一存储在 RFID 标签中的信息。这使得 RFID 标签能够维持低廉的成本并具有灵活性，原因是在数据库中无数的动态数据能够与 EPC 相连接。EPC 网络如图 3.40 所示。

EPC 系统使用实体标记语言(Physical Markup Language，PML)作为编程语言。

3.4.2　物联网环境下的“物品”的统一标识体系

国际上目前还没有统一的 RFID 编码规则。目前，日本支持的 UID(Universal Identification，泛在识别)标准和欧美支持的 EPC 标准是当今影响力最大的两大标准，我国

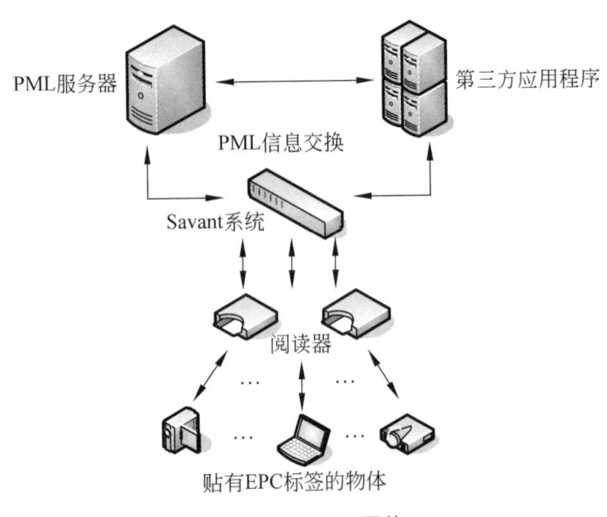

图 3.40　EPC 网络

的 RFID 标准还未形成。

1999 年美国麻省理工学院(MIT)成立了自动识别技术中心(Autoidcenter),提出 EPC 概念,其后 4 个世界著名研究型大学(英国剑桥大学、澳大利亚的阿德雷德大学、日本 Keio 大学、复旦大学)相继加入参与研发 EPC,并得到 100 多个国际大公司的支持,其研究成果已在一些公司中试用,如宝洁公司、Tesco 公共股份有限公司等。

关于编码方案,目前已有 EPC-96 Ⅰ型、EPC-64 Ⅰ型、EPC-64 Ⅱ型、EPC-64 Ⅲ型等。自 2001 年以来国际上不仅已经有许多大公司实施 EPC 方案,而且已向市场推出商用硬件和软件,以便各公司尽早部署配置 AUTO-ID 中心制定的开放式 RFID 系统。到 2005 年 EPC 标签的成本已降到 1 美分,而在 2005—2010 年全球已开始大规模采用 EPC。

EPC 编码有通用标识 GID(Goods Information Display),如图 3.41 所示,也有基于现有全球唯一的编码体系 EAN/UCC 的标识(SGTIN、SSCC、SGLN、GRAI、GIAI)。这类标识

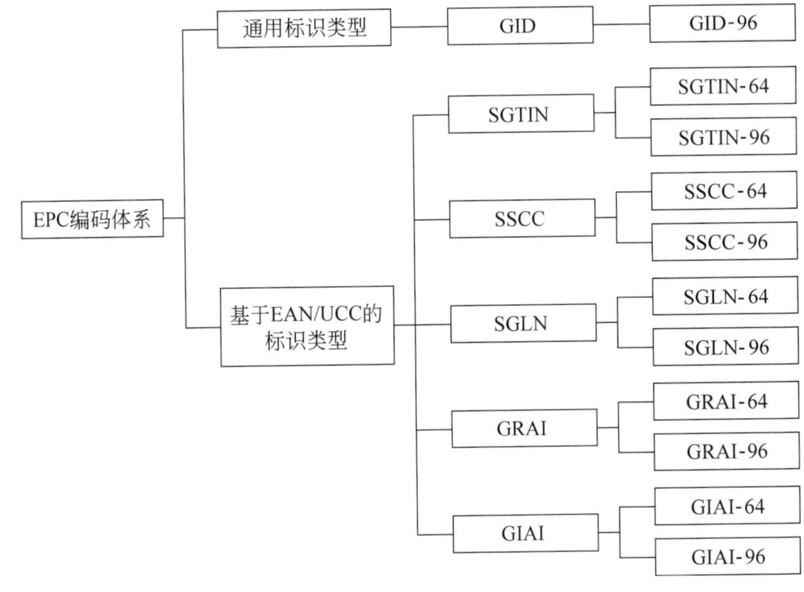

图 3.41　EPC 编码通用标识(GID)

又分为 96 位和 64 位两种。EPC 系统的最终目标是为每一单品建立全球的、开放的标识标准。

通过 EPC 系统的发展，希望能达到下述目的。

(1) 能够推动自动识别技术的快速发展。

(2) 通过整个供应链对货品进行实时跟踪。

(3) 通过优化供应链来给用户提供支持。

(4) 提高全球消费者的生活质量。

3.4.3 EPC 标签的通用标识符

EPC 的目标是提供对物理世界对象的唯一标识。它通过计算机网络来标识和访问单个物体，就如在互联网中使用 IP 地址来标识、组织和通信一样。

1. EPC 编码结构

EPC 的目标是为每一物理实体提供唯一标识，它是由一个头字段和另外三段数据(依次为 EPC 管理者、对象分类、序列号)组成的一组数字。

其中头字段标识 EPC 的版本号，它使得以后的 EPC 可有不同的长度或类型；EPC 管理者用来描述与此 EPC 相关的生产厂商的信息，例如“可口可乐公司”；对象分类记录产品精确类型的信息，例如“美国生产的 330mL 罐装减肥可乐(可口可乐的一种新产品)”；序列号唯一标识货品，它会精确地指明所说的究竟是哪一罐 330mL 罐装减肥可乐。图 3.42 给出了 EPC 的编码结构。

		头字段 (Header)	EPC管理者 EPC Manager	对象分类 Object Class	序列号 Serial Number
EPC-64	type i	2	21	17	24
	type ii	2	15	13	34
	type iii	2	26	13	23
EPC-96	type i	8	28	24	36
EPC-256	type i	8	32	56	192
	type ii	8	64	56	128
	type iii	8	128	56	64

图 3.42 EPC 编码结构

2. EPC 编码分类

目前，EPC 的位数有 64 位、96 位或者更多位。为了保证所有物品都有一个 EPC 并使其载体——标签成本尽可能降低，建议采用 96 位，这样它可以为 2.68 亿个公司提供唯一标识，每个生产厂商可以有 1600 万个对象分类并且每个对象分类可有 680 亿个序列号，这对未来世界所有产品已经够用了。鉴于当前不用那么多序列号，所以只采用 64 位 EPC。至今已经推出 EPC-96 Ⅰ型、EPC-64 Ⅰ型、EPC-64 Ⅱ型、EPC-64 Ⅲ型等编码方案。后面会重点介绍 EPC-64 和 EPC-96。

1）EPC-64Ⅰ型编码

该64位产品电子码包含最小的标志码，如图3.43所示。比起58位编码来说，需要考虑如何分配剩余的6位码的问题。因为较小编码首要考虑的问题是如何节约位数，对于位数的分配，数据分区比头字段部分有较高的优先级。头字段部分增加一位，这就允许3种数据分区，这样可以覆盖更广泛的工业需求。剩余的第4种数据分区留待扩展。

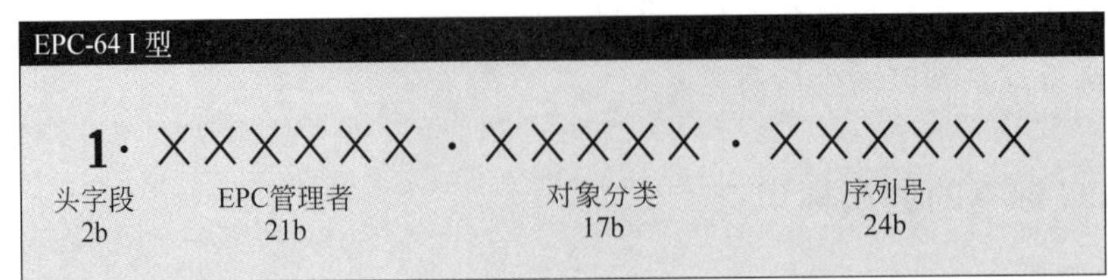

图3.43　EPC-64Ⅰ型编码

21位的管理者分区仅仅满足100万个公司。增加一位就会允许200万个分组使用该EPC-64代码。

对象分类分区可以容纳131 072个库存单元，这样就可以满足绝大多数公司的需求。58位编码的序列号分区仅仅提供一百万单品，不足以满足很多公司的需求。把剩余的4位都分配给这部分，序列号增加到24位，这样就可以为1600万单品提供空间。

2）EPC-64Ⅱ型编码

除了Ⅰ型EPC-64，还有其他方案以适合更大范围的公司、产品和序列号。AUTO-ID中心提议EPC-64Ⅱ用来适合众多产品以及价格反应敏感的消费品生产者。那些产品数量超过两万亿并且想要申请唯一产品标识的企业，可以采用EPC-64Ⅱ，即采用34位的序列号，最多可以标识17 179 869 184件不同产品。与13位对象分类区结合，每一个工厂可以为140 737 488 355 328或者超过140万亿不同的单品编号。这远远超过了世界上最大的消费品生产商的生产能力。

3）EPC-96Ⅰ型

EPC-96Ⅰ型也有3个数据段，如图3.44所示。头字段之后的第一个数据段标识EPC的管理者，负责维护随后的编码。EPC管理者负责在自己的范围内维护对象分类代码和序列号。EPC管理者必须保证对对象名解析服务(Object Name Service，ONS)可靠的操作，并负责维护和公布相关的产品信息。EPC管理者的区域占据28个数据位，允许大约2.68亿家制造商。每个管理者都允许拥有1600万个对象分类，这个字段能容纳当前所有的UPC库存单元的编码。序列号字段则是单一货品识别的编码。EPC-96序列号对所有的同类对象提供36位的唯一辨识号。与产品代码相结合，该字段将为每个制造商提供1.1×10^{28}个唯一的项目编号。

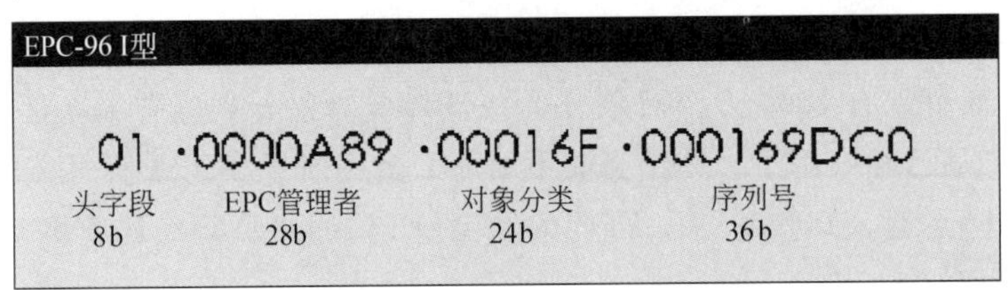

图3.44　EPC-96Ⅰ型编码

3.4.4 序列化全球贸易标识代码

全球贸易标识代码(Global Trade Identification Number,GTIN)是为全球贸易项目提供唯一标识的一种代码(或称为数据结构)。对贸易项目进行编码和符号表示,能够实现商品零售、进货、存货管理、自动补货、销售分析及其他业务运作的自动化。

1. 全球贸易项目代码

全球贸易项目是指一项产品或服务,它可以在供应链的任意一点进行标价、订购或开具发票以便所有贸易伙伴进行交易。对于产品、贸易项目就是在流通中可以交易的一个单元,如一瓶可乐、一箱可乐、一瓶洗发水和一瓶护发素的组合包装。它可以是零售的,也可以是非零售的。

2. GTIN 编码结构

GTIN 有 4 种编码结构:EAN/UCC-13、EAN/UCC-8、UCC-12 以及 EAN/UCC-14,前 3 种结构也可表示成 14 位数字的代码结构(见图 3.45),选择何种编码结构取决于贸易项目的特征和用户的应用范围。

EAN/UCC-14数据结构	指示符	内含项目的GTIN(不含校验位)	校验位
	N_1	N_2 N_3 N_4 N_5 N_6 N_7 N_8 N_9 N_{10} N_{11} N_{12} N_{13}	N_{14}

EAN/UCC-13数据结构	厂商识别代码 项目代码	校验位
	N_1 N_2 N_3 N_4 N_5 N_6 N_7 N_8 N_9 N_{10} N_{11} N_{12}	N_{13}

UCC-12数据结构	厂商识别代码 项目代码	校验位
	N_1 N_2 N_3 N_4 N_5 N_6 N_7 N_8 N_9 N_{10} N_{11}	N_{12}

EAN/UCC-8数据结构	前缀码 项目代码	校验位
	N_1 N_2 N_3 N_4 N_5 N_6 N_7	N_8

图 3.45 全球贸易标识数据结构

GTIN 是唯一的、无含义的、多行业的、全球认可的代码。按照全球贸易项目的流通领域可以分为零售贸易项目和非零售贸易项目;按照标识的对象计量特性可分为定量贸易项目的标识、变量贸易项目的标识。其中,定量贸易项目是指按商品件数计价消费的消费单元;变量贸易项目是指按基本计量单位计价,以随机数量销售的消费单元。

3.5 未来的物联网标识技术

标识技术是物联网最为关键的技术领域之一。在标识技术的研究过程中,研究的重点不应该仅仅局限在对于现实世界中的物品和设备的唯一标识的管理上,像人与位置的多重标识处理问题以及对同一物体不同的标识和各种权限凭证之间的交叉引用问题等,也都会成为未来的物联网标识技术重点研究的领域。未来的物联网标识技术的研究内容主要需要考虑如下几个方面的问题。

首先,站在今天的角度上,标识本身已经是多种多样了,用于承载标识的数据载体技术更加千变万化。所以,不论从现实的角度,还是从实用性的角度来看,未来的物联网都不应该把标识技术绑定在某一种或者某几种数据载体技术之上。反而人们应该建立起一整套可靠的标识生成与解析体系平台。在这个平台上,不论使用什么样的标识,不论使用什么样的数据载体(既可以是一维条码、二维条码、RFID,也可以是纽扣内存(Memory Button),或者是那些未来可能被发明出来的其他的数据载体技术等),都应该保证它们可以进行顺利地编解码,而且应该保障这种编码和解码机制具有高度的一致性。

其次,未来物联网的许多应用都要考虑安全风险和隐私问题,所以标识的安全与保密技术,像标识的加密技术以及标识的化名技术(Pseudonym Schemes)等,也应该是人们重点研究的对象。

最后,标识技术不仅被用于对现实世界中的物品进行唯一标识以明确其身份,标识技术的一个更为关键的作用是辅助物品的搜索与发现服务等技术领域。通过使用标识技术可以帮助未来物联网及其应用在各种各样数据库和信息集合中提取资料;帮助基于未来的物联网的全球目录搜索发现服务快速、准确地查找信息,检查数据可用性以及检索各种资源的准确地址等。

另外,在研究过程中,必须考虑标识技术的研究不仅是发展新的标识结构,同时还应该考虑标识体系的互操作性。要让人们研究的标识技术不但可以支撑未来新发展起来的标识体系,同时还要支持今天已经存在的各种各样的标识结构,特别是那些已经在现有的互联网上广泛存在和使用的标识方案(如统一资源标识符等);要让这些标识系统之间可以互相并存、互相融合并且互相操作,从而帮助人们借助现有已经具有连接能力的各种物品以及它们的标识,以推进未来物联网的发展与建设进程。

综上所述,近一段时间主要的研究重点应该放在以下的内容之上:全球/全局统一的标识体系的研究,标识的管理技术,标识的编码和解码技术,标识的化名技术,(可撤销的)匿名访问技术,多方认证技术,基于标识、身份认证和寻址结构的数据与信息管理技术,以及如何基于未来物联网及其应用中各种各样唯一标识体系建立全球/全局目录搜索与发现服务等问题。

3.6 应用案例:医疗健康护理传感器网络

基于无线传感器网络的医疗健康护理系统主要由无线医疗传感器结点(体温、脉搏、血氧等传感器结点)、若干具有路由功能的无线结点、基站、PDA、具有无线网卡的笔记本、PC等组成。

基站负责连接无线传感器网络与无线局域网和以太网,负责无线传感器结点和设备结点的管理。传感器结点和路由结点自主形成一个多跳的网络。

佩戴在监护对象身上的体温、脉搏、血氧等传感器结点通过无线传感器网络向基站发送数据。基站负责体温、脉搏、血氧等生理数据的实时采集、显示和保存。条件允许,其他的监护信息如监护图像、安全设备状态等也可以传输到基站或服务器。

医院监控中心和医生可以通过移动终端(PDA、接入网络的笔记本等)登录基站服务器查看被护理者的生理信息,也可以远程控制无线传感器网络中的传感器和其他无线设备,从而在被监护病人出现异常时,能够及时监测并采取抢救措施。一个用于医疗健康护理的无线传感器网络体系结构如图 3.46 所示。

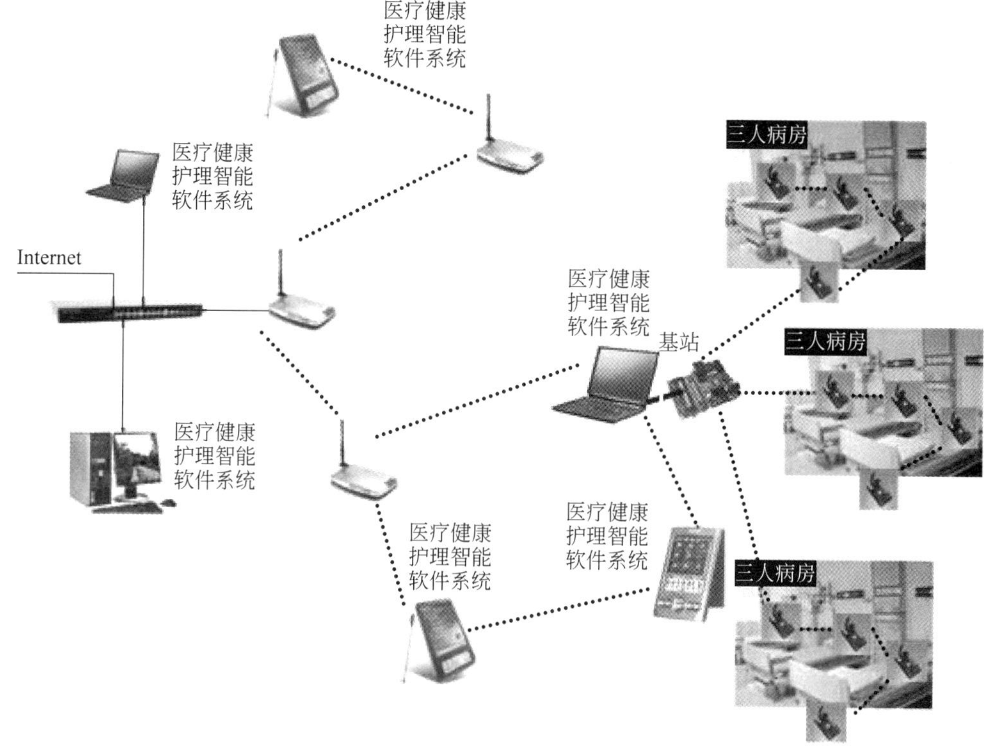

图 3.46　医疗健康护理的无线传感器网络体系结构

1. 可穿戴医疗传感器结点

医疗应用一般需要非常小的、轻量级的和可穿戴的传感器结点。为此专门为医疗健康护理开发了专用的可穿戴医疗传感器结点,如图 3.47 所示。

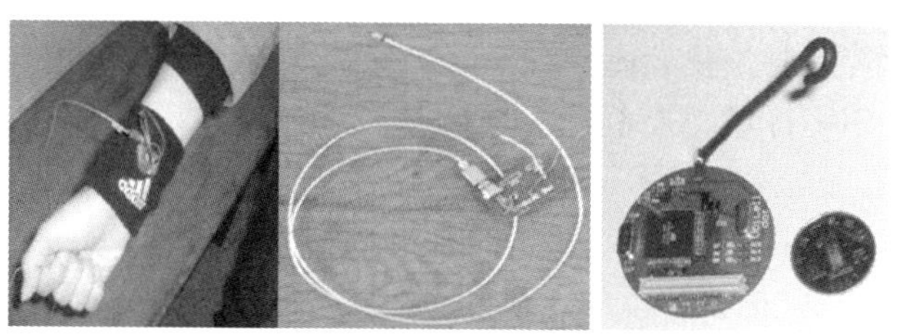

图 3.47　可穿戴 Ubi Cell 医疗传感器结点

2. 医疗健康护理基站软件系统

基站软件系统接收无线传感器网络采集的医疗健康护理数据。提供向无线传感器网络发布查询和管理命令的功能。医疗健康护理数据的实时动态图形化显示,如图 3.48 所示。

提供历史健康护理传感数据的查询与变化趋势分析。当数据超出正常范围时,生成报警信息,向主管医生报警。通过无线网络和移动终端设备(PDA 等)进行交互,完成数据的实时共享和无线传感器网络的远程控制。维护和管理 PDA 终端、医疗健康护理传感器结点、护理对象及用户等信息。

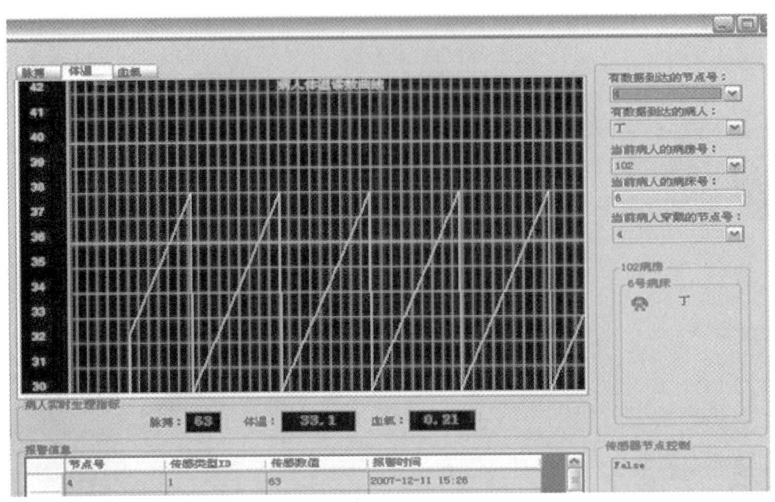

图 3.48　医疗健康护理基站软件系统实时护理数据显示页面

习题与思考题

(1) 条形码分为几种?请简要说明每种条形码的特点。

(2) 简要概述 IC 卡技术。

(3) RFID 电子标签分为哪几种?简述每种标签的工作原理。

(4) 简述 RFID 与其他标识方式的比较。

(5) 传感器的定义是什么?它们是如何分类的?

(6) 常见传感器的基本概念及主要特性有哪些?

(7) 试分析传感器在各领域里的应用。

(8) 什么是智能传感器?智能传感器有哪些实现方式?

(9) 举例说明光学字符识别技术的应用。

(10) 简述语音识别技术的技术原理。

(11) 试分析生物识别技术在各领域里的应用。

(12) 简要地叙述 ISO 标识体系的组成,以及各个部分的英文缩写。

(13) 简述 IEEE 标识体系的构成。

(14) 什么是电子产品编码 EPC?

(15) 简要地叙述 EPC 系统的组成,以及各个部分的英文缩写。

(16) EPC 码有几种技术要求?每种要求具体内容是什么?

(17) 什么是序列化全球贸易标识代码(SGTIN)?

第4章　通信技术

4.1　无线低速网络

物联网背景下连接的物体，既有智能的也有非智能的。为了适应物联网中那些能力较低的结点低速率、低通信半径、低计算能力和低能量的要求，对物联网中各种各样的物体进行操作的前提就是先将它们连接起来，低速网络协议是实现全面互联互通的前提。

典型的无线低速网络协议有蓝牙 BlueTooth(802.15.1 协议)、紫蜂 ZigBee(802.15.4 协议)、红外及近距离无线通信 NFC 等无线低速网络技术。

与无线局域网(WiFi)及无线城域网(WiMAX)相比较，具体的频段分配如图 4.1 所示。

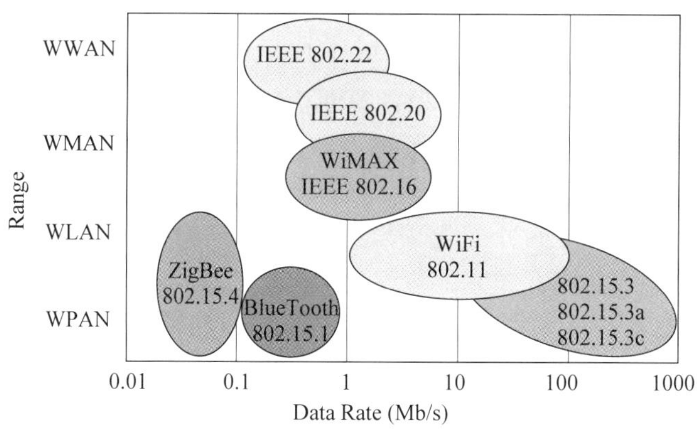

图 4.1　无线传输频段比较

4.1.1　蓝牙技术

蓝牙技术(BlueTooth)是一种支持设备短距离通信(一般 10m 内)的无线电技术。能在包括移动电话、PDA、无线耳机、笔记本计算机、相关外设等众多设备之间进行无线信息交换。利用蓝牙技术，能够有效地简化移动通信终端设备之间的通信，也能够成功地简化设备与 Internet 之间的通信，从而数据传输变得更加迅速高效，为无线通信拓宽道路。

蓝牙技术使用高速跳频和时分多址等先进技术，在近距离内最廉价地将几台数字化设备(各种移动设备，固定通信设备，计算机及其终端设备，各种数字数据系统，如数字照相机、数字摄像机等，甚至各种家用电器、自动化设备)呈网状连接起来。蓝牙技术将是网络中各种外围设备接口的统一桥梁，它消除了设备之间的连线，取而代之以无线连接。

蓝牙技术采用分散式网络结构，支持点对点及点对多点通信，工作在全球通用的 2.4GHz ISM(即工业、科学、医学)频段，蓝牙 1.2 版本的数据速率为 1Mb/s，蓝牙 4.0 版本的数据速率理论上高达 24Mb/s。采用时分双工传输方案实现全双工传输。

1. 蓝牙技术的起源

1998年5月,爱立信、诺基亚、东芝、IBM和英特尔五家著名厂商,在联合开展短程无线通信技术的标准化活动时提出了蓝牙技术,其宗旨是提供一种短距离、低成本的无线传输应用技术。

蓝牙的名字来源于10世纪丹麦国王Harald Blatand,英译为Harold Bluetooth(因为他十分喜欢吃蓝莓,所以牙齿每天都带着蓝色)。他将当时的瑞典、芬兰与丹麦统一起来。用他的名字来命名这种新的技术标准,含有将四分五裂的局面统一起来的意思。

这五家厂商还成立了蓝牙特别兴趣组,以使蓝牙技术能够成为未来的无线通信标准。芯片霸主Intel公司负责半导体芯片和传输软件的开发,爱立信公司负责无线射频和移动电话软件的开发,IBM和东芝公司负责笔记本计算机接口规格的开发。1999年下半年,著名的业界巨头微软、摩托罗拉、三康、朗讯与蓝牙特别小组的五家公司共同发起成立了蓝牙技术推广组织,从而在全球范围内掀起了一股蓝牙热潮。

2. 蓝牙技术的应用

蓝牙技术可以应用于日常生活的各个方面,例如,如果把蓝牙技术引入到移动电话和膝上型计算机中,就可以去掉移动电话与膝上型计算机之间的令人讨厌的连接电缆而通过无线使其建立通信。打印机、PDA、桌上型计算机、传真机、键盘、游戏操纵杆以及所有其他的数字设备都可以成为蓝牙系统的一部分。除此之外,蓝牙无线技术还为已存在的数字网络和外设提供通用接口以组建一个远离固定网络的个人特别连接设备群。图4.2所示为蓝牙技术的一种应用。

图4.2 蓝牙技术应用

目前,蓝牙技术已被普遍应用在笔记本计算机上,以帮助两台(或多台)笔记本计算机之间实现无线通信。全世界已有2161家公司参加了SIG(Special Interest Group)组织, SIG成员公司包括PC、移动电话、网络相关设备、外围辅助设备和A/V设备、通信设备和汽车电子、自动售货机、医药器械、计时装置等诸多领域的设备制造公司。

3. 蓝牙技术的规范及特点

蓝牙技术是一种无线数据与语音通信的开放性全球规范,它以低成本的近距离无线连接为基础,为固定与移动设备通信环境建立一个特别连接。其程序写在一个9mm×9mm的微芯片中。

蓝牙的标准是IEEE 802.15,蓝牙1.2版本工作在2.4GHz频带,带宽为1Mb/s。以时分方式进行全双工通信,其基带协议是电路交换和分组交换的组合。一个跳频频率发送一个同步分组,每个分组占用一个时隙,使用扩频技术也可扩展到5个时隙。同时,蓝牙技术支持一个异步数据通道或3个并发的同步话音通道,或一个同时传送异步数据和同步话音的通道。每一个话音通道支持64kb/s的同步话音;异步通道支持最大速率为721kb/s,反向应答速率为57.6kb/s的非对称连接,或者是432.6kb/s的对称连接。

依据发射输出电平功率不同,蓝牙传输有3种距离等级: Class1为100m左右;Class2约为10m;Class3为2~3m。一般情况下,其正常的工作范围是半径为10m的圆形区域之内。在此范围内，可进行多台设备间的互连。

4. 蓝牙匹配规则

蓝牙技术作为一种标准开放性无线接入技术，用户在使用时必须了解和遵守其标准技术规范。两个蓝牙设备在进行通信前，必须将其匹配在一起，以保证其中一个设备发出的数据信息只会被经过允许的另一个设备所接收。蓝牙技术将设备分为两种：主设备和从设备。

1）蓝牙主设备

主设备一般具有输入端。在进行蓝牙匹配操作时，用户通过输入端可输入随机的匹配密码来将两个设备匹配。蓝牙手机、安装有蓝牙模块的 PC 等都是主设备（例如，蓝牙手机和蓝牙 PC 进行匹配时，用户可在蓝牙手机上任意输入一组数字，然后在蓝牙 PC 上输入相同的一组数字，来完成这两个设备之间的匹配）。

2）蓝牙从设备

从设备一般不具备输入端。因此从设备在出厂时，在其蓝牙芯片中，固化有一个 4 位或 6 位数字的匹配密码。蓝牙耳机、数码笔等都是从设备（例如，蓝牙 PC 与数码笔匹配时，用户将数码笔上的蓝牙匹配密码正确地输入到蓝牙 PC 上，完成数码笔与蓝牙 PC 之间的匹配）。

主设备与主设备之间、主设备与从设备之间，是可以互相匹配在一起的；而从设备与从设备是无法匹配的。例如，蓝牙 PC 与蓝牙手机可以匹配在一起，蓝牙 PC 也可以与数码笔匹配在一起，而数码笔与数码笔之间是不能匹配的。

一个主设备，根据其类型的不同，可匹配一个或多个其他设备。例如，一部蓝牙手机一般只能匹配 7 个蓝牙设备，而一台蓝牙 PC 可匹配十多个或数十个蓝牙设备。

在同一时间，蓝牙设备之间仅支持点对点通信。

4.1.2　紫蜂技术

紫蜂（ZigBee）技术是一种近距离、低复杂度、低功耗、低速率、低成本的双向无线通信技术。主要用于距离短、功耗低且传输速率不高的各种电子设备之间进行数据传输以及典型的有周期性数据、间歇性数据和低反应时间数据传输的应用。

ZigBee 采用 DSSS 技术调制发射，用于多个无线传感器组成网状网络，是一种短距离、低速率、低功耗的无线网络传输技术，采用 DSSS 技术调制发射，用于多个无线传感器组成网状网络，新一代的无线传感器网络将采用 802.15.4（ZigBee）协议。

1. 紫蜂技术简介

ZigBee 这个名字来源于蜂群的通信方式：蜜蜂之间通过跳 Z 形状的舞蹈来交互消息，以便共享食物源的方向、位置和距离等信息。借此意义将 ZigBee 作为新一代无线通信技术的命名。

简单地说，紫蜂是一种高可靠的无线数传网络，类似于 CDMA 和 GSM 网络。ZigBee 数传模块类似于移动网络基站。通信距离从标准的 75m 到几百米、几千米，并且支持无限扩展。ZigBee 是一个由可多到 65 000 个无线数传模块组成的一个无线网络平台，在整个网络范围内,每一个网络模块之间可以相互通信,每个网络结点间的距离可以从75m向远处无限扩展。紫蜂网络结点模块如图4.3所示。

图4.3　紫蜂网络结点模块

与移动通信的CDMA网或GSM网不同的是,紫蜂网络主要是为工业现场自动化控制数据传输而建立,因而,它必须具有简单、使用方便、工作可靠、价格低的特点。而移动通信网主要是为语音通信而建立的,每个基站价值一般都在百万元以上,而每个紫蜂网络基站却不到1000元。

每个网络结点不仅本身可以作为监控对象,例如,其所连接的传感器直接进行数据采集和监控,还可以自动中转别的网络结点传过来的数据资料。除此之外,每一个网络完整功能设备结点(FFD)还可在自己信号覆盖的范围内,与多个不承担网络信息中转任务的孤立的精简功能设备子结点(RFD)无线连接。

2. 技术特点

紫蜂是一种无线连接,可工作在2.4GHz(全球流行)、868MHz(欧洲流行)和915MHz(美国流行)3个频段上,分别具有最高250kb/s、20kb/s和40kb/s的传输速率,它的传输距离在10～75m,但可以继续增加。作为一种无线通信技术,紫蜂具有如下特点。

(1) 低功耗:由于传输速率低,发射功率仅为1mW,而且采用了休眠模式,功耗低,因此,设备非常省电。据估算,紫蜂设备仅靠两节5号电池就可以维持长达6个月到2年左右的使用时间,这是其他无线设备望尘莫及的。

(2) 成本低:ZigBee模块的初始成本在6美元左右,估计很快就能降到1.5～2.5美元,并且协议是免专利费的。低成本对于ZigBee也是一个关键的因素。

(3) 时延短:通信时延和从休眠状态激活的时延都非常短,典型的搜索设备时延30ms,休眠激活的时延是15ms,活动设备信道接入的时延为15ms。因此,紫蜂技术适用于对时延要求苛刻的无线控制(如工业控制场合等)应用。

(4) 网络容量大:一个星状结构的ZigBee网络最多可以容纳254个从设备和一个主设备,一个区域内可以同时存在最多100个网络,而且网络组成灵活。

(5) 可靠:采取了碰撞避免策略,同时为需要固定带宽的通信业务预留了专用时隙,避开了发送数据的竞争和冲突。MAC层采用了完全确认的数据传输模式,每个发送的数据包都必须等待接收方的确认信息。如果传输过程中出现问题可以进行重发。

(6) 安全:ZigBee提供了基于循环冗余校验(CRC)的数据包完整性检查功能,支持鉴权和认证,采用了AES-128的加密算法,各个应用可以灵活确定其安全属性。

3. 应用领域

ZigBee的出现给人们的工作和生活带来极大的方便和快捷,它以其低功耗、低速率、低成本的技术优势,适合的应用领域主要有以下几个方面。

(1) 家庭和建筑物的自动化控制:照明、空调、窗帘等家具设备的远程控制以使其更加节能、便利,烟尘、有毒气体探测器等可自动监测异常事件以提高安全性。

(2) 消费性电子设备:电视、DVD、CD机等电器的远程遥控(含ZigBee功能的手机就可以支持主要遥控器功能)。

(3) PC 外设：无线键盘、鼠标、游戏操纵杆等。

(4) 工业控制：利用传感器和 ZigBee 网络使数据的自动采集、分析和处理变得更加容易。

(5) 医疗设备控制：医疗传感器、病人的紧急呼叫按钮等。

(6) 交互式玩具。

4. 紫蜂联盟

ZigBee 联盟成立于 2002 年 8 月，由英国 Invensys 公司、日本三菱电气公司、美国摩托罗拉公司以及荷兰飞利浦半导体公司组成，如今已经吸引了上百家芯片公司、无线设备公司和开发商的加入。联盟是一个高速成长的非营利业界组织，成员包括国际著名半导体生产商、技术提供者、技术集成商以及最终使用者。联盟制定了基于 IEEE 802.15.4，具有高可靠、高性价比、低功耗的网络应用规格。

联盟的主要目标是以通过加入无线网络功能，为消费者提供更富有弹性、更容易使用的电子产品；使 ZigBee 技术能融入各类电子产品，应用范围横跨全球的民用、商用、公共事业以及工业等市场；使得联盟会员可以利用这个标准化无线网络平台，设计出简单、可靠、便宜又节省电力的各种产品来。

联盟所锁定的焦点是制定网络、安全和应用软件层的标准；提供不同产品的协调性及互通性测试规格；在世界各地推广品牌并争取市场的关注；管理技术的发展。

5. ZigBee 协议栈

ZigBee 协议栈结构是基于标准 OSI 七层模型的，包括高层应用规范、应用汇聚层、网络层、媒体接入层和物理层，如图 4.4 所示。

高层应用规范
应用汇聚层
网络层
媒体接入层
物理层

图 4.4 ZigBee 协议栈

IEEE 802.15.4 定义了两个物理层标准，分别是 2.4GHz 物理层和 868/915MHz 物理层。两者均基于直接序列扩频（Direct Sequence Spread Spectrum，DSSS）技术。868MHz 只有一个信道，传输速率为 20kb/s；902～928MHz 频段有 10 个信道，信道间隔为 2MHz，传输速率为 40kb/s。以上这两个频段都采用 BPSK 调制。2.4～2.4835GHz 频段有 16 个信道，信道间隔为 5MHz，能够提供 250kb/s 的传输速率，采用 O-QPSK 调制。为了提高传输数据的可靠性，IEEE 802.15.4 定义的媒体接入控制（MAC）层采用了 CSMA-CA 和时隙 CSMA-CA 信道接入方式和完全握手协议。应用汇聚层主要负责把不同的应用映射到 ZigBee 网络上，主要包括安全与鉴权、多个业务数据流的会聚、设备发现和业务发现。

6. ZigBee 网络的拓扑结构

ZigBee 网络的拓扑结构主要有 3 种：星状网、网状（Mesh）网和混合网，如图 4.5 所示。

星状网由一个个人局域网（Personal Area Network，PAN）协调点和一个或多个终端结点组成。PAN 协调点必须是完整功能设备（Full Functional Device，FFD），它负责发起建立和管理整个网络，其他结点（终端结点）一般为精简功能设备（Reduced Functional Device，RFD），分布在 PAN 协调点的覆盖范围内，直接与 PAN 协调点进行通信。星状网通常用于结点数量较少的场合。

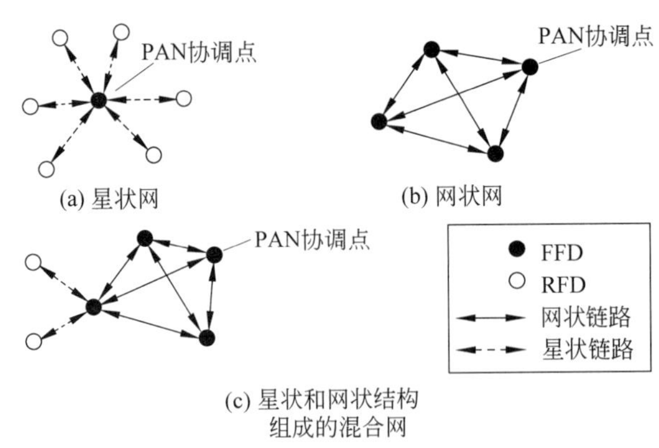

图 4.5　ZigBee 网络的拓扑结构

网状(Mesh)网一般是由若干个 FFD 连接在一起形成,它们之间是完全的对等通信,每个结点都可以与它的无线通信范围内的其他结点通信。网状网中,一般将发起建立网络的 FFD 结点作为 PAN 协调点。网状网是一种高可靠性网络,具有自恢复能力,它可为传输的数据包提供多条路径,一旦一条路径出现故障,则存在另一条或多条路径可供选择。

网状网可以通过 FFD 扩展网络,组成网状网与星状网构成的混合网。混合网中,终端结点采集的信息首先传到同一子网内的协调点,再通过网关结点上传到上一层网络的 PAN 协调点。混合网适用于覆盖范围较大的网络。

7. ZigBee 网络配置

低数据速率的 WPAN 中包括两种无线设备:全功能设备(FFD)和精简功能设备(RFD)。其中,FFD 可以与 FFD、RFD 通信,而 RFD 只能与 FFD 通信,RFD 之间是无法通信的。RFD 的应用相对简单,例如,在传感器网络中,它们只负责将采集的数据信息发送给它的协调点,并不具备数据转发、路由发现和路由维护等功能。RFD 占用资源少,需要的存储容量也小,成本比较低。

在一个 ZigBee 网络中,至少存在一个 FFD 充当整个网络的协调点,即 PAN 协调点,ZigBee 中也称为 ZigBee 协调点。一个 ZigBee 网络只有一个 PAN 协调点。通常,PAN 协调点是一个特殊的 FFD,它具有较强大的功能,是整个网络的主要控制者,它负责建立新的网络、发送网络信标、管理网络中的结点以及存储网络信息等。FFD 和 RFD 都可以作为终端结点加入 ZigBee 网络。此外,普通 FFD 也可以在它的个人操作空间(POS)中充当协调点,但它仍然受 PAN 协调点的控制。ZigBee 中每个协调点最多可连接 255 个结点,一个 ZigBee 网络最多可容纳 65 535 个结点。

8. ZigBee 组网技术

ZigBee 中,只有 PAN 协调点可以建立一个新的 ZigBee 网络。当 ZigBee PAN 协调点希望建立一个新网络时,首先扫描信道,寻找网络中的一个空闲信道来建立新的网络。如果找到了合适的信道,ZigBee 协调点会为新网络选择一个 PAN 标识符(PAN 标识符是用来标识整个网络的,因此所选的 PAN 标识符必须在信道中是唯一的)。一旦选定了 PAN 标识符,就说明已经建立了网络,此后,如果另一个 ZigBee 协调点扫描该信道,这个网络的协调点就会响应并声明它的存在。另外,这个 ZigBee 协调点还会为自己选择一个 16 位网络地址。ZigBee 网络中的所有结点都有一个 64 位 IEEE 扩展地址和一个 16 位网络地址，其中，16 位的网络地址在整个网络中是唯一的，也就是 802.15.4 中的 MAC 短地址。

ZigBee 协调点选定了网络地址后，就开始接受新的结点加入其网络。当一个结点希望加入该网络时，它首先会通过信道扫描来搜索它周围存在的网络，如果找到了一个网络，它就会进行关联过程加入网络，只有具备路由功能的结点可以允许别的结点通过它关联网络。如果网络中的一个结点与网络失去联系后想要重新加入网络，它可以进行孤立通知过程重新加入网络。网络中每个具备路由器功能的结点都维护一个路由表和一个路由发现表。

ZigBee 网络中传输的数据可分为三类。

(1) 周期性数据，例如，传感器网中传输的数据，这一类数据的传输速率根据不同的应用而确定。

(2) 间歇性数据，例如，电灯开关传输的数据，这一类数据的传输速率根据应用或者外部激励而确定。

(3) 反复性的、反应时间低的数据，例如，无线鼠标传输的数据，这一类数据的传输速率是根据时隙分配而确定的。

为了降低 ZigBee 结点的平均功耗，ZigBee 结点有激活和睡眠两种状态，只有当两个结点都处于激活状态才能完成数据的传输。在有信标的网络中，ZigBee 协调点通过定期地广播信标为网络中的结点提供同步；在无信标的网络中，终端结点定期睡眠，定期醒来，除终端结点以外的结点要保证始终处于激活状态，终端结点醒来后会主动询问它的协调点是否有数据要发送给它。在 ZigBee 网络中，协调点负责缓存要发送给正在睡眠的结点的数据包。

4.1.3　红外通信技术

红外通信(IrDA)是一种利用红外线进行点对点通信的技术，是第一个实现无线个人局域网(PAN)的技术。目前它的软硬件技术都很成熟，在小型移动设备，如 PDA、手机上广泛使用。事实上，当今每一个出厂的 PDA 及许多手机、笔记本计算机、打印机等产品都支持 IrDA。

1. 红外通信技术简介

红外通信技术使用一种点对点的数据传输协议，是传统的设备之间连接线缆的替代。如图 4.6 所示。它的通信距离一般在 0～1m，传输速率最高可达 16Mb/s，通信介质为波长为 900nm 左右的近红外线。它是目前在世界范围内被广泛使用的一种无线连接技术，被众多的硬件和软件平台所支持；通过数据电脉冲和红外光脉冲之间的相互转换实现无线的数据收发。主要是用来取代点对点的线缆连接；新的通信标准兼容早期的通信标准；小角度(30°锥角以内)，短距离，点对点直线数据传输，保密性强；传输速率较高，目前 4Mb/s 速率的 FIR 技术已被广泛使用，16Mb/s 速率的 VFIR 技术已经发布。

图 4.6　红外通信

由于红外通信的方便高效，使之在 PC、PC 外设以及信息家电等设备上的应用日益广泛，如目前 PDA 的红外通信收发端口已成为必要的通信接口，因此，应用 PDA 的红外收发端口对某些受红外控制的设备进行控制与通信正成为一个新的技术应用方向。

2. 红外通信标准

IrDA是红外数据组织(Infrared Data Association)的简称,目前广泛采用的IrDA红外连接技术就是由该组织提出的。

在红外通信技术发展早期,存在好几个红外通信标准,不同标准之间的红外设备不能进行红外通信。为了使各种红外设备能够互联互通,1993年,由20多个大厂商发起成立了红外数据协会,统一了红外通信的标准,这就是目前被广泛使用的IrDA红外数据通信协议及规范。

由于当前PDA红外收发协议都是遵照IrDA协议的,而大部分的红外通信器所使用的IR通信协议一般并不与IrDA协议相兼容。为实现与这类设备进行红外通信,必须对红外通信协议进行自定义,开发相关驱动程序对PDA进行下载,从而通过PDA的URAT串行端口发送与协议相对应的编码到IR收发器,实现需求的红外通信功能。

IrDA的主要优点是无须申请频率的使用权,因而红外通信成本低廉。并且还具有移动通信所需的体积小、功耗低、连接方便、简单易用的特点。此外,红外线发射角度较小,传输上安全性高。IrDA的不足在于它是一种视距传输,两个相互通信的设备之间必须对准,中间不能被其他物体阻隔,因而该技术只能用于两台(非多台)设备之间的连接。蓝牙就没有此限制,且不受墙壁的阻隔。IrDA目前的研究方向是如何解决视距传输问题及提高数据传输率。

4.1.4 近距离通信技术

近距离无线通信(Near Field Communication,NFC)由飞利浦公司和索尼公司共同开发,是一种非接触式识别和互连技术,可以在移动设备、消费类电子产品、PC和智能控件工具间进行近距离无线通信。NFC提供了一种简单、触控式的解决方案,可以让消费者简单直观地交换信息、访问内容与服务。

1. 概述

近场通信又称为近距离无线通信,是一种短距离的高频无线通信技术,允许电子设备之间进行非接触式点对点数据传输(在10cm内)交换数据。这个技术由免接触式射频识别演变而来,并向下兼容RFID,最早由Philips、Nokia和Sony主推,主要用于手机等手持设备中。由于近场通信具有天然的安全性,因此,NFC技术被认为在手机支付等领域具有很大的应用前景。

NFC将非接触读卡器、非接触卡和点对点(Peer-to-Peer)功能整合进一块单芯片,为消费者的生活方式开创了不计其数的全新机遇。这是一个开放接口平台,可以对无线网络进行快速、主动设置,也是虚拟连接器,服务于现有蜂窝状网络、蓝牙和无线802.11设备。

与RFID不同,NFC采用了双向的识别和连接。在20cm距离内工作于13.56MHz频率范围。NFC最初仅仅是遥控识别和网络技术的合并,但现在已发展成无线连接技术。它能快速自动地建立无线网络,为蜂窝设备、蓝牙设备、WiFi设备提供一个虚拟连接,使电子设备可以在短距离范围进行通信。NFC 的短距离交互大大简化了整个认证识别过程，使电子设备间互相访问更直接、更安全和更清楚，不用再听到各种电子杂音。

NFC 通过在单一设备上组合所有的身份识别应用和服务，帮助解决记忆多个密码的麻烦，同时也保证了数据的安全保护。有了 NFC，多个设备如数码相机、PDA、机顶盒、计算机、手机等之间的无线互连，彼此交换数据或服务都将有可能实现。

2. NFC 全球最早的商业应用

2006 年 4 月 19 日，飞利浦、诺基亚、Vodafone 公司及德国法兰克福美因茨地区的公交网络运营商美因茨交通公司宣布，在成功地进行为期 10 个月的现场试验后，近距离无线通信（NFC）技术投入商用。如图 4.7 所示。哈瑙市的大约 95 000 位居民现在只需轻松地刷一下兼容手机，就能享受 NFC 式公交移动售票带来的便利。

图 4.7 NFC 商业应用

3. NFC 技术原理

支持 NFC 的设备可以在主动或被动模式下交换数据。

在被动模式下，启动 NFC 通信的设备，也称为 NFC 发起设备（主设备），在整个通信过程中提供射频场。它可以选择 106kb/s、212kb/s 或 424kb/s 其中一种传输速率，将数据发送到另一台设备。另一台设备称为 NFC 目标设备（从设备），不必产生射频场，而使用负载调制（Load Modulation）技术，即可以相同的速率将数据传回发起设备。此通信机制与基于 ISO 14443A、Mifare 和 FeliCa 的非接触式智能卡兼容，因此，NFC 发起设备在被动模式下，可以用相同的连接和初始化过程检测非接触式智能卡或 NFC 目标设备，并与之建立联系。

如图 4.8 所示，移动设备主要以被动模式操作，可以大幅降低功耗，并延长电池寿命。在一个应用会话过程中，NFC 设备可以在发起设备和目标设备之间切换自己的角色。利用这项功能，电池电量较低的设备可以要求以被动模式充当目标设备，而不是发起设备。

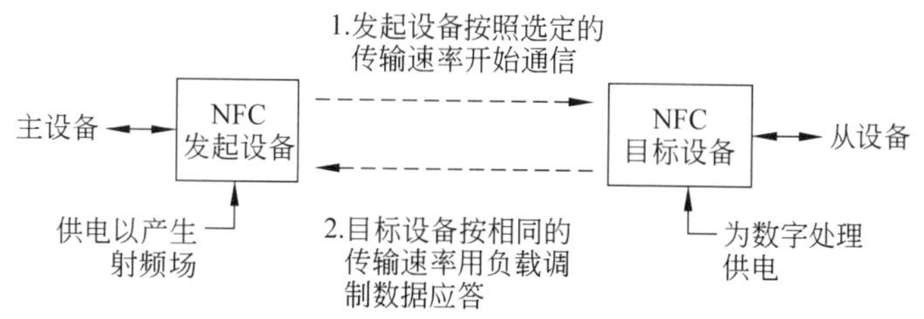

图 4.8 NFC 被动通信模式

在主动模式下，每台设备要向另一台设备发送数据时，都必须产生自己的射频场。如图 4.9 所示，发起设备和目标设备都要产生自己的射频场，以便进行通信。这是对等网络通信的标准模式，可以获得非常快速的连接设置。

4. 技术优势

与 RFID 一样，NFC 信息也是通过频谱中无线频率部分的电磁感应耦合方式传递，但两者之间还是存在很大的区别。

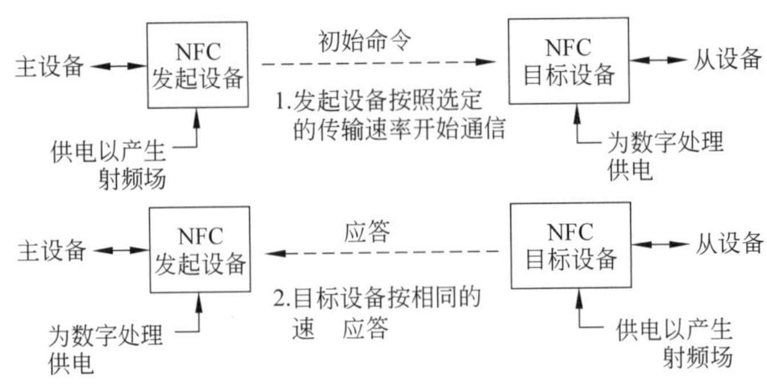

图 4.9 NFC 主动通信模式

首先，NFC 是一种提供轻松、安全、迅速通信的无线连接技术，其传输范围比 RFID 小，RFID 的传输范围可以达到几米甚至几十米，但由于 NFC 采取了独特的信号衰减技术，相对于 RFID 来说 NFC 具有距离近、带宽高、能耗低等特点。

其次，NFC 与现有非接触智能卡技术兼容，目前已经成为主要厂商支持的正式标准。

最后，NFC 还是一种近距离连接协议，提供各种设备间轻松、安全、迅速而自动的通信。

与无线世界中的其他连接方式相比，NFC 是一种近距离的私密通信方式。RFID 更多地被应用在生产、物流、跟踪、资产管理上，而 NFC 则在门禁、公交、手机支付等领域内发挥着巨大的作用。

同时，NFC 还优于红外和蓝牙传输方式。作为一种面向消费者的交易机制，NFC 比红外更快、更可靠而且简单得多，不用像红外那样必须严格地对齐才能传输数据。与蓝牙相比，NFC 面向近距离交易，适用于交换财务信息或敏感的个人信息等重要数据；蓝牙能够弥补 NFC 通信距离不足的缺点，适用于较长距离数据通信。因此，NFC 和蓝牙互为补充，共同存在。事实上，快捷轻型的 NFC 协议可以用于引导两台设备之间的蓝牙配对过程，促进了蓝牙的使用。

NFC 手机内置 NFC 芯片，组成 RFID 模块的一部分，可以当作 RFID 无源标签使用，用来支付费用；也可以当作 RFID 读写器，用作数据交换与采集。

NFC 技术支持多种应用，包括移动支付与交易、对等式通信及移动中信息访问等。通过 NFC 手机，人们可以在任何地点、任何时间，通过任何设备，与他们希望得到的娱乐服务与交易联系在一起，从而完成付款、获取海报信息等。

NFC 设备可以用作非接触式智能卡、智能卡的读写器终端以及设备对设备的数据传输链路，其应用主要可分为以下 4 个基本类型：用于付款和购票，用于电子票证，用于智能媒体以及用于交换、传输数据。

5. NFC 与蓝牙和红外技术的比较

作为一种面向消费者的交易机制，NFC 比红外更快、更可靠而且要简单得多，蓝牙则是一种弥补 NFC 通信距离不足的缺点，适用于较长距离数据通信。NFC 面向近距离交易交互，适用于交换财务信息或敏感的个人信息等重要数据。NFC 和蓝牙相互补充，共同存在。事实上，快捷轻型的 NFC 协议可以用于引导两台设备之间的蓝牙配对过程，并在这方面促进蓝牙的使用。模式的典型应用是建立蓝牙连接，交换手机名片等。

4.2　移动通信网络

移动通信(Mobile Communication)是指通信双方或至少有一方处于运动中进行信息传输和交换的通信方式。移动通信系统包括无绳电话、无线寻呼、陆地蜂窝移动通信、卫星移动通信等。移动体之间通信联系的传输手段只能依靠无线电通信,因此,无线通信是移动通信的基础,而无线通信技术的发展将推动移动通信的发展。

现代移动通信技术的发展大致经历了 5 个发展阶段,即:第一代移动通信——模拟语音,第二代移动通信——数字语音,第三代移动通信——数字语音与数据,第四代移动通信技术和第五代移动通信技术。

4.2.1　移动通信系统简介

1. 移动通信系统的组成

移动通信是移动体之间的通信,或移动体与固定体之间的通信。移动体可以是人,也可以是汽车、火车、轮船、收音机等在移动状态中的物体。移动通信包括无线传输,有线传输,信息的收集、处理和存储等,使用的主要设备有无线收发信机、移动交换控制设备和移动终端设备。

移动通信无线服务区由许多正六边形小区覆盖而成,呈蜂窝状,通过接口与公众通信网(PSTN、ISDN、PDN)互连。移动通信系统包括移动交换子系统(SS)、操作维护管理子系统(OMS)、基站子系统(BSS)和移动台(MS),是一个完整的信息传输实体,如图 4.10 所示。

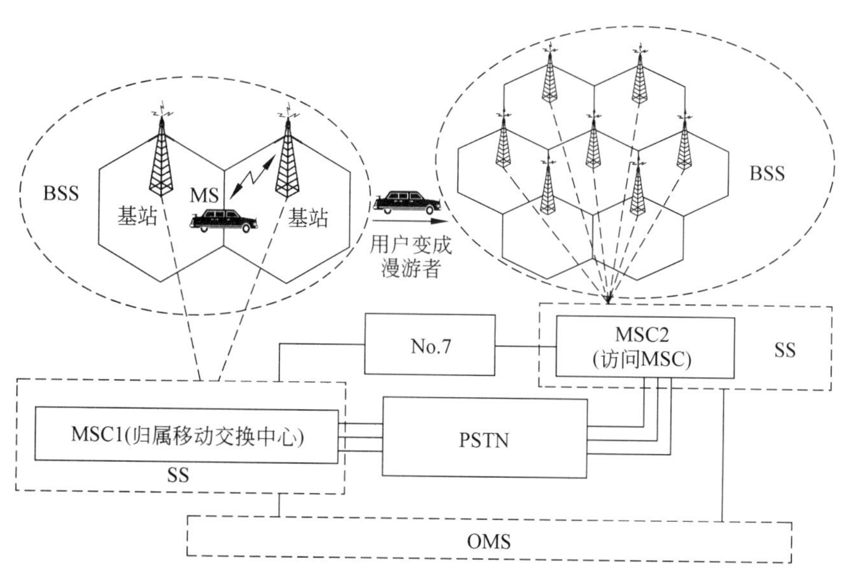

图 4.10　移动通信系统的组成

移动通信中建立一个呼叫是由 BSS 和 SS 共同完成的;BSS 提供并管理 MS 和 SS 之间的无线传输通道,SS 负责呼叫控制功能,所有的呼叫都是经由 SS 建立连接的;OMS 负责管理控制整个移动网。

MS 也是一个子系统。它实际上是由移动终端设备和用户数据两部分组成的：移动终端设备称为移动设备；用户数据存放在一个与移动设备可分离的数据模块中，此数据模块称为用户识别卡。

2. 移动通信的工作频段

早期的移动通信主要使用 VHF 和 UHF 频段。

目前，大容量移动通信系统均使用 800MHz 频段(CDMA)和 900MHz 频段(AMPS、TACS、GSM)，并开始使用 1800MHz 频段(GSM1800/DCS1800)，该频段用于微蜂窝(Microcell)系统。第三代移动通信使用 2.4GHz 频段。

3. 移动通信的工作方式

从传输方式的角度来看，无线通信分为单向传输(广播式)和双向传输(应答式)。

单向传输只用于无线电寻呼系统。双向传输有单工、双工和半双工 3 种工作方式。

单工通信是指通信双方电台交替地进行收信和发信，根据收、发频率的异同，又可分为同频单工和异频单工，如图 4.11 所示。

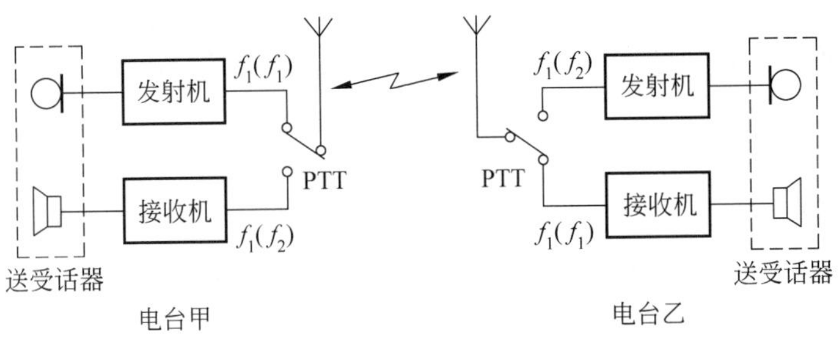

图 4.11 单工通信

双工通信是指通信双方电台同时进行收信和发信，如图 4.12 所示。

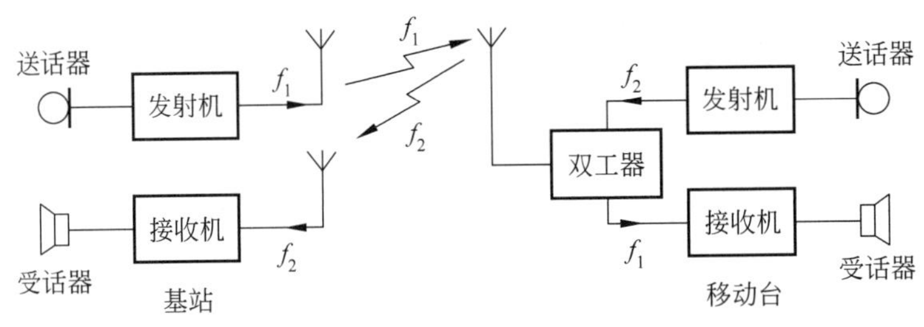

图 4.12 双工通信

半双工通信的组成与双工通信相似，移动台采用类似单工的“按讲”方式，即按下按讲开关，发射机才工作，而接收机总是工作的。基站工作情况与双工方式完全相同。

4. 移动通信的组网

蜂窝式组网的目的是解决常规移动通信系统的频谱匮乏、容量小、服务质量差、频谱利用率低等问题。蜂窝式组网理论为移动通信技术的发展和新一代多功能设备的产生奠定了基础。

移动通信采用无线蜂窝式小区覆盖和小功率发射的模式。蜂窝式组网放弃了点对点传输和广播覆盖模式，把整个服务区域划分成若干个较小的区域（Cell，在蜂窝系统中称为小区），各小区均用小功率的发射机（即基站发射机）进行覆盖，许多小区像蜂窝一样能布满（即覆盖）任意形状的服务地区，如图 4.13 所示。

一个较低功率的发射机服务一个蜂窝小区，在较小的区域内设置相当数量的用户。根据不同制式系统和不同用户密度挑选不同类型的小区。基本的小区类型如下。

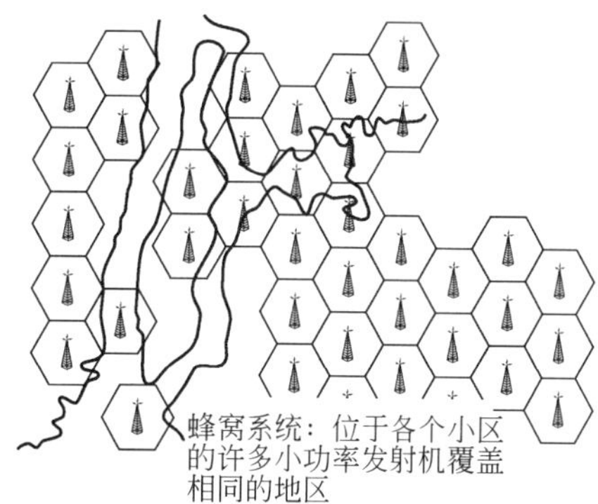

图 4.13　蜂窝移动通信小区覆盖

（1）超小区：小区半径 $r>20$km，适于人口稀少的农村地区。

（2）宏小区：1km＜小区半径 $r\leqslant 20$km，适于高速公路和人口稠密的地区。

（3）微小区：0.1m＜小区半径 $r\leqslant 1$km，适于城市繁华区段。

（4）微微小区：小区半径 $r\leqslant 0.1$km，适于办公室、家庭等移动应用环境。

当蜂窝小区用户数增大到一定程度而使准用频道数不够用时，采用小区分裂将原蜂窝小区分裂为更小的蜂窝小区，低功率发射和大容量覆盖的优势十分明显。

4.2.2　第一代移动通信：模拟语音

1982 年，为了解决大区制容量饱和的问题，美国贝尔实验室发明了高级移动电话系统 AMPS。AMPS 提出了“小区制”“蜂窝单元”的概念，是第一种真正意义上的蜂窝移动通信系统，同时采用频率复用（Frequency Division Multiplexing，FDM）技术，解决了公用移动通信系统所需要的大容量要求和频谱资源限制的矛盾。

在 100km 范围之内，IMTS 每个频率上只允许一个电话呼叫；AMPS 允许 100 个 10km 的蜂窝单元，从而可以保证每个频率上有 10～15 个电话呼叫。

1. 系统结构

每一个蜂窝单元有一个基站负责接收该单元中电话的信息。基站连接到移动电话交换局（Mobile Telephone Switching Office，MTSO）。MTSO 采用分层机制：一级 MTSO 负责与基站之间的直接通信；高级 MTSO 则负责低级 MTSO 之间的业务处理。

2. 移交

当电话在蜂窝单元之间移动的时候，基站之间会通信，从而交换控制权，避免信道分配出错导致信号冲突。基站对于电话用户控制权的转换也称为“移交”。

4.2.3 第二代移动通信：数字语音

第二代移动通信技术使用数字制式，支持传统语音通信、文字和多媒体短信，并支持一些无线应用协议。主要有如下两种工作模式。

1. GSM 移动通信(900/1800MHz)

该模式工作在 900/1800MHz 频段，无线接口采用时分多址 TDMA 技术，核心网移动性管理协议采用 MAP 协议。

(1) GSM 是一种蜂窝网络系统，蜂窝单元按照半径可以分为 4 种。

① 宏蜂窝：覆盖面积最广，基站通常在较高的位置，例如山峰。

② 微蜂窝：基站高度普遍低于平均建筑高度，适用于市区内。

③ 微微蜂窝：室内，影响范围在几十米以内。

④ 伞蜂窝：填补蜂窝间的信号空白区域。

(2) GSM 后台网络系统包括以下模块系统。

① 基站系统，包括基站和相关控制器。

② 网络和交换系统，也称为核心网，负责衔接各个部分。

③ GPRS 核心网，可用于基于报文的互联网连接，为可选部分。

④ 身份识别模块，也称为 SIM 卡，主要用于保存手机用户数据。

2. CDMA 移动通信(800MHz)

该模式工作在 800MHz 频段，核心网移动性管理协议采用 IS-41 协议，无线接口采用窄带码分多址(CDMA)技术。CDMA 在蜂窝移动通信网络中的应用容量在理论上可以达到 AMPS 容量的 20 倍。CDMA 可以同时区分并分离多个同时传输的信号。

CDMA 有以下特点：抗干扰性好，抗多径衰落，保密安全性高，容量质量之间可以权衡取舍，同频率可在多个小区内重复使用。

4.2.4 第三代移动通信：数字语音与数据

第三代移动通信技术(3rd-Generation，3G)是指支持高速数据传输的蜂窝移动通信技术。3G 服务能够同时传送声音及数据信息，速率一般在几百 kb/s 以上。第三代移动通信(3G)可以提供所有 2G 的信息业务，同时保证更快的速率，以及更全面的业务内容，如移动办公、视频流服务等。

3G 的主要特征是可提供移动宽带多媒体业务，包括高速移动环境下支持 144kb/s 速率，步行和慢速移动环境下支持 384kb/s 速率，室内环境则应达到 2Mb/s 的数据传输速率，同时保证高可靠服务质量。

人们发现从 2G 直接跳跃到 3G 存在较大的难度，于是出现了一个 2.5G(也有人称后期 2.5G 为 2.75G)的过渡阶段。图 4.14 给出了 3G 的发展历程。

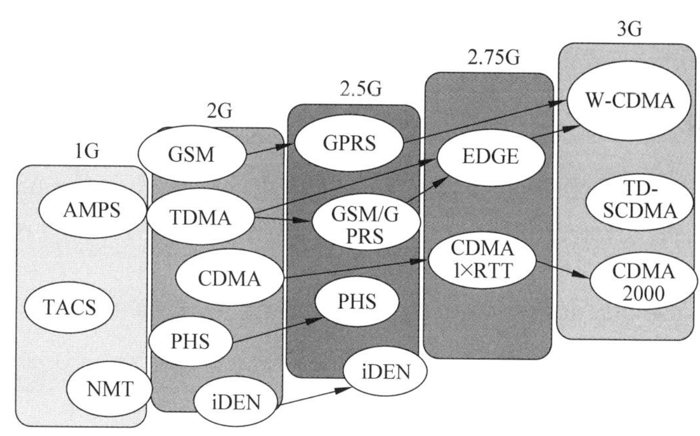

图 4.14　3G 的发展历程

1. CDMA 码分多址技术

码分多址(Code Division Multiple Access,CDMA)具有频谱利用率高、话音质量好、保密性强、掉话率低、电磁辐射小、容量大、覆盖广等特点,可以大量减少投资和降低运营成本。

CDMA 最早由美国高通公司推出,CDMA 也有 2 代、2.5 代和 3 代技术。中国联通推出的 CDMA 属于 2.5 代技术。CDMA 被认为是第 3 代移动通信技术的首选。CDMA 利用展频的通信技术,因而可以减少手机之间的干扰,并且可以增加用户的容量,而且手机的功率还可以做得比较低,不但可以使使用时间更长,更重要的是可以降低电磁波辐射对人的伤害。CDMA 的带宽可以扩展较大,还可以传输影像,这是第三代手机为什么选用 CDMA 的原因。我国采用的 3 种 3G 标准分别是 CDMA2000、W-CDMA 和 TD-SCDMA。

2. CDMA2000

CDMA2000(Code Division Multiple Access 2000) 是一个 3G 移动通信 CDMA 框架标准,是国际电信联盟 ITU 的 IMT-2000 标准认可的无线电接口,也是 2G CDMA One 标准的延伸。根本的信令标准是 IS-2000。CDMA2000 与另一个 3G 标准 W-CDMA 不兼容。

CDMA2000 由美国高通北美公司为主导提出,摩托罗拉、Lucent 和后来加入的韩国三星公司都有参与,韩国现在成为该标准的主导者。目前使用 CDMA 的地区只有日、韩和北美。CDMA2000 与另两个主要的 3G 标准 W-CDMA 以及 TD-SCDMA 不兼容。

3. W-CDMA

W-CDMA(Wideband Code Division Multiple Access,宽带码分多址)是一种 3G 蜂窝网络。W-CDMA 使用的部分协议与 2G GSM 标准一致。具体一点来说,W-CDMA 是一种利用码分多址复用方法的宽带扩频 3G 移动通信空中接口,是由爱立信公司提出,是 3GPP 具体制定的基于 GSM MAP 核心网,UTRAN 为无线接口的 3G 系统。

W-CDMA 源于欧洲和日本几种技术的融合,采用直扩(MC)模式,载波带宽为 5MHz,数据传送可达到 2Mb/s(室内)及 384kb/s(移动空间)。它采用 MC FDD 双工模式,与 GSM 网络有良好的兼容性和互操作性。W-CDMA 采用最新的异步传输模式(ATM)微信元传输协议,能够允许在一条线路上传送更多的语音呼叫,呼叫数由现在的 30 个提高到300 个,在人口密集的地区线路将不再容易堵塞。另外,W-CDMA 还采用了自适应天线和微小区技术,大大地提高了系统的容量。

4. TD-SCDMA

TD-SCDMA(Time Division Synchronous Code Division Multiple Access)是由我国工业和信息化部电信科学技术研究院提出,与德国西门子公司联合开发。主要技术特点:同步码分多址技术、智能天线技术和软件无线技术。它采用 TDD 双工模式,载波带宽为 1.6MHz。TDD 是一种优越的双工模式,能使用各种频率资源,能节省未来紧张的频率资源,而且设备成本相对比较低。

另外,TD-SCDMA 独特的智能天线技术,能大大提高系统的容量,特别对 CDMA 系统的容量能增加 50%,而且降低了基站的发射功率,减少了干扰。TD-SCDMA 软件无线技术使不同系统间的兼容性也易于实现。当然 TD-SCDMA 也存在一些缺陷,它在技术的成熟性方面比另外两种技术要欠缺一些。

5. 3 种 3G 标准的主要技术差别

3 种 3G 标准的主要技术差别可以从表 4.1 中比较明显地看出。

表 4.1　3 种 3G 标准的主要技术差别

内　　容	标　　准		
	TD-SCDMA	W-CDMA	CDMA2000
信道带宽/MHz	1.6	5/10/20	1.25/10/20
码片速率/(Mc/s)	1.28	3.84	3.6864
基站间同步	异步/同步	异步/同步	同步
帧长/ms	10	10	20
双工技术	TDD	FDD/TDD	FDD
多址方式	TD-SCDMA	DS-CDMA	DS-CDMA 和 MC-CDMA
语音编码	固定速率	固定速率	可变速率
多速率	可变扩频因子,多码 RI 检测开环+慢速闭环(20b/s)	可变扩频因子和多码 RI 检测:高速率业务盲检测低速率业务; FDD:开环+快速闭环(1600b/s); TDD:开环+慢速闭环	可变扩频因子和多码 RI 检测;低速率业务,事先预定好,需高层信令参与开环+慢速闭环(800b/s)
交织	卷积码;帧内交织;RS 码:帧间交织	卷积码:帧内交织。RS 码:帧内交织	块交织

4.2.5 第四代移动通信技术

4G 是第四代移动通信及其技术的简称,是集 3G 与 WLAN 于一体并能够传输高质量视频图像以及图像传输质量与高清晰度电视不相上下的技术产品。4G 系统能够以 100Mb/s

的速率下载，比拨号上网快2000倍，上传的速率也能达到20Mb/s，并能够满足几乎所有用户对于无线服务的要求。在用户最为关注的价格方面，4G与固定宽带网络在价格方面不相上下，而且计费方式更加灵活机动，用户完全可以根据自身的需求确定所需的服务。此外，4G可以在DSL和有线电视调制解调器没有覆盖的地方部署，然后再扩展到整个地区。

4G通信技术是继第三代以后的又一次无线通信技术演进，其开发更加具有明确的目标：提高移动装置无线访问互联网的速度。

1. 4G系统网络结构及其关键技术

4G移动系统网络结构可分为三层：物理网络层、中间环境层、应用网络层。第四代移动通信系统主要是以正交频分复用(Orthogonal Frequency Division Multiplexing，OFDM)为技术核心。

OFDM实际上是多载波调制的一种。其主要思想：将信道分成若干正交子信道，将高速数据信号转换成并行的低速子数据流，调制到在每个子信道上进行传输。

OFDM技术的特点是网络结构高度可扩展，具有良好的抗噪声性能和抗多信道干扰能力，可以提供无线数据技术质量更高(速率高、时延小)的服务和更好的性能价格比，能为4G无线网提供更好的方案。

2. 4G通信特征

目前正在使用中的4G通信具有下面的特征。

1) 通信速率更快

4G通信给人印象最深刻的特征莫过于它具有更快的无线通信速率。第四代移动通信系统可以达到10～20Mb/s，甚至最高可以达到100Mb/s速率传输无线信息。

2) 网络频谱更宽

要想使4G通信达到100Mb/s的传输，通信营运商必须在3G通信网络的基础上，进行大幅度的改造和研究，以便使4G网络在通信带宽上比3G网络的蜂窝系统的带宽高出许多。每个4G信道占有100MHz的频谱，相当于W-CDMA 3G网路的20倍。

3) 通信更加灵活

从严格意义上说，4G手机的功能，已不能简单划归到电话机的范畴，语音资料的传输只是4G移动电话的功能之一而已，4G手机更应该算得上是一个小型计算机。4G通信使人们不仅可以随时随地通信，更可以双向下载传递资料、图片、影像，当然更可以和从未谋面的陌生人网上连线对打游戏。网上定位系统可以提供实时地图的服务。

4) 智能性能更高

第四代移动通信的智能性更高，不仅表现在4G通信的终端设备的设计和操作具有智能化，例如，对菜单和滚动操作的依赖程度将大大降低，更重要的4G手机可以实现许多难以想象的功能。例如，4G手机可以将电影院票房资料直接下载，这些资料能够把目前的售票情况、座位情况显示得清清楚楚，大家可以根据这些信息来进行在线购买自己满意的电影票；4G手机可以被看作是一台手提电视，用来看体育比赛之类的各种现场直播。

5) 兼容性能更平滑

要使4G通信尽快地被人们接受，不但考虑它的功能强大外，还应该考虑现有通信的基础，以便让更多的现有通信用户在投资最少的情况下就能很轻易地过渡到4G通信。因此，从这个角度来看,第四代移动通信系统应当具备全球漫游,接口开放,能跟多种网络互连,终端多样化以及能从第二代及第三代平稳过渡等特点。

6)提供各种增值服务

4G通信并不是从3G通信的基础上经过简单的升级而演变过来的,它们的核心建设技术根本就是不同的,3G移动通信系统主要以CDMA为核心技术,而4G移动通信系统技术则以正交多任务分频技术(OFDM)最受瞩目,利用这种技术人们可以实现如无线区域环路(WLL)、数字音讯广播(DAB)等方面的无线通信增值服务。

7)实现更高质量的多媒体通信

第四代移动通信系统提供的无线多媒体通信服务包括语音、数据、影像等大量信息通过宽频的信道传送出去,为此第四代移动通信系统也称为多媒体移动通信。

8)频率使用效率更高

第四代通信主要是运用路由技术(Routing)为主的网络架构。由于利用了几项不同的技术,所以无线频率的使用比第二代和第三代系统有效得多。按照最乐观的情况估计,这种有效性可以让更多的人使用与以前相同数量的无线频谱做更多的事情,而且做这些事情的时候速度相当快。下载速率达到5～10Mb/s。

9)通信费用更加便宜

由于4G通信不仅解决了与3G通信的兼容性问题,让更多的现有通信用户能轻易地升级到4G通信,而且4G通信引入了许多尖端的通信技术,这些技术保证了4G通信能提供一种灵活性非常高的系统操作方式。通信营运商们将考虑直接在3G通信网络的基础设施之上,采用逐步引入的方法,这样就能够有效地降低运行者和用户的费用,4G通信的无线即时连接等某些服务费用比3G通信更加便宜。

表4.2给出了移动通信技术代际分期情况。

表4.2 移动通信技术代际分期

特征	1G	2G	2.5G	3G	4G
信号	模拟	数字	数字	数字	数字
制式		GSM、CDMA	GPRS	W-CDMA、CDMA2000、TD-SCDMA	TD-LTE
主要功能	语音	数据	窄带	宽带	广带
典型应用	通话	短信-彩信	蓝牙	多媒体	高清

4.2.6 第五代移动通信技术

第五代移动通信技术(5th Generation,5G)是4G之后的延伸,正在研究中,近期将在世界范围内开始商业应用。工业和信息化部此前发布的《信息通信行业发展规划(2016—2020年)》明确提出,2020年启动5G商用服务。

5G网络的理论下行速度为10Gb/s(相当于下载速度1.25GB/s)。由于物联网尤其是互联网汽车等产业的快速发展,其对网络速度有着更高的要求,这无疑成为推动5G网络发展的重要因素。

5G应用不再只是手机,它将面向未来VR/AR、智慧城市、智慧农业、工业互联网、车联网、无人驾驶、智能家居、智慧医疗、无人机、应急安全等。5G 的应用领域如图 4.15 所示。

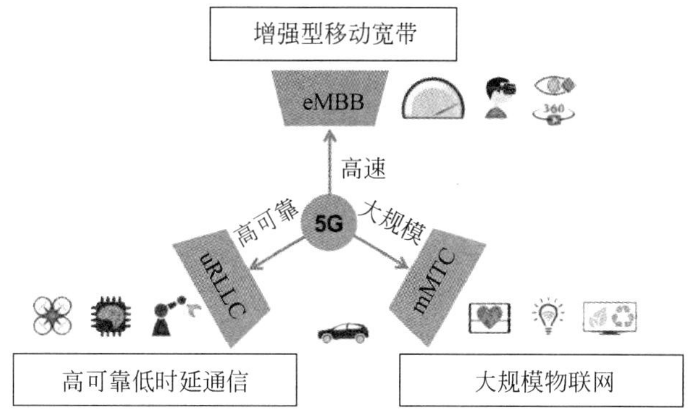

图 4.15　5G 的应用领域

如果把一项技术创新为四类：渐进式创新、构架创新、模块创新和彻底创新(见图 4.16)，从 2G 到 4G 是频谱效率和安全性等逐步提升的渐进式创新，也是在维持集中式网络构架下的模块式创新，还有从网络构架向扁平化和分离化演进的构架创新。

但到了 5G，除了提供 1G 至 4G 时代的手机业务，还要面向各种新的服务，提供不连续的、崭新的能力，因而这对于移动通信是一次彻底的创新。5G 演进周期如图 4.17 所示。

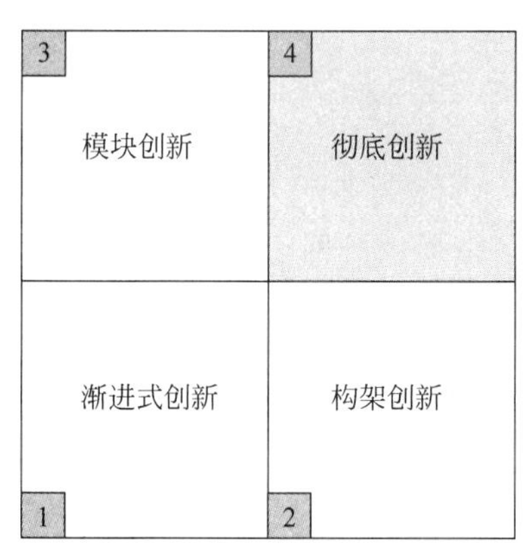

图 4.16　技术演进分类

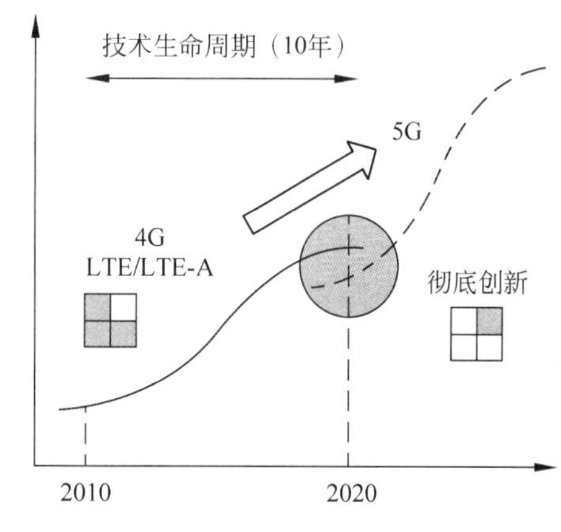

图 4.17　5G 演进周期

1. 5G 网络的主要特征

5G 网络的主要目标是让终端用户始终处于联网状态。在一个给定的区域内支持无数台设备，这就是科学家的设计目标。5G 网络是指下一代无线网络。5G 网络将是 4G 网络的真正升级版，它的基本要求并不同于无线网络。在未来，每个人将需要拥有 10～100 台设备为其服务。

1) 5G 网络传输速率

5G 网络已成功在 28 吉赫(GHz)波段下达到了 1Gb/s，相比之下，当前的第四代(4G LTE)服务的传输速率仅为 75Mb/s。而此前这一传输瓶颈被业界普遍认为是一个技术难题。

未来5G网络的传输速率可达10Gb/s,这意味着手机用户在不到1s内即可完成一部高清电影的下载。这样的无线网络速度将比你用任何智能手机体验到的速度都要快很多,即使以1Gb/s的速率,也能够用不到2min下载一部全高清的电影。

2) 5G网络智能设备

5G网络中看到的最大改进之处是它能够灵活地支持各种不同的设备。除了支持手机和平板计算机外,5G网络将还需要支持可佩戴式设备,例如,健身跟踪器和智能手表、智能家庭设备如鸟巢式室内恒温器等。

3) 5G网络连接

5G网络不仅要支持更多的数据,而且要支持更多的使用率。5G网络,改善端到端性能将是另一个重大的课题。端到端性能是指智能手机的无线网络与搜索信息的服务器之间保持连接的状况。在发送短信或浏览网页的时候,在观看网络视频时,如果发现视频播放不流畅甚至停滞,这很可能就是因为端到端网络连接较差的缘故。

4) 5G网络电池寿命

下一代无线网络还将会带来智能手机和移动设备电池寿命的大幅提升。因为有很多较小的任务需要应用程序不停歇地运行,请求信息虽然短小,但是它们会随着时间的推移不断地蚕食手机的电池电量。科学家与技术人员有一项任务就是找出处理这些请求信息的更好的办法。如果能够处理好这些信息,那么就能极大地提升手机或平板计算机的电池寿命。

2. 5G给人们带来的三大应用场景

除此之外,与4G不同的是5G还将给人们带来三大应用场景。

1) 大带宽(eMBB:增强移动宽带)

其实说白了就是网速提高的问题,最快的4G移动网络提供的网速约为75Mb/s,相比之下,根据相关资料称5G的下载速率理论值达到10Gb/s。4G和5G网速的形象对比如图4.18所示。

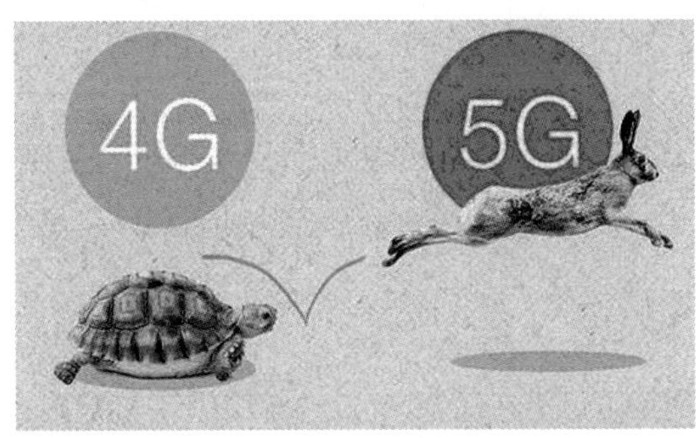

图4.18 4G和5G网速的形象对比

2) 低延时(uRLLC)

与4G相比,5G的延时要降低很多,我们都知道,延时这方面对于数据电话、视频等方面都有不小的影响,除此之外,5G的最高移动速度可以达到4G的1.5倍,而每平方米的最大连接数也是其百倍。

3）广连接（mMTC）

5G 可以连接的物联网终端数量将提高到百万级别。5G 将带来光纤般的“零”时延接入速率，同时将给网络能效超百倍提升，并把比特成本超百倍降低，拉近了人与万物的智能互连的距离，最终实现“万物触手可及”。

5G 可以带来的更多的是那些我们无法预知的新业务。例如，5G 将对无人驾驶汽车、增强现实 AR/虚拟现实 VR、无人机工作群等，带来更高清的视频和更高能效，让城市更加智能的物联网。

而 5G 与 4G 最大的一个不同点就是它的传输路径改变了，现在人们打电话、传照片等的一切行为都需要经过基站进行中转，而 5G 则是直接跳过这个过程，完成设备与设备之间的传输。

3. 5G 的五大关键技术

1）毫米波

从技术层面上来说，我们现在的通信依靠的媒介是电磁波，电磁波的频率是有限的而且也不相同，因此速度也就各不相同。在电磁波的频率当中，越大的电磁波速度就越快，我们现在所使用的网络属于较低的频段，虽然覆盖与性能方面都不错，但是资源方面却很成问题，而 5G 则完美地解决了这个问题，使用波长为毫米级。利用高频段 5G 可以将其他一些资源都利用起来，这就是 4G 与 5G 本质上的区别。

5G 的频率范围分为两种：一种是 6GHz 以下，这个与目前我们的 2G/3G/4G 差别不算太大；还有一种，就很高了，在 24GHz 以上，如表 4.3 所示。

表 4.3 5G 使用的频率范围

频率范围名称	对应的频率范围/MHz
FR1	450～6000
FR2	24 250～52 600

目前，国际上主要使用 28GHz 进行试验（这个频段也有可能成为 5G 最先商用的频段）。如果按 28GHz 来算，根据下面公式：

$$\text{波长} = \frac{\text{光速}}{\text{频率}} = \frac{300\ 000\ 000\text{m/s}}{28\ 000\ 000\ 000\text{Hz}} \approx 10.7\text{mm}$$

这个就是 5G 的最主要技术特点——毫米波。

2）微基站（ Small Cells ）

电磁波的显著特点：频率越高，波长越短，越趋近于直线传播（绕射能力越差）。频率越高，在传播介质中的衰减也越大。

移动通信如果用了高频段，那么它最大的问题，就是传输距离大幅缩短，覆盖能力大幅减弱。覆盖同一个区域，需要的 5G 基站数量将大大超过 4G 基站，如图 4.19 所示。

基站数量增加意味着需要增加投资，将增加系统建设成本。频率越低，网络建设就越省钱，竞争起来就越有利。这就是为什么这些年电信、移动、联通为了低频段而互争雄长。

所以，基于以上原因，在高频率的前提下，为了减轻网络建设方面的成本压力，5G 必须寻找新的出路。出路有哪些呢？首先，就是微基站。

基站有两种：微基站和宏基站。看名字就知道，微基站很小，宏基站很大！

宏基站：室外常见，建一个覆盖一大片，如图 4.20 所示。

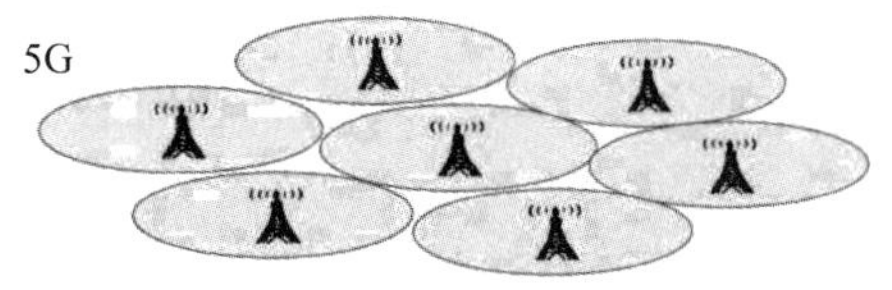

图 4.19　覆盖同一区域的基站数比较

图 4.20　宏基站

微基站：图 4.21 和图 4.22 是微基站，覆盖区域较小看上去是不是很酷炫？还有更小的，手掌那么大。

图 4.21　微基站（一）

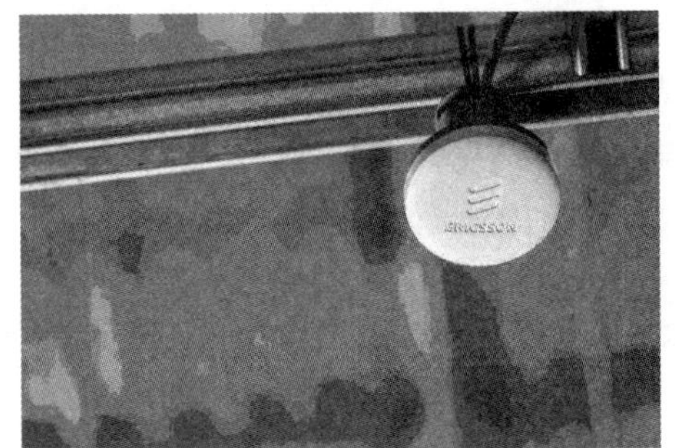

图 4.22　微基站（二）

其实，微基站现在已有不少，尤其是城区和室内经常能看到。以后，到了 5G 时代，微基站会更多，到处都会装上，几乎随处可见。毋庸置疑，微基站已成为未来解决网络覆盖和容量的关键。未来城市路灯、广告牌、电线杆等各种街道设施都将成为小基站挂靠的地方。

你肯定会问，那么多基站在身边，会不会对人体造成影响？我的回答是——不会！其实，与传统认知恰好相反，事实上，基站数量越多，辐射反而越小！

3) 多天线技术(Massive MIMO)

大家有没有发现，以前“大哥大”都有很长的天线，早期的手机也有突出来的小天线，为什么现在手机都没有天线了？其实，我们并不是不需要天线，而是天线变小了。

根据天线特性，天线长度应与波长成正比，大约在$\frac{波长}{10}\sim\frac{波长}{4}$。

$$天线长度=\frac{波长}{10}\sim\frac{波长}{4}$$

随着时间变化，手机的通信频率越来越高，波长越来越短，天线也就跟着变短。

毫米波通信，天线也变成毫米级。这就意味着，天线完全可以塞进手机里面，甚至可以塞很多根。

Massive MIMO(Multiple-Input Multiple-Output，即多进多出)如图 4.23 所示，该技术使用多根天线发送，多根天线接收。

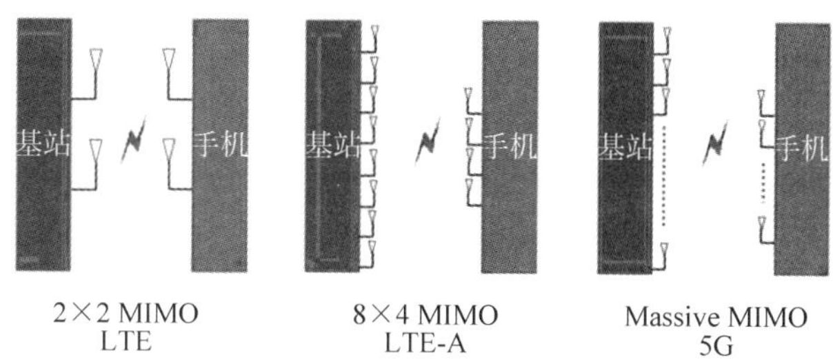

图 4.23　Massive MIMO（多天线技术）

在 LTE 时代，人们就已经有 MIMO 了，但是天线数量并不算多，只能说是初级版的 MIMO。到了 5G 时代，继续把 MIMO 技术发扬光大，现在变成了加强版的 Massive MIMO。

手机里面都能塞好多根天线，基站就更不用说了。以前的基站，天线就那么几根，到了 5G 时代，天线数量不是按根来算了，是按"阵"来说了，图 4.24 是 5G 基站使用的天线阵列。

Massive MIMO 就是在基站侧配置远多于现有的系统的大规模天线阵列的 MU-MIMO，来同时服务多个用户。它可以大幅提升无线频谱效率，增强网络覆盖和系统容量，简而言之，就是通过分集技术提升传输可靠性、空间复用提升数据速率、波束赋形提升覆盖范围。

MU-MIMO 将多个终端联合起来空间复用，多个终端的天线同时使用，这样的话，大量的基站天线和终端天线形成一个大规模的虚拟的 MIMO 信道系统。这是从整个网络的角度更宏观地去思考提升系统容量。

4）波束赋形

波束赋形（见图 4.25）是在基站上布设天线阵列，通过射频信号相位的控制，使得相互作用后的电磁波的波瓣变得非常狭窄，并指向它所提供服务的手机，而且能根据手机的移动而转变方向。

图 4.24　5G 基站使用的天线阵列

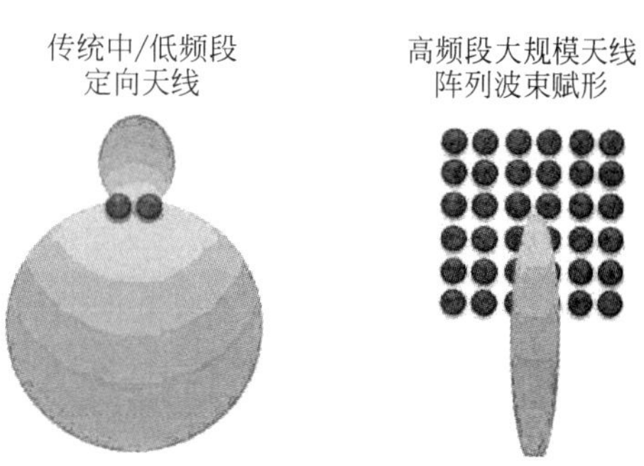

图 4.25　波束赋形

这种空间复用技术，由全向的信号覆盖变为了精准指向性服务，波束之间不会干扰，在相同的空间中提供更多的通信链路，极大地提高基站的服务容量。

波束赋形使用的大规模多天线系统可以控制每一个天线单元的发射(或接收)信号的相位和信号幅度，产生具有指向性的波束，消除来自四面八方的干扰，增强波束方向的信号。它可补偿无线传播损耗。

5）设备到设备(Device to Device，D2D)

设备到设备通信是未来5G网络中的关键技术之一。

D2D通信是一种基于蜂窝系统的近距离数据直接传输技术。D2D会话的数据直接在终端之间进行传输，不需要通过基站转发，而相关的控制信令，如会话的建立、维持、无线资源分配以及计费、鉴权、识别、移动性管理等仍由蜂窝网络负责。

蜂窝网络引入D2D通信，可以减轻基站负担，降低端到端的传输时延，提升频谱效率，降低终端发射功率。当无线通信基础设施损坏，或者在无线网络的覆盖盲区，终端可借助D2D实现端到端通信甚至接入蜂窝网络。

5G时代，同一基站下的两个用户，如果互相进行通信，他们的数据将不再通过基站转发，而是直接手机到手机，如图4.26所示。

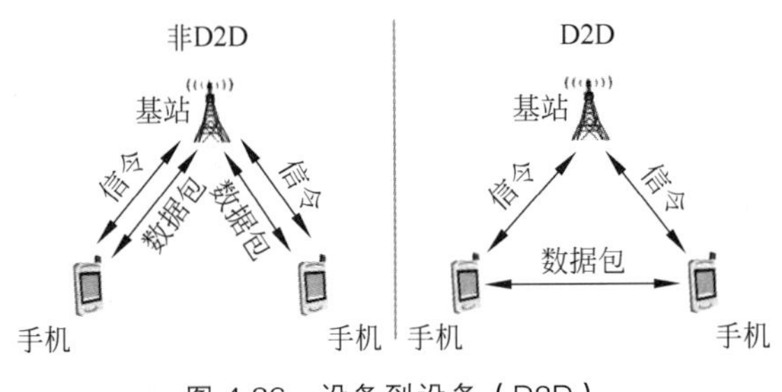

图4.26 设备到设备(D2D)

这样，就节约了大量的空中资源，也减轻了基站的压力。但是控制消息还是要从基站走的，你使用频谱资源，运营商还是要收费。

4.3 设备对设备通信技术

4.3.1 M2M简介

通信网络技术的出现和发展，给社会生活带来极大的变化。人与人之间可以更加快捷地沟通，信息的交流更顺畅。但是目前仅仅是计算机和其他一些IT类设备具备这种通信和网络能力。众多的普通机器设备几乎不具备联网和通信能力，例如，家电、车辆、自动售货机、工厂设备等。M2M技术的目标就是使所有机器设备都具备联网和通信能力，其核心理念就是网络一切(Network Everything)。

M2M是Machine-to-Machine的简称，即“机器对机器”的缩写，也有人理解为人对机器(Man-to-Machine)、机器对人(Machine-to-Man)等，旨在通过通信技术来实现人、机器和系统三者之间的智能化、交互式无缝连接，如图4.27所示。随着

人 机器
人 机器

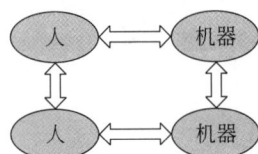

图4.27 M2M“机器对机器”

科学技术的发展,越来越多的设备具有了通信和联网能力,网络一切逐步变为现实。

M2M 设备是能够回答包含在一些设备中的数据的请求或能够自动传送包含在这些设备中的数据的设备。M2M 则聚焦在无线通信网络应用上,是物联网应用的一种主要方式。现在,M2M 应用遍及电力、交通、工业控制、零售、公共事业管理、医疗、水利、石油等多个行业,涉及车辆防盗、安全监测、自动售货、机械维修、公共交通管理等领域。

4.3.2 M2M 体系结构和技术组成

1. M2M 系统框架

从体系结构方面考虑,M2M 系统由机器、网关、IT 系统构成;从数据流的角度考虑,在 M2M 技术中,信息总是以相同的顺序流动,如图 4.28 所示。

2. M2M 系统的组成部分

无论哪一种 M2M 技术与应用,都涉及 5 个重要的技术部分:智能化机器、M2M 硬件、通信网络、中间件、应用,如图 4.29 所示。

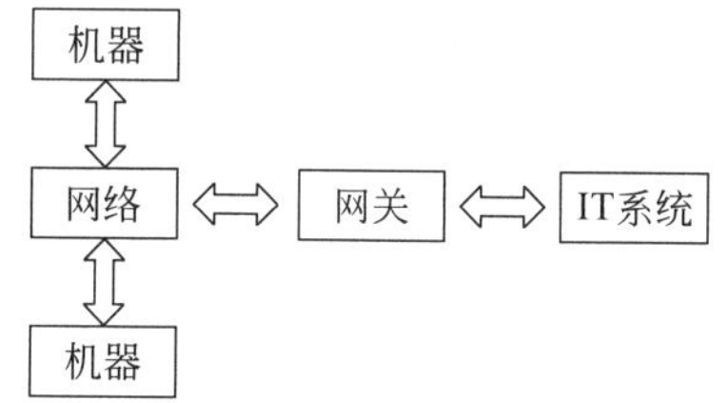

图 4.28 M2M 系统框架

图 4.29 M2M 系统的组成部分

其各组成部分的功能分别如下。

1) 智能化机器

实现 M2M 的第一步就是从机器/设备中获取数据,然后把它们通过网络发送出去。使机器"开口说话"(Talk),让机器具备信息感知、信息加工(计算能力)、无线通信能力。使机器具备"说话"能力的基本方法有两种:生产设备的时候嵌入 M2M 硬件;对已有机器进行改装,使其具备通信/联网能力。

2) M2M 硬件

M2M 硬件是使机器获得远程通信和联网能力的部件。主要进行信息的提取,从各种机器/设备那里获取数据,并传送到通信网络。现在的 M2M 硬件共分为以下 5 种。

(1) 嵌入式硬件。

嵌入到机器里面,使其具备网络通信能力。常见的产品是支持 GSM/GPRS 或 CDMA 无线移动通信网络的无线嵌入数据模块。

(2) 可组装硬件。

在 M2M 的工业应用中,厂商拥有大量不具备 M2M 通信和联网能力的设备仪器,可组装硬件就是为满足这些机器的网络通信能力而设计的。实现形式也各不相同,包括从传感器收集数据的 I/O 设备(I/O Devices),完成协议转换功能,将数据发送到通信网络的连接终端(Connectivity Terminals);有些 M2M 硬件还具备回控功能。

(3) 调制解调器(Modem)。

上面提到嵌入式模块将数据传送到移动通信网络上时,起的就是调制解调器的作用。如果要将数据通过公用电话网络或者以太网送出,分别需要相应的Modem。

(4) 传感器。

传感器可分成普通传感器和智能传感器(Smart Sensor)两种。智能传感器是指具有感知能力、计算能力和通信能力的微型传感器。由智能传感器组成的传感器网络(Sensor Network)是M2M技术的重要组成部分。一组具备通信能力的智能传感器以Ad Hoc方式构成无线网络,协作感知、采集和处理网络覆盖的地理区域中感知对象的信息,并发布给观察者;也可以通过GSM网络或卫星通信网络将信息传给远方的IT系统。

(5) 识别标识(Location Tags)。

识别标识如同每台机器、每个商品的身份证,使机器之间可以相互识别和区分。常用的技术如条形码技术、射频识别卡技术等。标识技术已经被广泛用于商业库存和供应链管理。

3) 通信网络

将信息传送到目的地。通信网络在整个M2M技术框架中处于核心地位,包括广域网(无线移动通信网络、卫星通信网络、Internet、公众电话网)、局域网(以太网、无线局域网WLAN、BlueTooth)、个域网(ZigBee、传感器网络)。

在M2M技术框架中的通信网络中,有两个主要参与者,即网络运营商和网络集成商。尤其是移动通信网络运营商,在推动M2M技术应用方面起着至关重要的作用,他们是M2M技术应用的主要推动者。第三代移动通信技术除了提供语音服务之外,数据服务业务的开拓是其发展的重点。

4) 中间件

中间件包括两部分:M2M网关、数据收集/集成部件。

网关是M2M系统中的"翻译员",它获取来自通信网络的数据,将数据传送给信息处理系统。主要的功能是完成不同通信协议之间的转换。

5) 应用

数据收集/集成部件是为了将数据变成有价值的信息,对原始数据进行不同加工和处理,并将结果呈现给需要这些信息的观察者和决策者。这些中间件包括数据分析和商业智能部件、异常情况报告和工作流程部件、数据仓库和存储部件等。

4.3.3 M2M卡和模块

M2M产品主要集中在卡类和模块形态。

1. M2M模块

M2M模块通常作为核心部件出现的是M2M无线通信模块,如图4.30所示。M2M无线通信模块嵌入在机器终端里面,使其具备网络通信能力,这一角色使得M2M无线通信模块成为M2M终端的核心部件。

图4.30 M2M模块

M2M无线通信模块与手机模块不同,简单来说是手机模块针对手机、无线、固话等语音类消费电子应用而开发,而

M2M 无线通信模块的设计目标是用于工业领域，也就是说，M2M 无线通信模块产品必须适应工业恶劣环境下的应用。

常见的有 SMD 特殊封装的模块产品，将 M2M 模块焊接在设备主板上，除了温度要求达到－40～105℃以外，还要求起到防震作用。这种产品主要应用在交通运输、物流管理和地震监控等应用领域。AnyData、华为、高通和中兴等公司纷纷推出 M2M 模块，通过可靠、安全和无所不在的 CDMA 20001x 无线链路与机器进行连接。

2. M2M 卡

目前各个行业迫切需要能够满足恶劣环境下的高低温卡类产品，主要是将 M2M 卡插入采集设备中，能够起到登录网络、鉴权作用，从而实现数据采集和收集功能。当前的 M2M 卡类产品主要根据不同行业应用可划分为两类。

第一类是普通 SIM 卡产品形态，主要应用在对环境要求不高的领域，要求工作温度在－25～85℃范围内。

第二类是 M2M 卡，主要满足对工作温度要求比较高的应用，如车载系统、远程抄表、无人值守的气象和水利监控设备、煤矿和制造业施工监控等应用，这些领域环境比较恶劣，工作温度要求在－40～105℃，并且要求 M2M 卡能够防湿和抗腐蚀性。这些都对产品性能提出极高的要求，因此，这类产品就要选择高性能芯片，并且采用塑封方式。

前面提到的 M2M 产品主要集中在卡类和模块形态，随着集成化的不断提高，未来 M2M 将是机卡一体化的标准终端产品，该标准终端将目前采集设备的通信模块和 SIM 模块集成在一起，外围预留标准的电源接口和其他行业应用接口。这种 M2M 标准终端发展取决于各个行业应用的需求。从长远来看，它将是 M2M 终端发展的一种趋势。

4.3.4　M2M 应用

M2M 应用遍布各个领域，主要包括交通领域（物流管理、定位导航）、电力领域（远程抄表和负载监控）、农业领域（大棚监控、动物溯源）、城市管理（电梯监控、路灯控制）、安全领域（城市和企业安防）、环保（污染监控、水土检测）、企业（生产监控和设备管理）和家居（老人和小孩看护、智能安防）等。下面主要介绍 4 个场景应用让大家更深刻地了解 M2M。

（1）电力抄表。近几年电力抄表逐渐通过自动抄表代替人工抄表，并且在偏远山区和寒冷大兴安岭地区都是通过数据采集来完成抄表工作。目前，电力抄表主要通过在 GPRS 集抄器上插入 SIM 卡来实现数据采集和通信功能。电力抄表是 M2M 的最主要也是需求量最大的典型应用之一。

（2）车载调度和监控管理。当前物流运输管理和定位导航是 M2M 的另一个发展最为广泛的应用。很多企业都是通过车载安装 M2M 设备来实现车辆调度和物流监控管理。

（3）数据采集和监控领域。例如，农业灌溉、城市照明、电梯监控和工业控制都离不开 M2M 产品。

（4）未来每个人都想拥有的智能家居应用。未来人们可以在下班之前就将家里的空调、热水器开启，按照当天的菜谱来预订各种食品，并且通过手机监控系统可以看到家里老人和小孩的安全状态。

提供 M2M 业务的主流运营商包括英国的 BT 和 Vodafone、德国的 T-Mobile、日本的

NTT-DoCoMo、韩国SK等。中国的M2M应用起步较晚,目前正处于快速发展阶段,各大运营商都在积极研究M2M技术,尽力拓展M2M的应用市场。

4.4 工业领域的无线网络

4.4.1 Wireless HART

1. HART

可寻址远程传感器高速通道的开放通信协议(Highway Addressable Remote Transducer, HART)是美国Rosement公司于1985年推出的一种用于现场智能仪表和控制室设备之间的通信协议。HART装置提供具有相对低的带宽,适度响应时间的通信,经过多年的发展,HART技术在国外已经十分成熟,并已成为全球智能仪表的工业标准。

HART协议采用基于Bell 202标准的FSK频移键控信号,在低频的4~20mA模拟信号上叠加幅度为0.5mA的音频数字信号进行双向数字通信,数据传输速率为1.2Mb/s。

HART通信采用的是半双工的通信方式,其特点是在现有模拟信号传输线上实现数字信号通信,属于模拟系统向数字系统转变过程中过渡性产品,因而在当前的过渡时期具有较强的市场竞争能力,得到较快发展。

HART采用统一的设备描述语言DDL。现场设备开发商采用这种标准语言来描述设备特性,由HART基金会负责登记管理这些设备描述并把它们编为设备描述字典,主设备运用DDL技术来理解这些设备的特性参数而不必为这些设备开发专用接口。HART能利用总线供电,可满足本质安全防爆要求,并可组成由手持编程器与管理系统主机作为主设备的双主设备系统。

2. Wireless HART(无线HART)简介

Wireless HART是第一个开放式的可互操作无线通信标准,用于满足流程工业对于实时工厂应用中可靠、稳定和安全的无线通信的关键需求。每个Wireless HART网络包括3个主要组成部分。

(1) 连接到过程或工厂设备的无线现场设备。

(2) 使这些设备与连接到高速背板的主机应用程序或其他现有厂级通信网络能通信的网关。

(3) 负责配置网络、调度设备间通信、管理报文路由和监视网络健康的网管软件。网管软件能和网关、主机应用程序或过程自动化控制器集成到一起。

网络使用兼容运行在2.4GHz工业、科学和医药(ISM)频段上的无线电IEEE 802.15.4标准。无线电采用直接序列扩频(DSSS)、通信安全与可靠的信道跳频、时分多址(TDMA)同步、网络上设备间延控通信(Latency-Controlled Communications)技术。

在网状网络中的每个设备都能作为路由器用于转发其他设备的报文。换句话说,一个设备并不能直接与网关通信,但是可以转发它的报文到下一个最近的设备。这扩大了网络的范围,提供冗余的通信路由从而增加可靠性。网管软件确定基于延迟、效率和可靠性的冗余路由。为确保冗余路由仍是开放的和畅通无阻的，报文需持续在冗余的路径间交替。因此，就像因特网一样，如果报文不能到达一个路径的目的地，它会自动重新路由从而沿着一个已知好的、冗余的路径传输而没有数据的损失。

4.4.2　6LoWPAN

1. 无线个域网（WPAN）

无线个域网是在个人周围空间形成的无线网络，现通常指覆盖范围在 10m 半径以内的短距离无线网络，尤其是指能在便携式消费者电器和通信设备之间进行短距离特别连接的自组织网。WPAN 被定位于短距离无线通信技术，但根据不同的应用场合又分为高速 WPAN（HR-WPAN）和低速 WPAN（LR-WPAN）两种。

1）高速 WPAN

发展高速 WPAN 是为了连接下一代便携式消费者电器和通信设备，支持各种高速率的多媒体应用，包括高质量声像配送、多兆字节音乐和图像文件传送等。这些多媒体设备之间的对等连接要提供 20Mb/s 以上的数据速率以及在确保的带宽内提供一定的服务质量（QoS）。高速率 WPAN 在宽带无线移动通信网络中占有一席之地。

2）低速 WPAN

发展低速 WPAN 是因为在人们的日常生活中并不是都需要高速应用。

在家庭、工厂与仓库自动化控制，安全监视，保健监视，环境监视，军事行动，消防队员操作指挥，货单自动更新，库存实时跟踪以及在游戏和互动式玩具等方面都可以开展许多低速应用。有许多低速应用比高速应用对人们的生活更为重要，甚至能够挽救人们的生命。例如，当人们忘记关掉煤气炉或者睡前忘锁门的时候，有了低速 WPAN 就可以使人们获救或免予财产损失。

从网络构成上来看，WPAN 位于整个网络架构的底层，用于很小范围内的终端与终端之间的连接，即点到点的短距离连接。WPAN 是基于计算机通信的专用网，工作在个人操作环境，把需要相互通信的装置构成一个网络，且无须任何中央管理装置及软件。LR-WPAN 是为短距离、低速率、低功耗无线通信而设计的网络，可广泛用于智能家电和工业控制等领域。

2. 6LoWPAN 介绍

6LoWPAN 是 IPv6 over Low power Wireless Personal Area Networks（低功率无线个域网上的 IPv6）的缩写，即 IPv6 over IEEE 802.15.4，为低速无线个域网标准。

1）6LoWPAN 技术简介

6LoWPAN 技术底层采用 IEEE 802.15.4 规定的 PHY 层和 MAC 层，网络层采用 IPv6 协议。由于 IPv6 中，MAC 支持的载荷长度远大于 6LoWPAN 底层所能提供的载荷长度，为了实现 MAC 层与网络层的无缝连接，6LoWPAN 工作组建议在网络层和 MAC 层之间增加一个网络适配层，用来完成包头压缩、分片与重组以及网状路由转发等工作。

2）6LoWPAN 的应用

随着 LR-WPAN 的飞速发展及下一代互联网技术的日益普及，6LoWPAN 技术将广泛应用于智能家居、环境监测等多个领域。使人们通过互联网实现对大规模传感器网络的控制、应用成为可能。例如,在智能家居中,可将 6LoWPAN 结点嵌入家具和家电中,通过无线网络与因特网互连,实现智能家居环境的管理。图 4.31 所示为 6LoWPAN 无线传感器。

图 4.31　6LoWPAN 无线传感器

以家庭为单位介绍此系统的设计和安装。每个家庭安装一个家庭网关、若干个无线通信 6LoWPAN 子结点模块。在家庭网关和每个子结点上都接一个无线网络收发模块(符合 6LoWPAN 技术标准的产品),通过这些无线网络收发模块,数据在网关和子结点之间进行传输。各部分结构及功能如下。

(1) 家庭网关的结构及功能:采用 ARM 构架的 32 位嵌入式 RISC 处理器和 uClinux 操作系统;通过门锁进行自动设防/解防;遇抢劫或疾病,按紧急按钮,自动向管理中心报警;每家每户配有自己的网页,通过网页显示小区通知、系统各部分工作状况及数据,将水、电、气各表数据发给物业管理中心;通过以太网与小区管理中心通信;通过网关上的无线 6LoWPAN(IEEE 802.15.4)模块与网络中各子结点进行通信。

(2) 6LoWPAN 无线通信子结点功能:2 路脉冲量数据采集,可采集水、电、气 3 表数据;2 路安防传感器开关量数据采集,可进行设防/撤防报警、安防报警(红外幕帘、门磁、窗磁、玻璃破碎等);1 路模拟量数据采集;1 路模拟量数据输出;1 路继电器触点输出;通过无线通信 IEEE 802.15.4 协议及家庭网关通信。

作为短距离、低速率、低功耗的无线个域网领域的新兴技术,6LoWPAN 以其廉价、便捷、实用等特点,向人们展示了广阔的市场前景。凡是要求设备具有价格低、体积小、省电、可密集分布特征,而不要求设备具有很高传输速率的应用,都可以应用 6LoWPAN 技术来实现,比如建筑物状态监控、空间探索等。因此,6LoWPAN 技术的普及,必将给人们的工作、生活带来极大便利。

4.5　未来的物联网通信技术

在通信技术领域,数以亿计的网络通信设备已经将现有的通信技术、通信网络和通信服务模式推向了极限。所以为了建设未来的物联网,必须进一步开展大量的研究工作。

从研究内容来看,人们一方面要努力进行各种技术研究工作,在物联网通信体系结构的演化与发展、无线系统访问架构、通信协议、通信设备技术、通信的安全性与保密性技术以及能够自主适应动态环境变化的面向服务架构等技术领域中投入精力;另一方面,还需要在应用领域的探索上下大力气,努力寻找那些可以将上述各种技术整合进完整端对端系统结构的各种专有应用方向。

从短期来看,在未来物联网通信技术的研究过程中,下面这些内容将是研究的重点。

(1) 发展物品与物品之间以及物品与网络之间可以方便地进行信息交换的各种通信技术。

(2) 发展传感器与传感器之间以及传感器与物联网系统之间的各种通信技术,使得通过这些通信技术,传感器和探测设备可以将它们记录到的数据用来在数字化的世界中呈现现实世界的真实状态和完整情况。

(3) 开展驱动装置之间以及驱动装置与物联网系统之间的通信技术研究工作，通过这些通信技术，物联网可以依据数字化世界中的各种决策和状态变化触发并驱动现实世界中的驱动装置进行操作、完成任务。

(4) 开展各种分布式数据存储单元之间以及它们与物联网系统之间的通信息技术研究工作，其中分布式数据存储单元将用来收集来自于传感器、探测设备、标识以及状态监控系统的各种数据。

(5) 发展那些可以满足现实世界中人与人之间各种交互需求的物联网通信技术。

(6) 开展用来提供数据挖掘和数据服务的各种通信技术和处理技术的研发工作。发展适应于定位和追踪需要的各种通信技术，以使得通过这些技术可以进行现实世界中的地点判断和位置监控。

(7) 开展与标识技术相适应的通信技术的研究工作，使得可以通过这些通信技术在数字化世界中为现实世界中的各种物品提供唯一标识和身份认证。

4.6 应用案例：电子不停车收费系统

收费系统车道设备包括微波天线、触发线圈、路旁控制器、电动栏杆、报警装置等。电子不停车收费(Electronic Toll Collection，ETC)系统(见图 4.32)应用成熟、先进的组合式电子不停车收费设备、计算机、网络与通信、信息管理与处理等多种技术，实现高速公路电子不停车收费。

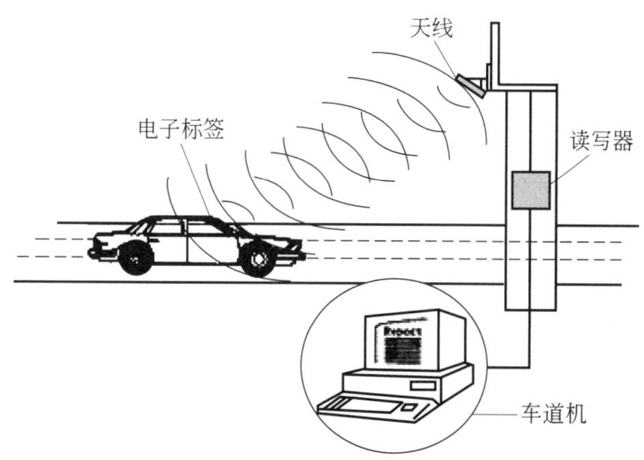

图 4.32 高速公路电子不停车收费系统

1. 实现方式

高速公路电子不停车收费系统采用组合式 ETC 系统，充分考虑 ETC 电子收费和 IC 卡半自动收费方式的使用条件，将两项技术通过双片式电子标签加双界面 CPU 卡的模式进行有机结合，实现现金、非现金、停车、不停车收费的统一。

在 ETC 车道：双界面 IC 卡插在双片式电子标签中，车辆通过双片式电子标签，与车道上的路旁单元进行通信和读写操作，不停车地通过 ETC 车道。

在 MTC 车道：司机可以从双片式 ETC 电子标签中拨出双界面 IC 卡，以非接触操作的方式刷卡。ETC 收费系统支持两大类付费方式：记账卡和储值卡。

2. ETC 收费系统结构

ETC 收费系统车道设备包括微波天线、触发线圈、路旁控制器、电动栏杆、报警装置等，其具体硬件设备构成如图 4.33 所示。

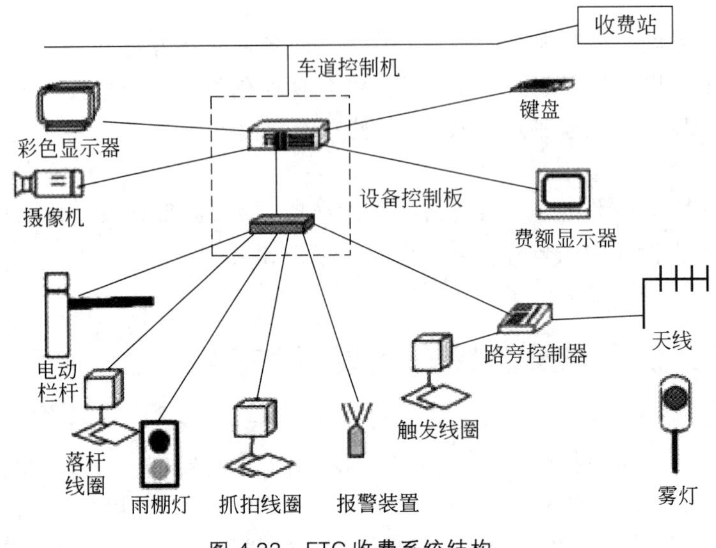

图 4.33　ETC 收费系统结构

3. ETC 收费应用软件

ETC 系统一般分为路侧单元和车载单元两部分。路侧单元(Road Side Unit，RSU)一般挂在 ETC 车道的正上方 5.5m 的高度；车载单元(On Board Unit，OBU)通常安装在车辆挡风玻璃内侧，后视镜背后位置。

ETC 收费应用软件主要包括 ETC 车道软件和收费站 ETC 管理软件。ETC 车道软件检测到车辆到来时，通过 RSU 向 OBU 发送识别信息，请求车辆的应答，并对车辆的应答信息进行校验。校验成功后，RSU 向 OBU 发送读/写请求，OBU 接收请求后向 RSU 发送数据从 OBU 接收数据，完成一次读取电子标签的通信过程。

ETC 车道软件包括上下班及工班管理、出入口业务处理、数据接口、设备检测维护 4 个模块。

ETC 收费站管理软件包括 ETC 参数管理、ETC 车道远程监控、ETC 业务数据统计查询 3 个主要模块。

习题与思考题

(1) 典型的无线低速网络协议有哪几类？

(2) 名词解释：蓝牙、ZigBee、NFC。

(3) 简述 ZigBee 协议和 IEEE 802.15.4 标准的联系与区别。

(4) 简要概述蓝牙技术的规范及特点。

(5) 什么是紫蜂(ZigBee)联盟?

(6) ZigBee 的主要特性有哪些? 网络的拓扑结构有哪几类?

(7) 举例说明红外通信技术的应用。

(8) 近距离无线通信 NFC 的主要特性有哪些?

(9) 移动通信系统的组成是什么? 它们是如何分类的?

(10) 简述移动通信的工作方式和工作频段。

(11) 简述蜂窝式组网的组网模式。

(12) 分析第三代移动通信技术的关键技术和应用难点。

(13) M2M 业务模型是什么?

(14) M2M 架构包含哪 5 个重要技术部分? 简述 M2M 两种应用模式的异同。

(15) M2M 终端通过 M2M 块接入互联网有哪几种方法? 各有何优缺点?

(16) 试分析工业领域的无线网络在各领域里的应用。

第5章 网络技术

5.1 非接触射频识别系统

无线射频识别技术的基本原理是电磁理论。RFID是一种非接触式的自动识别技术，它通过射频信号自动识别目标对象并获取相关数据，识别工作不用人工干预，可工作于各种恶劣环境。RFID技术可识别高速运动物体并可同时识别多个标签，操作快捷方便。

5.1.1 RFID分类与基本组成

1. RFID的分类

RFID按使用频率的不同分为低频(LF)、高频(HF)、超高频(UHF)、微波(MW)，相对应的代表性频率分别为：低频135kHz以下，高频13.56MHz，超高频860～960MHz，微波2.4GHz、5.8GHz。

RFID按照能源的供给方式分为无源RFID、有源RFID和半有源RFID。无源RFID读写距离近，价格低；有源RFID可以提供更远的读写距离，但是需要电池供电，成本要更高一些，适用于远距离读写的应用场合。

2. RFID系统的基本组成部分

RFID系统由标签(见图5.1)、阅读器(见图5.2)及数据传输和处理系统三部分组成。涉及的主要器件如下。

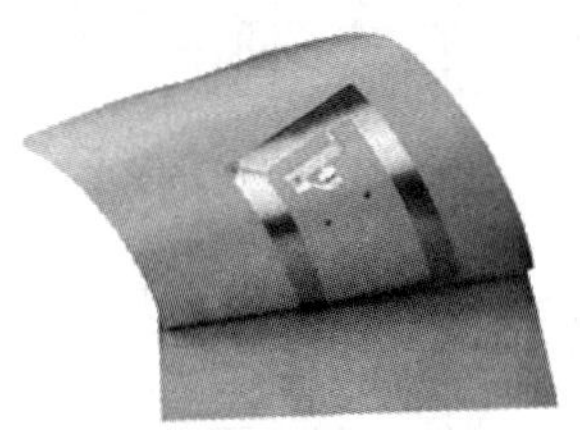

图5.1 带有天线的标签

图5.2 阅读器

(1) 标签(Tag/Electric Signature)：由耦合元件及芯片组成，每个标签具有唯一的电子编码，附在物体上标识目标对象。

(2) 天线(Antenna)：通常和标签组装在一起，在标签和读取器间传递射频信号。

(3) 阅读器(Reader)：读取/写入标签信息的设备，可设计为手持式或固定式。

最常见的是被动射频系统，当阅读器遇见RFID标签时，发出电磁波，周围形成电磁场，标签从电磁场中获得能量激活标签中的微芯片电路，芯片转换电磁波，然后发送给阅读器，阅读器把它转换成为相关数据。控制计算器就可以处理这些数据从而进行管理控制。在主动射频系统中，标签中装有的电池在有效范围内活动。

5.1.2　RFID 电子标签

RFID 标签也被称为电子标签或智能标签，它是内存带有天线的芯片，芯片中存储有能够识别目标的信息。RFID 标签具有持久性，信息接收传播穿透性强，存储信息容量大，种类多等特点。有些 RFID 标签支持读写功能，目标物体的信息能随时被更新。

1. 电子标签基本构造

电子标签由天线、集成电路、连接集成电路与天线的部分、天线所在的底层 4 部分构成。96 位或者 64 位产品电子码是存储在 RFID 标签中的唯一信息。

电子标签可以分为有源电子标签（Active Tag）和无源电子标签（Passive Tag）。有源电子标签内装有电池，无源射频标签没有内装电池。对于有源电子标签来说，根据标签内装电池供电情况不同又可细分为有源电子标签（Active Tag）和半无源电子标签（Semi-Passive Tag）。目前市场上 80%多为无源电子标签，不到 20%为有源电子标签。

2. 各类标签

采用不同的天线设计和封装材料可制成多种形式的标签，如车辆标签、货盘标签、物流标签、金属标签、图书标签、液体标签、人员门禁标签、门票标签、行李标签等，如图 5.3 所示。客户可根据需要选择或定制相应的电子标签。

图 5.3　各类标签

Inlay（镶嵌）：封装成多种形式的电子标签，用于大批量 OEM 客户的标签生产。

Label（标签）：剥离底纸直接粘贴于纸质包装箱上，实现“即贴出货”的过程，适用于物流、供应链管理等。

标准卡：PVC 层压的标准卡挂于胸前，应用于人员管理、图书管理和车辆管理等。

金属标签：直接粘贴于带金属外壳的设备上，适用于机箱、板卡等资产管理领域。

车辆标签：直接粘贴于汽车挡风玻璃上部内表面，主要适用于汽车管理等领域。

吊牌标签：吊附在待识别物品上，主要应用于高档服装管理和资产管理。

动物标签：装于牲畜的耳朵上，主要用于种畜繁育、疫情防治、肉类检疫。

托盘标签：使用时用钉子穿过定位孔将标签固定于木质托盘正中央。

门票标签：持在手中或挂于胸前，适用于会议出入证明及门票管理等领域。

行李标签：剥离底纸直接粘贴于被识别物体上，主要适用于航空行李管理、邮政包裹管理、物流跟踪管理。

图书标签：直接粘贴于书内，主要应用于图书馆、书店等场所。

珠宝标签：使用时将各类珠宝挂到标签的环上，即可正常使用，便于珠宝行业对各类珠宝产品的管理。

3. 电子标签工作原理

1) 有源电子标签

有源电子标签又称为主动标签,标签的工作电源完全由内部电池供给,同时标签电池的能量供应也部分地转换为电子标签与阅读器通信所需的射频能量。主动标签自身带有电池供电,读/写距离较远(在100～1500m),体积较大,与被动标签相比成本更高,也称为有源标签,一般具有较远的阅读距离,能量耗尽后需更换电池。

2) 无源电子标签

无源电子标签又称为被动标签,没有内装电池,在阅读器的读出范围之外时,电子标签处于无源状态,在阅读器的读出范围之内时,电子标签从阅读器发出的射频能量中提取其工作所需的电源。无源电子标签一般均采用反射调制方式完成电子标签信息向阅读器的传送。

无源电子标签在接收到阅读器发出的微波信号后,将部分微波能量转化为直流电供自己工作,一般可做到免维护,成本很低并具有很长的使用寿命,比主动标签更小也更轻,读写距离则较近(1～30mm),也称为无源标签。相比有源系统,无源系统在阅读距离及适应物体运动速度方面略有限制。

3) 半无源射频标签

半无源射频标签也有内装电池,但标签内的电池供电仅对标签内要求供电维持数据的电路或者标签芯片工作所需电压进行辅助支持。标签未进入工作状态前,一直处于休眠状态,相当于无源标签,标签内部电池能量消耗很少,因而电池可维持几年,甚至长达10年有效。

当标签进入阅读器的读出区域时,收到阅读器发出的射频信号激励,进入工作状态时,标签与阅读器之间信息交换的能量支持以阅读器供应的射频能量为主(反射调制方式),标签内部电池的作用主要在于弥补标签所处位置的射频场强不足,标签内部电池的能量并不转换为射频能量。

4. 降低电子标签成本举措

电子标签的高成本成为这一技术大规模推广的一个最大障碍,因此EPC标签能在单品追踪中发挥作用的关键之一就是大幅度降低标签的成本。为达到以上目的,现已采取了以下措施。

1) 缩小芯片

降低被动和只读标签成本的关键是减小所用微芯片的大小。8英寸硅晶片的价格相对稳定,但把晶片割成小片,每一小片价格都会较低。目前,大部分晶片是用金刚石锯切开的,这个方法可以产生最多15 000块微芯片,大小为1平方毫米。另有一种方法叫作蚀割,它能产生最多25万块芯片,大概每块芯片150平方微米,或大概是人的头发宽度的三倍。蚀割就是将酸性液体倒在晶片上,然后腐蚀割开晶片。

2) 开发新型天线

另一个构造低成本标签的关键是降低天线成本。目前,大多数RFID天线是利用酸去除铜和铝这类导体中的元素,再锻造成型制成的。全球最大的打印纸生产商已经开创了高速电镀技术，天线使用导体墨水绘制，然后将一层金属印在它的顶部。利用这项技术，在大批量生产天线的情况下，可以将天线成本控制在 1 美分左右，与用现有技术生产的普通天线的 5～15 美分的成本形成鲜明对比。

3）寻找硅的替代品

有几家公司正在研究利用硅的廉价替代品生产 EPC 标签的技术，甚至是纯粹利用磁性的"无芯片标签"。这种努力很可能成功。任何标签，只要使用正确的语言，满足基本的性能要求，无论硅或其他材料制作的，都能够与任何阅读器交流信息。

5.1.3 RFID 阅读器

射频识别系统中，阅读器又称为读出装置，也称为扫描器、通信器、阅读器（取决于电子标签是否可以无线改写数据）。RFID 阅读器通过天线与 RFID 电子标签进行无线通信，可以实现对标签识别码和内存数据的读出或写入操作。典型的阅读器包含有高频模块（发送器和接收器）、控制单元以及阅读器天线。

1. 阅读器基本工作原理

阅读器基本工作原理是阅读器使用多种方式与标签交互信息，近距离读取被动标签中信息最常用的方法就是电感式耦合。只要贴近，盘绕阅读器的天线与盘绕标签的天线之间就形成了一个磁场。标签就是利用这个磁场发送电磁波给阅读器。这些返回的电磁波被转换为数据信息，即标签的 EPC 编码。

电子标签与阅读器之间通过耦合元件实现射频信号的空间（无接触）耦合，在耦合通道内，根据时序关系，实现能量的传递、数据的交换。

发生在阅读器和电子标签之间的射频信号的耦合类型有两种。

（1）电感耦合。变压器模型，通过空间高频交变磁场实现耦合，依据的是电磁感应定律。

（2）电磁反向散射耦合。雷达原理模型，发射出去的电磁波，碰到目标后反射，同时携带回来目标信息，依据的是电磁波的空间传播规律。

电感耦合方式一般适合于中、低频工作的近距离射频识别系统。典型的工作频率有 125kHz、225kHz 和 13.56MHz。识别作用距离小于 1m，典型作用距离为 10～20cm。

电磁反向散射耦合方式一般适合于高频、微波工作的远距离射频识别系统。典型的工作频率有 433MHz、915MHz、2.45GHz、5.8GHz。识别作用距离大于 1m，典型作用距离为 3～10m。

2. 阅读器的类型

阅读器分为手持（见图 5.4）和固定两种，由发送器、接收仪、控制模块和收发器组成。收发器和控制计算机或可编程逻辑控制器（PLC）连接从而实现它的沟通功能。阅读器也有天线接收和传输信息。数据传输和处理系统：阅读器通过接收标签发出的无线电波接收读取数据。

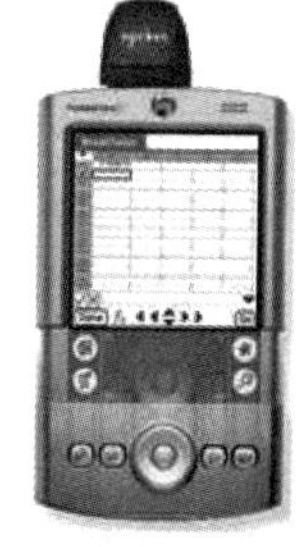

图 5.4 手持式 RFID 阅读器

在由 EPC 标签、阅读器、Savant 服务器、Internet、ONS 服务器、

PML服务器以及众多数据库组成的实物互联网中,阅读器读出的EPC只是一个信息参考(指针),由这个信息参考从Internet找到IP地址并获取该地址中存放的相关的物品信息。而采用分布式Savant软件系统处理和管理由阅读器读取的一连串EPC信息。由于在标签上只有一个EPC码,计算机需要知道与该EPC匹配的其他信息,这就需要ONS来提供一种自动化的网络数据库服务,Savant将EPC传给ONS,ONS指示Savant到一个保存着产品文件的PML服务器查找,该文件可由Savant复制,因而文件中的产品信息就能传到供应链上。

3. 标签的识读

RFID技术的基本工作原理并不复杂:标签进入磁场后,接收解读器发出的射频信号,凭借感应电流所获得的能量发送出存储在芯片中的产品信息(Passive Tag,无源标签或被动标签),或者主动发送某一频率的信号(Active Tag,有源标签或主动标签);解读器读取信息并解码后,送至中央信息系统进行有关数据处理。

一套完整的RFID系统,是由阅读器(Reader)与电子标签(Tag,也就是所谓的应答器,Transponder)及应用软件系统3部分组成,其工作原理是阅读器发射一特定频率的无线电波能量给电子标签,用于驱动电子标签电路将内部的数据送出,此时阅读器便依序接收解读数据,送给应用程序做相应的处理。

以RFID卡片阅读器及电子标签之间的通信及能量感应方式来看大致上可以分成感应耦合(Inductive Coupling)及反向散射耦合(Backscatter Coupling)两种,一般低频的RFID大都采用第一种方式,而较高频大多采用第二种方式。

阅读器根据使用的结构和技术不同可以是读或读/写装置,是RFID系统信息控制和处理中心。阅读器通常由耦合模块、收发模块、控制模块和接口单元组成。阅读器和应答器之间一般采用半双工通信方式进行信息交换,同时阅读器通过耦合给无源应答器提供能量和时序。在实际应用中,可进一步通过内部网络或无线局域网等实现对物体识别信息的采集、处理及远程传送等管理功能。应答器是RFID系统的信息载体,目前应答器大多是由耦合原件(线圈、微带天线等)和微芯片组成无源单元。

5.1.4 阅读器关键技术

阅读器需要解决的关键技术问题主要有3个。

1. 避免阅读器冲突

利用阅读器遇到的一个问题就是,从一个阅读器发出的信号可能与另一个覆盖范围重叠的阅读器发出的信号互相干扰。这种现象称为阅读器冲突,可以利用一种称为时分多址(TDMA)机制来避免冲突。简而言之,就是阅读器被指示在不同时段读取信息,而不是在同一时刻都试图读取信息,这保证了它们不会互相干扰。但是这意味着处于两个阅读器重叠区域的任何一个RFID标签都将被读取两次信息,为此开发出删除冗余信息的系统。

2. 避免标签冲突

阅读器遇到的另一个问题就是在同一范围内要读取多个芯片的信息，当在同一时刻超过一个芯片向阅读器返回信号，这样标签冲突就发生了，它使阅读器不能清晰判断信息。目前已经采用了一个标准化的方法来解决这个问题。

阅读器只要求第一位数符合它所要求的数字的标签回应阅读器。从本质上来讲，就是阅读器提出要求："产品电子码以0开头的标签回应阅读器。"如果超过一个标签回应，则阅读器继续要求："产品电子码以00开头的标签回应阅读器。"这样操作直到仅有一个标签回应为止。这一过程非常迅速，一个阅读器在1s之内可以读取50个标签的信息。

3. 读取距离

阅读器读取信息的距离取决于阅读器的能量和使用的频率。通常来讲，高频率的标签有更大的读取距离，但是它需要阅读器输出的电磁波能量更大。一个典型的低频标签必须在0.3m内读取，而一个超高频UHF标签可以在3～6m的距离内被读取。

在某些应用情况下，读取距离是一个需要考虑的关键问题，例如，有时需要读取较长的距离，但是较长的读取距离并不一定就是优点，如果人们在一个足球场那么大的仓库里有两个阅读器，也许知道有哪些存货，但是阅读器不能帮人们确定某一个产品的具体位置。对于供应链来讲，在仓库中最好有一个由许多阅读器组成的网络，这样它们能够准确地查明一个标签的确切地点。通常的设计是一种在1.2m距离内可读取标签的灵敏阅读器。

5.1.5　Savant 系统

每件产品都加上RFID标签之后，在产品的生产、运输和销售过程中，阅读器将不断收到一连串的产品电子编码。整个过程中最为重要同时也是最困难的环节就是传输和管理这些数据。自动识别产品技术中心于是开发了一种名叫Savant的"神经网络"软件技术，相当于该新式网络的神经系统。

1. 分布式结构

Savant与大多数的企业管理软件不同，使用了分布式结构，以层次化进行组织、管理数据流。Savant将被利用在商店、分销中心、地区办公室、工厂，甚至有可能在卡车或货运飞机上应用。每一个层次上的Savant系统将收集、存储和处理信息，并与其他Savant系统进行交流。例如，一个运行在商店里的Savant系统可能要通知分销中心还需要更多的产品，在分销中心运行的Savant系统可能会通知商店的Savant系统一批货物已于一个具体的时间出货了。Savant系统需要完成的主要任务是数据校对、阅读器协调、数据传送、数据存储和任务管理。

1）数据校对

处在网络边缘的Savant系统，直接与阅读器进行信息交流，它们会进行数据校对。并非每个标签每次都会被读到，而且有时一个标签的信息可能被误读，Savant系统能够利用算法校正这些错误。

2）阅读器协调

如果从两个有重叠区域的阅读器读取信号，它们可能读取了同一个标签的信息，产生了相同且多余的产品电子码。Savant 的一个任务就是分析已读取的信息并且删掉这些冗余的产品编码。

3）数据传送

在每一层次上，Savant 系统必须要决定什么样的信息需要在供应链上向上传递或向下传递。例如，在冷藏工厂的 Savant 系统可能只需要传送它所储存的商品的温度信息就可以了。

4）数据存储

现有的数据库不具备在一秒钟内处理超过几百条事务的能力，因此，Savant 系统的另一个任务就是维护实时存储事务数据库。本质上讲，系统取得实时产生的产品电子码并且智能地将数据存储，以便其他企业管理的应用程序有权访问这些信息，并保证数据库不会超负荷运转。

5）任务管理

无论 Savant 系统在层次结构中所处的等级是什么，所有的 Savant 系统都有一套独具特色的任务管理系统（TMS），这个系统使得它们可以实现用户自定义的任务来进行数据管理和数据监控。例如，一个商店中的 Savant 系统可以通过编写程序实现一些功能，当货架上的产品降低到一定水平时，会给储藏室管理员发出警报。

2. 对象名解析服务

只将产品电子码存储在了标签中，计算机还需要一些将产品电子码匹配到相应商品信息的方法。这个角色就由对象名称解析服务（ONS）担当。它是一个自动的网络服务系统，有点类似于域名解析服务，DNS 是将一台计算机定位到万维网上的某一具体地点的服务。

3. 服务过程

当一个阅读器读取一个 EPC 标签的信息时，产品电子码就传递给了 Savant 系统。Savant 系统利用 ONS 对象名解析服务找到这个产品信息所存储的位置。ONS 给 Savant 系统指明一个服务器，这个产品的有关文件就存储在这台服务器上。接着这个文件就能够在 Savant 系统中找到，并且存储在这个文件中的关于这个产品的信息将会被传递过来，从而应用于供应链管理。

5.1.6 RFID 标准

目前，世界一些知名公司各自推出了自己的很多标准，这些标准互不兼容，表现为在频段和数据格式上的差异，这也给 RFID 的大范围应用带来困难。目前全球有两大 RFID 标准阵营：欧美的 Auto-ID Center 和日本的 Ubiquitous ID Center（UID）。欧美的 EPC 标准采用 UHF 频段，为 860～930MHz，日本 RFID 标准采用的频段为 2.45GHz 和 13.56MHz；日本标准电子标签的信息位数为 128，EPC 标准的位数则为 96。

5.1.7 RFID 应用

RFID 的典型应用领域包括门禁考勤、图书馆、医药管理、仓储管理、物流配送、产品防伪、生产线自动化、身份证防伪、身份识别等。两个 RFID 的应用案例如下。

1. 铁路车号自动识别系统(ATIS)

国内最早应用 RFID 的系统，也是应用 RFID 范围最广的系统——铁路车号自动识别系统，开发于 20 世纪 90 年代中期。该系统可实时、准确无误地采集机车、车辆运行状态数据，如机车车次、车号、状态、位置、去向和到发时间等信息，实时追踪机车车辆；该系统已遍及全国及 18 个铁路局、7 万多千米铁路，超过 55 万辆机车和车厢安装了无源 RFID 标签。

2. 北京奥运会门票

北京奥运会期间，共发售了 1600 万张 RFID 门票。这种门票防伪性能良好，观众入场时手持门票通过检票设备即可，省去了人工验票过程。门票使用了国内自主开发的最小的 RFID 芯片，芯片最小面积 0.3mm^2，厚度最小达到 50μm，可嵌入到纸张内。

5.2 EPC 信息网络系统

以简单 RFID 系统为基础，结合已有的网络技术、数据库技术、中间件技术等，构筑一个由大量联网的阅读器和无数移动的标签组成的，比 Internet 更为庞大的物联网成为技术发展的趋势。在这个网络中，系统可以自动地、实时地对物体进行识别、定位、追踪、监控并触发相应事件。较为成型的分布式网络集成框架是 EPC Global 提出的 EPC 网络。EPC 网络主要是针对物流领域，其目的是增加供应链的可视性(Visibility)和可控性(Control)，使整个物流领域能够借助 RFID 技术获得更大的经济效益。

EPC 系统是一个先进的、综合性的和复杂的系统。它由 EPC 编码体系、RFID 系统及信息网络系统 3 个部分组成，主要包括 6 个方面：EPC 编码、EPC 标签、读写器、EPC 中间件、对象名称解析服务(Object Name Service，ONS)和 EPC 信息服务(EPC Information Service，EPCIS)，如图 5.5 所示。

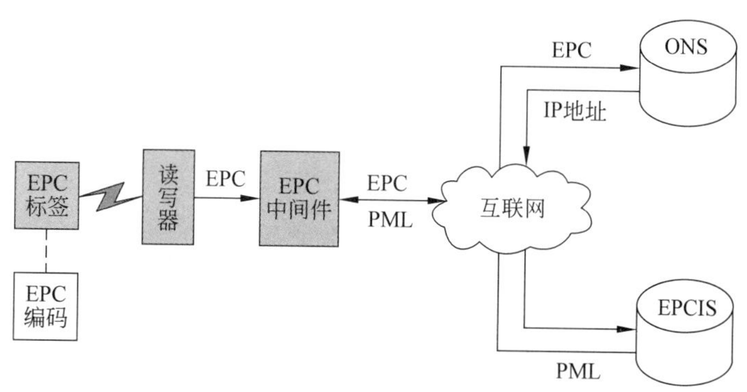

图 5.5 EPC 物联网：系统结构

5.2.1 物联网EPC网络系统构成

EPC系统是一个先进的、综合性很强的复杂系统,是以由大量联网的阅读器和无数移动的标签组成的简单的RFID系统为基础,并结合已有的计算机互联网网络技术、数据库技术、中间件技术等,构建出一个可以覆盖全球万事万物的网络。其网络结构如图5.6所示。EPC系统最终目标是为每一件单件产品建立全球性与开放的标识标准。

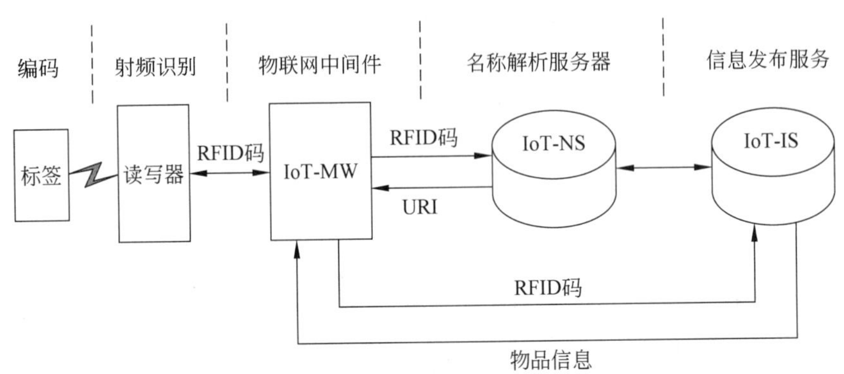

图5.6 物联网(IoT)EPC网络结构示意图

在EPC网络中,所有有关商品的信息都以实体标记语言(Physical Markup Language, PML)来描述,PML是EPC网络信息存储和交换的标准格式。

EPC网络的特点如下。

(1) 不像传统的条码,该网络不需要人的干预与操作,而是通过自动技术实现网络运行。

(2) 无缝连接。

(3) 网络的成本相对较低。

(4) 该网络是通用的,可以在任何环境下运行。

(5) 采纳一些管理实体的标准,如UCC、EAN、ANSI、ISO等。

5.2.2 系统构成

EPC系统由EPC编码体系、射频识别系统和信息网络系统构成,如图5.7所示,主要包括以下6个方面,如表5.1所示。

EPC网络的关键技术包括如下几方面。

1. EPC编码标准

长度为64位、96位和256位的ID编码,出于成本的考虑现在主要采用64位和96位两种编码。EPC编码分为4个字段:①头部,标识编码的版本号,这样就可使电子产品编码采用不同的长度和类型;②产品管理者,如产品的生产商;③产品所属的商品类别;④单品的唯一编号。

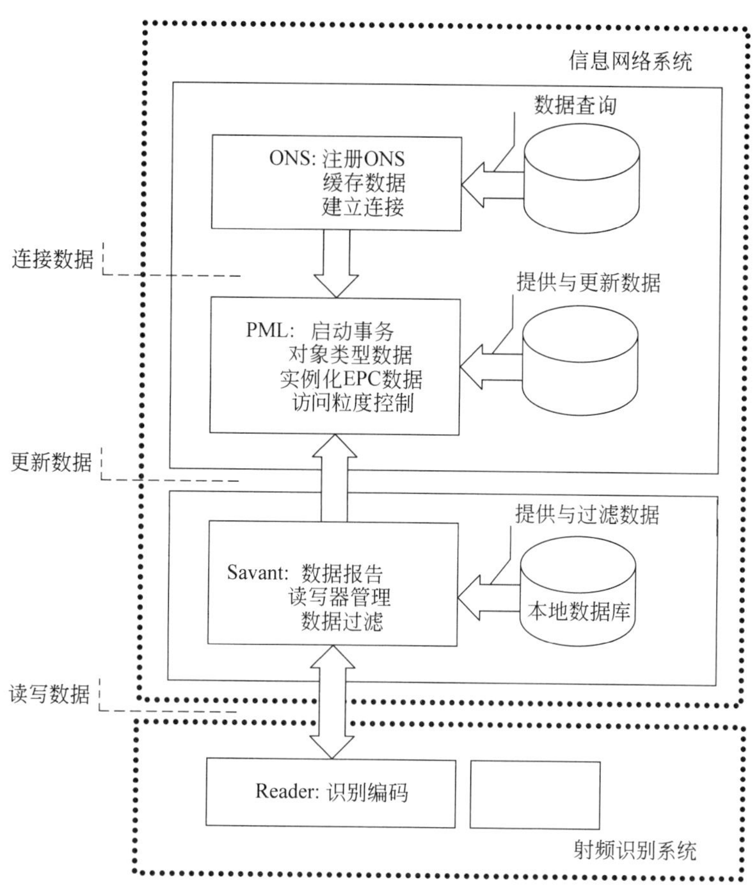

图 5.7　EPC 系统构成

表 5.1　EPC 系统的构成

系统构成	名　　称	说　　明
EPC 编码体系	EPC 编码标准	识别目标的特定代码
射频识别系统	EPC 标签	识读 EPC 标签
	射频读写器	信息网络系统
信息网络系统	Savant(神经网络软件、中间件)	EPC 系统的软件支持系统
	对象名称解析服务 ONS	类似于互联网 DNS 功能,定位产品信息存储位置
	PML	供软件开发、数据存储和数据分析之用

2. EPC 标签

EPC 标签由天线、集成电路、连接集成电路与天线的部分、天线所在的底层四部分构成。96 位或者 64 位产品电子码是存储在 RFID 标签中的唯一信息。

EPC 标签有主动型、被动型和半主动型 3 种类型。主动型 RFID 标签有一个电池,这个电池为微芯片的电路运转提供能量,并向解读器发送信号(同蜂窝电话传送信号到基站的原理相同);被动型标签没有电池,相反,它从解读器获得电能。解读器发送电磁波,在标签的天线中形成了电流;半主动型标签用一个电池为微芯片的运转提供电能,但是发送信号和接收信号时却是从解读器处获得能量。

主动型和半主动型标签在追踪高价值商品时非常有用,因为它们可以远距离扫描,扫描距离可以达到30m,但这种标签每个成本要1美元或更多,这使得它不适合应用于低成本的商品上。Auto-ID中心正在致力研发被动标签,它们的扫描距离不像主动标签那么远,通常少于3m,但它们比主动标签便宜得多,目前成本已经降至5美分左右(还要进一步降低),而且不需要维护。

3. Savant

Savant中间件是介于阅读器与企业应用之间的中间件,为企业应用提供一系列计算功能。它的首要任务是减少从阅读器传往企业应用的数据量,对阅读器读取的标签数据进行过滤、汇集、计算等操作,同时Savant还提供与ONS、PML服务器、其他Savant互操作的功能。

4. 对象名称解析服务

类似于域名服务器DNS,ONS提供将EPC编码解析为一个或一组URLs的服务,通过URLs可获得与EPC相关产品的进一步信息。

5. PML

PML是在XML的基础上扩展而来的,被视为描述所有自然物体、过程和环境的统一标准。PML是物联网网络信息存储、交换的标准格式,它是作为EPC系统中各个不同部分的一个的公共接口,即Savant、第三方应用程序(如ERP、MES)、存储商品相关数据的PML服务器之间的共同通信语言。

5.2.3 信息网络系统

1. Savant(神经网络软件)

Savant是一个物联网系统的“中间件”,用来处理从一个或多个解读器发出的标签流或传感器数据,之后将处理过的数据发往特定的请求方。Savant中间件的体系结构及与外界的接口如图5.8所示。

EPC物联网Savant中间件的功能主要通过使用实体标记语言来描述Savant中间件对电子标签上所包含的信息,以及对数据库中相关的信息的处理,并对这些信息进行相应的计算操作。其功能结构如图5.9所示。

Savant中间件对信息进行相应的计算操作包括以下3个方面。

1) 处理数据

通过使用阅读器从外部对电子标签上所包含的信息进行读取,获得每个产品上的信息,了解产品的类型,Savant系统在收到EPC代码后,生产一个PML文件,则Savant中间件可以对这些产品的数据进行处理,提取有用数据。

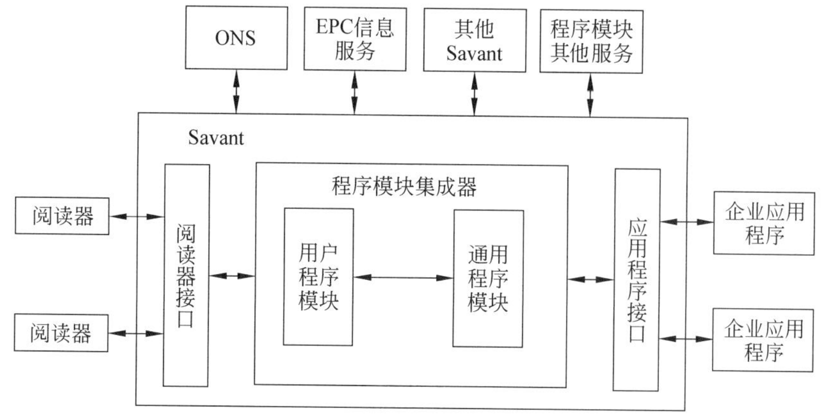

图 5.8　Savant 中间件的体系结构

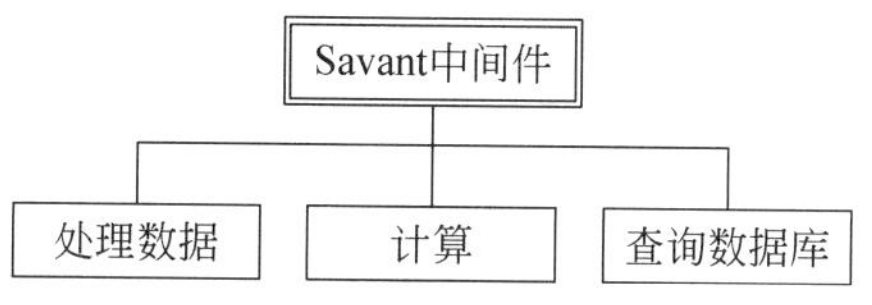

图 5.9　Savant 中间件的功能结构

2）对数据进行计算

使用 PML 获取有用信息后，可以对信息进行所需要的操作，按一定的要求来计算读取到的数据，或可以通过获取的信息及时地调整生产计划等。

3）查询数据库

通过 PML 描述产品的信息，这样可直接对数据库进行操作，查看数据库的相关的产品信息，来支持 Savant 中间件的一系列功能。数据库中记录了很多产品所有的信息，通过对数据库的读写可以即时完成关于产品信息的查询、计算、安排等功能。

2. 对象名解析服务

EPC 标签对于一个开放式的、全球性的追踪物品网络需要一些特殊的网络结构。因为标签中只存储了产品电子代码，计算机还需要一些将产品电子代码匹配到相应商品信息的方法。这个角色就由对象名称解析服务(Object Naming Service，ONS)担当，它是一个自动的网络服务系统，类似于域名解析服务(DNS)，DNS 是将一台计算机定位到万维网上的某一具体地点的服务。

5.2.4　EPC 网络应用流程

EPC 物联网中的信息流如图 5.10 所示，即使用阅读器从外部对电子标签上所包含的信息进行读取。在由 EPC 标签、解读器、Savant 服务器、Internet、ONS 服务器、PML 服务器以及众多数据库组成的 EPC 物联网中，解读器读出的 EPC 只是一个信息参考(指针)，该信息经过网络，传到 ONS 服务器，找到该 EPC 对应的 IP 地址并获取该地址中存放的相关的物品信息。采用分布式 Savant 软件系统处理和管理由解读器读取的一连串 EPC 信息，Savant 将 EPC 传给 ONS，ONS 指示 Savant 到一个保存着产品文件的 PML 服务器查找，该文件可由 Savant 复制，因而文件中的产品信息就能传到供应链上。

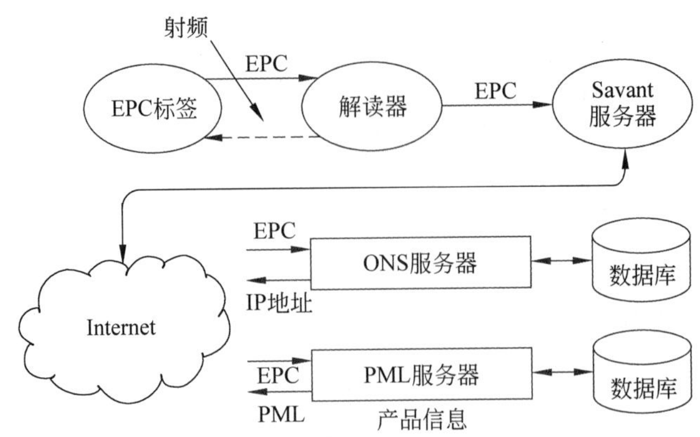

图 5.10　EPC 物联网中的信息流

5.2.5　对象名称解析服务

对象名称解析服务(ONS)是一个自动的网络服务系统，类似于域名解析服务，ONS 给 EPC 中间件指明了存储产品相关信息的服务器。

ONS 服务是联系 EPC 中间件和 EPC 信息服务的网络枢纽，并且 ONS 设计与架构都以因特网域名解析服务 DNS 为基础，因此，可以使整个 EPC 网络以因特网为依托，迅速架构并顺利延伸到世界各地。对象名称解析服务的查询过程如图 5.11 所示。

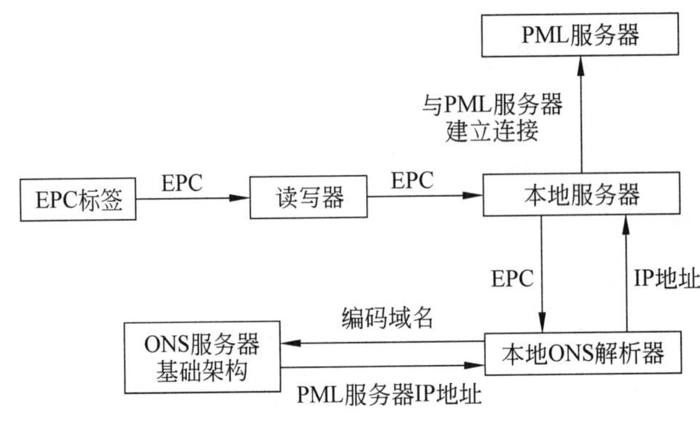

图 5.11　ONS 查询过程

5.2.6　PML

1. PML 简介

PML 是一种用于描述物理对象、过程和环境的通用语言，是从人们广为接受的可扩展标记语言(XML)发展而来的。EPC 码识别所有关于产品有用的信息都用这种新型的标准的计算机语言来书写。

PML 核提供通用的标准词汇表来描述获得的信息，如位置、组成以及其他遥感勘测的信息。PML 文件将被存储在一个 PML 服务器上，此 PML 服务器将配置一个专用的计算机，为其他计算机提供它们需要的文件。PML 服务器将由制造商维护，并且储存这个制造商生产的所有商品的文件信息。

2. PML 设计

PML 分为 PML Core(PML 核)与 PML Extension(PML 扩展)两个主要部分，如图 5.12 所示。PML 核用统一的标准词汇将从 Auto-ID 底层设备获取的信息分发出去，如位置信息、组成信息和其他感应信息。PML 扩展用于将 Auto-ID 底层设备所不能产生的信息和其他来源的信息进行整合。PML 扩展包括多样的编排和流程标准，使数据交换在组织内部和组织间发生。

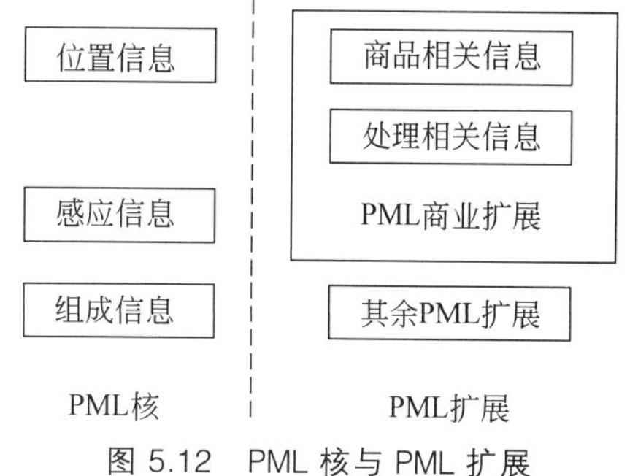

图 5.12　PML 核与 PML 扩展

PML 核专注于直接由 Auto-ID 底层设备所生成的数据，其主要描述包含特定实例和独立于行业的信息。特定实例是条件与事实相关联，事实(如一个位置)只对一个单独的可自动识别对象有效，而不是对一个分类下的所有物体均有效。独立于行业的条件指出数据建模的方式，即它不依赖于指定对象所参与的行业或业务流程。

对于 PML 商业扩展，提供的大部分信息对于一个分类下的所有物体均可用，大多数信息内容高度依赖于实际行业，例如，高科技行业组成部分的技术数据表都远比其他行业要通用。这个扩展在很大程度上是针对用户特定类别并与它所需的应用相适应，目前 PML 扩展框架的焦点集中在整合现有电子商务标准上，扩展部分可覆盖到不同领域。

这样，PML 设计便提供了一个描述自然物体、过程和环境的统一标准，可供工业和商业中的软件开发、数据存储和分析工具之用，同时还提供一种动态的环境，使与物体相关的静态的、暂时的、动态的和统计加工过的数据实现互相交换。

5.2.7　EPC 信息服务模块

EPCIS 以 PML 为系统的描述语言，主要包括客户端模块、数据存储模块和数据查询模块 3 个部分(在 EPC 1.0 中称为 PML 服务器；在 EPC 2.0 中，完善了功能并称为 EPCIS 服务器)。

客户端模块主要实现物联网 EPC 标签信息向指定 EPCIS 服务器传输；数据存储模块将通用数据存储于数据库中，在产品信息初始化的过程中调用通用数据生成针对每一个产品的属性信息，并将其存储于 PML 文档中；数据查询模块根据客户端的查询要求和权限，访问相应的 PML 文档，生成 HTML 文档，返回给客户端。

EPCIS 提供了一个模块化、可扩展的数据和服务的接口，使得 EPC 的相关数据可以在企业内部或者企业之间共享。它处理与 EPC 相关的如下各种信息。

EPC 的观测值：What/When/Where/Why，通俗地说，就是观测对象、时间、地点以及原因，它是 EPCIS 步骤与商业流程步骤之间的一个关联，例如，订单号、制造商编号等商业交易信息。

包装状态：例如，物品是在托盘上的包装箱内。

信息源：例如，位于Z仓库的Y通道的X识读器。

EPCIS有两种运行模式：一种是EPCIS信息被已经激活的EPCIS应用程序直接应用；另一种是将EPCIS信息存储在资料档案库中，以备今后查询时进行检索。

独立的EPCIS事件通常代表独立步骤，比如EPC标记对象A装入标记对象B，并与一个交易码结合。对于EPCIS资料档案库的EPCIS查询，不仅可以返回独立事件，而且还有连续事件的累积效应，比如对象C包含对象B，对象B本身包含对象A。

EPC信息服务(EPCIS)模块内部结构参见图5.13。

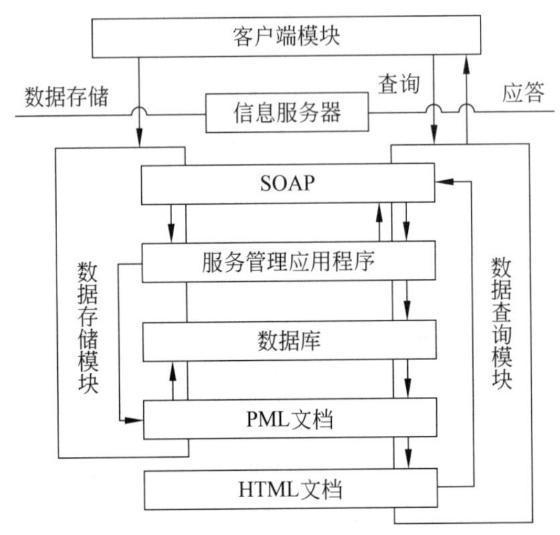

图5.13　EPC信息服务(EPCIS)模块

5.3　无线传感器网络

无线传感器网络(Wireless Sensor Networks，WSN)是由大量部署在作用区域内的、具有无线通信与计算能力的微小传感器结点通过自组织方式构成的能根据环境自主完成指定任务的分布式智能化网络系统。传感网络的结点间距离很短，一般采用多跳(Multi-Hop)的无线通信方式进行通信。传感器网络可以在独立的环境下运行，也可以通过网关连接到Internet，使用户可以远程访问。

传感器网络综合了传感器技术、嵌入式计算技术、现代网络及无线通信技术、分布式信息处理技术等，能够通过各类集成化的微型传感器协作地实时监测、感知和采集各种环境或监测对象的信息，通过嵌入式系统对信息进行处理，并通过随机自组织无线通信网络以多跳中继方式将所感知信息传送到用户终端，从而真正实现"无处不在的计算"理念。

无线传感器网络由部署在监测区域内大量的廉价微型传感器结点组成，通过无线通信方式形成一个多跳的自组织的网络系统，其目的是协作地感知、采集和处理网络覆盖区域中被感知对象的信息，并发送给观察者。传感器、感知对象和观察者构成了无线传感器网络的3个要素。图5.14所示的是一个农业应用的实际工程案例图。

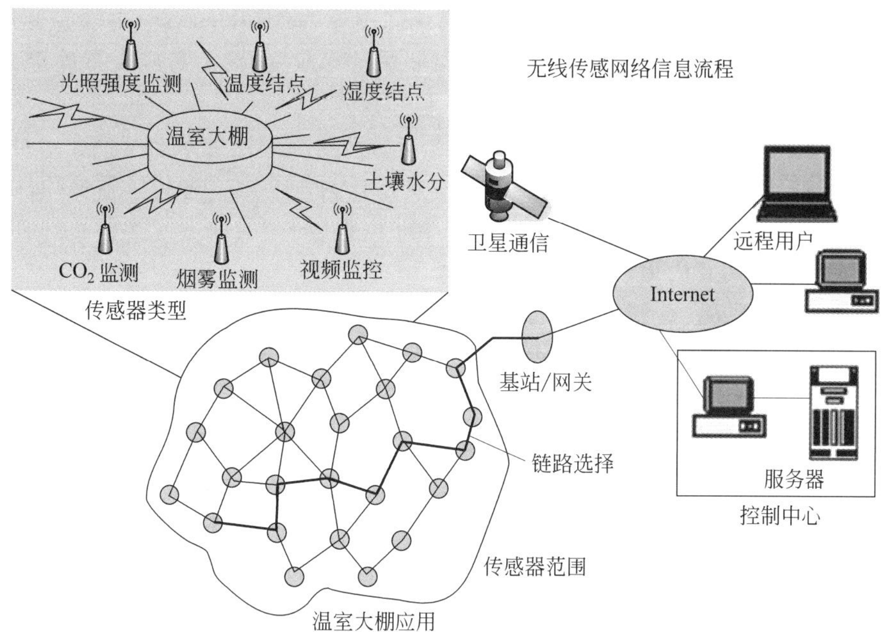

图 5.14　无线传感器网络工程案例图

5.3.1　传感器的组成和结构

传感器是一种以一定精度把被测量(主要是非电量)转化为与之有确定关系、便于应用的某种物理量(主要是电量)的测量装置。这一描述确立了传感器的基本组成及其结构。

1. 传感器的组成

当前,由于电子技术、微电子技术、电子计算机技术的迅速发展,使电学量具有了易于处理、便于测量等特点,因此传感器一般由敏感元件、转换元件和变换电路三部分组成,有时还加上辅助电源,其基本组成如图 5.15 所示。

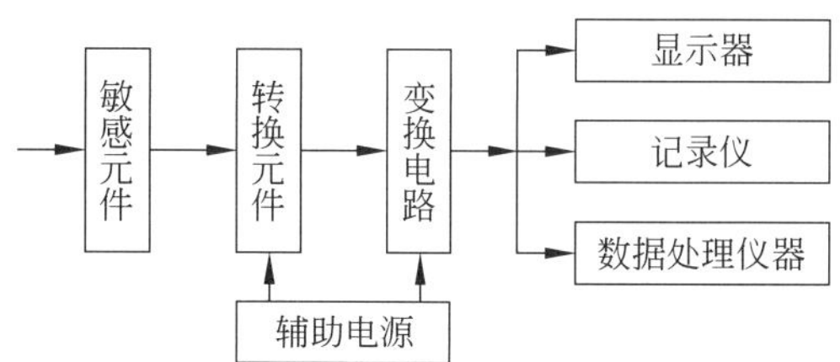

图 5.15　传感器的基本组成

1) 敏感元件

敏感元件(Sensitive Element)直接感受被测量,并输出与被测量成确定关系的某一物理量的元件。

2) 转换元件

转换元件(Transduction Element)是传感器的核心元件,它以敏感元件的输出为输入,把感知的非电量转换为电信号输出。转换元件本身可作为一个独立的传感器使用。这样的传感器一般称为元件传感器。元件传感器的结构如图5.16所示。例如,电阻应变片在做应变测量时,就是一个元件传感器,它直接感受被测量——应变,输出与应变有确定关系的电量——电阻变化。

转换元件也可不直接感受被测量,而是感受与被测量成确定关系的其他非电量,再把这一"其他非电量"转换为电量。这时转换元件本身不作为一个独立的传感器使用,而作为传感器的一个转换环节。在传感器中,尚需要一个非电量(同类的或不同类的)之间的转化环节。这一转换环节,需要由另外一些部件(敏感元件等)来完成,这样的传感器通常称为结构传感器,如图5.17所示。传感器中的转换元件决定了传感器的工作原理,也决定了测试系统的中间变换环节。敏感元件等环节则大大扩展了转换元件的应用范围。在大多数测试系统中,应用的都是结构传感器。

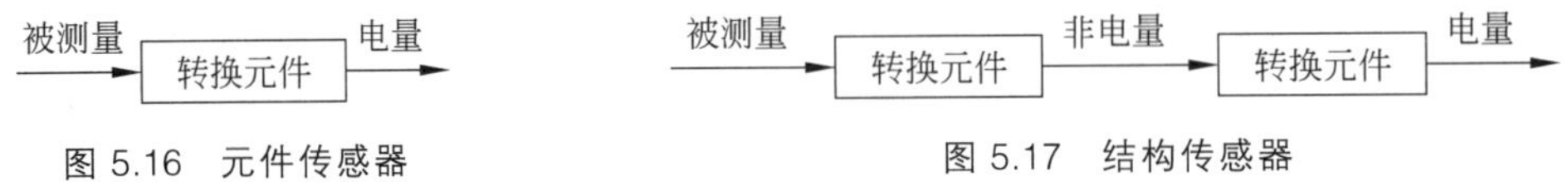

图5.16 元件传感器　　图5.17 结构传感器

3) 变换电路

变换电路(Transduction Circuit)将上述电路参数接入转换电路,便可转换成电量输出。实际上,有些传感器很简单,仅由一个敏感元件(兼做转换元件)组成,它感受被测量时直接输出电量,如热电偶。有些传感器由敏感元件和转换元件组成,没有转换电路。有些传感器,转换元件不止一个,要经过若干次转换,较为复杂,大多数是开环系统,也有些是带反馈的闭环系统。

2. 传感器的结构形式

传感器的结构形式取决于传感器的设计思想,而传感器设计的一个重点是选择信号的方式,把选择出来的信号的某一个方面性能在结构上予以具体化,以满足传感器的技术要求。

1) 选择固定信号方式的传感器直接结构

固定信号方式是把被测量以外的变量固定或控制在某个定值上,以金属导线的电阻为例,电阻是金属的种类、纯度、尺寸、温度、应力等的函数。如仅选择根据温度产生的变化作为信号时就可制成电阻温度计;如果选择尺寸或应力变化作为信号时就可制成电阻应变片。显然,对于确定的金属材料,在设计温度计时要防止应力带来的影响;在设计应变片时要防止温度变化带来的影响。如果在测试中,控制前者的应力和后者的温度,则为选择固定的信号方式。

选择固定的信号方式的传感器采用直接结构形式。这种传感器是由一个独立的传感元件和其他环节构成,直接将被测量转换为所需输出量。直接式传感器的构成方法如图5.18所示。

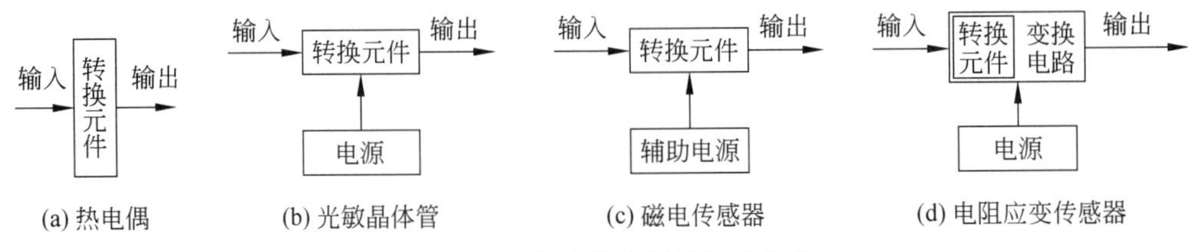

图5.18 直接式传感器的构成方法

图 5.18(a)是仅有传感元件的最简单的一种,如热电偶和压电元件。

图 5.18(b)是使用电源提供输出能量,如光敏晶体管。

图 5.18(c)是利用磁铁为传感元件提供能量,如磁电传感器;而霍尔传感器则是图 5.18(b)和图 5.18(c)两种情况的结合。

图 5.18(d)所示的传感元件是阻抗元件,输入信号改变其阻抗值,为得到具有能量的输出信号,必须设计包括元件在内的变换电路(实际环节也可归入中间变换电路),如具有电桥电路的电阻应变传感器等。

2) 选择补偿信号方式的传感器补偿结构

大多数情况下,传感器特征要受到周围环境和内部各种因素的影响,在这些影响不能被忽略时,必须采取一定措施,以消除这些影响。

在设计某些传感器时,面临两种变量:一种是需要的被测量,另一种是不希望出现而又存在的某种影响量(通常称为干扰量)。假设被测量和影响量都起作用时的变化关系为第一函数,仅仅是影响量起作用时的变化关系为第二函数。对于被测量来说,如果影响量的作用效果是叠加的,则可取两函数之差;如果影响量的作用效果是乘积递增,则可取两函数之商,即可消除影响量的影响,这种信号方式称为补偿方式。实际补偿信号方式的传感器结构是补偿式结构,如图 5.19 所示。

3) 选择差动信号方式的传感器差动结构

使被测量反向对称变化,影响量同向对称变化,然后取其差,就能有效地将被测量选择出来,这就是差动方式。图 5.20 所示为实现差动方式的传感器差动式结构的构成方法。其结构特点是把输入信号加在原理和特征一样的两个传感元件上,但在变换电路中,是传感元件的输出对输入信号(被测量)反向变换,对环境、内部条件变化(影响量)同向变换,并且以两个传感元件输出之差为总输出,从而有效地抵消环境、内部条件变化带来的影响。

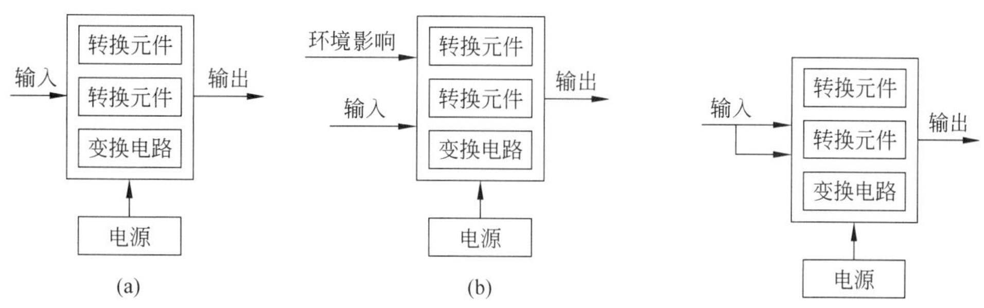

图 5.19　补偿式传感器的构成方法

图 5.20　传感器差动式结构

4) 选择平均信号方式的传感器平均结构

平均信号方式来源于误差分析理论中对随机误差的平均效应和信号(数据)的平均处理,在传感器结构中,利用 n 个相同的转换元件同时感受被测量,则传感器的输出为各元件输出之和,而随机误差则减小为单个元件的误差。

采用平均结构的传感器有光栅、磁栅、容栅、感应同步器等,带有弹性敏感元件的电阻应变式传感器作力、压力、扭矩等量的测试时,也多粘贴多枚电阻应变片,在具有差动作用的同时,具有明显的平均效果。平均结构的传感器不仅有效地采用平均信号方式,大幅度降低测试误差,而且可弥补传感器制造工艺缺陷所带来的误差,同时还可以补偿某些非测量载荷的影响。

5）选择平衡信号方式的传感器闭环结构

一般由敏感元件、转换元件组成的传感器均属于开环式传感器。这种传感器和相应的中间变换电路、显示分析仪器等构成开环测试系统。在开环式传感器中，尽管可以采用补偿、差动、平均等结构形式，有效地提高自身性能，但仍然存在两个问题：第一，在开环系统中，各环节之间是串联的，环节误差存在累积效应，要保证总的测试准确度，需要降低每一环节的误差，因此提高了对每一环节的要求；第二，随着科技和生产的发展，对传感器技术提出了更高的要求，传感器乃至整个测试系统的静态特性、动态特性、稳定性、可靠性等同时具有较高性能，而采用开环系统很难满足这一要求。

依据测量学中的零示法测量原理，选择平衡信号方式，采用环式传感器结构，可有效地解决上述问题。闭环传感器采用控制理论和电子技术中的反馈技术，极大地提高了性能。同开环传感器相比较，闭环传感器在结构上增加了一个由反向传感器构成的反馈环节，其原理结构如图 5.21 所示。

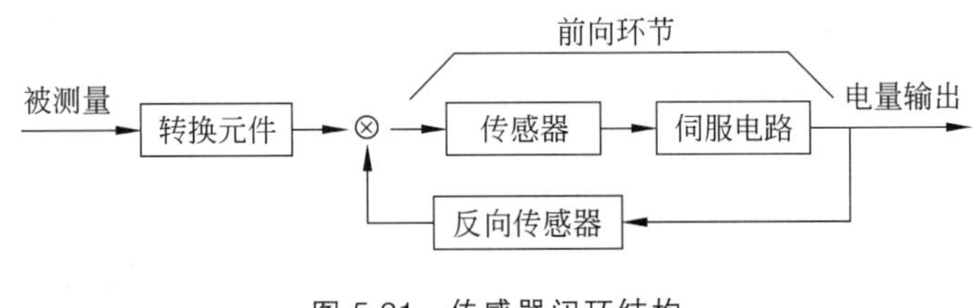

图 5.21　传感器闭环结构

5.3.2　传感器网络体系结构

1. 无线传感器网络的体系结构

WSN 的发展是随着传感器技术的发展而逐渐发展起来的，20 世纪 70 年代出现了将传感器点对点的传输信号，连接至传感器控制器构成传感器网络的雏形，称为第一代传感器网络；随着智能化传感器、MEMS/NEMS 传感器的问世，传感器具有了获取多种信息的综合处理能力，通过与传感器控制器相连，构成了有综合处理能力的网络，称为第二代传感器网络；从 20 世纪末开始，现场总线技术开始应用于传感器，并用其组建智能化传感器网络，大量应用的多功能传感器、数字技术，以及使用无线技术连接等，形成了无线传感器网络。

无线传感器网络是一种由大量小型传感器所组成的网络。这些小型传感器一般称为 Sensor Node(传感器结点)或者 Mote(灰尘)。此种网络中一般也有一个或几个基站(称为 Sink)用来集中从小型传感器收集的数据。传感器网络结构如图 5.22 所示。

传感器网络系统通常包括传感器结点(Sensor Node)、汇聚结点(Sink Node)和管理结点。大量传感器结点随机部署在监测区域内部或附近，能够通过自组织方式构成网络。传感器结点监测的数据沿着其他传感器结点逐跳进行传输，在传输过程中监测数据可能被多个结点处理，经过多跳后路由到汇聚结点，最后通过互联网或卫星到达管理结点。用户通过管理结点对传感器网络进行配置和管理，发布监测任务以及收集监测数据。

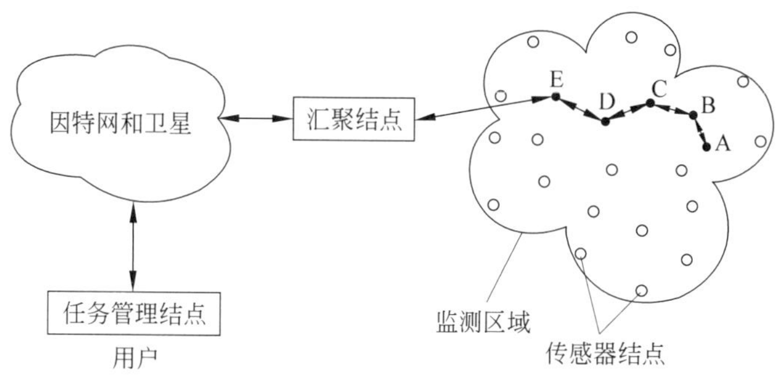

图 5.22　无线传感器构成自组织网络

2. 传感器结点

无线传感器结点由传感器模块、处理器模块、无线通信模块和能量供应模块四部分组成，如图 5.23 所示。此外，可以选择的其他功能单元包括定位系统、运动系统以及发电装置等。

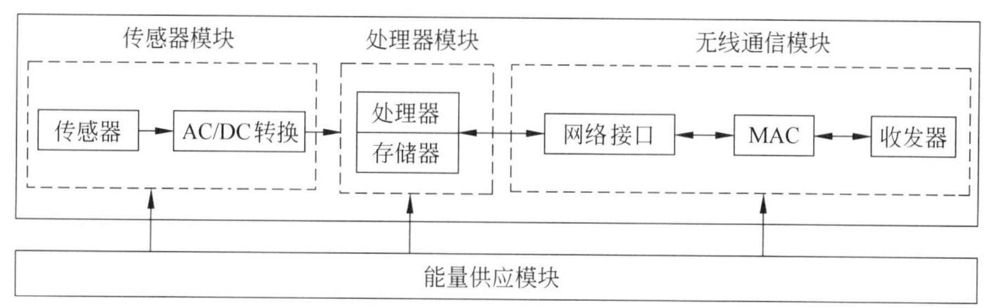

图 5.23　无线传感器结点

传感器模块由传感器和 AC/DC 转换功能模块组成，负责区域内信息的采集和数据转换。

处理器模块由嵌入式系统构成，包括处理器、存储器、嵌入式操作系统等，负责控制整个传感器结点的操作，存储和处理本身采集的数据以及其他结点发来的数据。

无线通信模块由网络接口、MAC、收发器组成，负责与其他传感器结点进行无线通信，交换控制信息和收发采集数据。

能量供应模块为传感器结点提供运行所需的能量，通常采用微型电池。

每个结点由数据采集模块、数据处理和控制模块、通信模块以及电池模块组成，内置形式多样的传感器通过协作感知、采集和处理网络覆盖区域的热、红外、声呐、雷达和地震波等信号，从而探测众多人们感兴趣的物理现象。

在传感器网络中，结点通过各种方式大量部署在被感知对象内部或者附近。这些结点通过自组织方式构成无线网络，以协作的方式感知、采集和处理网络覆盖区域中特定的信息，可以实现对任意地点信息在任意时间的采集、处理和分析。一个典型的传感器网络的结构包括分布式传感器结点（群）、Sink 结点、互联网和用户界面等。

传感器结点之间可以相互通信，自己组织成网并通过多跳的方式连接至 Sink（基站结点），Sink 结点收到数据后，通过网关（Gateway）完成和公用 Internet 网络的连接。整个系统通过任务管理器来管理和控制这个系统。

3. 传感器网络协议栈

随着对传感器网络的深入研究,研究人员提出了多个传感器结点上的协议栈。协议栈包括物理层、数据链路层、网络层、传输层和应用层,与互联网协议栈的五层协议相对应,如图5.24所示。另外,协议栈还包括能量管理平台、移动管理平台和任务管理平台。这些管理平台使得传感器结点能够按照能源高效的方式协同工作,在结点移动的传感器网络中转发数据,并支持多任务和资源共享。

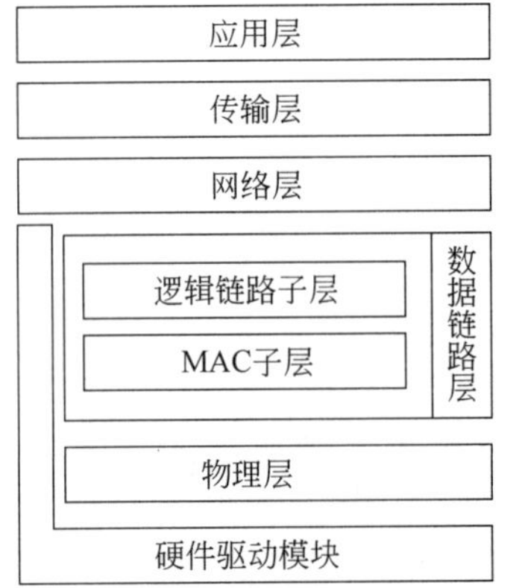

图5.24 传感器网络协议栈

1) 物理层

物理层研究主要集中在传输介质的选择。目前传输介质主要有无线电、红外线和光波3种;传输频段为通用频段ISM,4.33MHz、915MHz和2.44GHz;调制方式为二元调制和多元调制。

2) 数据链路层

数据链路层研究主要集中在介质访问控制(Media Access Control,MAC)协议,该协议是保证WSN高效通信的关键协议之一,传感器网络的性能如吞吐量、延迟性完全取决于网络的MAC协议,与传统的MAC协议不同,WSN的协议首先考虑能量节省问题。

3) 网络层

网络层负责路由的发现和维护,遵照路由协议将数据分组,从源结点通过网络转发到目的结点,即寻找源结点和目的结点之间的优化路径,然后将数据分组沿着优化路径正确转发。

4) 传输层

传输层主要负责将WSN的数据提供给外部网络,在实际应用时,通常会采用特殊结点作为网关。网关通过通信卫星、移动通信网络、Internet网或其他通信介质与外部网络通信。

5) 应用层

应用层主要提供一些应用。

4. 无线传感器网络的特征

无线自组网(Mobile Ad Hoc Network)是一个由几十到上百个结点组成的、采用无线通信方式、动态组网的多跳的移动性对等网络。其目的是通过动态路由和移动管理技术传输具有服务质量要求的多媒体信息流。通常结点具有持续的能量供给。

传感器网络虽然与无线自组网有相似之处,但同时也存在很大的差别。传感器网络是集成了监测、控制以及无线通信的网络系统,结点数目更为庞大(上千甚至上万),结点分布更为密集;由于环境影响和能量耗尽,结点更容易出现故障;环境干扰和结点故障易造成网络拓扑结构的变化。

通常情况下,大多数传感器结点是固定不动的。另外,传感器结点具有的能量、处理能力、存储能力和通信能力等都十分有限。传统无线网络的首要设计目标是提供高服务质量和高效带宽利用,其次才考虑节约能源;而传感器网络的首要设计目标是能源的高效利用,这也是传感器网络和传统网络最重要的区别之一。

无线传感器网络的特征如下。

1）无线传感器网络包括了大面积的空间分布

如在军事应用方面，可以将无线传感器网络部署在战场上跟踪敌人的军事行动，智能化的终端可以被大量地装在宣传品、子弹或炮弹壳中，在目标地点撒落下去，形成大面积的监视网络。

2）能源受限制

网络中每个结点的电源是有限的，网络大多工作在无人区或者对人体有伤害的恶劣环境中，更换电源几乎是不可能的事，这势必要求网络功耗要小以延长网络的寿命，而且要尽最大可能地节省电源消耗。

3）网络自动配置，自动识别结点

这包括自动组网、对入网的终端进行身份验证、防止非法用户入侵。相对于那些布置在预先指定地点的传感器网络而言，无线传感器网络可以借鉴 Ad Hoc 方式来配置，当然前提是要有一套合适的通信协议保证网络在无人干预的情况下自动运行。

4）网络的自动管理和高度协作性

在无线传感器网络中，数据处理由结点自身完成，这样做的目的是减少无线链路中传送的数据量，只有与其他结点相关的信息才在链路中传送。以数据为中心的特性是无线传感器网络的又一个特点，由于结点不是预先计划的，而且结点位置也不是预先确定的，这样就有一些结点由于发生较多错误或者不能执行指定任务而被中止运行。为了在网络中监视目标对象，配置冗余结点是必要的，结点之间可以通信和协作，共享数据，这样可以保证获得被监视对象比较全面的数据。

对用户来说，向所有位于观测区内的传感器发送一个数据请求，然后将采集的数据送到指定结点处理，可以用一个多播路由协议把消息送到相关结点，这需要一个唯一的地址表，对于用户而言，不需要知道每个传感器的具体身份号，所以可以用以数据为中心的组网方式。

5. 无线传感器网络中的关键技术

1）网络拓扑控制

传感器网络拓扑控制目前主要的研究问题是在满足网络覆盖度和连通度的前提下，通过功率控制和骨干网结点选择，删除结点之间不必要的无线通信链路，生产一个高效的数据转发的网络拓扑结构。拓扑控制可以分为结点功率控制和层次拓扑结构形成两个方面。

2）网络协议

由于传感器网络结点的硬件资源有限和拓扑结构的动态变化，网络协议不能太复杂但又要高效。目前研究的重点是网络层协议和数据链路层协议。网络层的路由协议决定检测信息的传输路径。数据链路层的介质访问控制用来构建底层的基础结构，控制传感器结点的通信过程和工作模式。

3）时间同步

时间同步是需要协同工作的传感器网络系统的一个关键机制。目前已提出多个时间同步机制。

4）定位技术

位置信息是传感器结点采集数据中不可缺少的部分，没有位置信息的检测消息通常毫无意义。确定事件发生的位置或采集数据的结点位置是传感器网络最基本的功能之一。目前的定位技术有基于距离的定位算法、与距离无关的定位算法等。

5）数据融合

传感器网络存在能量约束。减少传输的数据量就能够有效地节省能量，因此，在从各个结点收集数据的过程中，可利用结点的本地计算和存储能力处理数据的融合，去除冗余信息，从而达到节省能量的目的。由于结点的易失效性，传感器网络也需要数据融合技术对多份数据进行综合，提高信息的准确度。

6）嵌入式操作系统

传感器结点是一个微型的嵌入式系统，携带非常有限的硬件资源，需要操作系统能够节能高效地使用其有限的内存、处理器和通信模块，且能够对各种特定应用提供最大的支持。在面向无线传感器网络的操作系统的支持下，多个应用可以并发地使用系统的有限资源。美国加州大学伯克利分校研发了 Tiny OS 操作系统，在科研机构的研究中得到比较广泛的应用，但目前仍然存在不足之处。

6. 传感器网络与 RFID、物联网、泛在网的关系

1）传感器网络与 RFID 的关系

RFID 技术和传感器网络具有不同的技术特点，传感器网络可以监测感应到的各种信息，但缺乏对物品的标识能力，而 RFID 技术恰恰具有强大的标识物品能力。传感器网络较长的有效距离将会拓展 RFID 技术的应用范围。传感器网络和 RFID 技术的融合和系统集成将极大地推动两项技术的应用。

2）传感器网络与物联网的关系

物联网的概念最早提出于 1999 年，在早期的概念中，物联网实质上等于 RFID 技术加互联网。RFID 标签可谓是早期的物联网最为关键的技术与产品环节。

随着传感器技术和网络技术的进步，现在的物联网概念和应用领域早已超出原有的范围，而最新的物联网概念应该具备 3 个特征：一是全面感知，即利用 RFID、传感器、二维码等随时随地获取物体的信息；二是可靠传递，通过各种电信网络与互联网的融合，将物体的信息实时准确地传递出去；三是智能处理，利用云计算、模糊识别等各种智能计算技术，对海量的数据和信息进行分析和处理，对物体实施智能化的控制。

从以上特征可见，现在的物联网概念其实是传统物联网和无线通信技术的结合，等同于广义上的传感器网络(即传感网)，可以理解为：物联网是从产业和应用角度，传感器网络是从技术角度对同一事物的不同表述，其实质是完全相同的。在官方的正式场合和文件中，大多使用传感器网络这一表述。

3）传感器网络与泛在网的关系

泛在(Ubiquitous)网即广泛存在的网络，以“无所不在”“无所不包”“无所不能”为基本特征，即在任何时间、任何地点、任何人、任何物都能顺畅地通信。从泛在的内涵来看，首先关注的是人与周边的和谐交互，强调网络的无所不在，服务的随处可得，各种感知设备与无线网络不过是手段。最终的泛在网形态上，既有互联网的部分，也有物联网的部分，还有一部分属于智能系统(推理、情境建模、上下文处理、业务触发)范畴。

泛在网是把不属于电信范畴的技术，如传感器技术、标签技术等各种近距离通信技术纳入其中，从而构建起一个范畴更大的网络体系。从这个意义上说，现有的 FTTH、IPv6、WiFi、RFID、蓝牙技术等都是组成泛在网的重要技术。

5.3.3　传感器网络自组网技术

1. 自组织网

自组织网的典型例子就是伞兵空降通信联络，当一队伞兵空降后，每人持有一个紫蜂网络模块终端，降落到地面后，只要他们彼此间在网络模块的通信范围内，通过彼此自动寻找，很快就可以形成一个互联互通的紫蜂网络。而且，由于人员的移动，彼此间的联络还会发生变化。因而，模块还可以通过重新寻找通信对象，确定彼此间的联络，对原有网络进行刷新。这就是自组织网。

1）自组织网通信

网状网通信实际上就是多通道通信，在实际工业现场，由于各种原因，往往并不能保证每一个无线通道都能够始终畅通，就像城市的街道一样，可能因为车祸、道路维修等，使得某条道路的交通出现暂时中断，此时由于人们有多个通道，车辆(相当于人们的控制数据)仍然可以通过其他道路到达目的地。这一点对工业现场控制而言则非常重要。

2）动态路由方式

所谓动态路由，是指网络中数据传输的路径并不是预先设定的，而是传输数据前，通过对网络当时可利用的所有路径进行搜索，分析它们的位置关系以及远近，然后选择其中的一条路径进行数据传输。

在网络管理软件中，路径的选择使用的是“梯度法”，即先选择路径最近的一条通道进行传输，如传不通，再使用另外一条稍远一点的通路进行传输，以此类推，直到数据送达目的地为止。在实际工业现场，预先确定的传输路径随时都可能发生变化，或者因各种原因路径被中断了，或者过于繁忙不能进行及时传送。动态路由结合网状拓扑结构，就可以很好地解决这个问题，从而保证数据的可靠传输，其无线网络连接方式如图 5.25 所示。

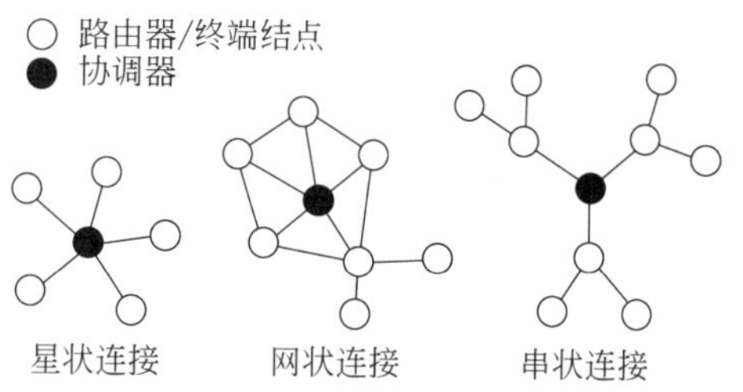

图 5.25　无线网络连接方式

2. 传感网数据传输模型

传感网数据传输主要采用二种传输模型进行描述，即直接传输模型和多跳传输模型，分别如图 5.26 和图 5.27 所示。

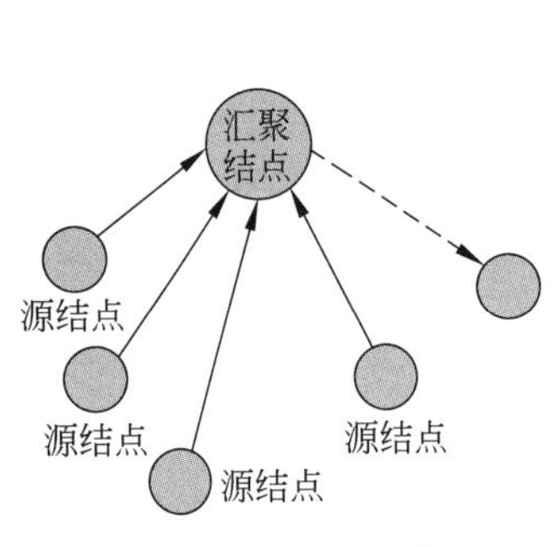

图 5.26　直接传输模型

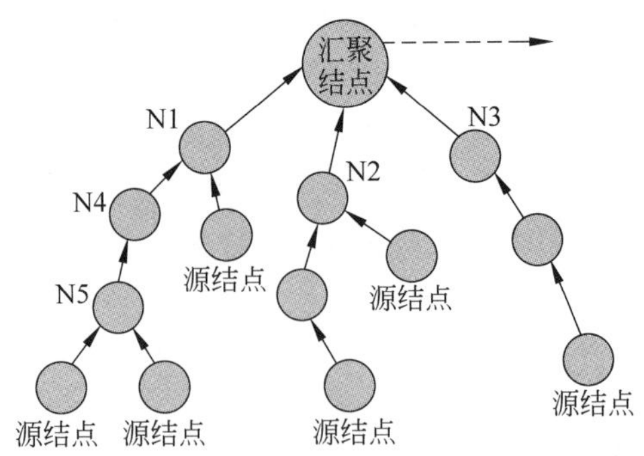

图 5.27　多跳传输模型

1）直接传输模型

在直接传输模型中，各源结点将相关信息分别发至汇聚结点，然后由汇聚结点统一发出。

2）多跳传输模型

在多跳传输模型中，各源结点将相关信息分别发至相邻的源结点，经多跳传输后，然后传至汇聚结点，由汇聚结点统一发出。

5.3.4　传感器网络 MAC 协议与路由协议

为解决无线传感器网络的通信问题，在技术发展的同时制定了一些相关协议及标准，主要的协议如下。

1. 路由协议

路由协议负责将数据分组从源结点通过网络转发到目的结点，它主要包括两个方面的功能：寻找源结点和目的结点间的优化路径，将数据分组沿着优化路径正确转发。针对不同的传感器网络应用，研究人员根据其特性的敏感度不同，将其分为四类：能量感知路由协议(Power Available，PA)、基于查询的路由协议、地理位置路由协议和提供 QoS 保证的路由协议。

2. MAC 协议

在无线传感器网络中，介质访问控制(Medium Access Control，MAC)协议决定无线信道的使用方式，在传感器结点之间分配有限的无线通信资源，用来构建传感器网络系统的底层基础结构。并且在设计无线传感器网络的 MAC 协议时需着重考虑以下 3 个方面：①节省能量；②可扩展性；③网络效率。

3. 拓扑控制

在传感器网络中，传感器结点是体积微小的嵌入式设备，采用能量有限的电池供电它的计算能力和通信能力十分有限，所以除了要设计能量高效的 MAC 协议、路由协议之外，还要设计优化的网络拓扑控制机制。

5.3.5 IEEE 802.15.4 标准

1998年3月，IEEE标准化协会正式批准成立了IEEE 802.15.4工作组。这个工作组致力于无线个人区域网络(WPAN)的物理层(PHY)和介质访问子层(MAC)的标准化工作，目标是为在个人操作空间(POS)内相互通信的无线通信设备提供通信标准。

802.15.4是无线传感网领域最为著名的无线通信协议，802.15.4主要定义了短距离通信的物理层以及链路层规范。

1. 802.15.4 物理层

(1) 频段：3个频段，均为国际电信联盟电信标准化组定义的用于科研和医疗的开放频段，包括：

① 868.0～868.6MHz，主要为欧洲采用，单信道；

② 902～928MHz，北美采用，10个信道，支持扩展到30个信道；

③ 2.4～2.4835GHz，世界范围内通用，16个频道。

(2) 传输技术：最早为直接扩频，后来可采用调频、调相等多种技术。

2. 802.15.4 介质访问控制层

介质访问控制层(MAC)控制和协调结点使用物理层的信道。802.15.4采用载波侦听多路访问方式(CSMA/CA)，与802.11(WiFi)类似。传输之前，先侦听介质中是否有使用同一信道的载波存在，若不存在说明信道空闲，将直接进入数据传输状态；若系统检测到存在载波，则在随机退避一段时间后重新检测信道，退避的时间长短由具体的协议指定。

5.3.6 传感器网络数据管理技术

在物联网实现中，分布式动态实时数据管理是其以数据中心为特征的重要技术之一。该技术通过部署或者指定一些结点作为代理结点，代理结点根据感知任务收集兴趣数据。感知任务通过分布式数据库的查询语言下达给目标区域的感知结点。

在整个物联网体系中，传感网的数据管理系统可作为分布式数据库独立存在，实现对客观物理世界的实时、动态的感知与管理。这样做的目的是，将物联网数据处理方法与网络的具体实现方法分离开来，使得用户和应用程序只需要查询数据的逻辑结构，而无须关心物联网具体如何获取信息的细节。

1. 传感器网络数据管理系统的特点

传感器网络的数据管理主要包括对感知数据的获取、存储、查询、挖掘和操作，目的就是把物联网上数据的逻辑视图和网络的物理实现分离开来，使用户和应用程序只需关心查询的逻辑结构，而无须关心物联网的实现细节。

(1) 与传感器网络支撑环境直接相关。

(2) 数据需在传感器网络内处理。

(3) 能够处理感知数据的误差。

(4) 查询策略需适应最小化能量消耗与网络拓扑结构的变化。

2. 传感器网络数据管理系统结构

目前,针对传感器网络的数据管理系统结构主要有集中式结构、半分布式结构、分布式结构和层次式结构4种类型。

(1) 集中式结构。在集中式结构中,结点首先将感知数据按事先指定的方式,数据传送到中心结点,统一由中心结点处理。这种方法简单,但中心结点会成为系统性能的瓶颈,而且容错性较差。

(2) 半分布式结构。利用结点自身具有的计算和存储能力,对原始数据进行一定的处理,然后再传送到中心结点。

(3) 分布式结构。每个结点独立处理数据查询命令。显然,分布式结构是建立在所有感知结点都具有较强的通信、存储与计算能力基础之上的。

(4) 层次式结构。层次结构包含传感器网络层和代理网络层两个层次,并集成了网内数据处理、自适应查询处理和基于内容的查询处理等多项技术。在传感器网络层,每个传感器结点具有一定的计算和存储能力,代理结点收到来自传感器结点的信息后,分布处理查询并将结果返回用户。

3. 典型的传感器网络数据管理系统

目前,针对传感器网络的大多数数据管理系统研究集中在半分布式结构。典型的研究成果有美国加州大学伯克利分校(UC Berkeley)的Fjord系统和康奈尔(Cornell)大学的Cougar系统。

(1) Fjord系统。Fjord系统是Telegraph项目的一部分,它是一种自适应的数据流系统。主要由自适应处理引擎和传感器代理两部分构成,它基于流数据计算模型处理查询,并考虑了根据计算环境的变化动态调整查询执行计划的问题。

(2) Cougar系统。Cougar系统的特点是尽可能将查询处理在传感器网络内部进行,只有与查询相关的数据才能从传感网中提取出来,以减少通信开销。Cougar系统的感知结点不仅需要处理本地的数据,同时还要与邻近的结点进行通信,协作完成查询处理的某些任务。

5.4 宽带网络技术

5.4.1 无线局域网

通常计算机组网的传输媒介主要依赖铜缆或光缆,构成有线局域网。但有线网络在某些场合要受布线的限制:布线、改线工程量大;线路容易损坏;网中的各结点不可移动。特别是当要把相离较远的结点连接起来时,铺设专用通信线路布线施工之大,费用、耗时之多,实是令人生畏。这些问题都对正在迅速扩大的联网需求形成了严重的瓶颈阻塞,限制了用户联网。

无线局域网(WLAN)就是解决有线网络以上问题而出现的。WLAN利用电磁波在空气中发送和接收数据，而无需线缆介质。WLAN 的数据传输速率现在已经能够达到 54Mb/s，传输距离可远至 20km 以上。无线联网方式是对有线联网方式的一种补充和扩展，使网上的计算机具有可移动性，能快速、方便地解决以有线方式不易实现的网络连通问题。

1. 无线局域网概述

无线局域网(Wireless LAN，WLAN)是使用无线连接把分布在数千米范围内的不同物理位置的计算机设备连在一起，在网络软件的支持下可以相互通信和资源共享的网络系统。

与有线网络相比，WLAN 具有以下优点。

1) 安装便捷

WLAN 最大的优势就是免去或减少了繁杂的网络布线的工作量，一般只要在安放一个或多个接入点(Access Point)设备就可建立覆盖整个建筑或地区的局域网络。

2) 使用灵活

WLAN 建成后，在无线网的信号覆盖区域内任何一个位置都可以接入网络，进行通信。

3) 经济节约

由于有线网络中缺少灵活性，而一旦网络的发展超出了设计规划时的预期，又要花费较多费用进行网络改造。WLAN 可以避免或减少以上情况的发生。

4) 易于扩展

WLAN 能够胜任只有几个用户的小型局域网到上千用户的大型网络，并且能够提供像“漫游(Roaming)”等有线网络无法提供的特性。

由于 WLAN 具有多方面的优点，其发展十分迅速。在最近几年里，WLAN 已经在医院、商店、工厂和学校等不适合网络布线的场合得到广泛的应用。

2. 无线局域网标准

IT 产业力推的无线局域网技术就是所谓的 IEEE 802.11 规范。802.11 为 IEEE(The Institute of Electrical and Electronics Engineers，美国电气和电子工程师协会)于 1997 年公告的无线区域网路标准，适用于有线站台与无线用户或无线用户之间的沟通连接。其技术标准的对照表如表 5.2 所示。

表 5.2 WLAN 技术标准的对照表

协议	发布日期	频宽范围/GHz	最大速度/Mb/s	室内覆盖/m	室外覆盖/m
802.11	1997 年	2.4	2	—	—
802.11a	1999 年	5	54	约 30	约 45
802.11b	1999 年	2.4	11	约 30	约 100
802.11g	2003 年	2.4	54	约 30	约 100
802.11n	2009 年	2.4 或 5	600(40MHz * MIMO)	约 70	约 250
802.11p	2009 年	5	27	约 300	约 1000

802.11 协议族中包括如下。

802.11——初期的规格采用直接序列(扩频)技术(Direct Sequence Spread Spectrum,

DSSS)或跳频(扩频)技术(Frequency Hopping Spread Spectrum,FHSS),制定了在RF射频频段2.4GHz上的运用,并且提供了1Mb/s、2Mb/s和许多基础信号传输方式与服务的传输速率规格。

802.11a——802.11的衍生版,于5.8GHz频段提供了最高54Mb/s的速率规格。

802.11b(即所谓的高速无线网络或WiFi标准),IEEE 802.11b高速无线网络标准是在2.4GHz频段上运用DSSS技术,原来无线网络的传输速率提升至11Mb/s。

802.11g——在2.4GHz频段上提供高于20Mb/s的速率规格。

802.11n——可工作在2.4GHz,也可工作在5GHz,完全能与以前的IEEE 802.11b/g/a设备兼容通信。

3. WiFi联盟

WiFi是一个无线网络通信技术的品牌,如图5.28所示,由WiFi联盟(WiFi Alliance)所持有,是一种可以将个人计算机、手持设备(如PDA、手机)等终端以无线方式互相连接的技术。目的是改善基于IEEE 802.11标准的无线网络产品之间的互通性。

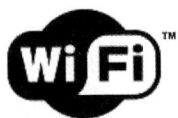

图5.28 WiFi

WiFi拼音音译为waifai,是WiFi组织发布的一个业界术语,中文译为"无线相容认证"。WiFi被提出的目的是改善基于IEEE 802.11标准的无线网络产品之间的互通性。现在一般人把WiFi及IEEE 802.11混为一谈,甚至把WiFi等同于无线网络,这是错误的。

WiFi是一种短程无线传输技术,最高带宽为11Mb/s,在信号较弱或有干扰的情况下,带宽可调整为5.5Mb/s、2Mb/s和1Mb/s,带宽的自动调整,有效地保障了网络的稳定性和可靠性。其主要特性:速度快,可靠性高,在开放性区域,通信距离可达305m,在封闭性区域,通信距离为76～122m,方便与现有的有线以太网络整合,组网的成本更低。WiFi可以将个人计算机、手持设备(如PDA、手机)等终端以无线方式互相连接,是一种帮助用户访问电子邮件、Web和流式媒体的赋能技术。它为用户提供了无线的宽带互联网访问。同时,它也是在家里、办公室或在旅途中上网的快速、便捷的途径。

能够访问WiFi网络的地方被称为热点。WiFi热点是通过在互联网连接上安装访问点来创建的。当一台支持WiFi的设备(如Pocket PC)遇到一个热点时,这个设备可以用无线方式连接到那个网络。大部分热点都位于供大众访问的地方,如机场、咖啡店、旅馆、书店以及校园等。

4. 无线局域网的主要类型

1) 红外线局域网

红外线是按视距方式传播的,也就是说发送点可以直接看到接收点,中间没有阻挡。红外线相对于微波传输方案来说有一些明显的优点。首先,红外线频谱是非常宽的,所以就有可能提供极高的数据传输率。由于红外线与可见光有一部分特性是一致的,所以它可以被浅色物体漫反射,这样就可以用天花板反射来覆盖整个房间。

2) 扩频无线局域网

扩展频谱技术是指发送信息带宽的一种技术,又称为扩频技术。它是一种信息传输方式,其信号所占有的频带宽度远大于所传信息必需的最小带宽。频带的扩展是通过一个独立的码序列来完成，用编码及调制的方法来实现的，与所传信息数据无关；在接收端也用同样的方法进行相关同步接收、解扩及恢复所传信息数据。

3）窄带微波无线局域网

窄带微波(Narrow Band Microwave)是指使用微波无线电频带来进行数据传输，其带宽刚好能容纳信号。

5. 无线网络接入设备

WiFi 是由接入点(Access Point，AP)和无线网卡组成的无线网络。AP 一般称为网络桥接器或接入点，它是当作传统的有线局域网络与无线局域网络之间的桥梁，因此任何一台装有无线网卡的 PC 均可通过 AP 去分享有线局域网络甚至广域网络的资源，其工作原理相当于一个内置无线发射器的 Hub 或者路由，而无线网卡则是负责接收由 AP 所发射信号的 Client 端设备。

1）无线网卡

无线网卡提供与有线网卡一样丰富的系统接口，包括 PCMCIA、Cardbus、PCI 和 USB 等。在有线局域网中，网卡是网络操作系统与网线之间的接口。在无线局域网中，它们是操作系统与天线之间的接口，用来创建透明的网络连接。

(1) USB 无线网卡(见图 5.29)：内置微型无线网卡和天线，可以直接插入计算机 USB 端口。

(2) 台式机无线网卡(见图 5.30)：使用台式机无线网卡和外置天线，插入计算机主板相应槽口。

(3) 支持 WiFi 的笔记本(见图 5.31)：笔记本电脑内置无线网卡芯片与天线，方便使用。

图 5.29　USB 无线网卡

图 5.30　台式机无线网卡

图 5.31　支持 WiFi 的笔记本

2）接入点

接入点的作用相当于局域网集线器(见图 5.32)。它在无线局域网和有线网络之间接收、缓冲存储和传输数据，以支持一组无线用户设备。接入点通常是通过标准以太网线连接到有线网络上，并通过天线与无线设备进行通信。在有多个接入点时，用户可以在接入点之间漫游切换。接入点的有效范围是 20～500m。根据技术、配置和使用情况，一个接入点可以支持 15～250 个用户。

常见的就是一个无线路由器，如图 5.33 所示。那么在这个无线路由器的电波覆盖的有效范围都可以采用 WiFi 连接方式进行联网，如果无线路由器连接了一条 ADSL 线路或者别的上网线路，则又被称为“热点”。

现在市面上常见的无线路由器多为 54Mb/s，再上一个等级就是 108Mb/s，当然这个速率并不是上互联网的速率，上互联网的速率主要是取决于 WiFi 热点的互联网线路。

3) 黑莓 WiFi 手机

市面上已出现能够实现无线局域网连接的手机(见图 5.34),可以用手机直接上网。

图 5.32 集线器

图 5.33 无线路由器

图 5.34 黑莓 8320 WiFi 手机

6. 无线网络架设

一般架设无线网络的基本配备就是无线网卡及一台 AP,如此便能以无线的模式,配合既有的有线架构来分享网络资源,架设费用和复杂程度远远低于传统的有线网络。如果只是几台计算机的对等网,也可不要 AP,只需要每台计算机配备无线网卡。

AP 一般翻译为无线访问结点或桥接器。它主要在介质存取控制层 MAC 中扮演无线工作站及有线局域网络的桥梁。有了 AP,就像一般有线网络的交换机一样,无线工作站可以快速且轻易地与网络相连。特别是对于宽带的使用,WiFi 更显优势,有线宽带网络(ADSL、小区 LAN 等)到户后,连接到一个 AP,然后在计算机中安装一块无线网卡即可。普通的家庭有一个 AP 已经足够,甚至用户的邻里得到授权后,则无须增加,也能以共享的方式上网。

在网络建设完备的情况下,802.11b 的真实工作距离可以达到 100m 以上,而且解决了高速移动时数据的纠错问题、误码问题,WiFi 设备与设备、设备与基站之间的切换和安全认证都得到了很好的解决。

随着无线产业从 802.11g 到下一代 802.11n 标准的演变,越来越多的产品开始采用功能强大的 802.11n 技术。802.11n 平台的速率比 802.11g 快 7 倍,比以太网快 3 倍。另外,它具有更大的覆盖范围。由于它具有很大的带宽,因此 802.11n 是首个能够同时承载高清视频、音频和数据流的无线多媒体分发技术。

7. 个人局域网

1) 蓝牙技术

蓝牙技术是一个开放性的、短距离无线通信技术标准,它可以用于在较小的范围内通过无线连接的方式实现固定设备以及移动设备之间的网络互连,可以在各种数字设备之间实现灵活、安全、低成本、小功耗的话音和数据通信。因为蓝牙技术可以方便地嵌入到单一的 CMOS 芯片中,因此它特别适用于小型的移动通信设备。

2) IrDA

IrDA 是一种利用红外线进行点对点通信的技术,其相应的软件和硬件技术都已比较成熟。它的主要优点是体积小、功率低、适合设备移动的需要,传输速率高,可达 16Mb/s,成本低、应用普遍。市场上还推出了可以通过 USB 接口与 PC 相连接的 USB-IrDA 设备。

3) HomeRF

HomeRF 主要是为家庭网络设计,是 IEEE 802.11 与数字无绳电话标准的结合,旨在降低语音数据成本。HomeRF 利用跳频扩频方式,既可以通过时分复用支持语音通信,又能通过 CSMA/CA 协议提供数据通信服务。同时，HomeRF 提供了与 TCP/IP 良好的集成，支持广播、多点传送和 48 位 IP 地址。目前，HomeRF 标准工作在 2.4GHz 的频段上，跳频带宽为 1MHz，最大传输速率为 2Mb/s，传输范围超过 100m。

4）超宽带

超宽带（Ultra-Wide Band，UWB）技术采用极短的脉冲信号来传送信息，通常每个脉冲持续的时间只有几十皮秒到几纳秒的时间。这些脉冲所占用的带宽甚至高达几 GHz，因此最大数据传输速率可以达到几百 Mb/s。在高速通信的同时，UWB 设备的发射功率却很小，仅仅是现有设备的几百分之一。所以，UWB 是一种高速而又低功耗的数据通信方式，它有望在无线通信领域得到广泛的应用。

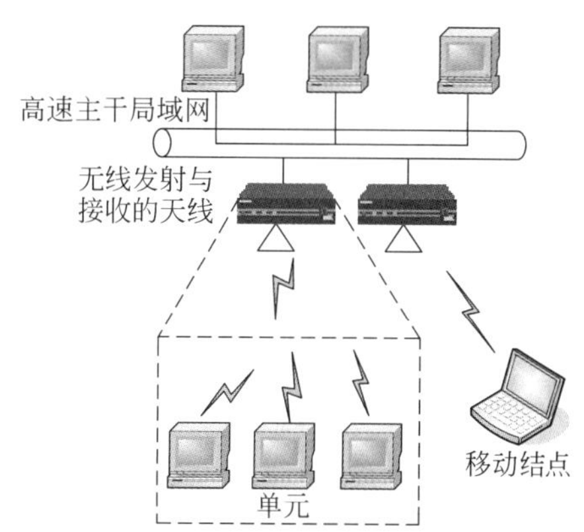

图 5.35　典型的无线局域网结构

8. 无线局域网的应用

1）作为传统局域网的扩充

在大多数情况下，传统局域网用来连接服务器和一些固定的工作站，而移动和不易于布线的结点可以通过无线局域网接入。图 5.35 给出了典型的无线局域网结构示意图。

2）建筑物之间的互连

无线局域网的另一个用途是连接邻近建筑物中的局域网。在这种情况下，两座建筑物使用一条点到点无线链路，连接的典型设备是网桥或路由器。

3）漫游访问

带有天线的移动数据设备（如笔记本电脑）与无线局域网集线器之间可以实现漫游访问。如在展览会会场的工作人员，在向听众做报告时，通过他的笔记本电脑访问办公室的服务器文件。漫游访问在大学校园或业务分布于几栋建筑物的环境中也是很有用的。用户可以带着他们的笔记本电脑随意走动，可以从任何地点连接到无线局域网集线器上。

4）特殊网络

特殊网络是一个临时需要的对等网络。例如，工作人员每人都有一个带天线的笔记本计算机，他们被召集到一间房里开业务会议或讨论会，他们的计算机可以连到一个暂时网络上，会议完毕后网络将不再存在。这种情况在军事应用中也是很常见的。目前，无线局域网络的典型应用包括医院、学校、金融服务、制造业、服务业、公司应用、公共访问等。

5.4.2　无线城域网

1. 无线城域网的基本概念

无线城域网（Wireless MAN，WMAN）是以无线方式构成的城域网，提供面向互联网的高速连接。

无线城域网的推出是为了满足日益增长的宽带无线接入（Broadband Wireless Access，BWA）市场需求。虽然多年来无线局域网 802.11 技术一直与许多其他专有技术一起被用于宽带无线接入,并获得很大成功,但是无线局域网的总体设计及其提供的特点并不能很好地适用于室外的宽带无线接入应用。当其用于室外时,在带宽和用户数方面将受到限制,同时还存在通信距离等其他一些问题。

基于上述情况,IEEE决定制定一种新的、更复杂的全球标准,这个标准应能同时解决物理层环境(室外射频传输)和QoS两方面的问题,以满足宽带无线接入和“最后一千米”接入市场的需要。

2. IEEE 802.16标准

最早的IEEE 802.16标准是在2001年12月获得批准的,是针对10～66GHz高频段视距环境而制定的无线城域网标准。目前所说的802.16标准主要包括802.16a、802.16RevD和802.16e三个标准。

802.16标准是一种无线城域网技术,它能向固定、携带和移动的设备提供宽带无线连接,还可用来连接802.11热点与因特网,提供校园连接,以及在“最后一千米”实现无线宽带接入。它的服务区范围高达50km,用户与基站之间不要求视距传播,每基站提供的总数据速率最高为280Mb/s,这一带宽足以支持数百个采用T1/E1型连接的企业和数千个采用DSL型连接的家庭。

3. WiMAX基本概念

1) WiMAX论坛成立的目的

世界微波接入互操作性论坛(WiMAX,见图5.36)推崇的技术以IEEE 802.16的系列宽频无线标准为基础,又称为802.16无线城域网,是又一种为企业和家庭用户提供“最后一千米”的宽带无线连接方案。因在数据通信领域的高覆盖范围(可以覆盖25～30千米的范围),以及对3G可能构成的威胁,使WiMAX在最近一段时间备受业界关注。

图5.36 WiMAX论坛

2) WiMAX系统构成

(1) 传输单元。

WiMAX网络使用的做法类似于移动电话。某一定地理范围被分成多个一系列重叠的区域称为单元。每一个单元的覆盖范围与相邻区域部分重叠。当用户从一个单元旅行到另一个单元时,无线连接亦将移动用户的入网使用权限与相关信息从一个单元传送到另一个单元。

(2) 主要设备。

WiMAX网络包括两个主要组件:基站和订户设备。

① 基站。

WiMAX基站(见图5.37)安装在一个立式高塔或高楼广播无线信号。订户设备接收WiMAX信号(见图5.38)。

WiFi一般的传输功率要在1～100mW,而一般的WiMAX的传输功率大约100kW,所以WiFi的功率大约是WiMAX的一百万分之一。使用WiFi基地台一百万倍传输功率的WiMAX基地台,会有比WiFi终端更大的传输距离,这也是显而易见的了。

WiMAX的应用主要可以分成两个部分:一个是固定式无线接入,另一个是移动式无线接入。移动网络部署能够在典型的(最高)3km半径单元部署中提供高达15Mb/s的容量。

图 5.37　WiMAX 基站

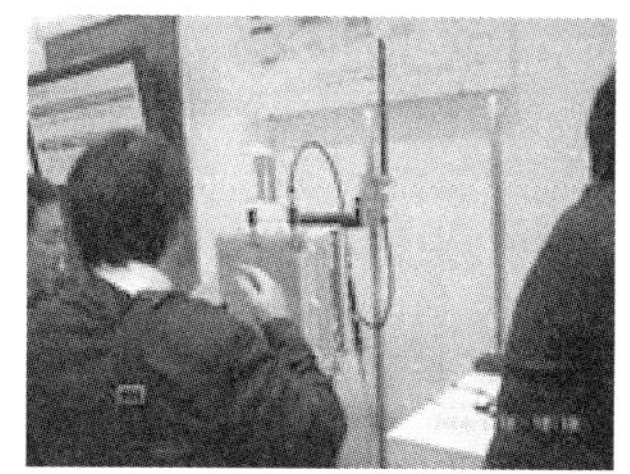

图 5.38　WiMAX 基站

② 订户设备。

WiMAX 技术于 2006 年开始用于笔记本计算机和 PDA，从而使城区以及城市之间形成城域地带（Metro Zones），为用户提供便携的室外宽带无线接入。

常见的移动 WiMAX 设备包括掌上计算机、WiMAX 网卡（见图 5.39）、手机（见图 5.40）和 USB Modem 等。当然还有具备 WiMAX 功能的笔记本计算机。

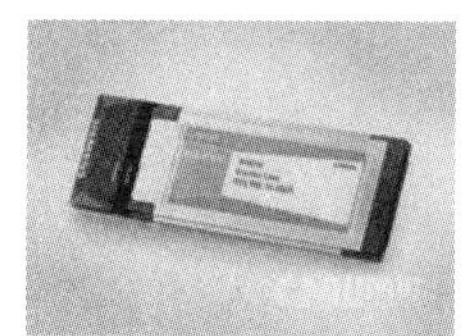

图 5.39　WiMAX 网卡

图 5.40　全球首款 WiMAX 4G 手机

需要注意的是，WiMAX 连接需要一个 WiMAX 启用设备和订阅了 WiMAX 宽带服务。

3）WiMAX 相对于 WiFi 的优势

WiMAX 利用无线发射塔或天线，能提供面向互联网的高速连接。其接入速率最高达 75Mb/s，胜过有线 DSL 技术，最大距离可达 50km，它可以替代现有的有线和 DSL 连接方式，来提供"最后一千米"的无线宽带接入。所以，WiMAX 可应用于固定、简单移动、便携、游牧和自由移动这五类应用场景。

WiMAX 相对于 WiFi 的优势主要体现在 WiFi 解决的是无线局域网的接入问题，而 WiMAX 解决的是无线城域网的问题。WiFi 只能把互联网的连接信号传送到约 100m 远的地方，而 WiMAX 则能把信号传送 50km 之外。

WiFi 网络连接速率为 54Mb/s，而 WiMAX 为 70Mb/s。有专家认为，WiMAX 的覆盖范围和传输速率已对 3G/4G 无线通信构成威胁。在成本等各个方面的优势使得业内人士将 WiMAX 技术看作是一项打破产业格局的技术。

总之，从技术层面讲，WiMAX 更适合用于城域网建设的"最后一千米"无线接入部分。WiMAX 技术具备传输距离远、数据速率高的特点，配合其他设备（如 VoIP、WiFi 等）可提供数据、图像和语音等多种较高质量的业务服务。在有线系统难以覆盖的区域和临时通信需要的领域，可作为有线系统的补充，具有较大的优势。

5.4.3 超宽带技术

1. 超宽带技术的概念

超宽带(Ultra Wide Band,UWB)技术是一种无线载波通信技术,即不采用正弦载波,而是利用纳秒级的非正弦波窄脉冲传输数据,因此其所占的频谱范围很宽。UWB是利用纳秒级窄脉冲发射无线信号的技术,适用于高速、近距离的无线个人通信。按照FCC的规定,从3.1～10.6GHz的7.5GHz的带宽频率为UWB所使用的频率范围。

从频域来看,超宽带有别于传统的窄带和宽带,它的频带更宽。窄带的相对带宽(信号带宽与中心频率之比)小于1%;相对带宽在1%～25%的被称为宽带;相对带宽大于25%,而且中心频率大于500MHz的被称为超宽带。

从时域上讲,超宽带系统有别于传统的通信系统。一般的通信系统是通过发送射频载波进行信号调制,而UWB是利用起、落点的时域脉冲(几十纳秒)直接实现调制,超宽带的传输把调制信息过程放在一个非常宽的频带上进行,而且以这一过程中所持续的时间,来决定带宽所占据的频率范围。

2. UWB的主要技术特点

UWB是一种"特立独行"的无线通信技术,它将会为无线局域网LAN和个人局域网PAN的接口卡和接入技术带来低功耗、高带宽并且相对简单的无线通信技术。UWB解决了困扰传统无线技术多年的有关传播方面的重大难题,具有对信道衰落不敏感、发射信号功率谱密度低、被截获的可能性低、系统复杂度低、厘米级的定位精度等优点。

UWB具有以下特点。

1) 抗干扰性能强

UWB采用跳时扩频信号,系统具有较大的处理增益,在发射时将微弱的无线电脉冲信号分散在宽阔的频带中,输出功率甚至低于普通设备产生的噪声。接收时将信号能量还原出来,在解扩过程中产生扩频增益。因此,与IEEE 802.11a、IEEE 802.11b和蓝牙相比,在同等码速条件下,UWB具有更强的抗干扰性。

2) 传输速率高

UWB的数据速率可以达到几十Mb/s到几百Mb/s,有望高于蓝牙100倍,也可以高于IEEE 802.11a和IEEE 802.11b。

3) 带宽极宽

UWB使用的带宽在1GHz以上,高达几吉赫兹。超宽带系统容量大,并且可以与目前的窄带通信系统同时工作而互不干扰。这在频率资源日益紧张的今天,开辟了一种新的时域无线电资源。

4) 消耗电能小

通常情况下,无线通信系统在通信时需要连续发射载波,因此,要消耗一定电能。而UWB不使用载波,只是发出瞬间脉冲电波,也就是直接按0和1发送出去,并且在需要时才发送脉冲电波,所以,消耗电能小。

5）保密性好

UWB 保密性表现在两方面：一方面是采用跳时扩频，接收机只有已知发送端扩频码时才能解出发射数据；另一方面是系统的发射功率谱密度极低，用传统的接收机无法接收。

6）发送功率非常小

UWB 系统发射功率非常小，通信设备可以用小于 1mW 的发射功率就能实现通信。低发射功率大大延长系统电源工作时间。况且，发射功率小，其电磁波辐射对人体的影响也会很小。这样，UWB 的应用面就广。

3. UWB 及其相关技术的比较

UWB 技术与现有其他无线通信技术有很大的不同，它将会为无线局域网（LAN）和个人局域网（PAN）的接入带来低功耗、高带宽并且相对简单的解决方案。超宽带技术解决了困扰传统无线电技术多年的诸如信道衰落、高速率时系统复杂、成本高和功耗大等重大难题，但是 UWB 通信不会很快取代现有的其他无线通信技术。

1）UWB 与 IEEE 802.11a

IEEE 802.11a 是 IEEE 最初制定的一个无线局域网标准之一，它主要用来解决办公室局域网和校园网中用户与用户终端的无线接入，工作在 5GHz U-NII 频带，物理层速率 54Mb/s，传输层速率为 25Mb/s。采用正交频分复用（OFDM）扩频技术，可提供 25Mb/s 的无线 ATM 接口和 10Mb/s 的以太网无线帧结构接口，以及 TDD/TDMA 的空中接口，支持语音、数据、图像业务。IEEE 802.11a 用作无线局域网时的通信距离可以达到 100m，而 UWB 只能在 10m 以内的范围通信。

根据英特尔照 FCC 的规定而进行的演示结果显示，对于 10m 以内的距离，UWB 可以发挥出高达数百 Mb/s 的传输性能，但是在 20m 处反倒是 IEEE 802.11a/b 的无线局域网设备更好一些。因此，在目前 UWB 发射功率受限的情况下，UWB 只能用于 10m 以内的高速数据通信，而 10～100m 的无线局域网通信，还需要由 802.11 来完成，当然与 UWB 相比，802.11 的功耗大，传输速率低。

2）UWB 与蓝牙（BlueTooth）

自从 2002 年 2 月 14 日，FCC 批准 UWB 用于民用无线通信以来，就不断有人将 UWB 评论为蓝牙（BlueTooth）的杀手，因为从性能价格比上看，BlueTooth 是现有无线通信方式中最接近 UWB 的，但是从目前的情况看 UWB 不会取代 BlueTooth。

首先从应用领域来看，BlueTooth 工作在无须申请的 2.4GHz ISM 频段上，主要用来连接打印机、笔记本计算机等办公设备。它的通信速率通常在 1Mb/s 以下，通信距离可以达到 10m 以上。而 UWB 的通信速率在几百 Mb/s，通信距离仅有几米，因此二者的应用领域不尽相同。

其次，从技术上看，经过多年的发展，BlueTooth 已经具有较完善的通信协议。BlueTooth 的核心协议包括物理层协议和链路接入协议，链路管理协议及服务发展协议等，而 UWB 的工业实用协议还在制定中。

还有，BlueTooth 是一种短距离无线连接技术标准的代称，蓝牙的实质内容就是要建立通用的无线电空中接口及其控制软件的公开标准，从这方面讲，UWB 可以看作是采用一种特殊无线电波来高速传送数据的通信方式，严格地讲，它不能构成一个完整的通信协议或标准。

考虑到 UWB 高速、低功耗的特点，也许在下一代 BlueTooth 标准中，UWB 可能被用作物理层的通信方式。最后，从市场角度分析，蓝牙产品已经成熟并得到推广和使用，而 UWB

的研究还处在起步阶段。基于以上原因，在未来的几年内，UWB 和 BlueTooth 更有可能既是竞争对手，又是合作朋友。

4. UWB 的应用前景

UWB 技术具有系统复杂度低，发射信号功率谱密度低，对信道衰落不敏感，低截获能力，定位精度高等优点，尤其适用于室内等密集多径场所的高速无线接入，非常适于建立一个高效的无线局域网(WLAN)或无线个域网(WPAN)。UWB 最具特色的应用将是视频消费娱乐方面的无线个人局域网。具有一定相容性和高速、低成本、低功耗的优点，使得 UWB 较适合家庭无线通信的需求。现有的无线通信方式，802.11b 和蓝牙的速率太慢，不适合传输视频数据；54Mb/s 速率的 802.11a 标准可以处理视频数据，但费用昂贵。而 UWB 有可能在 10m 范围内，支持高达 110Mb/s 的数据传输率，不需要压缩数据，可以快速、简单、经济地完成视频数据处理。

超宽带系统同时具有无线通信和定位的功能，可方便地应用于智能交通系统中，为车辆防撞、电子牌照、电子驾照、智能收费、车内智能网络、测速、监视、分布式信息站等提供高性能、低成本的解决方案。UWB 也可应用在小范围、高分辨率、能够穿透墙壁、地面和身体的雷达和图像系统中，诸如军事、公安、消防、医疗、救援、测量、勘探和科研等领域，用作隐秘安全通信、救援应急通信、精确测距和定位、透地探测雷达、墙内和穿墙成像、监视和入侵检测、医用成像、储藏罐内容探测等。UWB 还可应用于传感器网络和智能环境，这种环境包括生活环境、生产环境、办公环境等，主要用于对各种对象(人和物)进行检测、识别、控制和通信。

当然，UWB 未来的前途还要取决于各种无线方案的技术发展、成本、用户使用习惯和市场成熟度等多方面的因素。

5.5 无线网格网

无线网格网络(Wireless Mesh Network，WMN)是移动 Ad Hoc 网络的一种特殊形态，它的早期研究均源于移动 Ad Hoc 网络的研究与开发。它是一种高容量高速率的分布式网络，不同于传统的无线网络，可以看成是一种 WLAN 和 Ad Hoc 网络的融合，且发挥了两者的优势，作为一种可以解决“最后一千米”瓶颈问题的新型网络结构。

WMN 被写入了 IEEE 802.16(即 Worldwide Interoperability for Microwave Access，WiMAX)无线城域网(Wireless Municipal Area Network，WMAN)标准中。

5.5.1 无线网格网的技术特点

无线网格网中每个结点都能接收/传送数据，也和路由器一样，将数据传给它的邻接点。通过中继处理，数据包用可靠的通信链路，贯穿中间的各结点，抵达指定目标。

相似于因特网和其他点对点路由网，网格式网络拥有多个冗余的通信路径。如果一条路径在任何理由下中断(包括射频干扰中断)，网格网将自动选择另一条路径，维持正常通信。一般情况下，网格网能自动地选择最短路径，提高了连接的质量。

根据实践，如果距离减小两倍，则接收端的信号强度会增加四倍，使链路更加可靠，还不增加结点发射功率。网格网络里，只要增加结点数目，就可以增加可及范围，或从增加冗余链路上，带来更多的可靠性。

今天的网格式无线局域网主要使用基于 802.11a/b/g 的标准以及 802.15.4 的 ZigBee 射频技术。业界的重量级公司，例如 Cisco 和 Intel，确认网格技术是目前无线通信符合逻辑的下一步延伸。网格的使用可以帮助各企业迅速地建立起新的无线网，或在不需要线连基站的条件下，扩展现有的 WLANs。因为它们可以为数据传输选择最佳的路径。此外，工业用户还能用嵌入的无线网格，迅速建立起传感器和控制器的网络，进行工业管理和运输管理。

近年来，由于无线数据通信需求的推动，加上半导体、计算机等相关电子技术领域的快速发展，短距离无线通信技术也经历了一个快速发展的阶段，WLAN 技术、蓝牙技术、移动 Ad Hoc 网络技术和超宽带技术等取得了令人瞩目的成就。一般认为，未来的 4G 系统网络是各种不同网络拓扑结构的集成，其中包括未来的蜂窝移动通信网络、卫星网络、公共电话交换网络、WLAN、移动 Ad Hoc 网络等，这些网络均集成到因特网骨干网或通过 WMN 集成到因特网中(见图 5.41)，而 WMN 可看作"因特网的无线版"。可见，WMN 将是未来无线通信领域重大技术革新。

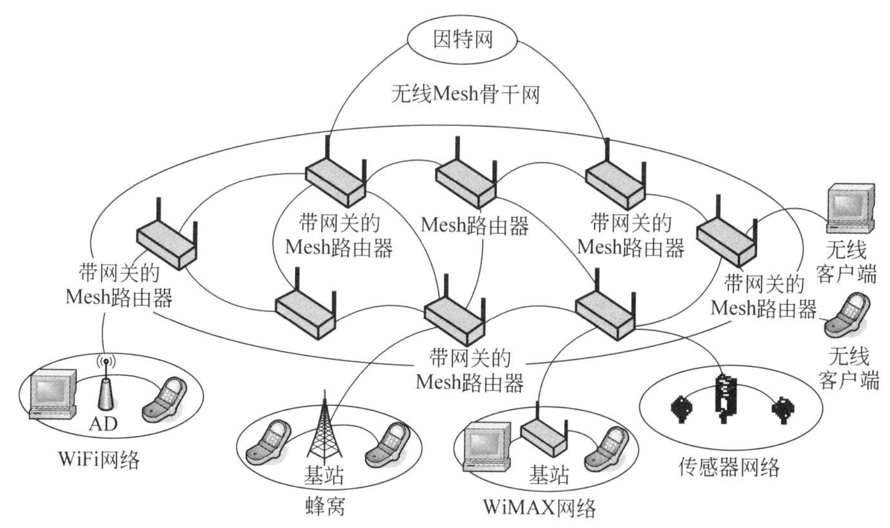

图 5.41　融合多种无线网络的 WMN 网络结构

5.5.2　无线网格网的网络结构

在使用无线网格网技术建设的网络中，其拓扑结构呈格栅状，图 5.42 所示为一种典型结构。整个网络由下列组成部分构成：智能接入点(IAP/AP)、无线路由器(WR)、终端用户/设备(Client)。

在图 5.42 中，接入点 AP 也称为无线接入点或网络桥接器，一个 AP 能够在几十米至上百米的范围内连接多个无线路由器。AP 的主要作用是将无线网络接入核心网；其次要将各个与无线路由器相连的无线客户端连接到一起，使装有无线网卡的终端设备可以通过 AP 共享核心网的资源。

IAP(智能接入点)是在 AP 的基础上增加了 Ad Hoc 路由选择功能。除此之外，AP/IAP

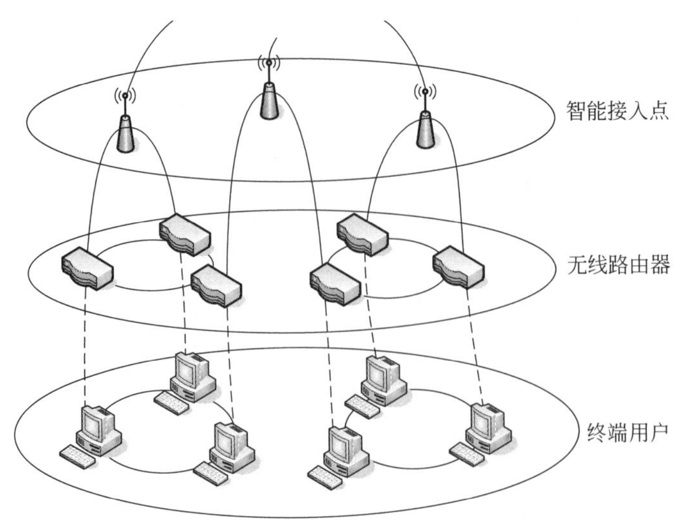

图 5.42 无线网格网的网络结构

还具有网管的功能,实现对无线接入网络的控制和管理,把传统交换机的智能性分散到接入点(AP/IAP)中,大大节省了骨干网络建设的成本,提高了网络的可延展性。

在智能接入点的下层,配置无线路由器,即 WR,从而为底层的移动终端设备(即用户)提供分组路由和转发功能,并且从智能接入点下载并实现无线广播软件更新。转发分组信息的路由根据当时可使用的结点配置临时决定,即实现动态路由。在该网络结构中,通过使用无线路由器(WR)可以实现移动终端设备与接入点间通信范围的弹性延展。

基于以上结构,WMN 有两种典型的实现模式。

(1) 基础设施网格模式(Infrastructure Meshing),该模式在接入点与终端用户之间形成无线的回路。移动终端通过 WR 的路由选择和中继功能与 IAP 形成无线链路,IAP 通过路由选择及管理控制等功能为移动终端选择与目的结点通信的最佳路径,从而形成无线的回路。同时移动终端通过 IAP 可与其他网络相连,从而实现无线宽带接入。这样的结构降低了系统成本,提高了网络覆盖率和可靠性。

(2) 终端用户网格模式(Client Meshing),终端用户自身配置无线收发装置通过无线信道的连接形成一个点到点的网络,这是一种任意网格的拓扑结构,结点可以任意移动,可能导致网络拓扑结构也随之发生变化。在这种环境中,由于终端的无线通信覆盖范围有限,两个无法直接通信的用户终端可以借助其他终端的分组转发进行数据通信。在任一时刻,终端设备在不需要其他基础设施的条件下可独立运行,它可支持移动终端较高速率的移动,快速形成宽带网络,终端用户模式事实上就是一个 Ad Hoc 网络,它可以在没有或不便利用现有的网络基础设施的情况下提供一种通信支撑环境。

由于两种模式具有优势互补性,因此同时支持两种模式的网络将在一个广阔的区域内实现多跳的无线通信,移动终端既可以与其他网络相连,实现无线宽带接入,又可以与其他用户直接通信,并且可以作为中间的路由器转发其他结点的数据,送往目的结点。WMN 不仅可以看作是 WLAN 与 Ad Hoc 融合的一种网络,还可看作是因特网的一种无线版本。

值得一提的是,目前的热点技术 WiMAX 因其远距离下的高容量(近 50km 的覆盖距离以及高达 70Mb/s 的宽带接入)等优势,吸引了众多无线宽带接入提供商的注意。从这些网络提供商保护投资的角度出发,如果要迅速发展 WiMAX,必然要与目前已经蓬勃发展的

WiFi 相融合。

从组网结构上讲,可以采用两种融合模式。

(1) 在 WLAN 中,因为 AP 的覆盖范围非常有限(最远只有数百米),用户在热点地区以外,可以采用 WiMAX 继续接入网络享受服务,但是这种接入方案需要在终端设备中配置双网卡。

(2) 采用 WMN 的组网模式,即采用双层结构,骨干网采用 WiMAX 技术,接入网采用 WiFi。

5.5.3　无线网格网与其他通信网络的区别

1. 与蜂窝移动通信系统的区别

1) 可靠性提高

在 WMN 中,链路为网格结构,如果其中的某一条链路出现故障,结点便可以自动转向其他可接入的链路,因而对网络的可靠性有了很大程度的提高;但是在采用星状结构的蜂窝移动通信系统中,一旦某条链路出现故障,可能造成大范围的服务中断。

2) 传输速率大大提高

在采用 WMN 技术的网络中,可融合其他网络或技术(如 WiFi、UWB 等),速率可以达到 54Mb/s,甚至更高。目前正在发展的 3G 技术,其传输速率在高速移动环境中仅支持 144kb/s,步行慢速移动环境中支持 384kb/s,在静止状态下才达到 2Mb/s。

3) 降低成本

在 WMN 中,大大节省了骨干网络的建设成本,而且 AP、IR 等基础设备比起蜂窝移动通信系统中的基站等设备便宜得多。

2. 与 Ad Hoc 网络的区别

WMN 与 Ad Hoc 网络均是点对点网络。Ad Hoc 网络中的移动结点都兼有独立路由和主机功能,不存在类似于基站的网络中心控制点,结点地位平等,采用分布式控制方式。WMN 把 Ad Hoc 网络技术应用到移动结点,同时又使移动结点可通过 IAP 连接到其他网络,因此可以把 WMN 看成是 Ad Hoc 网络技术的另一种版本。

WMN 与移动 Ad Hoc 网络的业务模式不同、对于前者,结点的主要业务是来往于因特网网关的业务;对于后者,结点的主要业务是任意一对结点之间的业务流。虽然人们对 Ad Hoc 网络的研究已经有相当长的时间,但是主要还是在理论上,而且主要应用在军事上,还未进行大规模的商用。

3. 与 WLAN 的区别

从拓扑结构上讲,WLAN 是典型的点对多点网络,而且采取单跳方式,因而数据不可转发。WLAN 可在较小的范围内提供高速数据服务(802.11b 可达 11Mb/s,802.11a 可达 54Mb/s),但由于典型情况下 WLAN 接入点的覆盖范围仅限于几百米,因此,如果想在大范围内应用 WLAN 这种高速率的服务模式,成本将非常高。对于 WMN,则可以通过 WR 对数据进行不断转发,直至把它们送至目的结点,从而把接入点的覆盖服务延伸到几千米。

WMN的显著特点就是可以在大范围内实现高速通信。

5.5.4 无线网格网的关键技术

1. 正交分割多址接入(QDMA)技术

QDMA技术是专门为广域范围内通信的最优化以及移动网格网系统设计的。它起源于军事领域,是为了在特殊环境或紧急状况下提供可靠的通信方式。QDMA技术使用直接序列扩频调制技术,工作在2.4GHz的ISM频段上。由于它在MAC子层使用多信道方式(3个数据信道和一个控制信道),因此,与单个信道相比更能适用于高密度的WMN终端设备。QDMA技术提供一个高性能的射频前端,这种前端含有类似于多抽头Rake接收机(一般用于蜂窝网络)的功能和一种克服射频环境快速变化的公平算法。

QDMA可在较广的移动通信范围内提供较强的纠错能力,同时增强的抗干扰能力和信号的灵敏度可使基于QDMA技术的通信网络提供达到250m/h的移动速度,而在实际多址环境应用中的IEEE 802.11协议只能达到20m/h。目前QDMA数据传输的最大范围达到1600m,而802.11b只有20～50m。除了通信的范围和速率外,QDMA更独特的是内置的定位技术能够对通信设备进行精确定位而不依赖于全球定位系统(GPS),误差不超过10m。

2. 隐藏终端问题处理技术

由于WMN采用无线传输,因此它与其他无线传输网一样,不可避免地存在隐藏终端和暴露终端问题。由于无线媒介的特殊性,隐藏终端问题都可能发生,都会导致信号碰撞的发生。目前可通过IEEE 802.11中的RTS/CTS协议(请求发送/允许发送协议)来避免,但并不能完全解决隐藏终端和暴露终端问题。尽管通过握手机制可以减少隐藏终端问题中冲突的概率和时间,但仍存在结点之间控制报文的冲突,而且不能解决暴露终端问题。事实上,WMN可看作简化的Ad Hoc网络,因此,可根据Ad Hoc网络中的一些已有的成熟方案来解决隐藏终端和暴露终端问题。

3. 路由技术

WMN的多跳无线网具有动态拓扑的特点,因此,对它的路由协议就存在很多要求。WMN的路由协议可以参考Ad Hoc网络现有的一些路由协议。Ad Hoc网络的路由协议大致可以分为先验式(Proactive)路由协议、反应式(Reactive)路由协议以及混合式路由协议。目前几种典型的路由算法有DSDV(目的序列距离矢量路由协议)、DSR(动态源路由协议)、TORA(临时按序路由算法)和AODV(Ad Hoc按需距离矢量路由协议)。最近,微软公司提出了一种多无线收发器、多跳无线网络的路由协议MR-LQSR,主要思想是在DSR协议的基础上采用最大吞吐量准则,已经开始考虑WMN的特征。

4. 正交频分复用技术

WMN物理层可以采用正交频分复用(OFDM)技术。OFDM技术是将高速的数据流通过串/并变换,分配到传输速率相对较低的若干个正交子信道中,在每个子信道上进行窄带调制和传输,这样减少了子信道之间的相互干扰。每个子信道上的信号带宽小于信道的相关带宽，因此每个子信道上的频率选择性衰落是平坦的，大大消除了符号间干扰。所采用的数字信息调制有时间差分移相键控(TDPSK)和频率差分移相键控(FDPSK)，以快速傅里叶变换(IFFT 和 FFT)算法实施数字信息调制和解调功能。由于无线信道的频率选择性，所有的子信道不会同时处于深的衰落中，因此可以通过动态比特分配以及动态子信道分配的方法，利用信噪比高的子信道提升系统性能。由于窄带干扰只能影响一小部分子载波，因此，OFDM 系统在某种程度上能抵抗这种干扰。OFDM 结合分集、时空编码、干扰和信道间干扰抑制以及智能天线技术，最大程度提高系统性能，使 WMN 性能得到进一步优化。

5.5.5 无线网格网的优势

WMN 与传统无线网络相比有许多优势。

1. 可靠性大大增强

WMN 采用的网格拓扑结构避免了点对多点星状结构，如 802.11 WLAN 和蜂窝网等由于集中控制方式而出现的业务汇聚、中心网络拥塞以及干扰、单点故障，从而带来额外可靠性保证成本投资。

2. 具有冲突保护机制

WMN 可对产生碰撞的链路进行标示，同时可选链路与本身链路之间的夹角为钝角，减少了链路间的干扰。

3. 简化链路设计

WMN 通常需要较短的无线链路长度，这样降低了天线的成本(传输距离与性能)；另外，降低了发射功率，也将随之降低不同系统射频信号间的干扰和系统自干扰，最终简化了无线链路设计。

4. 网络的覆盖范围增大

由于 WR 与 IAP 的引入，终端用户可以在任何地点接入网络或与其他结点联系，与传统的网络相比，接入点的范围大大增强，而且频谱的利用率提高，系统的容量增大。

5. 组网灵活、维护方便

由于 WMN 网络本身的组网特点，只要在需要的地方加上 WR 等少量的无线设备，即可与已有的设施组成无线的宽带接入网。WMN 网络的路由选择特性使链路中断或局部扩容和升级不影响整个网络运行，因此提高了网络的柔韧性和可行性，与传统网络相比，功能更强大、更完善。

6. 投资成本低、风险小

WMN 网络初建成本低，AP 和 WR 一旦投入使用，其位置基本固定不变，因而节省了网络资源。WMN 具有可伸缩性、易扩容、自动配置和应用范围广等优势，对于投资者来说在短期之内即可获得赢利。

5.6 云计算网络

云计算(Cloud Computing)是分布式计算技术的一种,其最基本的概念,是通过网络将庞大的计算处理程序自动拆分成无数个较小的子程序,再交由多部服务器所组成的庞大系统经搜寻、计算分析之后将处理结果回传给用户。以前的大规模分布式计算技术即为云计算的概念起源。

5.6.1 云计算简介

1. 概述

云计算是一种基于互联网的计算方式,通过这种方式,共享的软硬件资源和信息可以按需提供给计算机和其他设备。整个运行方式很像电网。

云计算是继1980年计算机系统结构从大型计算机到客户端-服务器的大转变之后的又一种巨变。用户不再需要了解"云"中基础设施的细节,不必具有相应的专业知识,也无须直接进行控制。云计算描述了一种基于互联网的新的IT服务增加、使用和交付模式,通常涉及通过互联网来提供动态易扩展而且经常是虚拟化的资源。

在国内,云计算被定义为"云计算将计算任务分布在大量计算机构成的资源池上,使各种应用系统能够根据需要获取计算力、存储空间和各种软件服务"。

狭义的云计算指的是厂商通过分布式计算和虚拟化技术搭建数据中心或超级计算机,以免费或按需租用方式向技术开发者或者企业客户提供数据存储、分析以及科学计算等服务,如亚马逊数据仓库出租生意。

广义的云计算指厂商通过建立网络服务器集群,向各种不同类型客户提供在线软件服务、硬件租借、数据存储、计算分析等不同类型的服务。广义的云计算包括更多的厂商和服务类型,例如国内用友、金蝶等管理软件厂商推出的在线财务软件,谷歌公司发布的Google应用程序套装等。

通俗的理解是,云计算的"云"就是存在于互联网上的服务器集群上的资源,它包括硬件资源(服务器、存储器、CPU等)和软件资源(如应用软件、集成开发环境等),本地计算机只需要通过互联网发送一个需求信息,远端就会有成千上万台计算机为其提供需要的资源并将结果返回到本地计算机,这样,本地计算机几乎不需要做什么,所有的处理都在云计算提供商所提供的计算机群来完成。

2. 云计算的技术发展

云计算是结合网格计算(Grid Computing)、分布式计算(Distributed Computing)、并行计算(Parallel Computing)、效用计算(Utility Computing)、网络存储(Network Storage Technologies)、虚拟化(Virtualization)、负载均衡(Load Balance)等传统计算机和网络技术发展融合的产物。

云计算常与网格计算(分布式计算的一种,由一群松散耦合的计算机集组成的一个超级虚拟计算机，常用来执行大型任务）、效用计算（IT 资源的一种打包和计费方式，如按照计算、存储分别计量费用，像传统的电力等公共设施一样）、自主计算（具有自我管理功能的计算机系统）相混淆。

事实上，许多云计算部署依赖于计算机集群，也吸收了自主计算和效用计算的特点。通过使计算分布在大量的分布式计算机上，而非本地计算机或远程服务器中，企业数据中心的运行将与互联网更相似。这使得企业能够将资源切换到需要的应用上，根据需求访问计算机和存储系统。好比是从古老的单台发电机模式转向了电厂集中供电的模式。它意味着计算能力也可以作为一种商品进行流通，就像煤气、水电一样，取用方便，费用低廉。最大的不同在于，它是通过互联网进行传输的。它从硬件结构上是一种多对一的结构，从服务的角度或从功能的角度它是一对多的。

云计算将对互联网应用、产品应用模式和 IT 产品开发方向产生影响。云计算技术是未来技术的发展趋势，也是包括 Google 在内的互联网企业前进的动力和方向，未来主要朝以下 3 个方向发展。

(1) 手机上的云计算。云计算技术提出后，对客户终端的要求大大降低，瘦客户机将成为今后计算机的发展趋势。瘦客户机通过云计算系统可以实现目前超级计算机的功能，而手机就是一种典型的瘦客户机，云计算技术和手机的结合将实现随时、随地、随身的高性能计算。

(2) 云计算时代资源的融合。云计算最重要的创新是将软件、硬件和服务共同纳入资源池，三者紧密地结合起来，融合为一个不可分割的整体，并通过网络向用户提供恰当的服务。网络带宽的提高为这种资源融合的应用方式提供了可能。

(3) 云计算的商业发展。最终人们可能会像缴水电费那样去为自己得到的计算机服务缴费。这种使用计算机的方式对于诸如软件开发企业、服务外包企业、科研单位等对大数据量计算存在需求的用户来说无疑具有相当大的诱惑力。

5.6.2　云计算系统的体系结构

1. 云计算逻辑结构

云计算平台是一个强大的“云”网络，连接了大量并发的网络计算和服务，可利用虚拟化技术扩展每一个服务器的能力，将各自的资源通过云计算平台结合起来，提供超级计算和存储能力。通用的云计算逻辑结构如图 5.43 所示。

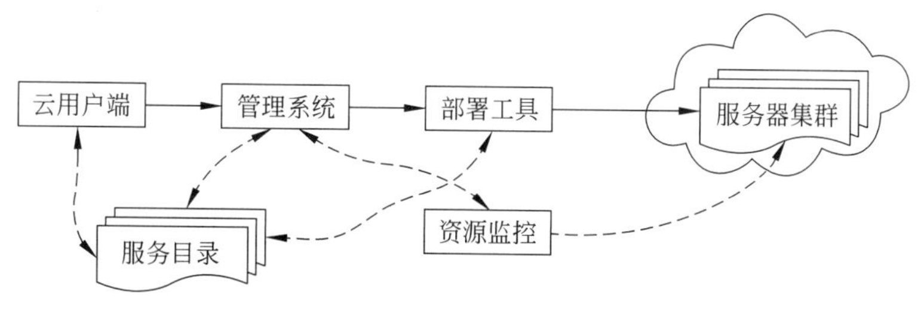

图 5.43　云计算逻辑结构

(1) 云用户端：提供云用户请求服务的交互界面，也是用户使用云的入口，用户通过

Web 浏览器可以注册、登录及订制服务,配置和管理用户。打开应用实例与本地操作桌面系统一样。

(2) 服务目录:云用户在取得相应权限(付费或其他限制)后可以选择或订制的服务列表,也可以对已有服务进行退订等操作,在云用户端界面生成相应的图标或列表的形式展示相关的服务。

(3) 管理系统和部署工具:提供管理和服务,能管理云用户,能对用户授权、认证、登录进行管理,并可以管理可用计算资源和服务,接受用户发送的请求,根据用户请求并转发到相应的响应程序,调度资源智能地部署资源和应用,动态地部署、配置和回收资源。

(4) 资源监控:监控和计量云系统资源的使用情况,以便做出迅速反应,完成结点同步配置、负载均衡配置和资源监控,确保资源能顺利分配给合适的用户。

(5) 服务器集群:虚拟的或物理的服务器,由管理系统管理,负责高并发量的用户请求处理、大运算量计算处理、用户 Web 应用服务,云数据存储时采用相应数据切割算法采用并行方式上传和下载大容量数据。

用户可通过云用户端从列表中选择所需的服务,其请求通过管理系统调度相应的资源,并通过部署工具分发请求、配置 Web 应用。

2. 云计算技术体系结构

由于云计算分为 IaaS、PaaS 和 SaaS 3 种类型,不同的厂家又提供了不同的解决方案,目前还没有一个统一的技术体系结构。综合不同厂家的方案,给出一个供商榷的云计算技术体系结构,这个体系结构如图 5.44 所示,它概括了不同解决方案的主要特征。

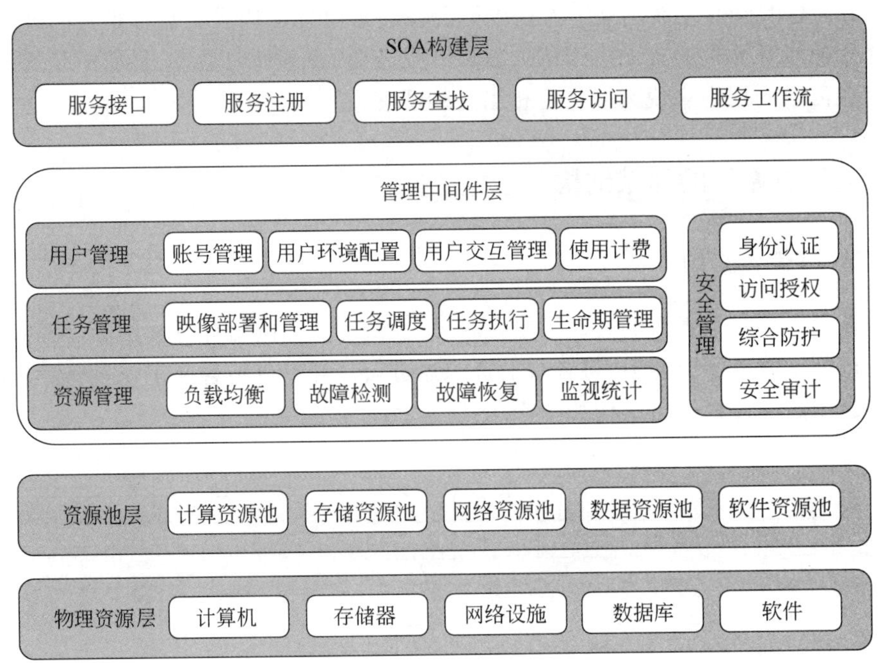

图 5.44　云计算技术体系结构

云计算技术体系结构分为 4 层:物理资源层、资源池层、管理中间件层和 SOA 构建层。

(1) 物理资源层包括计算机、存储器、网络设施、数据库和软件等。

(2) 资源池层是将大量相同类型的资源构成同构或接近同构的资源池，如计算资源池、数据资源池等。构建资源池更多是物理资源的集成和管理工作，例如，研究在一个标准集装箱的空间如何装下 2000 个服务器、解决散热和故障结点替换的问题并降低能耗。

(3) 管理中间件层负责对云计算的资源进行管理，并对众多应用任务进行调度，使资源能够高效、安全地为应用提供服务。

(4) SOA 构建层将云计算能力封装成标准的 Web Services 服务，并纳入 SOA 体系进行管理和使用，包括服务注册、查找、访问和构建服务工作流等。管理中间件和资源池层是云计算技术的最关键部分，SOA 构建层的功能更多依靠外部设施提供。

3. 云计算简化实现机制

基于上述体系结构，以 IaaS 云计算为例，简述云计算的实现机制，如图 5.45 所示。

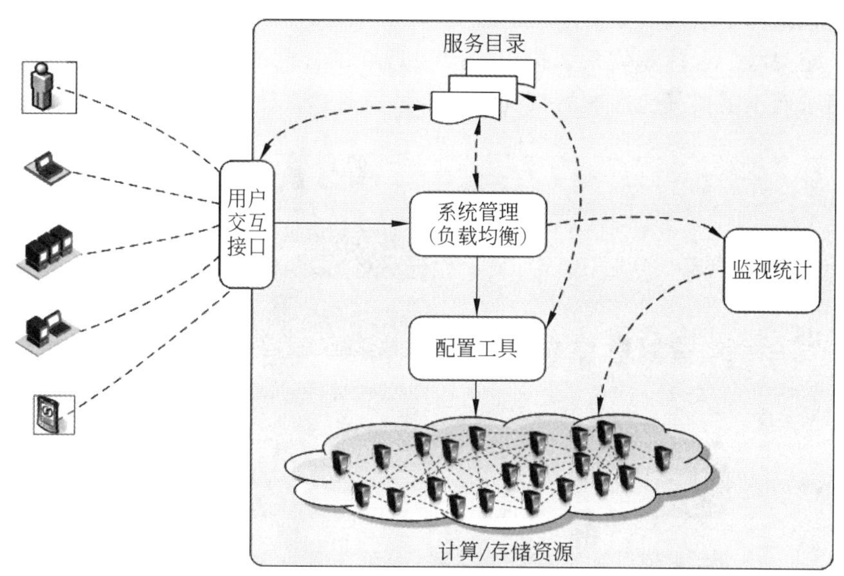

图 5.45 云计算简化实现机制

(1) 用户交互接口向应用以 Web Services 方式提供访问接口，获取用户需求。

(2) 服务目录是用户可以访问的服务清单。系统管理模块负责管理和分配所有可用的资源，其核心是负载均衡。配置工具负责在分配的结点上准备任务运行环境。

(3) 监视统计模块负责监视结点的运行状态，并完成用户使用结点情况的统计。执行过程并不复杂。

(4) 用户交互接口允许用户从目录中选取并调用一个服务。该请求传递给系统管理模块后，它将为用户分配恰当的资源，然后调用配置工具来为用户准备运行环境。

5.6.3 云计算服务层次

在云计算中，根据其服务集合所提供的服务类型，整个云计算服务集合被划分成 4 个层次：应用层、平台层、基础设施层和虚拟化层。这 4 个层次每一层都对应着一个子服务集合，云计算服务层次模型如图 5.46 所示。

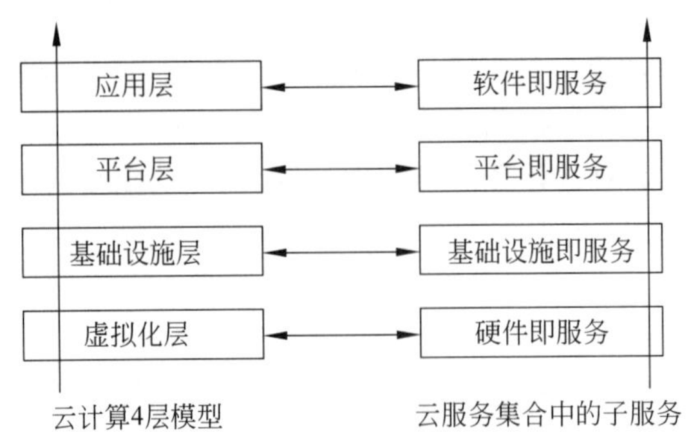

图 5.46　云计算服务层次模型

云计算的服务层次(见图 5.47)是根据服务类型(即服务集合)来划分,与大家熟悉的计算机网络体系结构中层次的划分不同。在计算机网络中每个层次都实现一定的功能,层与层之间有一定关联。云计算体系结构中的层次是可以分割的,即某一层次可以单独完成一项用户的请求而不需要其他层次为其提供必要的服务和支持。

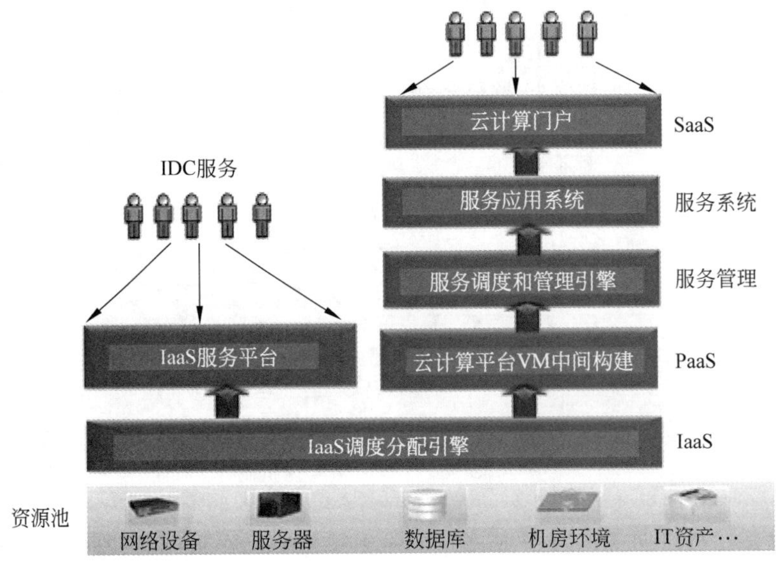

图 5.47　云计算的服务层次

在云计算服务体系结构中各层次与相关云产品对应。

(1) 应用层对应 SaaS(软件即服务),如 Google Apps、Software+Services。

(2) 平台层对应 PaaS(平台即服务),如 IBM IT Factory、Google App Engine、Force.com。

(3) 基础设施层对应 IaaS(基础设施即服务),如 Amazo Ec2、IBM Blue Cloud、Sun Grid。

(4) 虚拟化层对应硬件即服务,结合 PaaS 提供硬件服务,包括服务器集群及硬件检测等服务。

大部分云计算基础构架是由通过数据中心传送的可信赖的服务和创建在服务器上的不同层次的虚拟化技术组成的。人们可以在任何有提供网络基础设施的地方使用这些服务。“云”通常表现为对所有用户的计算需求的单一访问点。人们通常希望商业化的产品能够满足服务质量的要求,并且一般情况下要提供服务水平协议。开放标准对于云计算的发展是至关重要的,并且开源软件已经为众多的云计算实例提供了基础。

1. 云计算的主要服务形式

目前,云计算的主要服务形式(见图 5.48)有 SaaS(Software as a Service)、PaaS(Platform as a Service)、IaaS(Infrastructure as a Service)。

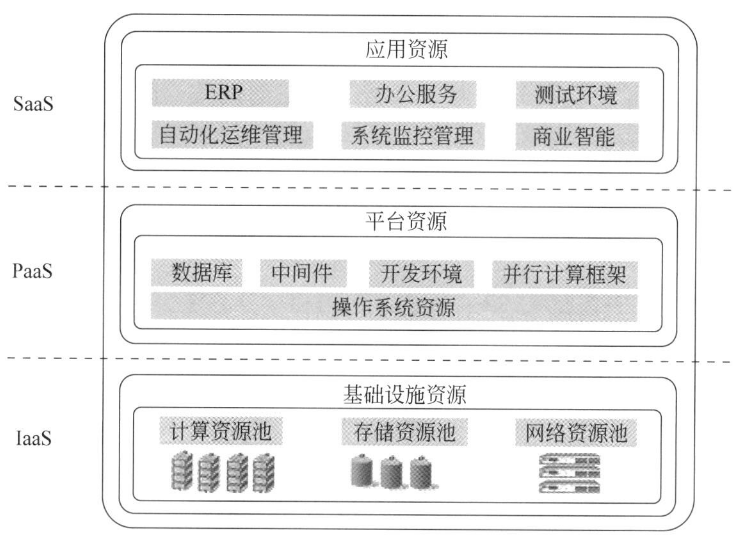

图 5.48 云计算的主要服务形式

1) 软件即服务

SaaS 提供商将应用软件统一部署在自己的服务器上,用户根据需求通过互联网向厂商订购应用软件服务,服务提供商根据客户所订软件的数量、时间的长短等因素收费,并通过浏览器向客户提供软件的模式。这种服务模式的优势:由服务提供商维护和管理软件、提供软件运行的硬件设施,用户只需拥有能够接入互联网的终端,即可随时随地使用软件。这种模式下,客户不再像传统模式那样花费大量资金在硬件、软件、维护人员,只需要支出一定的租赁服务费用,通过互联网就可以享受到相应的硬件、软件和维护服务,这是网络应用最具效益的营运模式。对于小型企业来说,SaaS 是采用先进技术的最好途径。

以企业管理软件来说,SaaS 模式的云计算 ERP 可以让客户根据并发用户数量、所用功能多少、数据存储容量、使用时间长短等因素不同组合按需支付服务费用,既不用支付软件许可费用,也不需要支付采购服务器等硬件设备费用,也不需要支付购买操作系统、数据库等平台软件费用,也不用承担软件项目定制、开发、实施费用,也不需要承担 IT 维护部门开支费用,实际上云计算 ERP 正是继承了开源 ERP 免许可费用只收服务费用的最重要特征,是突出了服务的 ERP 产品。

目前,Salesforce.com 是提供这类服务最有名的公司,Google Docs、Google Apps 和 Zoho Office 也属于这类服务。

2) 平台即服务

把开发环境作为一种服务来提供。这是一种分布式平台服务,厂商提供开发环境、服务器平台、硬件资源等服务给客户,用户在其平台基础上定制开发自己的应用程序并通过其服务器和互联网传递给其他客户。PaaS 能够给企业或个人提供研发的中间件平台,提供应用程序开发、数据库、应用服务器、托管及应用服务。

Google App Engine、Salesforce 的 Force.com 平台，八百客的 800App 是 PaaS 的代表产品。以 Google App Engine 为例，它是一个由 Python 应用服务器群、BigTable 数据库及 GFS 组成的平台，为开发者提供一体化主机服务器及可自动升级的在线应用服务。用户编写应用程序并在 Google 的基础架构上运行就可以为互联网用户提供服务，Google 提供应用运行及维护所需要的平台资源。

3）基础设施即服务

IaaS 即把厂商的由多台服务器组成的"云端"基础设施，作为计量服务提供给客户。它将内存、I/O 设备、存储和计算能力整合成一个虚拟的资源池为整个业界提供所需要的存储资源和虚拟化服务器等服务。这是一种托管型硬件方式，用户付费使用厂商的硬件设施。例如，Amazon Web 服务(AWS)、IBM 的 Blue Cloud 等均是将基础设施作为服务出租。

IaaS 的优点是用户只需低成本硬件，按需租用相应计算能力和存储能力，大大降低了用户在硬件上的开销。

目前，以 Google 云应用最具代表性，例如 Google Docs、Google Apps、Google Sites，云计算应用平台 Google App Engine。

Google Docs 是最早推出的云计算应用，是软件即服务思想的典型应用。它是类似于微软公司的 Office 的在线办公软件。它可以处理和搜索文档、表格、幻灯片，并可以通过网络和他人分享并设置共享权限。Google 文件是基于网络的文字处理和电子表格程序，可提高协作效率，多名用户可同时在线更改文件，并可以实时看到其他成员所做的编辑。用户只需一台接入互联网的计算机和可以使用 Google 文件的标准浏览器即可在线创建和管理、实时协作、权限管理、共享、搜索能力、修订历史记录功能，以及随时随地访问的特性，大大提高了文件操作的共享和协同能力。

Google Apps 是 Google 企业应用套件，使用户能够处理日渐庞大的信息量，随时随地保持联系，并可与其他同事、客户和合作伙伴进行沟通、共享和协作。它集成了 Gmail、Google Talk、Google 日历、Google Docs 以及最新推出的云应用 Google Sites、API 扩展以及一些管理功能，包含了通信、协作与发布、管理服务三方面的应用，并且拥有着云计算的特性，能够更好地实现随时随地协同共享。另外，它还具有低成本的优势和托管的便捷，用户不用自己维护和管理搭建的协同共享平台。

Google Sites 是 Google 最新发布的云计算应用，作为 Google Apps 的一个组件出现。它是一个侧重于团队协作的网站编辑工具，可利用它创建一个各种类型的团队网站，通过 Google Sites 可将所有类型的文件包括文档、视频、相片、日历及附件等与好友、团队或整个网络分享。

Google App Engine 是 Google 在 2008 年 4 月发布的一个平台，使用户可以在 Google 的基础架构上开发和部署运行自己的应用程序。目前，Google App Engine 支持 Python 语言和 Java 语言，每个 Google App Engine 应用程序可以使用达到 500MB 的持久存储空间及可支持每月 500 万综合浏览量的带宽和 CPU。并且，Google App Engine 应用程序易于构建和维护，并可根据用户的访问量和数据存储需要的增长轻松扩展。同时，用户的应用可以和 Google 的应用程序集成，Google App Engine 还推出了软件开发套件(SDK)，包括可以在用户本地计算机上模拟所有 Google App Engine 服务的网络服务器应用程序。

2. 云计算产业

云计算产业的三级分层：云软件、云平台、云设备。

1）上层分级：云软件

打破以往大厂商垄断的局面，所有人都可以在上面自由挥洒创意，提供各式各样的软件服务。参与者：世界各地的软件开发者。

2）中层分级：云平台

打造程序开发平台与操作系统平台，让开发人员可以通过网络撰写程序与服务，一般消费者也可以在上面运行程序。参与者：Google、微软、苹果等公司。

3）下层分级：云设备

将基础设备（如 IT 系统、数据库等）集成起来，像旅馆一样，分隔成不同的房间供企业租用。参与者：IBM、戴尔、惠普、亚马逊等公司。

5.6.4　云计算技术层次

云计算技术层次和云计算服务层次不是一个概念，后者从服务的角度来划分云的层次，主要突出云服务能给用户带来什么，而云计算的技术层次主要从系统属性和设计思想角度来说明云，是对软硬件资源在云计算技术中所充当角色的说明。从云计算技术角度来分，云计算由 4 部分构成：物理资源、虚拟化资源、服务管理中间件和服务接口，如图 5.49 所示。

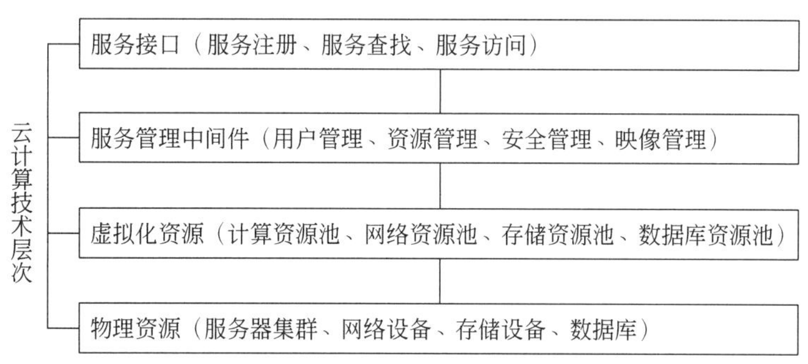

图 5.49　云计算技术层次

（1）服务接口：统一规定了在云计算时代使用计算机的各种规范、云计算服务的各种标准等，用户端与云端交互操作的入口，可以完成用户或服务注册、服务查找和服务访问。

（2）服务管理中间件：在云计算技术中，中间件位于服务和服务器集群之间，提供管理和服务，即云计算体系结构中的管理系统。对标识、认证、授权、目录、安全性等服务进行标准化和操作，为应用提供统一的标准化程序接口和协议，隐藏底层硬件、操作系统和网络的异构性，统一管理网络资源。其用户管理包括用户身份验证、用户许可、用户订制管理；资源管理包括负载均衡、资源监控、故障检测等；安全管理包括身份验证、访问授权、安全审计、综合防护等；映像管理包括映像创建、部署、管理等。

（3）虚拟化资源：指一些可以实现一定操作具有一定功能，但其本身是虚拟而不是真实的资源，如计算资源池、网络资源池、存储资源池、数据库资源池等，通过软件技术来实现相关的虚拟化功能，包括虚拟环境、虚拟系统、虚拟平台。

(4) 物理资源：主要指能支持计算机正常运行的一些硬件设备和技术，可以是价格低廉的PC，也可以是价格昂贵的服务器及磁盘阵列等设备，可以通过现有网络技术和并行技术、分布式技术将分散的计算机组成一个能提供超强功能的集群用于计算和存储等云计算操作。在云计算时代，本地计算机可能不再像传统计算机那样需要空间足够的硬盘、大功率的处理器和大容量的内存，只需要一些必要的硬件设备，如网络设备和基本的输入输出设备等。

5.6.5 云计算的核心技术

云计算系统运用了许多技术，其中以编程模型、海量数据分布存储技术、海量数据管理技术、虚拟化技术、云计算平台管理技术最为关键。

1. 编程模型

MapReduce是Google公司开发的Java、Python、C++编程模型，它是一种简化的分布式编程模型和高效的任务调度模型，用于大规模数据集(大于1TB)的并行运算。严格的编程模型使云计算环境下的编程十分简单。MapReduce模式的思想是将要执行的问题分解成Map(映射)和Reduce(化简)的方式，先通过Map程序将数据切成不相关的区块，分配(调度)给大量计算机处理，达到分布式运算的效果，再通过Reduce程序将结果汇整输出。

2. 海量数据分布存储技术

云计算系统由大量服务器组成，同时为大量用户服务，因此，云计算系统采用分布式存储的方式存储数据，用冗余存储的方式保证数据的可靠性。云计算系统中广泛使用的数据存储系统是Google公司的GFS(Google File System)和Hadoop团队开发的GFS的开源实现HDFS。

GFS即Google文件系统，是一个可扩展的分布式文件系统，用于大型的、分布式的、对大量数据进行访问的应用。GFS的设计思想不同于传统的文件系统，是针对大规模数据处理和Google应用特性而设计的。它运行于廉价的普通硬件上，但可以提供容错功能。它可以给大量的用户提供总体性能较高的服务。

一个GFS集群由一个主服务器(Master)和大量的块服务器(Chunk Server)构成，并被许多客户(Client)访问。主服务器存储文件系统所用的元数据，包括名字空间、访问控制信息、从文件到块的映射以及块的当前位置。它也控制系统范围的活动，如块租约(Lease)管理，孤儿块的垃圾收集，块服务器间的块迁移。主服务器定期通过Heart Beat消息与每一个块服务器通信，给块服务器传递指令并收集它的状态。GFS中的文件被切分为64MB的块并以冗余存储，每份数据在系统中保存3个以上备份。

客户与主服务器的交换只限于对元数据的操作，所有数据方面的通信都直接和块服务器联系，这大大提高了系统的效率，防止主服务器负载过重。

3. 海量数据管理技术

云计算需要对分布的、海量的数据进行处理、分析，因此，数据管理技术必须能够高效地管理大量的数据。云计算系统中的数据管理技术主要是Google公司的BT(BigTable)数据管理技术和 Hadoop 团队开发的开源数据管理模块 HBase。

BT 是建立在 GFS、Scheduler、Lock Service 和 MapReduce 之上的一个大型的分布式数据库，与传统的关系数据库不同，它把所有数据都作为对象来处理，形成一个巨大的表格，用来分布存储大规模结构化数据。

Google 公司的很多项目使用 BT 来存储数据，包括网页查询、Google Earth 和 Google 金融。这些应用程序对 BT 的要求各不相同：数据大小(从 URL 到网页到卫星图像)不同，反应速度不同(从后端的大批处理到实时数据服务)。对于不同的要求，BT 都成功地提供了灵活高效的服务。

4. 虚拟化技术

通过虚拟化技术可实现软件应用与底层硬件相隔离，它包括将单个资源划分成多个虚拟资源的裂分模式，也包括将多个资源整合成一个虚拟资源的聚合模式。虚拟化技术根据对象可分成存储虚拟化、计算虚拟化、网络虚拟化等，计算虚拟化又分为系统级虚拟化、应用级虚拟化和桌面虚拟化。

5. 云计算平台管理技术

云计算资源规模庞大，服务器数量众多并分布在不同的地点，同时运行着数百种应用程序，如何有效地管理这些服务器，保证整个系统提供不间断的服务是巨大的挑战。

云计算系统的平台管理技术能够使大量的服务器协同工作，方便地进行业务部署和开通，快速发现和恢复系统故障，通过自动化、智能化的手段实现大规模系统的可靠运营。

5.6.6　典型云计算平台

云计算的研究吸引了不同技术领域巨头，因此，对云计算理论及实现架构也有所不同。如亚马逊利用虚拟化技术提供云计算服务，推出 S3(Simple Storage Service)提供可靠、快速、可扩展的网络存储服务，而弹性可扩展的云计算服务器 EC2(Elastic Compute Cloud)采用 Xen 虚拟化技术，提供一个虚拟的执行环境(虚拟机器)，让用户通过互联网来执行自己的应用程序。IBM 公司将包括 Xen 和 PowerVM 虚拟的 Linux 操作系统镜像与 Hadoop 并行工作负载调度。下面以 Google 公司的云计算核心技术和架构进行基本讲解。

云计算的先行者 Google 公司的云计算平台能实现大规模分布式计算和应用服务程序，平台包括 MapReduce 分布式处理技术、Hadoop 框架、分布式的文件系统 GFS、结构化的 BigTable 存储系统以及 Google 其他的云计算支撑要素。

现有的云计算通过对资源层、平台层和应用层的虚拟化以及物理上的分布式集成，将庞大的 IT 资源整合在一起。更重要的是，云计算不仅仅是资源的简单汇集，它为人们提供了一种管理机制，让整个体系作为一个虚拟的资源池对外提供服务，并赋予开发者透明获取资源、使用资源的自由。

1. MapReduce 分布式处理技术

MapReduce 是云计算的核心技术，适合用来处理大量数据的分布式运算，用于解决问题的程序开发模型，也是开发人员拆解问题的方法。

MapReduce 的软件实现是指定一个 Map(映射)函数,把键值对(Key/Value)映射成新的键值对,形成一系列中间形式的键值对,然后把它们传给 Reduce 函数,把具有相同中间形式 Key 的 Value 合并在一起。Map 和 Reduce 函数具有一定的关联性。

2. Hadoop 架构

在 Google 公司发布 MapReduce 后,2004 年开源社群用 Java 搭建出一套 Hadoop 框架,用于实现 MapReduce 算法,能够把应用程序分成许多很小的工作单元,每个单元可以在任何集群结点上执行或重复执行。

此外,Hadoop 还提供一个分布式文件系统,它是一个可扩展、结构化、具备日志的分布式文件系统,支持大型、分布式大数据量的读写操作,其容错性较强。

分布式数据库(BigTable)是一个有序、稀疏、多维度的映射表,有良好的伸缩性和高可用性,用来将数据存储或部署到各个计算结点上。Hadoop 框架具有高容错性及对数据读写的高吞吐率,能自动处理失败结点。如图 5.50 所示为 Google Hadoop 架构。

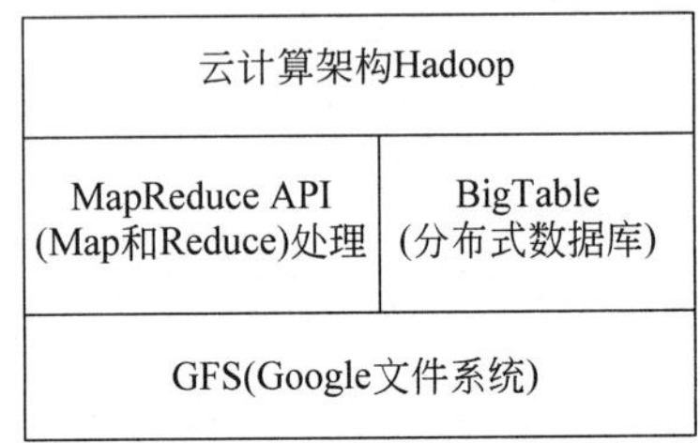

图 5.50 Google Hadoop 架构

在架构中,MapReduce API 提供 Map 和 Reduce 处理、GFS 和 BigTable 分布式数据库提供数据存取。基于 Hadoop 可以非常轻松和方便地完成处理海量数据的分布式并行程序,并运行于大规模集群上。

3. Google 云计算执行过程

云计算服务方式多种多样,通过对 Google 云计算架构及技术的理解,下面给出用户将要执行的程序或处理的问题提交云计算的平台 Hadoop 的执行过程,如图 5.51 所示。

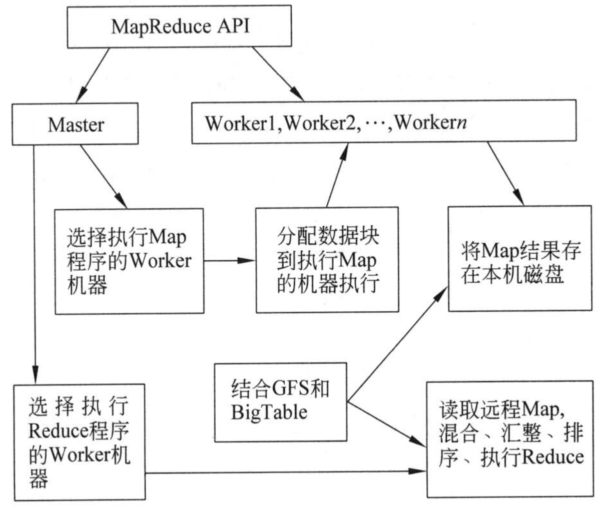

图 5.51 Google 云计算执行过程

如图 5.51 所示的 Google 云计算执行过程包括以下步骤。

(1) 将要执行的程序复制到 Hadoop 框架中的 Master 和每一台 Worker 机器中。

(2) Master 选择由哪些 Worker 机器来执行 Map 程序和 Reduce 程序。

(3) 分配所有的数据区块到执行 Map 程序的 Worker 机器中进行 Map(切割成小块数据)。

(4) 将 Map 后的结果存入 Worker 机器。

(5) 执行 Reduce 程序的 Worker 机器,远程读取每一份 Map 结果,进行混合、汇整与排序,同时执行 Reduce 程序。

(6) 将结果输出给用户(开发者)。

在云计算中为了保证计算和存储等操作的完整性,充分利用 MapReduce 的分布和可靠特性,在数据上传和下载过程中根据各 Worker 结点在指定时间内反馈的信息判断结点的状态是正常还是死亡,若结点死亡则将其负责的任务分配给别的结点,确保文件数据的完整性。

5.6.7 典型的云计算系统及应用

由于云计算技术范围很广,目前各大 IT 企业提供的云计算服务主要是根据自身的特点和优势实现的。下面以 Google、IBM、Amazon 三家公司的云计算平台为例说明。

1. Google 公司的云计算平台

Google 公司的硬件条件优势,大型的数据中心、搜索引擎的支柱应用,促进 Google 公司云计算迅速发展。Google 公司的云计算主要由 MapReduce、Google 文件系统(GFS)、BigTable 组成。它们是 Google 公司内部云计算基础平台的 3 个主要部分。Google 公司还构建其他云计算组件,包括一个领域描述语言以及分布式锁服务机制等。Sawzall 是一种建立在 MapReduce 基础上的领域语言,专门用于大规模的信息处理。Chubby 是一个高可用、分布式数据锁服务,当有机器失效时,Chubby 使用 Paxos 算法来保证备份。

2. IBM 公司的"蓝云"计算平台

"蓝云"解决方案是由 IBM 公司云计算中心开发的企业级云计算解决方案。"蓝云"基于 IBM Almaden 研究中心的云基础架构,采用了 Xen 和 PowerVM 虚拟化软件、Linux 操作系统映像以及 Hadoop 软件(Google File System 以及 MapReduce 的开源实现)。

"蓝云"计算平台由一个数据中心、IBM Tivoli 部署管理软件(Tivoli Provisioning Manager)、IBM Tivoli 监控软件(IBM Tivoli Monitoring)、IBM WebSphere 应用服务器、IBM DB2 数据库以及一些开源信息处理软件和开源虚拟化软件共同组成。"蓝云"的硬件平台环境与一般的 x86 服务器集群类似,使用刀片的方式增加了计算密度。"蓝云"软件平台的特点主要体现在虚拟机以及对于大规模数据处理软件 Apache Hadoop 的使用上。

"蓝云"平台的一个重要特点是虚拟化技术的使用。虚拟化的方式在"蓝云"中有两个级别,一个是在硬件级别上实现虚拟化,另一个是通过开源软件实现虚拟化。硬件级别的虚拟化可以使用 IBM p 系列的服务器,获得硬件的逻辑分区 LPAR(Logic Partition)。逻辑分区的 CPU 资源能够通过 IBM Enterprise Workload Manager 来管理。通过这样的方式加上在实际使用过程中的资源分配策略,能够使相应的资源合理地分配到各个逻辑分区。p 系列系统的逻辑分区最小粒度是 1/10 颗 CPU。Xen 则是软件级别上的虚拟化,能够在 Linux 基础上运行另外一个操作系统。

“蓝云”存储体系结构包含类似于Google File System的集群文件系统以及基于块设备方式的存储区域网络SAN。在设计云计算平台的存储体系结构时,可以通过组合多个磁盘获得很大的磁盘容量。相对于磁盘的容量,在云计算平台的存储中,磁盘数据的读写速度是一个更重要的问题,因此需要对多个磁盘进行同时读写。这种方式要求将数据分配到多个结点的多个磁盘当中。为达到这一目的,存储技术有两个选择:一个是使用类似于Google File System的集群文件系统,另一个是基于块设备的存储区域网络SAN系统。

3. Amazon公司的弹性计算云

Amazon公司是互联网上最大的在线零售商,为了应付交易高峰,不得不购买大量的服务器。而在大多数时间,大部分服务器闲置,造成了很大的浪费,为了合理利用空闲服务器,Amazon公司建立了自己的云计算平台——弹性计算云EC2,Amazon公司是第一家将基础设施作为服务出售的公司。

Amazon公司将自己的弹性计算云建立在公司内部的大规模集群计算的平台上,用户可以通过弹性计算云的网络界面去操作在云计算平台上运行的各个实例(Instance)。用户使用实例的付费方式由用户的使用状况决定,即用户只需要为自己所使用的计算平台实例付费,运行结束后计费也随之结束。这里所说的实例是由用户控制的完整的虚拟机运行实例。通过这种方式,用户不必自己去建立云计算平台,节省了设备与维护费用。

弹性计算云用户使用客户端通过SOAP over HTTPS协议与Amazon弹性计算云内部的实例进行交互。这样,弹性计算云平台为用户或者开发人员提供了一个虚拟的集群环境,在用户具有充分灵活性的同时,也减轻了云计算平台拥有者(Amazon公司)的管理负担。弹性计算云中的每一个实例代表一个运行中的虚拟机。用户对自己的虚拟机具有完整的访问权限,包括针对此虚拟机操作系统的管理员权限。虚拟机的收费也是根据虚拟机的能力进行费用计算的,实际上,用户租用的是虚拟的计算能力。

总而言之,Amazon公司通过提供弹性计算云,满足了小规模软件开发人员对集群系统的需求,减小了维护负担。其收费方式相对简单明了:用户使用多少资源,只需要为这一部分资源付费即可。

为了弹性计算云的进一步发展,Amazon公司规划了如何在云计算平台基础上帮助用户开发网络化的应用程序。除了网络零售业务以外,云计算也是Amazon公司的核心价值所在。Amazon公司将来会在弹性计算云的平台基础上添加更多的网络服务组件模块,为用户构建云计算应用提供方便。

5.7 窄带物联网

前面所提到的生活中比较常见的物联网技术有WiFi、蓝牙,ZigBee。这3种物联网技术主要应用在短距离、小范围的通信场景下,除蓝牙外,WiFi和ZigBee主要应用于室内。

为了室外大范围的应用场景,业界专家和运营商们制定出一套新型传输通信制式——低功耗广域网LPWAN(Low Power Wide Area Network)来替代传统3G、4G通信技术。相比其他网络类型,LPWAN具有广覆盖、大连接、低功耗的性能和低成本定位,堪称“专为物联网而生”。窄带物联网(Narrow Band Internet of Things,NB-IoT)非常适合满足数据需求有限用例的基本数据要求,最适用于简单的开关设备,包括智能停车计时器、智慧农业传感器、电表、工业监控器和楼宇自动化等。

NB-IoT 是物联网的一个新兴的技术,支持低功耗设备在广域网的蜂窝数据连接,也是低功耗广域网(LPWAN)在物联网领域的一种表现形式。NB-IoT 支持待机时间长、对网络连接要求较高设备的高效连接。据说 NB-IoT 设备电池寿命可以提高至少 10 年,同时还能提供非常全面的室内蜂窝数据连接覆盖。物联网无线技术的定位如图 5.52 所示。

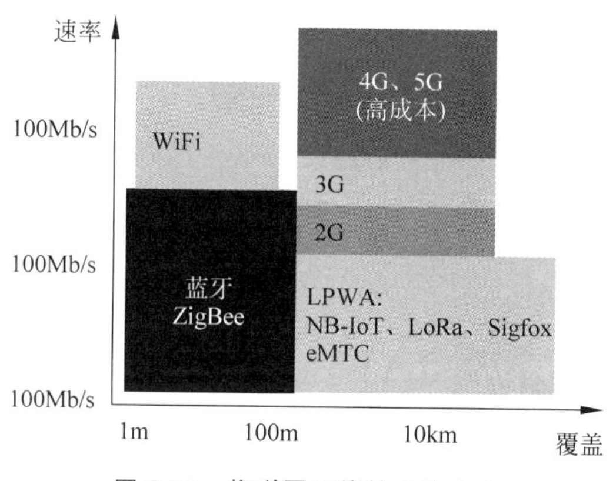

图 5.52　物联网无线技术的定位

NB-IoT 聚焦于低功耗广覆盖物联网市场,是一种可在全球范围内广泛应用的新兴技术。具有覆盖广、连接多、速率快、成本低、功耗低、架构优等特点。

NB-IoT 构建于蜂窝网络,只消耗大约 180kHz 的带宽,可直接部署于移动通信领域的第三代或第四代网络,如 GSM 网络、UMTS 网络或 LTE 网络,以降低部署成本、实现平滑升级。

相比蓝牙、ZigBee 等短距离通信技术,移动蜂窝网络具备广覆盖、可移动以及大连接数等特性,能够带来更加丰富的应用场景,理应成为物联网的主要连接技术。NB-IoT 使用 License 频段,可采取带内、保护带或独立载波 3 种部署方式,与现有网络共存。因为 NB-IoT 自身具备的低功耗、广覆盖、低成本、大容量等优势,使其可以广泛应用于多种垂直行业,如远程抄表、资产跟踪、智能停车、智慧农业等。对于电信运营商而言,车联网、智慧医疗、智能家居等物联网应用将产生连接,远远超过人与人之间的通信需求。

NB-IoT 的系统架构简图,对比常规通信网络,可以看出它并没有复杂很多,如图 5.53 所示。

从商业层面来讲,蜂窝网络覆盖了全球超过 50%的地理面积、90%的人口,是一张覆盖最为完整的网络。从技术层面上来讲,NB-IoT 有四大技术优势。首先是覆盖广,相比传统 GSM,一个基站可以提供 10 倍的面积覆盖;其次是连接,200kHz 的带宽可以提供 10 万个连接;再次是低功耗,使用 AA 电池便可以工作 10 年,无须充电;最后是低成本,模组成本小于 40 元。NB-IoT 的特点如图 5.54 所示。

相比于 WiFi、蓝牙等技术,NB-IoT 最明显的优势是数据采集和能耗。WiFi、蓝牙等技术收集的数据都是传到用户手机上,难以形成大数据,且数据准确率很低、耗电量极大,两天就得充一次电;NB-IoT 连接后数据采集直接上传到云端,很精确,并且可以实现 5 年不充电。基于此类特性,当前大量的可穿戴设备,智能门、窗,温度计均是 NB-IoT 的市场。庞大

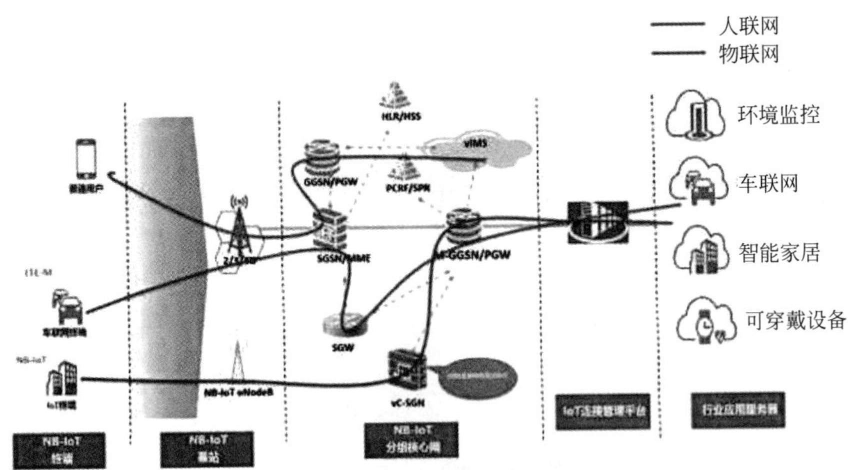

图 5.53 NB-IoT 的系统架构简图

图 5.54 NB-IoT 的特点

的市场吸引的不只是电信玩家，诸如高通、Intel 等一批芯片、传感器巨头也加入到 NB-IoT 阵营，而他们的市场远远超过电信运营商。

2017 年 6 月，工业和信息化部正式发布《关于全面推进移动物联网(NB-IoT)建设发展的通知》，指出到 2020 年全国将建设 150 万 NB-IoT 基站、发展超过 6 亿的 NB-IoT 连接总数。

2017 年 7 月 13 日，某共享单车公司与中国电信、华为共同宣布，三家联合研发的窄带物联网 NB-IoT“物联网智能锁”全面启动商用。在此次三方合作中，共享单车公司负责智能锁设备开发，中国电信负责提供 NB-IoT 物联网的商用网络，华为负责芯片方面的服务。共享单车公司已经开始使用这款物联网智能锁，而此次将启动全面的商用。

三家联手打造的支持 NB-IoT 技术的智能锁系统具备三大特点。

首先是覆盖更广，NB-IoT 信号穿墙性远远超过现有的网络，即使用户深处地下停车场，也能利用 NB-IoT 技术顺利开关锁，同时可通过数据传输实现“随机密码”。

其次是可以连接更多设备，NB-IoT 技术比传统移动通信网络连接能力高出 100 倍，也就是说，同一基站可以连接更多的物联网智能锁设备，避免掉线情况。

三是更低功耗，NB-IoT 设备的待机时间在现有电池无须充电的情况下可使用 2～3 年，并改变了此前用户边骑车边发电的状况。

5.8　未来的物联网网络技术

今天，通信技术的普及和发展进程表明：从现实角度出发，有线网络技术已经得到了相当的普及和深入的研究，所以在未来相当长的一段时间内，人们对于网络技术的研究将着重于无线网络技术之上。无线网络技术之所以会成为研究的主流领域，一方面是由于它可以为人们提供丰富的网络通信功能而无须受线路的影响；另一方面也是由于当这种网络连接方式与其他技术（如监控技术和数据采集技术等）相结合时，将可以在无声无息的情况下实现对于整个环境、所有物品以及任一对象的状态监控与信息收集。

就上面所讨论的无线技术而言，今天大众普遍关注的、研究者们广泛投入精力的一种无线网络技术是无线传感器网络技术，或者也可以称为无线传感网络技术。这种技术力求实现一种低功耗、低成本的物品状态监控和物品网络通信解决方案，从而争取在一定的时间内满足于构建一个真正意义上的可嵌入的与自动化的物联网所需要的必要条件。所以，近期无线传感网络技术将会是物联网发展、演化进程中，无线网络技术领域一个主要的研究领域和研究方向。

作为未来的物联网的基础实现条件之一，网络技术领域的研究内容将涵盖很广的范围。

首先，需要开展片上网络通信技术的研究工作，实现各种各样的片上网络通信体系结构。要让这些片上网络通信体系结构在一个动态的路由环境中和在各个输出端都允许大量虚拟连接存在的情况下，可以进行动态配置和设计时间的参数化调整。

其次，要在芯片上实现可扩展的网络通信设施，从而可以根据实时变化的工作负荷以及随时改变的限制条件对电路模块之中以及电路模块之间的通信提供动态支持。

再次，要进行能源感知网络的研究工作，让未来的物联网中的物品可以根据通信流量的实际峰谷情况，按照具体需要打开或者关闭网络连接。

最后，今天的 IP（互联网协议）技术已经为今后如何实现物联网及其应用中的协议，提供了一种非常值得借鉴的成功模式。人们要继续 IP 技术领域的研究工作，并且最终构建起可以满足于未来物联网发展和演化需要的下一代 IP（Post-IP）技术。在下一代 IP 技术的研究过程中，不但要让它与现有技术存在差异以满足物联网环境中的各种需求和针对物联网的优化需要，同时也是最为重要的是让下一代 IP 技术与今天已经存在的 IP 技术相互兼容并可以具有互操作性，保障物联网可以在一个平稳的环境中得到逐步的实现和可持续的发展。

通过以上讨论，物联网网络技术领域中主要研究内容将涵盖如下内容。

(1) 网络技术（固定网络技术、无线网络技术、移动网络技术等）。

(2) 临时组建网络技术和无线传感网络技术。

(3) 自动化网络计算技术和自主联网技术。

(4) 发展动态支持小范围和自由规模连接以及特性（特别是社区网络）的满足“网络中的网络”条件的网络基础设施技术。

(5) 网络级别的密码和标识分配机制。

(6) IP 技术和下一代 IP 技术。

5.9 应用案例:战场监测与指挥传感器网络

无线传感器网络(WSN)的研究直接推动了以网络技术为核心的新军事革命,诞生了网络中心战的思想和体系。

因为传感器网络由密集型、低成本、随机分布的结点组成,自组织性和容错能力使其不会因为某些结点在恶意攻击中的损坏而导致整个系统的崩溃,这一点是传统的传感器技术所无法比拟的,也正是这一点,使传感器网络非常适合应用于恶劣的战场环境中,包括监控我军兵力、装备和物资,监视冲突区,侦察敌方地形和布防,定位攻击目标,评估损失,侦察(见图 5.55)和探测核、生物和化学攻击。

在战场上,指挥员往往需要及时准确地了解部队、武器装备和军用物资供给的情况,铺设的传感器将采集相应的信息,通过汇聚结点将数据送至指挥所,再转发到指挥部,最后融合来自各战场的数据形成我军完备的战区态势,如图 5.56 所示。在战争中,对冲突区和军事要地的监视也至关重要。当然,也可以直接将传感器结点撒向敌方阵地,在敌方还未来得及反应时迅速收集利于作战的信息。

图 5.55 战场环境侦察

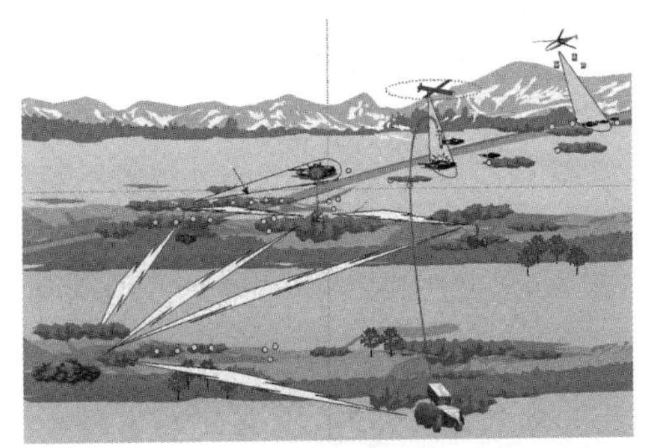

图 5.56 战场监测与指挥

传感器网络也可以为火控和制导系统提供准确的目标定位信息。在生物和化学战中,利用传感器网络及时、准确地探测爆炸中心将会为我军提供宝贵的反应时间,从而最大可能地减小伤亡。传感器网络也可避免核反应部队直接暴露在核辐射的环境中。

信息化战争中,战场信息的及时获取和反应对于整个战局的影响至关重要。由于无线传感器网络具有生存能力强、探测精度高、成本低等特点,非常适合应用于恶劣的战场环境中,执行战场侦察与监控、目标定位、毁伤效果评估、核生化监测等任务。

1. 战场侦察与监控

战场侦察与监控的基本思想是在战场上布设大量的无线传感器网络,以收集和中继信息,并对大量的原始数据进行过滤;然后把重要信息传送到数据融合中心,将大量信息集成为一幅战场全景图,以满足作战力量“知己知彼”的要求,大大提升指挥员对战场态势的感知水平。

典型的 WSN 应用方式是用飞行器将大量微传感器结点散布于战场地域，并自组成网，将战场信息边收集、边传输、边融合。系统软件通过解读传感器结点传输的数据内容，将它们与诸如公路、建筑、天气、单元位置等相关信息，以及其他 WSN 的信息相互融合，向战场指挥员提供一个动态的、实时或近实时更新的战场信息数据库，为各作战平台更准确地制定战斗行动方案提供情报依据和服务，使情报侦察与获取能力产生质的飞跃。

对战场的监控可以分为对己方的监控和对敌方的监控，包括军事行动侦察与非军事行动的监测。通过在己方人员、装备上附带各种传感器，并将传感器采集的信息通过汇聚结点送至指挥所，同时融合来自战场的其他信息，可以形成己方完备的战场态势图，帮助指挥员及时准确地了解部队、武器装备和军用物资的部署和供给情况。

通过飞机或其他手段在敌方阵地大量部署各种传感器，对潜在的地面目标进行探测与识别，可以使己方以远程、精确、低代价、隐蔽的方式近距离地观察敌方布防，迅速、全方位地收集利于作战的信息，并根据战况快速调整和部署新的 WSN，及时发现敌方企图和对我方的威胁程度。通过对关键区域和可能路线的布控 WSN，可以实现对敌方全天候的严密监控。

2. 目标定位

WSN 中感知目标信息的结点将感知信息广播（无线传送）到管理结点，再由管理结点融合感知信息，对目标位置进行判断的过程称为目标定位。目标定位是 WSN 的重要应用之一，为火力控制和制导系统提供精确的目标定位信息，从而实现对预定目标的精确打击。

由于 WSN 具有扩展性强、实时性和隐蔽性好等特点，使得它非常适合对运动目标进行跟踪定位，为指挥中心提供被跟踪对象的实时位置信息。WSN 的目标定位应用方式可以分为侦测、定位、报告 3 个阶段。在侦测阶段，每个传感器结点随机启动以探测可能的目标，并在目标出现后计算自身到目标的距离，同时向网络广播包括结点位置及与目标的距离等内容的信息。在定位阶段，各结点根据接收到的目标方位与自身位置信息，通过最大似然、三边测量或三角测量等方法，获得目标的位置信息，然后进入报告阶段。在报告阶段，WSN 会向距离目标较近的传感器结点广播消息，使之启动并加入跟踪过程，同时 WSN 将目标信息通过汇聚结点传输到管理结点或指挥所，实现对目标的精确定位。

2003 年美国国防部高级研究计划局主导的 Network Embed and System Technology 项目成功验证了 WSN 技术的准确定位能力。该项目采用多个廉价音频传感器结点协同定位敌方狙击手，并标识在所有参战人员的个人计算机中，三维空间的定位精度可达 1.5m，定位延迟达 2s，甚至能显示出敌方狙击手采用跪姿和站姿射击的差异，使指挥员和战斗员的作战态势感知能力产生了质的飞跃。

3. 毁伤效果评估

战场目标毁伤效果评估是对火力打击后目标毁伤情况的科学评价，是后续作战行动决策的重要依据。当前应用较多的目标毁伤效果评估系统主要依托于无人机、侦察卫星等手段，但这些手段均受到飞行距离近、过顶时间短、敌方打击威胁或天气等因素的制约，无法全天候对打击目标进行抵近侦察并对毁伤效果做出正确评估。

WSN 系统中,价格低、生存能力强的传感器结点可以通过飞机或火力打击时的导弹、精确制导炸弹附带散布于攻击目标周围。在火力打击之后,传感器结点通过对目标的可见光、无线电通信、人员部署等信息进行收集、传递,并经过管理结点进行相关指标分析,可以使作战指挥员及时准确地进行战场目标毁伤效果评估。这一方面可以使指挥员能够掌握火力打击任务的完成情况,适时调整火力打击计划和火力打击重点,为实施正确的决策提供科学依据;另一方面,也可以最大限度地优化打击火力配置,集中优势火力对关键目标进行打击,从而大大提高作战资源利用率。

4. 核生化监测

将微小的传感器结点部署到战场环境中形成自主工作的 WSN 系统,并让其负责采集有关核生化数据信息的采集,形成低成本、高可靠的核生化攻击预警系统。这一系统可以在不耗费人员战斗力的条件下,及时而准确地发现己方阵地上的核生化污染,为参战人员提供宝贵的快速反应时间,从而尽可能地减少人员伤亡和装备损失。

在核生化战争中,对爆炸中心附近及时、准确的数据采集工作非常重要。能否在最短的时间内监测到爆炸中心的相关参数,判断爆炸类型,并对产生的破坏情况进行估算,是快速采取应对措施的关键,这些工作常常需要专业人员携带装备进入沾染区进行探测。而通过无人机、火箭弹等方式向爆炸中心附近布撒 WSN 传感器结点,依靠自主工作的 WSN 系统进行数据采集,则可以在遭受核生化袭击后无须派遣人员即可快速获取爆炸现场精确的探测数据,从而避免核反应部队探测数据时直接暴露在核辐射的环境中而受到核辐射的威胁。

信息化战争要求作战系统"看得清、反应快、打得准",战争双方谁在信息的获取、传输、处理上占据优势,谁就能取得控制信息权,进而掌握战争的主动权。WSN 作为战场信息获取的源头和途径,以其生存能力强、可靠性和准确性高以及战场感知实时能力强的独特优势,能够在信息化战争的战场上发挥独特的作用。随着研究的深入和技术的进步,未来功耗低、安全性高的 WSN 系统,必将对信息化战争产生深远的影响。

习题与思考题

(1) RFID 系统的基本组成部分有哪些?

(2) RFID 产品的基本衡量参数有哪些?

(3) 简述天线的工作原理,说出 RFID 线主要分为哪几种? 每种的特点如何?

(4) 传感器接口的特点是什么? 传感器的输出信号有什么特点?

(5) 传感器与微型计算机接口的一般结构是什么? 输入通道和输出通道的特点是什么?

(6) 传感器结点由哪几部分组成? 传感器结点在实现各种网络协议和应用系统时,存在哪些现实约束?

(7) 举例说明无线传感器网络的应用领域。

(8) 简述无线传感器网络各层协议和平台的功能。

(9) 无线自组织网络具有哪些显著特点?

(10) 与传统网络的路由协议相比,无线传感器网络的路由协议具有哪些特点?

(11) 简述云和云计算的基本概念,简述云计算的4个本质特征。

(12) 简述云计算与并行计算的关系,论述云计算与物联网的关系。

(13) 简述云计算服务的3个层次。

(14) 简述云存储的基本概念。

第6章　网络定位技术

6.1　位置服务

位置服务(Location Based Services,LBS)又称为定位服务,LBS是由移动通信网络和卫星定位系统结合在一起提供的一种增值业务,通过一组定位技术获得移动终端的位置信息(如经度和纬度坐标数据),提供给移动用户本人或他人以及通信系统,实现各种与位置相关的业务。实质上是一种概念较为宽泛的与空间位置有关的新型服务业务。

关于位置服务的定义有很多。1994年,美国学者Schilit首先提出了位置服务的三大目标:你在哪里(空间信息)、你和谁在一起(社会信息)、附近有什么资源(信息查询)。这也成为了LBS最基础的内容。

对于位置定义有如下几种方法。

(1) AOA(Angle of Arrival):指通过两个基站的交集来获取移动台(Mobile Station)的位置。

(2) TDOA(Time Difference of Arrival):工作原理类似于GPS。通过一个移动台和多个基站交互的时间差来定位。

(3) Location Signature:位置标记。对每个位置区进行标识来获取位置。

(4) 卫星定位。

需要特别说明的是,位置信息包括如下信息。

(1) 地理位置(空间坐标)。

(2) 处在该位置的时刻(时间坐标)。

(3) 处在该位置的对象(身份信息)。

6.2　全球定位系统

全球定位系统(Global Positioning System,GPS)是20世纪70年代由美国陆、海、空三军联合研制的新一代空间卫星导航定位系统。其主要目的是为陆、海、空三大领域提供实时、全天候和全球性的导航服务,并用于情报收集、核爆监测和应急通信等一些军事目的,经过了20余年的研究,耗资300亿美元,到1994年3月,全球覆盖率高达98%的24颗GPS卫星星座已布设完成。

6.2.1　GPS的构成

GPS由空间部分、地面控制系统和用户设备部分三部分组成。

1. 空间部分

GPS 的空间部分由 24 颗卫星组成(21 颗工作卫星,3 颗备用卫星),它们位于距地 200km 的上空,均匀分布在 6 个轨道面上(每个轨道面 4 颗),轨道倾角为 55°。卫星的分布使得在全球任何地方、任何时间都可观测到 4 颗以上的卫星,并能在卫星中预存导航信息。GPS 的卫星因为大气摩擦等问题,随着时间的推移,导航精度会逐渐降低。

2. 地面控制系统

地面控制系统由监测站(Monitor Station)、主控制站(Master Monitor Station)、地面天线(Ground Antenna)所组成,主控制站位于美国科罗拉多州春田市(Colorado Spring)。地面控制站负责收集由卫星传回的信息,并计算卫星星历、相对距离、大气校正等数据。

3. 用户设备部分

用户设备部分即 GPS 信号接收机。其主要功能是能够捕获到按一定卫星截止角所选择的待测卫星,并跟踪这些卫星的运行。

当接收机捕获到跟踪的卫星信号后,就可测量出接收天线至卫星的伪距离和距离的变化率,解调出卫星轨道参数等数据。根据这些数据,接收机中的微处理计算机就可按定位解算方法进行定位计算,计算出用户所在地理位置的经纬度、高度、速度、时间等信息。接收机硬件和机内软件以及 GPS 数据的后处理软件包构成完整的 GPS 用户设备。

GPS 接收机的结构分为天线单元和接收单元两部分。接收机一般采用机内和机外两种直流电源。设置机内电源的目的在于更换外电源时不中断连续观测。在用机外电源时机内电池自动充电。关机后,机内电池为 RAM 存储器供电,以防止数据丢失。目前各种类型的接收机体积越来越小,重量越来越轻,便于野外观测使用。

其次则为使用者接收器,现有单频与双频两种,但由于价格因素,一般使用者所购买的多为单频接收器。

图 6.1 所示为 GPS 导航仪。

图 6.1　GPS 导航仪

6.2.2　GPS 工作过程

GPS 导航系统的基本原理(见图 6.2)是测量出已知位置的卫星到用户接收机之间的距离,然后综合多颗卫星的数据就可知道接收机的具体位置。

要达到这一目的,卫星的位置可以根据星载时钟所记录的时间在卫星星历中查出。用户到卫星的距离则通过记录卫星信号传播到用户所经历的时间,再将其乘以光速得到。由于大气层电离层的干扰,这一距离并不是用户与卫星之间的真实距离,而是伪距(PR)。当 GPS 卫星正常工作时,会不断地用 1 和 0 二进制码元组成的伪随机码(简称伪码)发射导航电文。

导航电文包括卫星星历、工作状况、时钟改正、电离层时延修正、大气折射修正等信息。它是从卫星信号中解调制出来,以 50b/s 调制在载频上发射的。当用户接收到导航电文时,提取出卫星时间并将其与自己的时钟做对比便可得知卫星与用户的距离,再利用导航电文

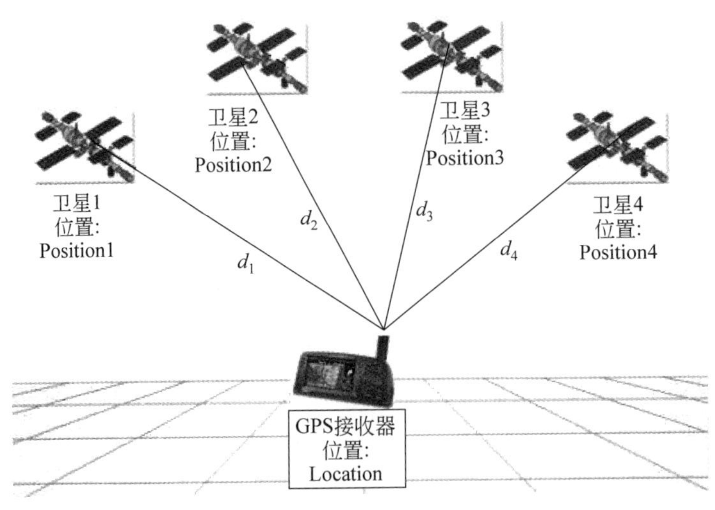

图 6.2　GPS 导航系统的基本原理

中的卫星星历数据推算出卫星发射电文时所处位置,用户在 WGS-84 大地坐标系中的位置速度等信息便可得知。

可见 GPS 导航系统卫星部分的作用就是不断地发射导航电文。然而,由于用户接收机使用的时钟与卫星星载时钟不可能总是同步,所以除了用户的三维坐标 x、y、z 外,还要引进一个 Δt(即卫星与接收机之间的时间差)作为未知数,然后用 4 个方程将这 4 个未知数解出来。所以如果想知道接收机所处的位置,至少要能接收到 4 个卫星的信号。

GPS 接收机可接收到用于授时的准确至纳秒级的时间信息,用于预报未来几个月内卫星所处概略位置的预报星历;用于计算定位时所需卫星坐标的广播星历,精度为几米至几十米(各个卫星不同,随时变化);以及 GPS 系统信息,如卫星状况等。

GPS 接收机对码的量测就可得到卫星到接收机的距离,由于含有接收机卫星钟的误差及大气传播误差,故称为伪距。对 0A 码测得的伪距称为 UA 码伪距,精度约为 20m;对 P 码测得的伪距称为 P 码伪距,精度约为 2m。

GPS 接收机对收到的卫星信号,进行解码或采用其他技术,将调制在载波上的信息去掉后,就可以恢复载波。

按定位方式,GPS 定位分为单点定位和相对定位(差分定位)。单点定位就是根据一台接收机的观测数据来确定接收机位置的方式,它只能采用伪距观测量,可用于车船等的概略导航定位。相对定位(差分定位)是根据两台以上接收机的观测数据来确定观测点之间的相对位置的方法,它既可采用伪距观测量也可采用相位观测量,大地测量或工程测量均应采用相位观测值进行相对定位。

6.2.3　GPS 定位计算

GPS 定位的基本原理是根据高速运动的卫星瞬间位置作为已知的起算数据,采用空间距离后方交会的方法,确定待测点的位置。如图 6.3 所示,假设 t 时刻在地面待测点上安置 GPS 接收机,可以测定 GPS 信号到达接收机的时间 Δt,再加上接收机所接收到的卫星星历等其他数据可以确定图 6.3 中的 4 个方程式。

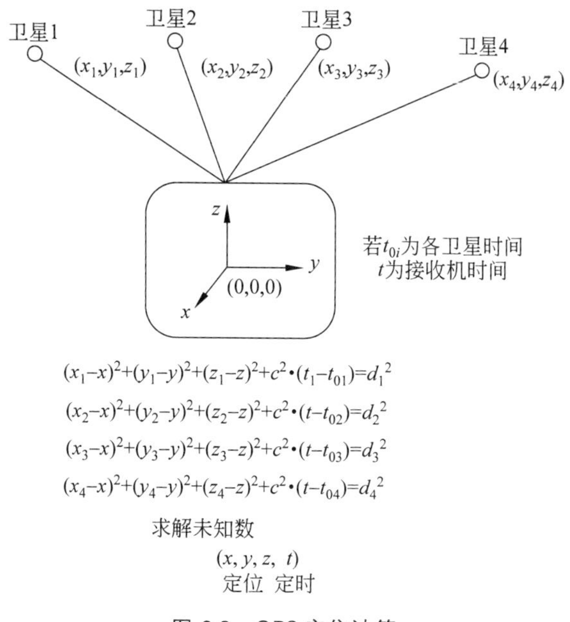

图 6.3　GPS 定位计算

上述 4 个方程式中待测点坐标 x、y、z 和 t 为未知参数，其中 $d_i=c\Delta t_i(i=1,2,3,4)$。$d_i(i=1,2,3,4)$分别为卫星 1、卫星 2、卫星 3、卫星 4 到接收机之间的距离。$\Delta t_i(i=1,2,3,4)$分别为卫星 1、卫星 2、卫星 3、卫星 4 的信号到达接收机所经历的时间。c 为 GPS 信号的传播速度(即光速)。

4 个方程式中各个参数意义如下。

x、y、z 为待测点坐标的空间直角坐标；x_i、y_i、$z_i(i=1,2,3,4)$分别为卫星 1、卫星 2、卫星 3、卫星 4 在 t 时刻的空间直角坐标，可由卫星导航电文求得。

$t_{0i}(i=1,2,3,4)$分别为卫星 1、卫星 2、卫星 3、卫星 4 的卫星钟的钟差，由卫星星历提供。由以上 4 个方程即可解算出待测点的坐标 x、y、z 和接收机的钟差。

6.2.4　全球四大 GPS

1. 美国 GPS

美国 GPS 由美国国防部于 20 世纪 70 年代初开始设计、研制，于 1993 年全部建成。1994 年，美国宣布在 10 年内向全世界免费提供 GPS 使用权，但美国只向外国提供低精度的卫星信号。据悉该系统有美国设置的“后门”，一旦发生战争，美国可以关闭对某地区的信息服务。

2. 欧盟“伽利略”

1999 年，欧洲提出计划，准备发射 30 颗卫星，组成“伽利略”卫星定位系统。2009 年该计划正式启动。

3. 俄罗斯“格洛纳斯”

始于 20 世纪 70 年代，需要至少 18 颗卫星才能确保覆盖俄罗斯全境。如要提供全球定位服务,则需要24颗卫星。

4. 中国北斗卫星导航系统

中国北斗卫星导航系统(BeiDou(COMPASS)Navigation Satellite System)是中国正在实施的自主发展、独立运行的全球卫星导航系统。中国北斗卫星导航系统由空间段、地面段和用户段三部分组成,空间段包括5颗静止轨道卫星和30颗非静止轨道卫星,地面段包括主控站、注入站和监测站等若干个地面站,用户段包括北斗用户终端以及与其他卫星导航系统兼容的终端。

6.2.5 GPS的应用

全球定位系统的主要用途如下。

(1) 陆地应用,主要包括车辆导航、应急反应、大气物理观测、地球物理资源勘探、工程测量、变形监测、地壳运动监测、市政规划控制等。

(2) 海洋应用,包括远洋船最佳航程航线测定、船只实时调度与导航、海洋救援、海洋探宝、水文地质测量以及海洋平台定位、海平面升降监测等。

(3) 航空航天应用,包括飞机导航、航空遥感姿态控制、低轨卫星定轨、导弹制导、航空救援和载人航天器防护探测等。

6.3 蜂窝基站定位

GPS定位作为一种传统的定位方法,仍是目前应用最广泛、定位精度最高的定位技术。但是相对而言,GPS定位成本高(需要终端配备GPS硬件)、定位慢(GPS硬件初始化通常需要3～5min甚至10min以上的时间)、耗电多(需要额外硬件自然耗电多),因此在一些定位精度要求不高,但是定位速度要求较高的场景下,并不是特别适合;同时因为GPS卫星信号穿透能力弱,因此在室内无法使用。

相比之下,GSM蜂窝基站定位快速、省电、低成本、应用范围限制小,因此在一些精度要求不高的场景下,也大有用武之地。

6.3.1 GSM蜂窝基站的基础架构

GSM蜂窝基站定位,以其定位速度快、成本低(不需要移动终端上添加额外的硬件)、耗电少、室内可用等优势,作为一种轻量级的定位方法,越来越常用。以下简单介绍各种基于GSM蜂窝基站的定位方法及基本原理。

GSM网络的基础架构是由一系列的蜂窝基站构成的,这些蜂窝基站把整个通信区域划分成如图6.4所示的一个个蜂窝小区。这些小区小则几十米,大则几千米。人们用移动设备在GSM网络中通信,实际上就是通过某一个蜂窝基站接入GSM网络,然后通过GSM网络进行数据(语音数据、文本数据、多媒体数据等)传输。也就是说,在GSM中通信时,总是需要和某一个蜂窝基站连接的,或者说是处于某一个蜂窝小区中的。GSM定位就是借助这些蜂窝基站进行定位。

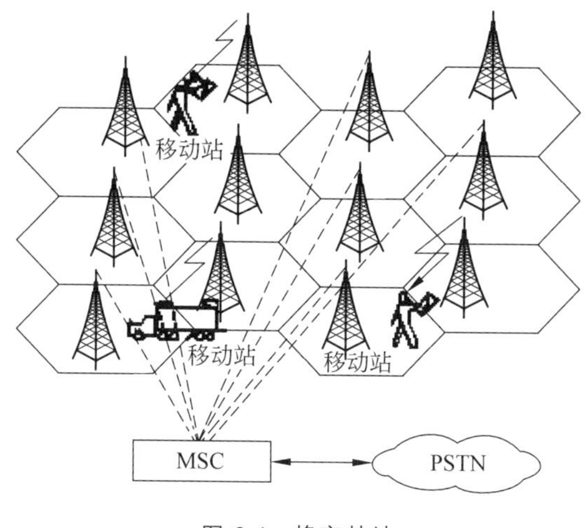

图 6.4 蜂窝基站

6.3.2 COO 定位

COO(Cell of Origin)定位是一种单基站定位,即根据设备当前连接的蜂窝基站的位置来确定设备的位置。很显然,定位的精度取决于蜂窝小区的半径。在基站密集的城市中心地区,通常会采用多层小区,小区划分得很小,这时定位精度可以达到 50m 以内;而在其他地区,可能基站分布相对分散,小区半径较大,可能达到几千米,也就意味着定位精度只能粗略到几千米。目前 Google 地图移动版中,通过蜂窝基站确定"我的位置",基本上用的就是这种方法。

从原理上可以看出,COO 定位其精度是不太确定的。但是这却是 GSM 网络中的移动设备最快捷、最方便的定位方法,因为 GSM 网络端以及设备端都不需要任何额外的硬件投入。只要运营商支持,GSM 网络中的设备都可以以编程方式获取到当前基站的一个唯一代码,可以称为基站 ID,或 Cell ID。

6.3.3 七号信令定位

该技术以信令监测为基础,能够对移动通信网中特定的信令过程,如漫游、切换以及与电路相关的信令过程进行过滤和分析,并将监测结果提供给业务中心,以实现对特定用户的个性化服务。该项技术通过对信令进行实时监测,可定位到一个小区,也可定位到地区。故适用对定位精确度要求不高的业务,如漫游用户问候服务、远程设计服务、平安报信和货物跟踪等。目前,国内各省和地区移动公司的短信欢迎系统采用的就是此种技术。

6.3.4 TOA/TDOA 定位

基于距离的 TOA 定位(Time of Arrival,到达时间)、基于距离差的 TDOA 定位(Time Difference of Arrival,到达时间差)都是基于电波传播时间的定位方法。同时也都是三基站定位方法,二者的定位都需要同时有3个位置已知的基站合作才能进行,如图6.5所示。

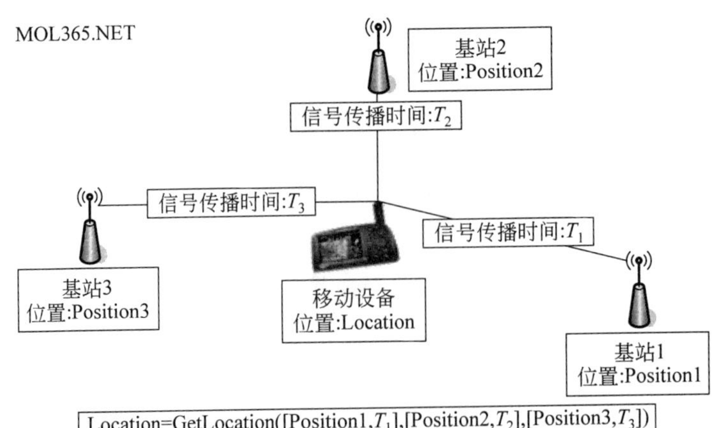

图6.5　三基站定位方法

TOA/DTOA定位方法都是通过三对[Position$i$, T_i]($i=1,2,3$)来确定设备的位置Location。二者的不同只是GetLocation()函数的具体算法上的不同。

TOA电波到达时间定位基本原理是得到T_i($i=1,2,3$)后,由$T_i \times c$得到设备到基站i之间的距离R_i,然后根据几何知识建立方程组并求解,从而求得Location值,如图6.6所示。

由于图中距离的计算完全依赖于时间,因此TOA算法对系统的时间同步要求很高,任何很小的时间误差都会被放大很多倍,同时由于多径效应的影响又会带来很大的误差,因而单纯的TOA在实际中应用很少。

DTOA电波到达时间差定位是对TOA定位的改进,与TOA的不同之处在于,得到T_i后不是立即用T_i去求距离R_i,而是先对T_1、T_2、T_3两两求差,然后通过一些巧妙的数学算法建立方程组并求解,从而得到Location值,如图6.7所示。

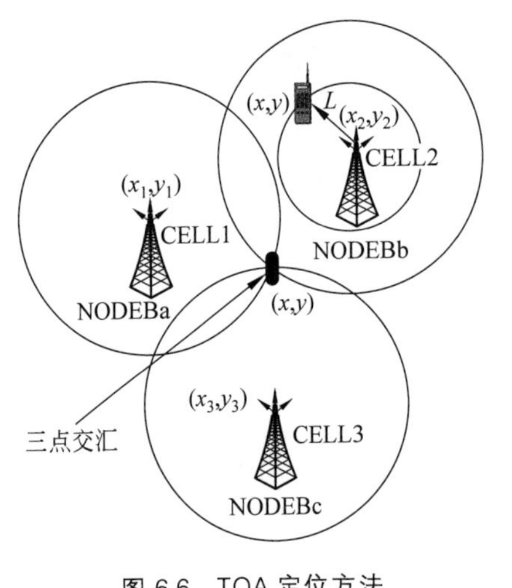

图6.6　TOA定位方法

图6.7　DTOA定位方法

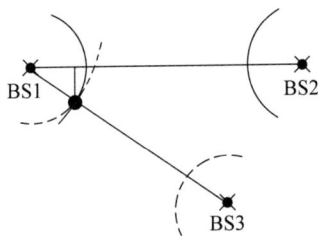

DTOA由于其中巧妙设计的求差过程会抵消其中很大一部分的时间误差和多径效应带来的误差,因而可以大大提高定位的精确度。

由于DTOA对网络要求相对较低,并且精度较高,因而目前已经成为研究的热点。

6.3.5 AOA 定位

AOA(Angle of Arrival,到达角度)定位是一种两基站定位方法,基于信号的入射角度进行定位。

如图 6.8 所示,知道了基站 1 到设备之间连线与基准方向的夹角 α_1,就可以画出一条射线 L_1;同样知道了基站 2 到设备之间连线与基准方向的夹角 α_2,就可以画出一条射线 L_2。那么 L_1 与 L_2 的交点就是设备的位置。这就是 AOA 定位的基本数学原理。用函数调用表达如下。

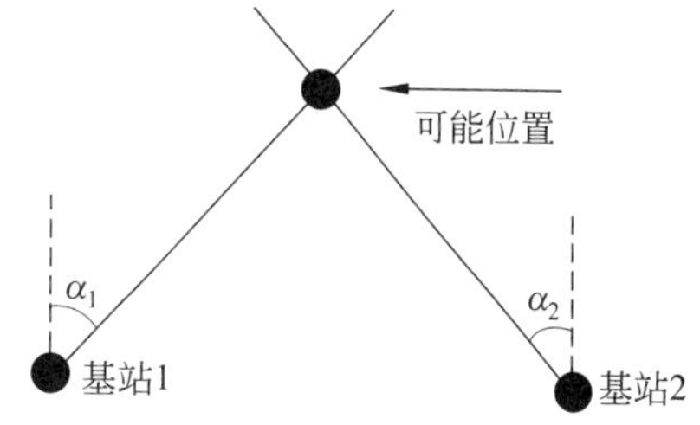

图 6.8 AOA 定位法

Location = GetLocation([Position1, α_1], [Position2, α_2])

AOA 定位通过两直线相交确定位置,不可能有多个交点,避免了定位的模糊性。但是为了测量电磁波的入射角度,接收机必须配备方向性强的天线阵列。

6.3.6 基于场强的定位

该方法是通过测出接收到的信号场强和已知的信道衰落模型及发射信号的场强值估计收发信号的距离,根据 3 个距离值就可以得到设备的位置。从数学模型上看,与 TOA 算法类似,只是获取距离的方式不同。场强算法虽然简单,但是由于多径效应的影响,定位精度较差。

6.3.7 混合定位

混合定位就是同时使用两种以上的定位方法来进行定位。通过各种定位方法之间结合使用,互补短长,以达到更高的定位精度。

A-GPS 定位(辅助 GPS 定位)就是一种混合定位,是 GPS 定位技术与 GSM 网络的结合。A-GPS 具有很高的定位精度,目前应用越来越广泛。

6.4 新兴定位系统

AGPS(Assisted GPS,网络辅助 GPS)结合了 GPS 定位和蜂窝基站定位的优势,借助蜂窝网络的数据传输功能,可以达到很高的定位精度和很快的定位速度,在移动设备尤其是手机中被越来越广泛地使用。

6.4.1 AGPS 定位基本机制

根据定位媒介来分,定位技术基本包含基于 GPS 的定位和基于蜂窝基站的定位两类。GPS 定位以其高精度得到更多的关注,但是其弱点也很明显:一是硬件初始化(首次搜索卫星)

时间较长,需要几分钟至十几分钟;二是GPS卫星信号穿透力弱,容易受到建筑物、树木等的阻挡而影响定位精度。AGPS定位技术通过网络的辅助,成功地解决或缓解了这两个问题。对于辅助网络,有多种可能性,以GSM蜂窝网络为例,一般通过GPRS网络进行辅助。

如图6.9所示,直接通过GPS信号从GPS获取定位所需的信息,这是传统GPS定位的基本机制。AGPS中,通过蜂窝基站的辅助来解决或缓解上面提到的两个问题。

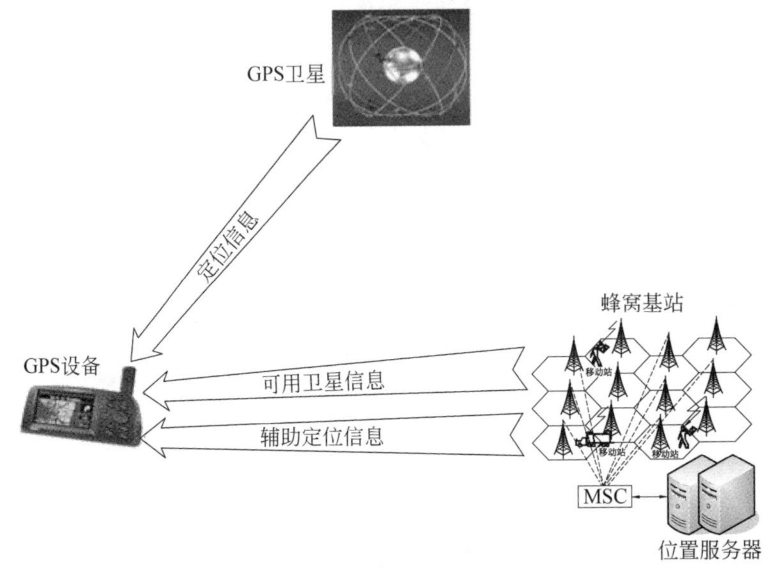

图6.9 AGPS定位技术通过蜂窝基站的辅助来解决问题

对于第一个问题,首次搜索卫星慢的问题是因为GPS卫星接收器需要进行全频段搜索以寻找GPS卫星而导致的。在AGPS中,通过从蜂窝网络下载当前地区的可用卫星信息(包含当地区可用的卫星频段、方位、仰角等信息),从而避免全频段大范围搜索,使首次搜索卫星速度大大提高,时间由原来的几分钟减小到几秒钟。

对于第二个问题,GPS卫星信号易受干扰的问题,这是由GPS卫星信号本身的性质决定的,无法改变。但是在APGS中,通过蜂窝基站参考GPS的辅助,或是借助GSM定位中Cell-ID定位(COO定位)方法的辅助,缓解了在GPS信号不良的情况下定位的问题,有效提高了在此情况下的定位精度。

6.4.2 AGPS定位基本流程

首先搜索卫星,AGPS定位仍然是基于GPS的,因此定位的首要步骤还是先搜索到当前地区可用的GPS卫星。在传统GPS定位中,需要全频段搜索以找到可用卫星因而耗时较长,而AGPS通过网络直接下载当前地区的可用卫星信息,从而提高了搜索卫星的速度。同时,也减小了设备的电量消耗。

如图6.10所示,AGPS中从定位启动到GPS接收器找到可用卫星的基本流程如下。

(1) 设备从蜂窝基站获取到当前所在的小区位置(即一次COO定位)。

(2) 设备通过蜂窝网络将当前蜂窝小区位置传送给网络中的AGPS位置服务器。

(3) APGS位置服务器根据当前小区位置查询该区域当前可用的卫星信息(包括卫星的

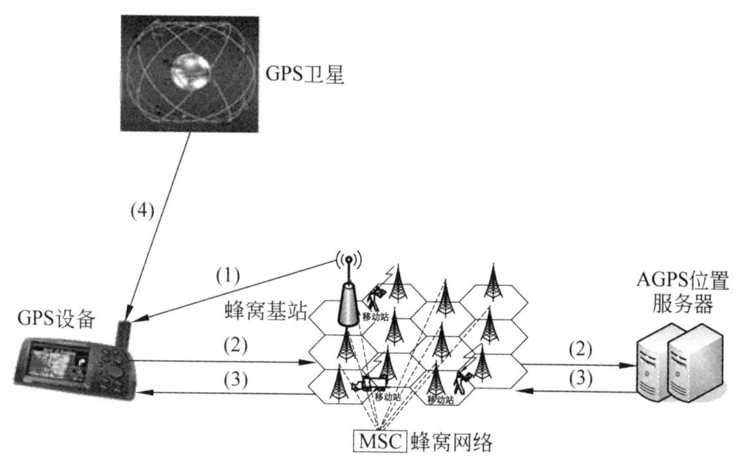

图 6.10 AGPS 基本流程（一）

频段、方位、仰角等相关信息），并返回给设备。

(4) GPS 接收器根据得到的可用卫星信息，可以快速找到当前可用的 GPS 卫星。

至此，GPS 接收器已经可正常接收 GPS 信号，GPS 初始化过程结束。AGPS 对定位速度的提高就主要体现在此过程中。

其次计算位置，GPS 接收器一旦找到四颗以上的可用卫星，就可以开始接收卫星信号实现定位。接下来的过程根据位置计算所在端的不同，通常有两种方案：在移动设备端进行计算的 MS-Based 方式和在网络端进行计算的 MS-Assisted 方式。

MS-Based 方式中，接下来过程与传统 GPS 定位完全相同，GPS 接收器接收原始 GPS 信号，解调并进行一定处理，根据处理后的信息进行位置计算，得到最终的位置坐标。

MS-Assisted 方式中，解调并处理后，接下来的过程如图 6.11 所示。

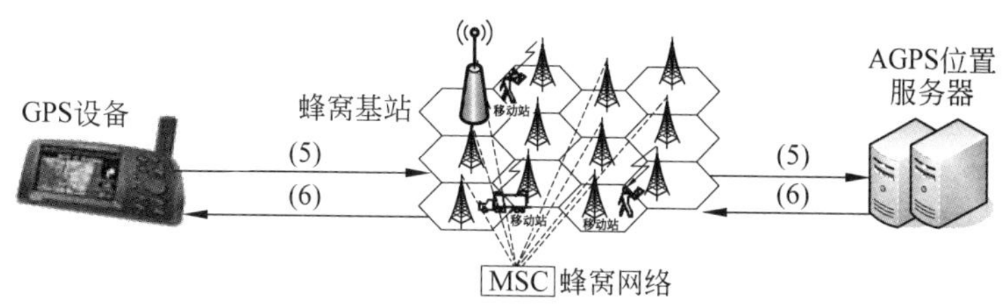

图 6.11 AGPS 基本流程（二）

(5) 设备将处理后的 GPS 信息（伪距信息）通过蜂窝网络传输给 AGPS 位置服务器。

(6) AGPS 服务器根据伪距信息，并结合其他途径（蜂窝基站定位、参考 GPS 定位等）得到的辅助定位信息，计算出最终的位置坐标，返回给设备。

在此过程中可以看到，在使用 MS-Assisted 方式时，由于辅助定位信息的加入，可以取得更高的定位精度；同时，可以很大程度上克服弱 GPS 信号情况下的无法定位或精度降低的问题；将复杂计算转移到网络端，也可以很大程度上减小设备的电量消耗。

6.4.3 AGPS 定位技术的实际应用情况

因为 AGPS 需要网络支持，因此目前使用该技术的大部分设备为手机。

第一款支持 AGPS 的手机称为 Benefon Esc,也是在 2002 年初上市的,该手机支持双 GSM,同时带一个 GPS 接收器,可以实现高精度定位、个人导航、移动地图、找朋友等功能,并可以通过无线方式下载地图。

另外,Benefon 同时提供一个专业版的 AGPS 终端——Benefon Track,主要为专业人员提供导航定位和通信服务,并且在该终端上首次设置了一个急救按钮,只要按这个按钮,就可以将持有者的位置信息通过短信发送到一个预先设定的电话号码,并可以自动呼叫该电话。这也成了以后 LBS 产品的一个基本功能。

目前大部分支持 AGPS 的手机采用一种纯软件的 AGPS 方案。该方案基于 MS-Based 位置计算方式。具体的方案如下。

定期下载星历数据到手机中,手机中的 AGPS 软件会根据星历信息计算出当前位置的可用卫星信息,从而提供给设备用于快速搜索卫星。用户可以选择通过 WiFi 等免费网络定期更新星历数据,从而避免使用蜂窝网络产生的数据流量费用。当然,由于星历信息可能存在延迟,因此搜索卫星时速度可能有所下降,但是仍然会比传统 GPS 定位快很多倍。

该方案的优点是纯软件,不需要专门的 AGPS 硬件,几乎所有 GPS 手机都可以使用;同时用户可以根据情况指定星历更新周期及更新方式,控制或减免蜂窝网络数据流量。

6.5 无线室内环境定位

随着数据业务和多媒体业务的快速增加,人们对定位与导航的需求日益增大,尤其在复杂的室内环境,如机场大厅、展厅、仓库、超市、图书馆、地下停车场、矿井等环境中,常常需要确定移动终端或其持有者、设施与物品在室内的位置信息。但是受定位时间、定位精度以及复杂室内环境等条件的限制,比较完善的定位技术目前还无法很好地利用。

因此,专家学者提出了许多室内定位技术解决方案,从总体上可归纳为几类,即 GNSS 技术(如伪卫星等)、无线定位技术(无线通信信号、射频无线标签、超声波、光跟踪、无线传感器定位技术等)和其他定位技术(计算机视觉、航位推算等),以及 GNSS 和无线定位组合的定位技术(AGPS 或 A-GNSS)。

6.5.1 室内 GPS 定位技术

GPS 是目前应用最为广泛的定位技术。当 GPS 接收机在室内工作时,由于信号受建筑物的影响而大大衰减,定位精度也很低,要想达到室外一样直接从卫星广播中提取导航数据和时间信息是不可能的。为了得到较高的信号灵敏度,就需要延长在每个码延迟上的停留时间,AGPS 技术为这个问题的解决提供了可能性。室内 GPS 技术采用大量的相关器并行地搜索可能的延迟码,同时也有助于实现快速定位。

利用 GPS 进行定位的优势是卫星有效覆盖范围大,且定位导航信号免费。缺点是定位信号到达地面时较弱,不能穿透建筑物,而且定位器终端的成本较高。

6.5.2　室内无线定位技术

随着无线通信技术的发展，新兴的无线网络技术，例如 WiFi、ZigBee、蓝牙和超宽带等，在办公室、家庭、工厂等得到了广泛应用。

1. 红外线室内定位技术

红外线室内定位技术定位的原理是，红外线 IR 标识发射调制的红外射线，通过安装在室内的光学传感器接收进行定位。虽然红外线具有相对较高的室内定位精度，但是由于光线不能穿过障碍物，使得红外射线仅能视距传播。直线视距和传输距离较短这两大主要缺点使其室内定位的效果很差。当标识放在口袋里或者有墙壁及其他遮挡时就不能正常工作，需要在每个房间、走廊安装接收天线，造价较高。因此，红外线只适合短距离传播，而且容易被荧光灯或者房间内的灯光干扰，在精确定位上有局限性。

2. 超声波定位技术

超声波测距主要采用反射式测距法，通过三角定位等算法确定物体的位置，即发射超声波并接收由被测物产生的回波，根据回波与发射波的时间差计算出待测距离，有的则采用单向测距法。

超声波定位系统可由若干个应答器和一个主测距器组成，主测距器放置在被测物体上，在微机指令信号的作用下向位置固定的应答器发射同频率的无线电信号，应答器在收到无线电信号后同时向主测距器发射超声波信号，得到主测距器与各个应答器之间的距离。当同时有 3 个或 3 个以上不在同一直线上的应答器做出回应时，可以根据相关计算确定出被测物体所在的二维坐标系下的位置。

超声波定位整体定位精度较高，结构简单，但超声波受多径效应和非视距传播影响很大，同时需要大量的底层硬件设施投资，成本太高。

3. 蓝牙技术

蓝牙技术通过测量信号强度进行定位。这是一种短距离、低功耗的无线传输技术，在室内安装适当的蓝牙局域网接入点，把网络配置成基于多用户的基础网络连接模式，并保证蓝牙局域网接入点始终是这个微微网(Piconet)的主设备，就可以获得用户的位置信息。蓝牙技术主要应用于小范围定位，例如单层大厅或仓库。

蓝牙室内定位技术最大的优点是设备体积小、易于集成在 PDA、PC 以及手机中，因此很容易推广普及。理论上，对于持有集成了蓝牙功能移动终端设备的用户，只要设备的蓝牙功能开启，蓝牙室内定位系统就能够对其进行位置判断。采用该技术作室内短距离定位时容易发现设备且信号传输不受视距的影响。其不足在于蓝牙器件和设备的价格比较昂贵，而且对于复杂的空间环境，蓝牙系统的稳定性稍差，受噪声信号干扰大。

4. 射频识别技术

射频识别技术利用射频方式进行非接触式双向通信交换数据以达到识别和定位的目的。这种技术作用距离短，一般最长为几十米。但它可以在几毫秒内得到厘米级定位精度的信息，且传输范围很大，成本较低。同时由于其非接触和非视距等优点，可望成为优选的室内定位技术。目前,射频识别研究的热点和难点在于理论传播模型的建立、用户的安全隐私和国际标准化等问题。优点是标识的体积比较小,造价比较低,但是作用距离近,不具有通信能力,而且不便于整合到其他系统中。

5. 超宽带技术

超宽带技术是一种全新的、与传统通信技术有极大差异的通信新技术。它不需要使用传统通信体制中的载波,而是通过发送和接收具有纳秒级或纳秒级以下的极窄脉冲来传输数据,从而具有GHz量级的带宽。超宽带可用于室内精确定位,例如战场士兵的位置发现、机器人运动跟踪等。

超宽带系统与传统的窄带系统相比,具有穿透力强、功耗低、抗多径效果好、安全性高、系统复杂度低、能提供精确定位精度等优点。因此,超宽带技术可以应用于室内静止或者移动物体以及人的定位跟踪与导航,且能提供十分精确的定位精度。

6. WiFi技术

无线局域网络(WLAN)是一种全新的信息获取平台,可以在广泛的应用领域内实现复杂的大范围定位、监测和追踪任务,而网络结点自身定位是大多数应用的基础和前提。当前比较流行的WiFi定位是无线局域网络系列标准之IEEE 802.11的一种定位解决方案。该系统采用经验测试和信号传播模型相结合的方式,易于安装,需要很少基站,能采用相同的底层无线网络结构,系统总精度高。

芬兰的Ekahau公司开发了能够利用WiFi进行室内定位的软件。WiFi绘图的精确度在120m的范围内,总体而言,它比蜂窝网络三角测量定位方法更精确。但是,如果定位的测算仅仅依赖于哪个WiFi的接入点最近,而不是依赖于合成的信号强度图,那么在楼层定位上很容易出错。目前,它应用于小范围的室内定位,成本较低。但无论是用于室内还是室外定位,WiFi收发器都只能覆盖半径90m以内的区域,而且很容易受其他信号的干扰,从而影响其精度,定位器的能耗也较高。

7. ZigBee技术

ZigBee是一种新兴的短距离、低速率无线网络技术,它介于射频识别和蓝牙之间,也可以用于室内定位。它有自己的无线电标准,在数千个微小的传感器之间相互协调通信以实现定位。这些传感器只需要很少的能量,以接力的方式通过无线电波将数据从一个传感器传到另一个传感器,所以它们的通信效率非常高。ZigBee最显著的技术特点是它的低功耗和低成本。

除了以上提及的定位技术,还有基于计算机视觉、光跟踪定位、基于图像分析、磁场以及信标定位等。此外,还有基于图像分析的定位技术、信标定位、三角定位等。目前很多技术还处于研究试验阶段,如基于磁场压力感应进行定位的技术。

不管是GPS定位技术还是利用无线传感器网络或其他定位手段进行定位都有其局限性。未来室内定位技术的趋势是卫星导航技术与无线定位技术相结合,将GPS定位技术与无线定位技术有机结合,发挥各自的优长,则既可以提供较好的精度和响应速度,又可以覆盖较广的范围,实现无缝的、精确的定位。

6.6 传感器网络结点定位技术

传感器网络(WSN)采集的数据往往需要与位置信息相结合才有意义。由于WSN具有低功耗、自组织和通信距离有限等特点,传统的GPS等算法不再适合WSN。

WSN中需要定位的结点称为未知结点,而已知自身位置并协助未知结点定位的结点称为锚结点(Anchor Node)。WSN的定位就是未知结点通过定位技术获得自身位置信息的过程。在WSN定位中,通常使用三边测量法、三角测量法和极大似然估计法等算法计算结点位置。

6.6.1 传感器网络定位简介

无线传感器网络作为一种全新的信息获取和处理技术在目标跟踪、入侵检测及一些定位相关领域有广泛的应用前景。然而,无论是在军事侦察或地理环境监测,还是交通路况监测或医疗卫生中对病人的跟踪等应用场合,很多获取的监测信息需要附带相应的位置信息,否则,这些数据就是不确切的,甚至有时候会失去采集的意义,因此网络中传感器结点自身位置信息的获取是大多数应用的基础。

无线传感器网络定位最简单的方法是为每个结点装载全球卫星定位系统(GPS)接收器,用于确定结点位置。但是,由于经济因素、结点能量制约和GPS对于部署环境有一定要求等条件的限制,导致方案的可行性较差。因此,一般只有少量结点通过装载GPS或通过预先部署在特定位置的方式获取自身坐标。

另外,无线传感器网络的结点定位涉及很多方面的内容,包括定位精度、网络规模、锚结点密度、网络的容错性和鲁棒性以及功耗等,如何平衡各种关系对于无线传感器网络的定位问题非常具有挑战性。

6.6.2 WSN定位技术基本概念

1. 定位方法的相关术语

(1) 锚结点:也称为信标结点、灯塔结点等,可通过某种手段自主获取自身位置的结点。

(2) 普通结点(Normal Nodes):也称为未知结点或待定位结点,预先不知道自身位置,需使用锚结点的位置信息并运用一定的算法得到估计位置的结点。

(3) 邻居结点(Neighbor Nodes):传感器结点通信半径以内的其他结点。

(4) 跳数(Hop Count):两结点间的跳段总数。

(5) 跳段距离(Hop Distance):两结点之间的每一跳距离之和。

(6) 连通度(Connectivity):一个结点拥有的邻居结点的数目。

(7) 基础设施(Infrastructure):协助结点定位且已知自身位置的固定设备,如卫星基站、GPS等。

2. 主要的 WSN 定位方法

WSN 的定位方法较多,可以根据数据采集和数据处理方式的不同来进行分类。在数据采集方式上,不同的算法需要采集的信息有所侧重,如距离、角度、时间或周围锚结点的信息,其目的都是采集与定位相关的数据,并使其成为定位计算的基础。在信息处理方式上,无论是自身处理还是上传至其他处理器处理,其目的都是将数据转换为坐标,完成定位功能。目前比较普遍的分类方法有3种。

1) 依据距离测量可划分为测距算法和非测距算法

其中测距算法是对距离进行直接测量,非测距算法依靠网络连通度实现定位,测距算法的精度一般高于非测距算法,但测距算法对结点本身硬件要求较高,在某些特定场合,如在一个规模较大且锚结点稀疏的网络中,待定位结点无法与足够多的锚结点进行直接通信测距,普通测距方法很难进行定位,此时需要考虑用非测距的方式来估计结点之间的距离,两种算法均有其自身的局限性。

2) 依据结点连通度和拓扑分类可划分为单跳算法和多跳算法

单跳算法较多跳算法来说更加简便易行,但是存在可测量范围过小的问题,多跳算法的应用更广泛,当测量范围较广导致两个结点无法直接通信的情况较多时,需要多跳通信来解决。

3) 依据信息处理的实现方式可划分为分布式算法和集中式算法

以监测和控制为目的算法因为其数据要在数据中心汇总和处理,大多使用集中式算法,其精度较高,但通信量较大。分布式算法是传感器结点在采集周围结点的信息后,在其自身的后台执行定位算法,该方法可以降低网络通信量,但目前结点的能量、计算能力及存储能力有限,复杂的算法难以在实际平台中实现。

普遍认为基于测距和非测距的算法分类更为清晰,以下以其为分类原则介绍主要的 WSN 定位方法。此外,由于目前非测距算法大多为理论研究,且实用性较差,因此,本书将着重介绍基于测距的定位方法。

6.6.3 基于测距的算法

基于测距的算法通常分为两个步骤:首先利用某种测量方法测量距离(或角度),接着利用测得的距离(或角度)计算未知结点坐标。下面分别进行介绍。

1. 距离的测量方法

以下详细说明3种主流的测量方法:第一种是基于时间的方法,包括基于信号传输时间的方法(Time of Arrival,TOA)和基于信号传输时间差的方法(Time Difference of Arrival,TDOA);第二种是基于信号到达角度的方法(Angle of Arrival,AOA);第三种是基于接收信号强度的方法(Received Signal Strength Indicator,RSSI)。下面分别进行介绍。

1) 基于时间的方法

(1) 基于信号传输时间的方法。

TOA 技术通过测量信号的传播时间来计算距离,该技术可分为单程测距和双程测距,单程测距即信号只传输一次,双程测距即信号到达后立即发回。前者需要两个通信结点之间具有严格的时间同步，后者则不需要时间同步，但是本地时钟的误差同样会造成很大的距离偏差。最典型的应用就是 GPS。

优点：测量方法简单且能取得较高的定位精度。

缺点：精确计时难，高精度同步难，易受噪声影响。

(2) 基于信号传输时间差的方法。

TDOA 测距技术广泛应用于无线传感器网络的定位方案中。通常在结点上安装超声波收发器和射频收发器，测距时锚结点同时发送超声波和电磁波，接收结点通过两种信号到达时间差来计算两点之间距离。

优点：在 LOS 情况下能取得较高的定位精度。

缺点：硬件需求较高，传输信号易受环境影响，应用场合单一。

基于时间的定位方法的定位精度虽高，但其测距距离较短，且附加的硬件将增加结点的体积和功耗，不适于实际应用。

2）基于信号到达角度的方法

AOA 测距技术依靠在结点上安装天线阵列来获得角度信息。由于大部分结点的天线都是全向的，无法区分信号来自于哪个方向。因此，该技术需要特殊的硬件设备，如天线阵列或有向天线等来支持。

优点：能够取得不错的精度。

缺点：传感结点最耗能的部分就是通信模块，所以装有天线阵列的结点的耗能、尺寸以及价格都要超过普通的传感结点，与无线传感器网络低成本和低能耗的特性相违背，所以实用性较差。

3）基于接收信号强度的方法

RSSI 是在已知发射功率的前提下，接收结点测量接收功率，计算传播损耗，并使用信号传播模型将损耗转化为距离。

优点：低成本。每个无线传感结点都具有通信模块，获取 RSSI 值十分容易，不需要额外硬件。

缺点：锚结点数量需求多，多路径反射、非视线问题等因素都会影响距离测量的精度。

总体来说，这类方法只需要简单的查表或根据拟合曲线进行计算，其缺点是实验前需要做大量的准备工作，而且一旦环境改变则预先建立的模型将不再适用。

以上几种测距方法各有利弊，以 2009 年发表的基于测距法的文献来看，研究 RSSI 方法的大约占了以上几种方法总数的 52%，TOA 方法占 25%，TDOA 方法占 13%和 AOA 方法占 10%，从实用性的角度来看，基于 RSSI 的定位方法更简便易行，因此，基于 RSSI 测距方法的研究占基于测距算法研究总数的一半以上。

6.6.4　结点坐标计算方法

无线传感器结点定位过程中，当未知结点获得与邻近参考结点之间的距离或相对角度信息后，通常使用以下原理计算自己的位置。

1. 三边测量法

三边测量法是一种基于几何计算的定位方法，如图 6.12 所示，已知 3 个结点 A、B、C 的坐标以及3点到未知结点的距离就可以估算出该未知点 D 的坐标,同理也可以将这个结果推广到三维的情况。

2. 三角测量法

三角测量法也是一种基于几何计算的定位方法,如图6.13所示,已知3个结点 A、B、C 的坐标和未知结点 D 与已知结点 A、B、C 的角度,每次计算两个锚结点和未知结点组成的圆的圆心位置如已知点 A、C 与 D 的圆心位置 O,由此能够确定3个圆心的坐标和半径。最后利用三边测量法,根据求得的圆心坐标就能求出未知结点 D 的位置。

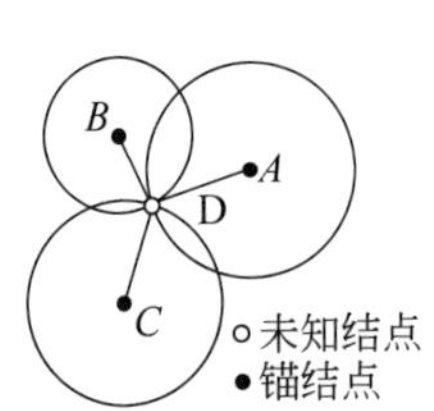

图6.12 三边测量法原理示意图

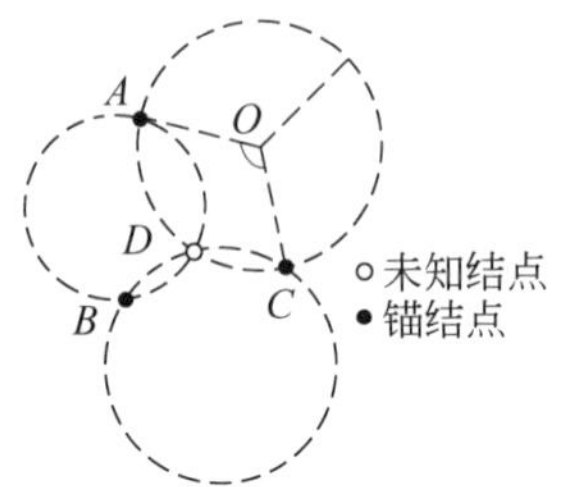

图6.13 三角测量法原理示意图

3. 极大似然估计法

极大似然估计法如图6.14所示,已知 n 个点的坐标和它们到未知结点的距离,列出坐标与距离的 n 个方程式,从第一个方程开始,每个方程均减去最后一个方程,得到 $n-1$ 个方程组成的线性方程组,最后用最小二乘估计法可以得到未知结点的坐标。

4. 极小极大定位算法

极小极大定位算法在无线传感器网络定位中也被广泛使用。如图6.15所示,计算未知结点与锚结点的距离,接着锚结点根据与未知结点的距离 d,以自身为中心,画以 $2d$ 为边长的正方形,所有锚结点做出的正方形中重叠的部分的质心就是未知结点的坐标。针对极小极大定位算法对锚结点密度依赖过高的问题,有学者利用锚结点位置信息提出了分步求精定位算法,该算法在只利用适量的锚结点的情况下可达到较高定位精度。

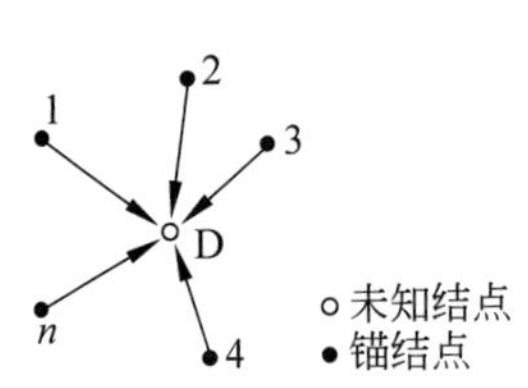

图6.14 极大似然估计法原理示意图

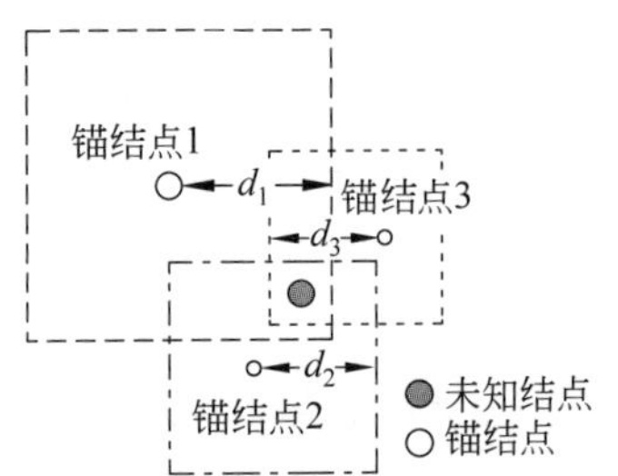

图6.15 极小极大定位算法原理示意图

在12m×19.5m的范围内对上述三角测量法、极大似然估计法和极小极大定位算法的计算量和精度进行了测试。实验表明,极大似然估计法的计算量最大,锚结点小于10个时,极小极大定位算法的计算量最小;在锚结点较少情况下,三角测量法和极小极大定位算法的精确度较高，而当锚结点超过6个时，极大似然估计法精确度更高。因此，在计算坐标时要根据实际情况合理选择坐标计算方法。另外，针对现存的定位算法都是假设信标结点不存在误差，与真实情况不符的情况，如使用信标优化选择定位算法(OBS)，即可通过减小定位过程中的误差传递来提高定位精度。

6.6.5 基于非测距的算法

基于非测距的算法与测距算法的区别在于前者不直接对距离进行测量，而是使用网络的连通度来估计结点距锚结点的距离或坐标，由于方法的不确定性，基于非测距的算法众多。下面举例介绍部分典型非测距定位算法。

Radhika等人提出的Amorphous Positioning算法，使用离线的跳跃距离估测，同DV-Hop算法一样，通过一个相邻结点的信息交换来提高定位的估测值，需要预知网络连通度，当网络连通度为15时，定位精度为20%。

Savvides等人介绍了一种N-Hop Multilateration算法，使用卡尔曼滤波技术循环求精，该算法避免了传感器网络中多跳传输引起的误差积累并提高了精度，结点通信距离为15m，当锚结点密度为20%，测距误差为1cm时，定位误差为3cm。

Capkun等人提出了Self-Positioning Algorithm(SPA)，该算法首先根据通信范围在各个结点建立局部坐标系，通过结点间的信息交换与协调，建立全局坐标系统，网络中的结点可以在与它相隔N跳的结点建立的坐标系中计算自己的位置。

综上可知，非测距算法多为理论研究，其定位精度普遍较低并且与网络的连通度及结点的密集程度密切相关，因此，其适用范围有一定的局限性，在进行无线传感器网络定位技术研究过程中应更多地考虑基于测距的定位算法。

6.6.6 新型WSN定位研究分析

除了传统的定位方法，新型的无线传感器网络定位算法也逐渐出现，如利用移动锚结点来定位未知结点、在三维空间内定位未知结点以及采用智能定位算法来提高定位精度等，下面分别介绍。

1. 基于移动锚结点的定位算法

利用移动锚结点定位可以避免网络中多跳和远距离传输产生的定位误差累计，并且可以减少锚结点的数量，进而降低网络的成本。例如，MBAL(Mobile Beacon Assisted Localization)定位方法，锚结点在移动过程中随时更新自身的坐标，并广播位置信息。未知结点测量与移动结点处于不同位置时的距离，当得到3个或3个以上的位置信息时，就可以利用三边测量法确定自己的位置，进而升级为锚结点。此外，移动锚结点用于定位所有未知结点所移动的路径越长则功耗越大，因此，对移动锚结点的活动路径进行合理规划可以减小功耗。

利用移动锚结点自身的可定位性和可移动性可定位网络局部相关结点，但移动锚结点的路径规划算法和采取的定位机制需要深入考虑。2009年发表的关于WSN定位的文章中，约25%是关于移动结点定位的。

2. 三维定位方法

随着传感器网络的空间定位需求不断提升，三维空间场景下的定位也成为一个新的研究方向。

目前的三维定位算法包括基于划分空间为球壳并取球壳交集定位的思想，提出的对传感器结点进行三维定位的非距离定位算法 APIS(Approximate Point in Sphere)。在此基础上针对目前三维定位算法的不足，提出的基于球面坐标的动态定位机制，该机制将定位问题抽象为多元线性方程组求解问题，最终利用克莱姆法则解决多解、无解问题。建立了 WSN 空间定位模型并结合无线信道对数距离路径衰减模型，为解决不适定型问题提出了 Tikhonov 正则化方法，并结合偏差远离方便地得到了较优的正则化参数，在 3.5m×6m×3m 的区域内定位精度可控制在 2m。

三维定位方法可扩展 WSN 的应用场合，目前三维定位在许多方面还有待完善，如获取更准确的锚结点需要寻求更精确的广播周期和消息生存周期，缩减定位时间需要改进锚结点的选择和过滤机制等。

3. 智能定位算法

随着电子技术的发展和芯片计算能力的提高，传感器网络结点本身的性能也有提升，复杂算法也可以在网络中实现。因此，智能定位算法也纷纷被提出。

对于无线传感器网络的户外三维定位，将锚结点固定在直升机上通过 GPS 实时感知自身位置，采用基于 RSSI 的测距方法，利用粒子滤波定位技术实现定位，该方法不需要任何关于未知结点的先验知识，非常适合应用于户外定位。

虽然智能定位算法已经成为一个新的研究方向，但由于 WSN 网络本身属于低能耗的网络，单个结点的计算能力还比较低，目前智能定位算法不普遍适用于实际的 WSN 定位系统，但随着低功耗技术、微处理器技术、FPGA 技术的发展，智能定位算法将在未来的定位系统中得到广泛的应用。

6.7 传感器网络时间同步技术

由于晶体振荡器频率的差异及诸多物理因素的干扰，无线传感器网络各结点的时钟会出现时间偏差。时钟同步对于无线传感器网络非常重要，如安全协议中的时间戳、数据融合中数据的时间标记、带有睡眠机制的 MAC 层协议等都需要不同程度的时间同步。

1. 时间同步问题简述

时间同步是所有分布式系统都要解决的一个重要问题。在集中式系统中，由于任何进程或模块都可以从系统唯一的全局时钟中获取时间，因此系统内任何两个事件都有着明确的先后关系。在分布式系统中，由于物理上的分散性，系统无法为彼此间相互独立的模块提供一个统一的全局时钟，必须由各个进程或模块各自维护它们的本地时钟。由于这些本地时钟的计时速率、运行环境存在不一致性，因此即使所有的本地时钟在某一时刻都被校准，一段时间后，这些本地时钟间也会出现失步。为了让这些本地时钟再次达到相同的时间值，必须进行时间同步操作。时间同步就是通过对本地时钟的某些操作，达到为分布式系统提供一个统一时间标度的过程。

2. 无线传感器网络时间同步问题特点

时间同步是所有分布式系统都需要解决的问题，因此，对其研究已经较为深入，有代表性的解决方法有 NTP(Network Time Protocol，网络时间协议）和 GPS。

NTP 是目前互联网上时间同步协议的标准，用于把互联网上计算机的时间同步于世界标准时间(Universal Coordinated Time，UTC)。NTP 采用层状结构的同步拓扑，每一层均有若干时间服务器，如顶层时间服务器、第二层时间服务器等，其他均为客户机。顶层时间服务器通过广播、卫星等方式与世界标准时间同步；其他层的时间服务器可选择若干个上一层时间服务器及本层时间服务器作为同步源来实现与世界标准时间的间接同步；客户机则可通过指定一个或多个上一层时间服务器来实现与世界标准时间的同步。可以看出，NTP 的可靠性依赖于时间服务器的冗余性和时间获取路径的多样性。

GPS 的空间部分由若干颗 GPS 工作卫星组成，每颗卫星装置有精密的铷、铯原子钟，并由监控站经常进行校准，达到与世界标准时间同步。每颗卫星不断发射包含其位置和精确到十亿分之一秒的时间的数字无线电信号用于接收设备的时间校准。GPS 接收装置接收到来自于四颗或四颗以上卫星的信号，根据伪距测量定位方法不仅可以计算出其在地球上的位置，而且也可计算出 GPS 接收机时间与世界标准时间之偏差，并进行时间校准，达到与世界标准时间的同步。这种方法的同步精度可达 100ns。

NTP 和 GPS 尽管在技术上已经很成熟，但是无法直接应用于无线传感器网络的时间同步，这是因为无线传感器网络具有其自身的特点，必须考虑以下因素。

1）传输延迟的不确定性

报文传输延迟的不确定性是无线传感器网络时间同步的主要挑战之一。一方面传输延迟比要求的时间同步允许的误差大得多；另一方面它极易受到处理器负载、网络负载等因素的影响。传输延迟的不确定性严重影响了同步精度，需要对传输延迟仔细地测量、分析和补偿才能设计出高精度的时间同步协议。

2）对低功耗、低成本与小体积的要求

无线传感器网络强调低功耗，在设计时间同步软硬件时必须遵循该原则。例如，对用于时间同步的硬件来说，类似于 GPS 接收机这样的高耗能、高成本设备是不合适的。

3）对可扩展性的要求

无线传感器网络时间同步协议会随着网络规模的扩大而出现同步精度劣化现象，即同步误差随着网络规模的扩大而增长，并最终导致同步误差越界。网络规模的扩大还会引起时间同步协议其他方面性能的下降，甚至不能正常工作。

4）对健壮性的要求

在互联网环境下，尽管 NTP 有时会遇到短暂的链路失败，但仍然能正常工作。这是因为 NTP 被手动配置了多个时间服务器，因此具有较强的健壮性。在无线传感器网络中，结点的移动、故障及外界环境的变化等多种因素都会导致无线传感器网络的高度动态性。静态配置方案并不能应对网络的高度动态性。时间同步协议必须能够对这些情况进行处理，以保证系统的健壮性。

3. 典型无线传感器网络时间同步算法

无线传感器网络时间同步算法较多，以下仅举出3种典型算法。

1）用于传感器网络的时间同步协议（Timing-sync Protocol for Sensor Networks，TPSN）

最易于想到的同步方法：发送者在同步报文中嵌入其本地时间，在接收到该报文后，接收者立即把自己的本地时间设置为嵌在该报文中的时间。但这种方法没有考虑报文的传输延迟。延迟测量时间同步协议（Delay Measurement Time Synchronization，DMTS）在此方法的基础上，进一步考虑了报文的传输延迟，接收者测量报文的传输延迟，并将本地时间设置为发送时刻加上报文传输延迟。延迟测量时间同步协议简单，但同步精度不高。

用于传感器网络的时间同步协议将NTP时间同步方法引入无线传感器网络，可以获得比使用延迟测量时间同步协议更高的精度，但是其计算较为复杂，功耗较大，并且同步精度受到报文的传输延迟的影响。如果报文的双向传输不对称，同步精度也会受到影响。

2）轻量基于树状分布的同步算法（Lightweight Tree-based Synchronization，LTS）

LTS同步算法是一种与TPSN非常类似的算法。无线传感器网络通常只具有非常有限的计算资源，但是其并不要求非常高的时间同步精度。针对无线传感器网络的这一特点，LTS侧重于降低时间同步的复杂度，在有限的计算代价下获得合理的同步精度。

LTS有集中式和分布式两个版本。在集中式版本中，首先以时间参考结点为根来建立生成树，然后从树根开始逐级向叶子结点进行同步。首先根结点同步其子结点，然后这些子结点再分别同步其子结点，如此继续下去，直到全部结点都被同步。另外，为了达到最高的同步精度，要求生成树的深度尽可能小。

在分布式版本中，任何结点都可以发起同步过程，不需要建立生成树，但是每个结点都必须知道参考结点的位置，并且知道其到这些结点的路径。结点根据自己的时钟漂移确定需要同步的时间，需要同步时，结点选择距离自己最近的一个参考结点，并向其发出同步请求，然后参考结点向该结点的路径上的结点逐个进行同步，直到该结点被同步。

LTS算法与TPSN的区别在于，LTS算法中结点只与自己的父结点进行同步，其同步次数是路径长度的线性函数，同时精度也随路径的长度线性降低，即在降低计算代价的同时降低了同步精度。

3）参考广播时钟同步协议（Reference Broadcast Synchronization，RBS）

与用于传感器网络的时间同步协议不同，参考广播时钟同步协议不是去同步报文的收发双方，而是去同步报文的多个接收者。如图6.16所示，在由3个结点组成的单跳网络中，参考结点每发出一个参考报文，其广播域内的其他接收者结点都将接收到该报文，并各自记录下接收到该参考报文时的本地时刻。接收者们交换它们记录的时刻并计算差值，该差值就是接收者之间的时钟偏移。

根据偏移信息可以实现发送者和接收者时钟同步，若能精确地估计出报文传输延迟，这种方法将能够取得很高的精度。然而仅根据单个报文的传输很难准确地估计出传输延迟。图6.16(a)为发送者-接收者同步机制。可以看出，发送者-接收者同步机制的同步关键路径为从发送方到接收方。关键路径过长，导致传输延迟不确定性的增加，因此同步精度不可能很高。图6.16(b)则是接收者-接收者同步机制，其关键路径大为缩短，完全排除了发送时间和访问时间的影响。

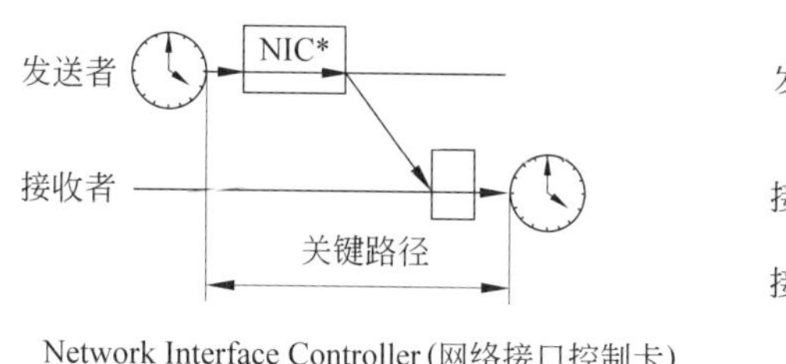

(a) 发送者—接收者同步机制

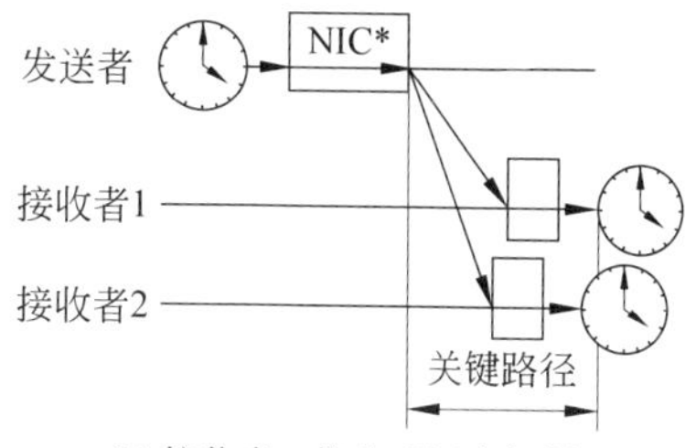

(b) 接收者—接收者同步机制

图 6.16　发送者-接收者同步机制与接收者-接收者同步机制

不同于其他网络，在无线传感器网络中，时间同步不仅要关注同步精度，还要关注同步能耗、可扩展性和健壮性需求。典型的时间同步协议侧重于同步精度和同步能耗的需求，采用时钟漂移补偿、介质访问控制（MAC）层时间戳技术以及双向报文交换来提高同步精度，充分利用无线传输的广播特性和捎带技术来降低同步能耗。

6.8　未来的物联网网络定位和发现技术

在未来的物联网中，不但网络是动态变化、持续演变的，物联网中的各种物品也将是随时变化的，而且这些物品将会在不同程度上呈现出各种级别的自主能力。在物联网的环境中，新的"物品"将会不断被纳入到现有的网络拓扑结构中来，网络也将持续地向四周拓展其疆界。在这种情况下，为了实现至关重要的网络管理能力和必需的整体通信管理能力，物联网要求其中的各种网络需要具备自主的网络发现机制与网络映射功能。

通过这些机制与功能，物联网中的网络管理能力将得以不断扩展。通过这些机制与功能，物联网将得以准确、高效地为其网络中的各种设备自主分配所属规则以及自动指定所应扮演的角色。

同时通过这些机制，物联网将能够根据预先设定的基于各种职能匹配的模板和属性，自动地进行部署，自动地在各种状态（主动或是被动）间进行切换，自动地根据特定的规则和属性自己打开效率监控系统，自动地激活、停止、管理或者规划发现流程。

最后，物联网也将可以通过上面这些机制与功能，自主地对任何规则和角色进行调整和改变，实时地进行配置情况监控，以及在任何需要的时间点上自主地创建所需配置文件。

这样，设备之间的交互行为将会摆脱"需要对地址和服务终端进行预先定义或者硬编码"这一限制，所有的连接行为都可以在运行时进行动态配置与执行。这将让所有物联网中的设备和物品，特别是那些具有潜在移动性的设备和物品，可以随时动态地形成互相协作的团体和组织，以适应不断变化的环境。就像今天那些在局域网层级上的发现协议（如WS-Discovery（作为 WS-DD 的一部分），Bonjour 以及 SSDP（作为 UPnP 的一部分））所展示的一样，未来的物联网必将能够实现最大限度帮助物品以及人类进行无限的动态交互行为这一目标。

需要指出的是，就在现在，被动的和动态的发现机制已经不是天方夜谭，而且已经在很多场景下得到应用。所以，随着技术的发展，人们完全有信心实现上述主动的以及被动的实时动态网络数据发现机制与规则。

同时还需要指出的是，上述这些发现服务还必须基于身份验证和授权机制来进行部署，以满足物联网的各种隐私性和安全性需求。

6.9 应用案例：矿用射频识别人员定位系统

KJ133D 型矿用人员定位安全管理系统(见图 6.17)的工作原理是应用射频识别技术及计算机通信技术，在井上调度室设置中心控制计算机系统，在井下相关位置布置 KJF82 型矿用读卡分站及 KJF82.1 矿用无线收发器，读卡分站和中心控制计算机系统之间通过光缆或电缆相连接，矿山井下人员、车辆、设备等目标分别携带 KGE39 标识卡，系统通过读卡分站、无线收发器与标识卡、报警仪之间的无线通信，实现对被识别对象的目标定位和无线寻呼。

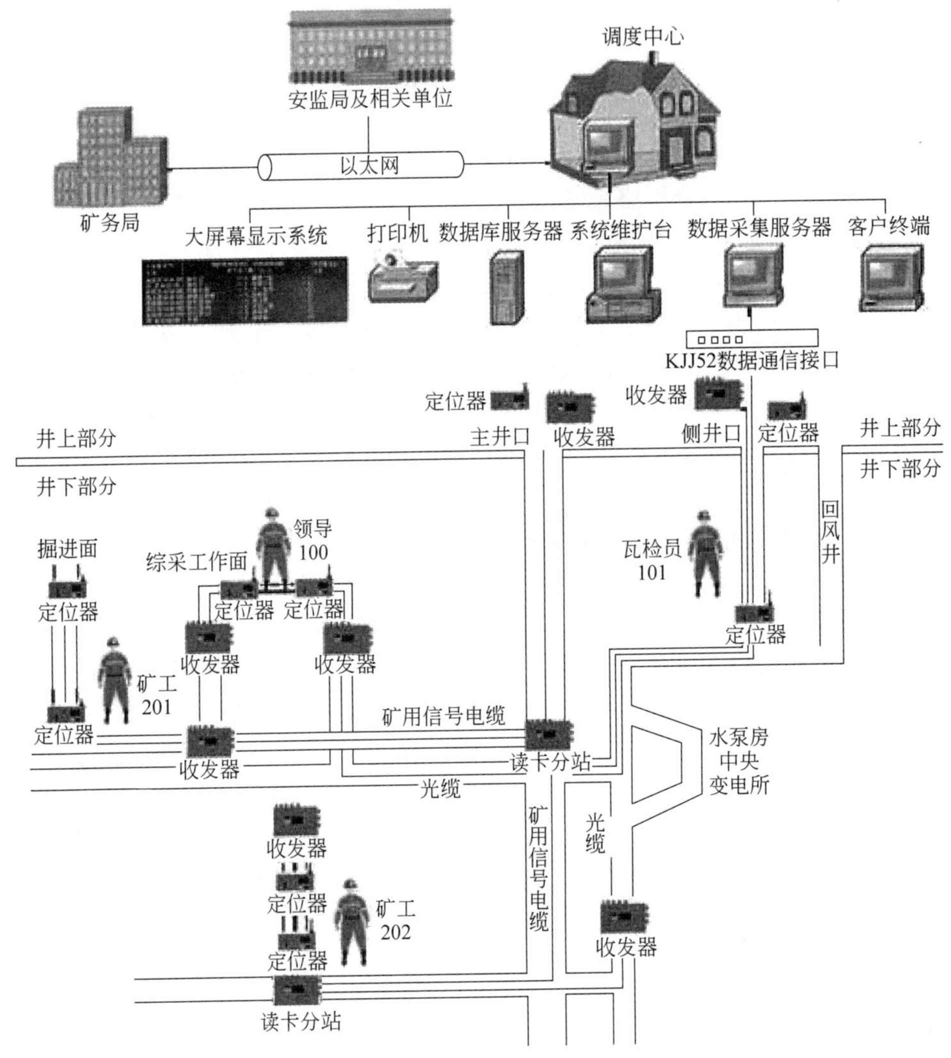

图 6.17 矿用人员定位安全管理系统

矿用人员定位安全管理系统通过读卡分站及无线收发器连接泄露电缆，以线性分布的射频信号实现巷道长距离信号连续覆盖，并可在重点及关键区域设置定位器，实现精确定位，定位精度可达±10m，井下工作人员可携带JCB4便携式甲烷检测报警仪，实时获取井下周边环境瓦斯含量数据。

系统拥有两套不同频段的系统，重在实现实时准确的考勤管理及井下区域定位的管理需求。产品更可实现信号长距离连续覆盖、精确定位及双向无线寻呼。系统采用射频识别技术并且具有以下特点。

(1) 全员实时精确定位：矿用人员定位安全管理系统能够实时显示所有人员在当前时刻的准确位置。采用独有的小区定位专利技术，定位精度可达±10m以内，兼有大范围和高精度的特点。

(2) 无线移动瓦斯监测：能够实时显示井下人员周边瓦斯浓度。

(3) 双向无线寻呼：系统可以向目标发出呼叫信息，如一般呼叫、紧急呼叫、撤离呼叫等信息；可以呼叫一个特定目标，也可以呼叫多个目标(群呼)；紧急情况下，井下人员还可以通过射频卡向系统发出呼救信号，从而得到其他人员的及时救助。

(4) 高速运动目标识别及抗冲突能力：在煤矿井下通过对200张同时以60km/h运动的射频卡的识别测试，无漏卡。成功实现对井下车辆的实时跟踪定位管理。表6.1给出该系统的相关参数。

表6.1　矿用人员定位安全管理系统技术参数

系统功能特点	
433MHz系统适应井下精确定位全程覆盖方案，以线性分布的方式实现长距离信号连续覆盖，并实现精确定位，最小精度达±10m	2.4GHz系统适应井下路径控制方案，以点信号覆盖对矿工行走通道进行实时跟踪，并实现井下区域定位
中心控制计算机系统与读卡分站	
读卡分站容量：1台数据通信接口可以连接32台读卡分站 1台分站可分4路连接8个无线收发器 传输距离：不小于10km，采用光缆时可达100km以上 传输速率：4800b/s 传输误码率：小于10^{-8} 巡检周期：小于30s 支持光缆/电缆混合网络	读卡分站容量：1台数据通信接口可以连接32台读卡分站 1台分站可分4路连接8个无线收发器 传输距离：不小于10km，采用光缆时可达100km以上 传输速率：4800b/s 传输误码率：小于10^{-8} 巡检周期：小于30s 支持光缆/电缆混合网络
读卡分站与射频卡	
识别距离：单台分站有效识别范围达4km以上(为连接矿用本安型无线收发器时的实际有效识别距离，不受任何地形条件限制) 识别数量：1台KJF82A型矿用本安型读卡分站可同时识别射频卡数量≥300个 工作频率：433MHz	识别数量：1台KJF82B型矿用本安型读卡分站可同时识别射频卡数量≥300个 工作频率：2.4GHz

习题与思考题

(1) 定位问题的含义是什么?

(2) 简述GPS的基本原理。

(3) GPS由哪几部分组成? 它们的作用与相互关系怎样?

(4) 简述AGPS定位基本机制与AGPS定位基本流程。

(5) 什么是GSM蜂窝基站定位?

(6) 简要概述传感器网络WSN定位技术的基本概念。

(7) 简要地叙述主要的WSN定位方法。

(8) 试分析室内无线定位技术在各领域里的应用。

(9) 基于距离的定位方法分为基于TOA定位、基于TDOA的定位、基于AOA的定位和基于RSS的定位等,比较这4种方法的优缺点。

(10) 如何评价一种传感器网络定位系统的性能?

(11) 无线传感网为什么要使用时间同步机制? 时间同步机制的主要性能参数包括哪些?

(12) 传感器网络常见的时间同步机制有哪些?

第 7 章　软件、服务和算法技术

7.1　环境感知型中间件

7.1.1　中间件概述

中间件(Middleware)是一类连接软件组件和应用的计算机软件，它包括一组服务，以便于运行在一台或多台机器上的多个软件通过网络进行交互。该技术所提供的互操作性，推动了一致分布式体系架构的演进。该架构通常用于支持分布式应用程序并简化其复杂度，它包括Web服务器、事务监控器和消息队列软件。

中间件在操作系统、网络和数据库之上，应用软件的下层(见图7.1)。简单地讲，中间件是一种独立的系统软件或服务程序，分布式应用软件借助这种软件在不同的技术之间共享资源，中间件位于客户机/服务器的操作系统之上，管理计算资源和网络通信。

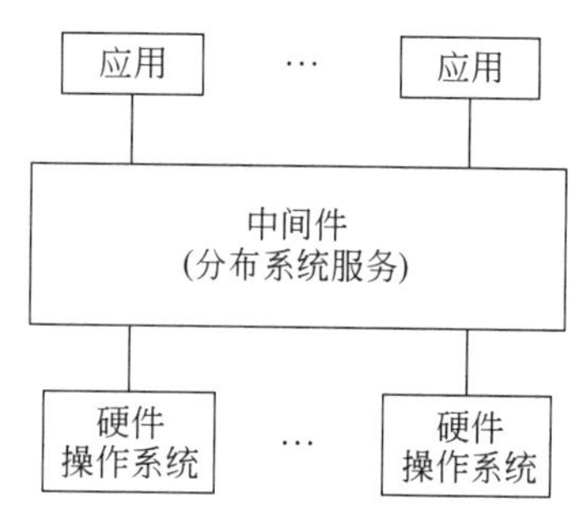

图 7.1　中间件

从表7.1中可以清楚地看出，中间件的产生与迅速发展的原因，由于网络环境的日益复杂，为了支持不同的交互模式，产生了适应不同应用系统的中间件。

表 7.1　操作系统、数据库管理系统、中间件的类比

项　目	操 作 系 统	数据库管理系统	中　间　件
产生动因	硬件过于复杂	数据操作过于复杂	网络环境过于复杂
主要作用	管理各种资源	组织各类数据	支持不同的交互模式
主要理论基础	各种调度算法	各种数据模型	各种协议、接口定义方式
产品形态	不同的操作系统功能类似	不同的数据库管理系统功能类似，但类型比操作系统多	存在大量不同种类中间件产品，它们的功能差别较大

中间件的核心作用是通过管理计算资源和网络通信，为各类分布式应用软件共享资源提供支撑。广义地看，中间件的总体作用是为处于自己上层的应用软件提供运行与开发的环境，帮助用户灵活、高效地开发和集成复杂的应用软件。

7.1.2 中间件的体系框架与核心模块

在物联网中采用中间件技术,以实现多个系统和多种技术之间的资源共享,最终组成一个资源丰富、功能强大的服务系统。中间件的体系框架与核心模块如图7.2所示。

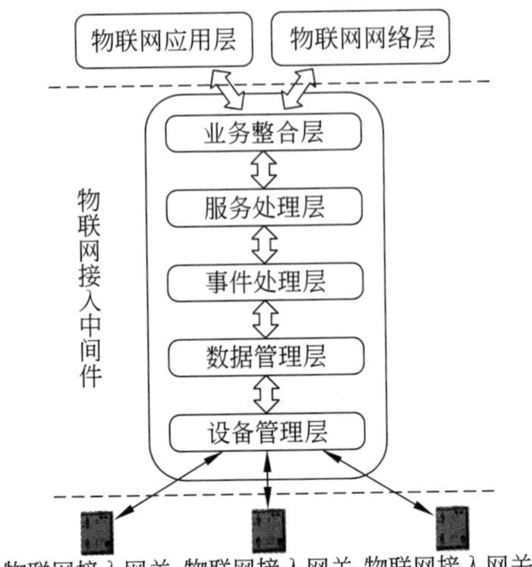

图7.2 中间件的体系框架与核心模块

7.1.3 中间件的分类

在网络环境下的中间件大致可分为八类。

(1) 企业服务总线(Enterprise Service Bus,ESB)。ESB是一种开放的、基于标准的分布式同步或异步信息传递中间件。通过XML、Web服务接口以及标准化基于规则的路由选择文档等支持,ESB为企业应用程序提供安全互用性。

(2) 事务处理(Transaction Processing,TP)监控器。为发生在对象间的事务处理提供监控功能,以确保操作成功实现。

(3) 分布式计算环境(Distributed Computing Environment,DCE)。指创建运行在不同平台上的分布式应用程序所需的一组技术服务。

(4) 远程过程调用(Remote Procedure Call,RPC)。指客户机向服务器发送关于运行某程序的请求时所需的标准。

(5) 对象请求代理(Object Request Broker,ORB)。为用户提供与其他分布式网络环境中对象通信的接口。

(6) 数据库访问中间件(Database Access Middleware)。支持用户访问各种操作系统或应用程序中的数据库。SQL是该类中间件的一种。

(7) 信息传递(Message Passing)。电子邮件系统是该类中间件的其中一种。

(8) 基于XML的中间件(XML-Based Middleware)。XML允许开发人员为实现在Internet中交换结构化信息而创建文档。

7.1.4　物联网中间件的设计

目前，物联网中间件最主要的代表是 RFID 中间件，其他的还有嵌入式中间件、数字电视中间件、通用中间件、M2M 物联网中间件等。下面重点介绍 RFID 中间件。

RFID 中间件扮演 RFID 标签与应用程序之间的中介角色，从应用程序端使用中间件所提供一组通用的应用程序接口（API），能连到 RFID 读写器，读取 RFID 标签数据。这样一来，即使存储 RFID 标签数据的数据库软件或后端应用程序增加或改由其他软件取代，或者读写 RFID 读写器种类增加等情况发生时，应用端不需修改也能处理，省去多对多连接的维护复杂性问题。

要实现每个小的应用环境或系统的标准化以及它们之间的通信，必须设置一个通用的平台和接口，也就是中间件。以 RFID 为例，图 7.3 描述了中间件在系统中的位置和作用。

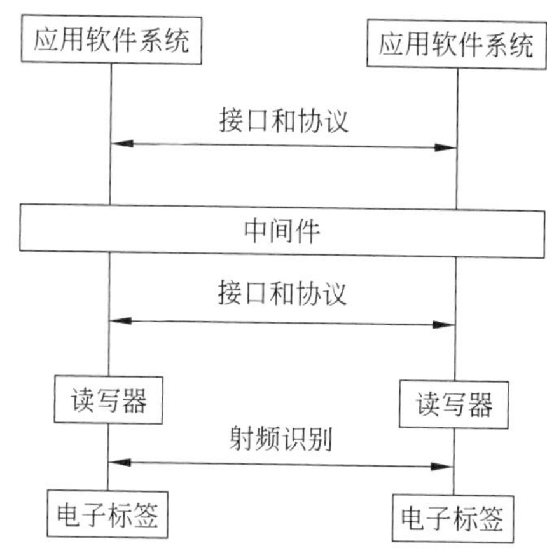

图 7.3　RFID 中间件在系统中的位置和作用

7.2　嵌入式软件

嵌入式软件就是嵌入在硬件中的操作系统和开发工具软件，它在产业中的关联关系体现为芯片设计制造→嵌入式系统软件→嵌入式电子设备开发、制造。

7.2.1　嵌入式系统

1. 嵌入式系统的定义

嵌入式系统是指用于执行独立功能的专用计算机系统。它由微处理器、定时器、微控制器、存储器、传感器等一系列微电子芯片与器件，以及嵌入在存储器中的微型操作系统、控制应用软件组成，共同实现诸如实时控制、监视、管理、移动计算、数据处理等各种自动化处理任务。

嵌入式系统以应用为中心，以微电子技术、控制技术、计算机技术和通信技术为基础，强调硬件软件的协同性与整合性，软件与硬件可剪裁，以满足系统对功能、成本、体积和功耗等要求。

最简单的嵌入式系统仅有执行单一功能的控制能力，在唯一的 ROM 中仅有实现单一功能的控制程序，无微型操作系统。复杂的嵌入式系统，例如个人数字助理（PDA）、手持计算机（HPC）等，具有与 PC 几乎一样的功能。实质上与 PC 的区别仅仅是将微型操作系统与应用软件嵌入在 ROM、RAM 和/或 Flash 存储器中，而不是存储于磁盘等载体中。很多复杂的嵌入式系统又是由若干个小型嵌入式系统组成的。

2. 嵌入式操作系统

目前流行的嵌入式操作系统可以分为两类。

一类是从运行在个人计算机上的操作系统向下移植到嵌入式系统中，形成的嵌入式操作系统，如微软公司的 Windows CE 及其新版本，朗讯科技公司的 Inferno，嵌入式 Linux 等。这类系统经过个人计算机或高性能计算机等产品的长期运行考验，技术日趋成熟，其相关的标准和软件开发方式已被用户普遍接受，同时积累了丰富的开发工具和应用软件资源。

另一类是实时操作系统，如 WindRiver 公司的 VxWorks，ISI 的 pSOS，QNX 系统软件公司的 QNX，ATI 的 Nucleus，中国科学院凯思集团的 Hopen 嵌入式操作系统等，这类产品在操作系统的结构和实现上都针对所面向的应用领域，对实时性、高可靠性等进行了精巧的设计，而且提供了独立而完备的系统开发和测试工具，较多地应用在军用产品和工业控制等领域中。

Linux 是 20 世纪 90 年代以来逐渐成熟的一个开放源代码的操作系统。PC 上的 Linux 版本在全球数以百万计爱好者的合力开发下，得到了非常迅速的发展。20 世纪 90 年代末 UCLinux、RTLinux 等相继推出，在嵌入式领域得到了广泛的关注，它拥有大批的程序员和现成的应用程序，是研究开发工作的宝贵资源。

7.2.2 嵌入式软件的应用

1. 概述

嵌入式软件与嵌入式系统是密不可分的，嵌入式系统是“控制、监视或者辅助设备、机器和车间运行的装置”，就是以应用为中心，以计算机技术为基础，并且软硬件可裁剪，适用于应用系统对功能、可靠性、成本、体积、功耗有严格要求的专用计算机系统。它一般由嵌入式微处理器、外围硬件设备、嵌入式操作系统以及用户的应用程序 4 个部分组成，用于实现对其他设备的控制、监视或管理等功能。

嵌入式软件就是基于嵌入式系统设计的软件，它也是计算机软件的一种，同样由程序及其文档组成，可细分成系统软件、支撑软件、应用软件三类，是嵌入式系统的重要组成部分。

2. 应用

嵌入式软件广泛应用于国防、工控、家用、商用、办公、医疗等领域，如常见的移动电话、掌上计算机、数码相机、机顶盒、MP3 等都是用嵌入式软件技术对传统产品进行智能化改造的结果。

嵌入式软件在中国的定位主要集中在国防工业和工业控制、消费电子及通信产业。

第一个市场是数字电视市场。截至 2018 年 6 月底，我国有线数字电视用户达到 2.34 亿户。

第二个市场是移动通信市场。2018 年，中国手机市场规模为 13 亿部。

第三个市场是平板电脑(PDA)。计算机正在向微型化和专业化方向发展。目前，市场调查机构 TrendForce 公布 2018—2019 年全球平板电脑出货量数据情况，2018 年中国平板电脑市场出货量约 2212 万台。

7.2.3　嵌入式软件的分类

1. 嵌入式操作系统

嵌入式操作系统(Embedded Operating System,EOS)是一种用途广泛的系统软件,负责嵌入系统的全部软硬件资源的分配、调度工作,控制、协调并发活动,它必须体现其所在系统的特征,能够通过装卸某些模块来达到系统所要求的功能。

过去它主要应用于工业控制和国防系统领域。从 20 世纪 80 年代起,商业化的嵌入式操作系统开始得到蓬勃发展。现在国际上有名的嵌入式操作系统有 Windows CE、Palm OS、Linux、VxWorks、pSOS、QNX、OS-9、LynxOS 等,已进入我国市场的国外产品有 WindRiver、Microsoft、QNX 和 Nuclear 等。我国嵌入式操作系统的起步较晚,国内此类产品主要是基于自主版权的 Linux 操作系统,其中以中软 Linux、红旗 Linux、东方 Linux 为代表。

2. 嵌入式支撑软件

支撑软件是用于帮助和支持软件开发的软件,通常包括数据库和开发工具,其中以数据库最为重要。嵌入式数据库技术已得到广泛应用,随着移动通信技术的进步,人们对移动数据处理提出了更高的要求,嵌入式数据库技术已经得到了学术、工业、军事、民用部门等各方面的重视。

嵌入式移动数据库或简称为移动数据库(EMDBS),是支持移动计算或某种特定计算模式的数据库管理系统,数据库系统与操作系统、具体应用集成在一起,运行在各种智能型嵌入设备或移动设备上。其中,嵌入在移动设备上的数据库系统由于涉及数据库技术、分布式计算技术,以及移动通信技术等多个学科领域,目前已经成为一个十分活跃的研究和应用领域。国际上主要的嵌入式移动数据库系统有 Sybase、Oracle 等。我国嵌入式移动数据库系统以东软集团研究开发出的嵌入式数据库系统 OpenBASE Mini 为代表。

3. 嵌入式应用软件

嵌入式应用软件是针对特定应用领域,基于某一固定的硬件平台,用来达到用户预期目标的计算机软件。由于用户任务可能有时间和精度上的要求,因此,有些嵌入式应用软件需要特定嵌入式操作系统的支持。

嵌入式应用软件与普通应用软件有一定的区别,它不仅要求其准确性、安全性和稳定性等方面能够满足实际应用的需要,而且还要尽可能地进行优化,以减少对系统资源的消耗,降低硬件成本。目前我国市场上已经出现了各式各样的嵌入式应用软件,包括浏览器、E-mail 软件、文字处理软件、通信软件、多媒体软件、个人信息处理软件、智能人机交互软件、各种行业应用软件等。嵌入式系统中的应用软件是最活跃的力量,每种应用软件均有特定的应用背景,尽管规模较少,但专业性较强,所以嵌入式应用软件不像操作系统和支撑软件那样受制于国外产品垄断,是我国嵌入式软件的优势领域。

7.2.4　嵌入式软件发展趋势

嵌入式系统被描述为“以应用为中心、软件硬件可裁剪、适应应用系统对功能、可靠性、成本、体积、功耗等严格综合性要求的专用计算机系统”,由嵌入式硬件和嵌入式软件两部分组成。硬件是支撑,软件是灵魂,几乎所有的嵌入式产品中都需要嵌入式软件来提供灵活多样而且应用特制的功能。由于嵌入式系统应用广泛,嵌入式软件在整个软件产业中占据了重要地位,并受到世界各国的广泛关注。

目前的因特网技术只连接了5%左右的计算装置,大量的嵌入式设备急需网络连接来提升其服务能力和应用价值。同时,以人为中心的普适计算技术正推动新一轮的信息技术的革命。计算无所不在,嵌入式设备将以各种形态分布在人类的生存环境中,提供更加人性化、自然化的服务。互联网的“深度”联网和普适计算“纵向”普及所带来的计算挑战,将推动嵌入式软件技术向“纵深”发展,催生了新型嵌入式软件技术。

7.3 微型操作系统

7.3.1 传感器结点微型操作系统

1. 结点操作系统的发展

操作系统是传感器结点软件系统的核心,为适应传感器网络的特殊环境,结点操作系统与其他使用在计算机或服务器上的操作系统有极大的区别。为方便说明,请参考图7.4。

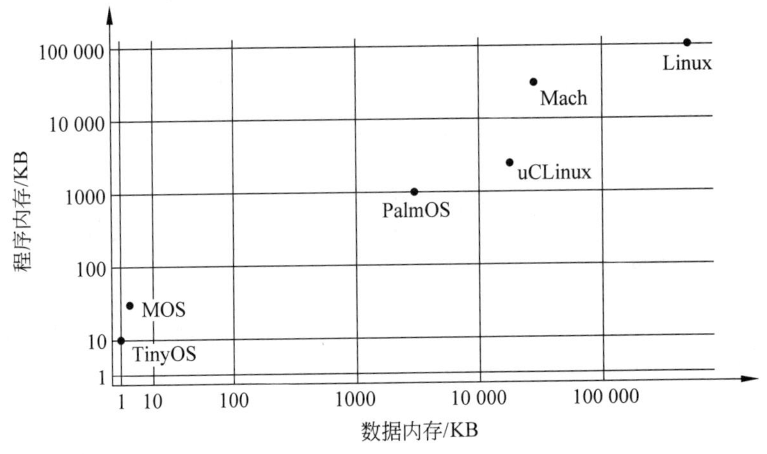

图7.4 结点操作系统VS其他操作系统

由图7.4可清楚地看出,结点操作系统是极其微型化的。结点操作系统近年来取得快速发展,主要发展过程如图7.5所示。

2. TinyOS

TinyOS由加州大学伯克利分校开发,是目前无线传感网络研究领域使用最为广泛的结点操作系统(http://www.tinyos.net)。TinyOS使用的开发语言是nesC。

nesC语言是专门为资源极其受限、硬件平台多样化的传感结点设计的开发语言,使用nesC编写的应用程序是基于组件的,组件之间的交互必须通过使用接口实现。

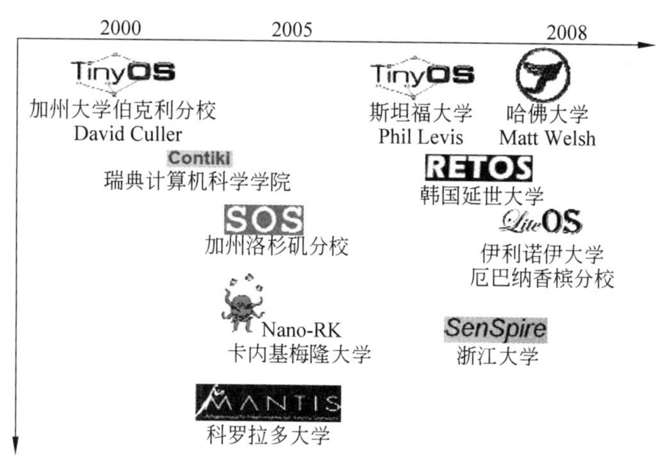

图 7.5　结点操作系统发展史

TinyOS 与其他常用微型 OS 对比情况如表 7.2 所示。

表 7.2　常用微型结点操作系统对比

比较项目	TinyOS	Contiki	SOS	Mantis	Nano-RK	RETOS	LiteOS
发表会议（年份）	ASPLOS (2000)	EmNets (2004)	MobiSys (2005)	MONET (2005)	RTSS (2005)	IPSN (2007)	IPSN (2008)
静态/动态	静态	动态	动态	动态	静态	动态	动态
事件驱动/多线程	事件驱动 & 多线程 TOSThreads	事件驱动 & 多线程	事件驱动	多线程 & 事件驱动 TinyMOS	多线程	多线程	多线程
单核/模块化	单核	模块化	模块化	模块化	单核	模块化	模块化
网络层	主动消息	uIP、uIPv6、Rime	消息	comm 层	套接字	三层架构	
实进支持	否	否	否	否	是	符合 POSLX 1003.1b	否
语言支持	nesC	C	C	C	C	C	LiteC++

7.3.2　其他常见微型操作系统

1. WinPE

Windows 预先安装环境（Microsoft Windows Preinstallation Environment，Windows PE 或 WinPE）是简化版的 Windows XP、Windows Server 2003 或 Windows Vista。WinPE 是以光盘或其他可携设备作为媒介。

WinPE 基于在保护模式下运行的 Windows XP 个人版内核，是一个只拥有较少（但是非常核心）服务的 Win32 子系统。这些服务为 Windows 安装、实现网络共享、自动底层处理进程和实现硬件验证。这个预安装环境支持所有能用 Windows 2000 和 Windows XP 驱动的大容量存储设备，可以很容易地为新设备添加驱动程序。

2. MenuetOS

MenuetOS 是英国软件工程师 Ville Mikael Turjanmaa 开发的,完全由 x86 汇编语言于 2000 年写成的一款开放源码的 32 位操作系统。最新的版本可以从其官方网站下载。全部使用汇编语言,官方网站: http://www.menuetos.org/。

3. SkyOS

SkyOS 拥有现代操作系统要求的多处理器支持、虚拟内存、多任务多线程等功能,更令人耳目一新的是它漂亮的 GUI 系统 SkyGI。首个 SkyOS 系统于 1997 年底发布。它的两名主要开发者 Robert Szeleney 和 Kelly Rush 分别生于 1980 年和 1981 年。SkyOS 操作系统并不开放源代码,收费并且用户不可以自由地获取(3.0 以前的版本是免费的),需要支付 30 美元才能在它的网站获得。官方网站: http://skyos.org/。

4. ReactOS

ReactOS 项目致力于为大家开发一款免费而且完全兼容 Microsoft Windows XP 的操作系统。ReactOS 旨在通过使用类似构架和提供完整公共接口实现与 Windows NT 以及 Windows XP 操作系统二进制下的应用程序和驱动设备的完全兼容。

简单地说,ReactOS 目标就是用您的硬件设备去运行您的应用程序。最后,诞生一个任何人都可以免费使用的 FOSS 操作系统。官方网站: http://www.reactos.org/。

5. TriangleOS

TriangleOS 是荷兰人 Wim Cools 用 C 和汇编语言写出来的 32 位操作系统。在其官方网站有最新的 TriangleOS 下载,官方网站: http://members.chello.nl/w.cools/。

6. Visopsys

Visopsys 由加拿大人 Andrew McLaughlin 开发,有独特的 GUI,开放源码。最新的 Visopsys 可以从其官方网站下载,官方网站: http://www.visopsys.org/。

7. Storm OS

Storm OS 是由立陶宛的 Thunder 于 2002 年开始开发的,有简单的 GUI,装在一张软盘上。最新版可以从官方网站下载,官方网站: http://www.stormos.net/。

8. 实验室中的操作系统

这些系统多由高校中的实验室开发,做实验研究之用,如德国的 DROPS 等,不再一一详举。官方网站: http://os.inf.tu-dresden.de/drops/。

7.4 面向服务架构

面向服务的体系结构(Service-Oriented Architecture,SOA)是一个组件模型,它将应用程序的不同功能单元(称为服务)通过这些服务之间定义良好的接口和契约联系起来。接口是采用中立的方式进行定义的，它应该独立于实现服务的硬件平台、操作系统和编程语言。这使得构建在各种这样的系统中的服务可以以一种统一和通用的方式进行交互。

7.4.1　面向服务架构简介

在 SOA 架构风格中，服务是最核心的抽象手段，业务被划分(组件化)为一系列粗粒度的业务服务和业务流程。业务服务相对独立、自包含、可重用，由一个或者多个分布的系统所实现，而业务流程由服务组装而成。

一个"服务"定义了一个与业务功能或业务数据相关的接口，以及约束这个接口的契约，如服务质量要求、业务规则、安全性要求、法律法规的遵循、关键业绩指标(Key Performance Indicator，KPI)等。接口和契约采用中立、基于标准的方式进行定义，它独立于实现服务的硬件平台、操作系统和编程语言。这使得构建在不同系统中的服务可以以一种统一的和通用的方式进行交互、相互理解。除了这种不依赖于特定技术的中立特性，通过服务注册库(Service Registry)加上企业服务总线(Enterprise Service Bus)来支持动态查询、定位、路由和中介(Mediation)的能力，使得服务之间的交互是动态的，位置是透明的。

技术和位置的透明性，使得服务的请求者和提供者之间高度解耦。这种松耦合系统的好处有两点：一是它适应变化的灵活性；二是当某个服务的内部结构和实现逐渐发生改变时，不影响其他服务。紧耦合则是指应用程序的不同组件之间的接口与其功能和结构是紧密相连的，因而当发生变化时，某一部分的调整会随着各种紧耦合的关系引起其他部分甚至整个应用程序的更改，这样的系统架构就很脆弱了。

SOA 架构带来的另一个重要观点是业务驱动 IT，即 IT 和业务更加紧密地对齐。以粗粒度的业务服务为基础来对业务建模，会产生更加简洁的业务和系统视图；以服务为基础来实现的 IT 系统更灵活、更易于重用、更好(也更快)地应对变化；以服务为基础，显式地定义、描述、实现和管理业务层次的粗粒度服务(包括业务流程)，提供了业务模型和相关 IT 实现之间更好的"可追溯性"，减小了它们之间的差距，使得业务的变化更容易传递到 IT。

因此，可以将 SOA 的主要优点概括为：IT 能够更好更快地提供业务价值(Business Centric)、快速应变能力(Flexibility)、重用(Reusability)。

7.4.2　面向服务架构的特征

一般认为 SOA 具有以下 5 个特征。

(1) 可重用：一个服务创建后能用于多个应用和业务流程。

(2) 松耦合：服务请求者到服务提供者的绑定与服务之间应该是松耦合的。因此，服务请求者不需要知道服务提供者实现的技术细节，例如程序语言、底层平台等。

(3) 明确定义的接口：服务交互必须是明确定义的。Web 服务描述语言(Web Services Description Language，WSDL)是用于描述服务请求者所要求的绑定到服务提供者的细节。WSDL 不包括服务实现的任何技术细节。服务请求者不知道也不关心服务究竟是由哪种程序设计语言编写的。

(4) 无状态的服务设计：服务应该是独立的、自包含的请求，在实现时它不需要获取从一个请求到另一个请求的信息或状态。服务不应该依赖于其他服务的上下文和状态。当产生依赖时,它们可以定义成通用业务流程、函数和数据模型。

(5) 基于开放标准:当前SOA的实现形式是Web服务,基于的是公开的W3C及其他公认标准。采用第一代Web服务定义的SOAP、WSDL和UDDI以及第二代Web服务定义的WS-*来实现SOA。

7.4.3 面向服务架构的元素

面向服务的体系结构中的角色包括服务使用者、服务提供者和服务注册中心,如图7.6所示。

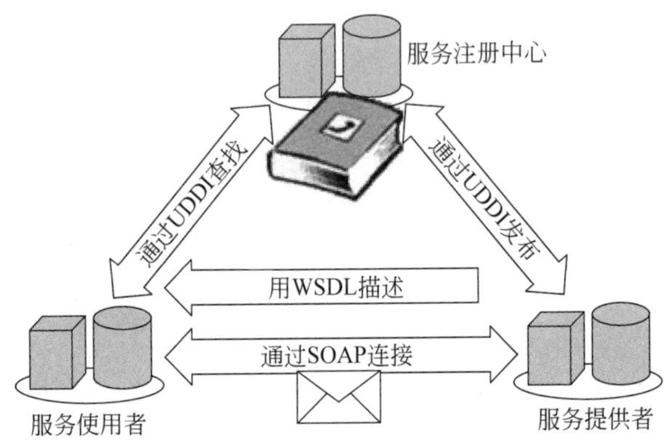

图7.6 面向服务的体系结构中的角色

(1) 服务使用者:服务使用者是一个应用程序、一个软件模块或需要一个服务的另一个服务。它发起对服务注册中心中的服务查询,通过传输绑定服务,并且执行服务功能。服务使用者根据接口契约来执行服务。

(2) 服务提供者:服务提供者是一个可通过网络寻址的实体,它接收和执行来自使用者的请求。它将自己的服务和接口契约发布到服务注册中心,以便服务使用者可以发现和访问该服务。

(3) 服务注册中心:服务注册中心是服务发现的支持者。它包含一个可用服务的存储库,并允许感兴趣的服务使用者查找服务提供者接口。

面向服务的体系结构中的每个实体都扮演着服务提供者、服务使用者和服务注册中心这3种角色中的某一种(或多种)。面向服务的体系结构中的操作包括如下内容。

发布:为了使服务可访问,需要发布服务描述以使服务使用者可以发现和调用它。

发现:服务使用者定位服务。方法是查询服务注册中心来找到满足其标准的服务。

绑定和调用:在检索完服务描述之后,服务使用者继续根据服务描述中的信息来调用服务。

面向服务的体系结构中的构件包括如下内容。

(1) 服务:可以通过已发布接口使用服务,并且允许服务使用者调用服务。

(2) 服务描述:服务描述指定服务使用者与服务提供者交互的方式。它指定来自服务的请求和响应的格式。服务描述可以指定一组前提条件、后置条件和/或服务质量(QoS)级别。

7.4.4 面向服务的计算环境

在面向服务的计算环境中，系统可以是高度分布、异构的。SOA 计算环境基础软件一般包括企业服务总线(Enterprise Service Bus，ESB)、ESB 名空间、ESB 网关、业务服务注册库和业务服务编排组装引擎等，如图 7.7 所示。

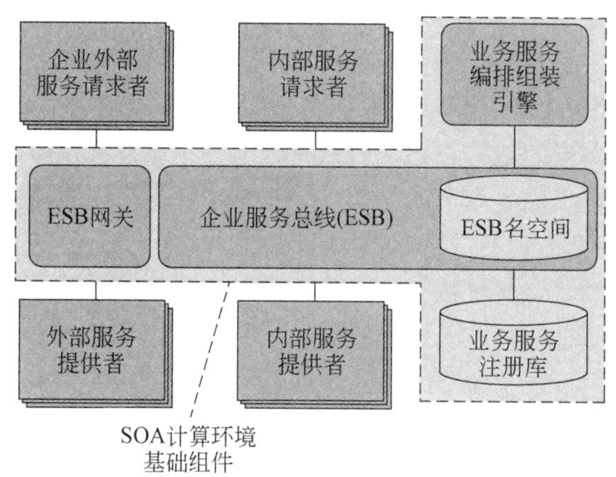

图 7.7　SOA 计算环境的组成要素

企业服务总线(ESB)是传统中间件技术与 XML、Web 服务等技术结合的产物。ESB 提供了网络中最基本的连接中枢，是构筑企业神经系统的必要元素。

服务运行时，环境提供服务(和服务组件)的部署、运行和管理能力，支持服务编程模型，保证系统的安全和性能等质量要素；服务总线提供服务中介的能力，使得服务使用者能够以技术透明和位置透明的方式来访问服务；服务注册库支持存储和访问服务的描述信息，是实现服务中介、管理服务的重要基础；而业务服务编排组装引擎，则将服务组装为服务流程，完成一个业务过程；ESB 网关用于在不同服务计算环境的边界进行服务翻译，如安全。

7.4.5 利用价值

对 SOA 的需要来源于需要使业务 IT 系统变得更加灵活，以适应业务中的改变。通过允许强定义的关系和依然灵活的特定实现，IT 系统既可以利用现有系统的功能，又可以准备在以后做一些改变来满足它们之间交互的需要。

下面举一个具体的例子。一个服装零售组织拥有 500 家国际连锁店，它们常常需要更改设计来赶上时尚的潮流。这可能意味着不仅需要更改样式和颜色，甚至还可能需要更换布料、制造商和可交付的产品。如果零售商和制造商之间的系统不兼容，那么从一个供应商到另一个供应商的更换可能就是一个非常复杂的软件流程。通过利用 WSDL 接口在操作方面的灵活性，每个公司都可以将它们的现有系统保持现状，而仅仅匹配 WSDL 接口并制定新的服务级协定，这样就不必完全重构它们的软件系统了。这是业务的水平改变，也就是说，它们改变的是合作伙伴，而所有的业务操作基本上都保持不变。这里，业务接口可以做少许改变，而内部操作却不需要改变，之所以这样做，仅仅是为了能够与外部合作伙伴一起工作。

另一种形式是内部改变,在这种改变中,零售组织现在决定它还将把连锁零售商店内的一些地方出租给专卖流行衣服的小商店,这可以看作是采用店中店(Store-in-Store)的业务模型。这里,虽然公司的大多数业务操作都保持不变,但是它们现在需要新的内部软件来处理这样的出租安排。尽管在内部软件系统可以承受全面的检修,但是它们需要在这样做的同时不会对与现有的供应商系统的交互产生大的影响。在这种情况下,SOA 模型保持原封不动,而内部实现却发生了变化。虽然可以将新的方面添加到 SOA 模型中来加入新的出租安排的职责,但是正常的零售管理系统继续如往常一样。

为了延续内部改变的观念,IT 经理可能会发现,软件的新配置还可以以另外一种方式加以使用,如出租粘贴海报的地方以供广告之用。这里,新的业务提议是通过在新的设计中重用灵活的 SOA 模型得出的。这是来自 SOA 模型的新成果,并且还是一个新的机会,而这样的新机会在以前可能是不会有的。

垂直改变也是可能的,在这种改变中,零售商从销售自己的服装完全转变到专门通过店中店模型出租地方。如果垂直改变完全从最底层开始的话,就会带来 SOA 模型结构的显著改变,与之一起改变的还可能有新的系统、软件、流程以及关系。在这种情况下,SOA 模型的好处是它从业务操作和流程的角度考虑问题而不是从应用程序和程序的角度考虑问题,这使得业务管理可以根据业务的操作清楚地确定什么需要添加、修改或删除。然后可以将软件系统构造为适合业务处理的方式,而不是在许多现有的软件平台上常常看到的其他方式。

正如所看到的,在这里,改变和 SOA 系统适应改变的能力是最重要的部分。对于开发人员来说,这样的改变无论是在他们工作的范围之内还是在他们工作的范围之外都有可能发生,这取决于是否有改变需要知道接口是如何定义的以及它们相互之间如何进行交互。与开发人员不同的是,架构师的作用就是引起对 SOA 模型大的改变。这种分工,就是让开发人员集中精力于创建作为服务定义的功能单元,而让架构师和建模人员集中精力于如何将这些单元适当地组织在一起,它已经有十多年的历史了,通常用统一建模语言(Universal Modeling Language,UML),并且描述成模型驱动的体系结构(Model-Driven Architecture, MDA)。

对于面向同步和异步应用的,基于请求/响应模式的分布式计算来说,SOA 是一场革命。一个应用程序的业务逻辑(Business Logic)或某些单独的功能被模块化并作为服务呈现给消费者或客户端,这些服务的关键是它们的松耦合特性。例如,服务的接口和实现相独立。应用开发人员或者系统集成者可以通过组合一个或多个服务来构建应用,而无须理解服务的底层实现。举例来说,一个服务可以用.NET 或 J2EE 来实现,而使用该服务的应用程序可以在不同的平台之上,使用的语言也可以不同。

7.5 物联网海量数据存储与查询

近年来,伴随着云计算、大数据、物联网、人工智能等信息技术的快速发展和传统产业数字化的转型,数据量呈几何级增长。据 IDE 预测,全球数据总量预计 2020 年达到 44ZB,我国数据量将达到 8060EB,占全球数据总量的 18%。

由于物联网中的对象积极参与业务流程的需求、高强度计算需求和数据的持续在线可获取的特性，导致网络化存储和大型数据中心的诞生。物联网对海量信息存储的需求促进了物联网网络存储技术、海量数据查询技术以及面向物联网的关系型数据库技术的发展。

7.5.1　网络存储体系结构

网络存储技术(Network Storage Technologies)是基于数据存储的一种通用网络术语。网络存储结构大致分为 3 种：直连式存储(Direct Attached Storage，DAS)、网络附加存储(Network Attached Storage，NAS)和存储区域网络(Storage Area Network，SAN)。图 7.8 给出了网络存储技术的分类。

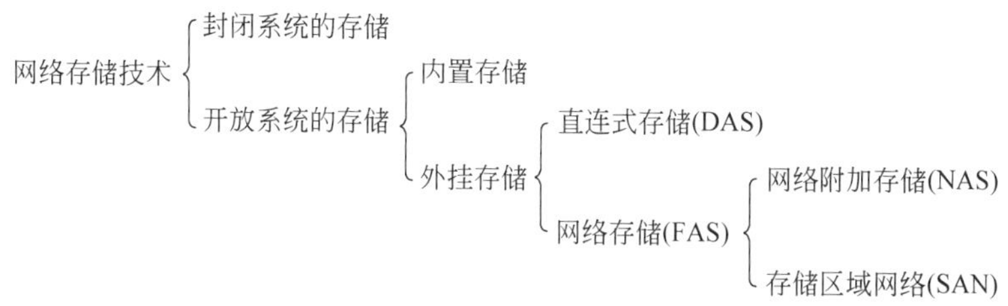

图 7.8　网络存储技术分类

1. 直连式存储

1) 直连式存储简介

直连式存储，顾名思义，在这种方式中，存储设备是通过电缆(通常是 SCSI 接口电缆)直接连到服务器的。I/O(输入输出)请求直接发送到存储设备。它依赖于服务器，其本身是硬件的堆叠，不带有任何存储操作系统。这是一种直接与主机系统相连接的存储设备，DAS 是计算机系统中最常用的数据存储方法(见图 7.9)。

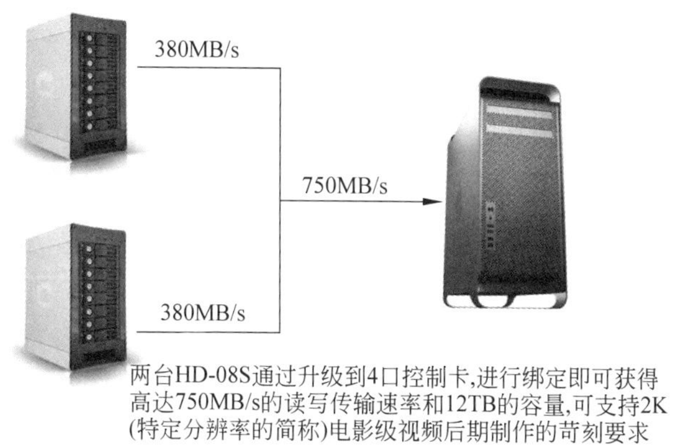

380MB/s
750MB/s
380MB/s
两台HD-08S通过升级到4口控制卡,进行绑定即可获得
高达750MB/s的读写传输速率和12TB的容量,可支持2K
(特定分辨率的简称)电影级视频后期制作的苛刻要求

图 7.9　直连式存储

DAS 的适用环境如下。

(1) 存储系统必须被直接连接到应用服务器上时。

(2) 包括许多数据库应用和应用服务器在内的应用，它们需要直接连接到存储器上，群件应用和一些邮件服务也包括在内。

2) 磁盘阵列(RAID)

磁盘阵列(Redundant Arrays of Inexpensive Disks,RAID)有"价格便宜且多余的磁盘阵列"之意(见图7.10)。其原理是利用数组方式来做磁盘组,配合数据分散排列的设计,提升数据的安全性。磁盘阵列主要针对硬盘,在容量及速度上,无法跟上CPU及内存的发展所提出的改善方法。

图7.10 磁盘阵列(RAID)

磁盘阵列由很多价格便宜、容量较小、稳定性较高、速度较慢磁盘组合成一个大型的磁盘组,利用个别磁盘提供数据所产生的加成效果来提升整个磁盘系统的效能。同时,在存储数据时,利用这项技术,将数据切成许多区段,分别存放在各个硬盘上。磁盘阵列还能利用同位检查(Parity Check)的观念,在数组中任一颗硬盘故障时,仍可读出数据,在数据重构时,将故障硬盘内的数据计算后重新置入新硬盘中。

磁盘阵列的主流结构是作为独立系统在主机外直连或通过网络与主机相连。磁盘阵列有多个端口可以被不同主机或不同端口连接。主机连接阵列的不同端口可提升传输速率。

3) 磁盘阵列的优点

RAID的采用为存储系统带来巨大利益,其中提高传输速率和提供容错功能是最大的优点。RAID通过在多个磁盘上同时存储和读取数据来大幅提高存储系统的数据吞吐量(Throughput)。使用RAID可以达到单个磁盘驱动器几倍、几十倍甚至上百倍的速率。

在很多RAID模式中都有较为完备的相互校验/恢复的措施,甚至是直接相互的镜像备份,从而大大提高了RAID系统的容错度,提高了系统的稳定冗余性。

4) 磁盘阵列常用的等级

磁盘阵列是由一个硬盘控制器来控制多个硬盘的相互连接,使多个硬盘的读写同步,减少错误,增加效率和可靠度的技术。常用的等级有1、3、5级等。

(1) RAID Level 0。

RAID Level 0是Data Striping(数据分割)技术的实现,它将所有硬盘构成一个磁盘阵列,可以同时对多个硬盘进行读写,但是不具备备份及容错能力,它价格便宜,硬盘使用效率最佳,但是可靠度是最差的。很少有人冒着数据丢失的危险采用这项技术。

(2) RAID Level 1。

RAID Level 1使用的是Disk Mirror(磁盘映射)技术(见图7.11),就是把一个硬盘的内容同步备份复制到另一个硬盘里,所以具备了备份和容错能力,这样使用效率不高,但是可靠性高。

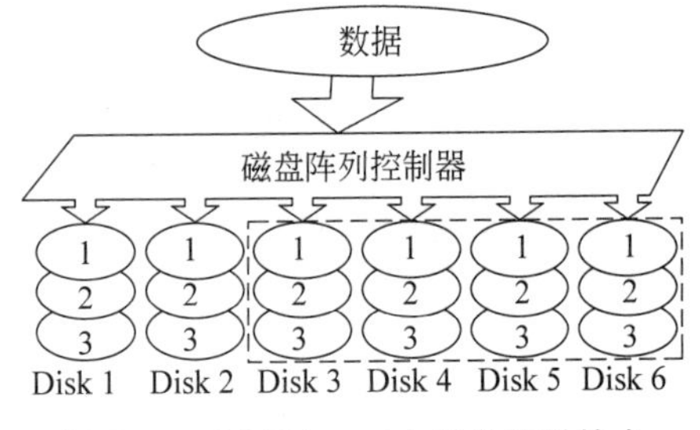

图7.11 RAID Level 1磁盘映射技术

(3) RAID Level 3。

RAID Level 3采用Byte-Interleaving(数据交错存储)技术,硬盘在SCSI控制卡下同时工作,并将用于奇偶校验的数据存储到特定硬盘机中,它具备容错能力,并且可靠度较佳。

(4) RAID Level 5。

RAID Level 5使用的是Disk Striping(硬盘分割)技术,与RAID Level 3的不同之处在

于它把奇偶校验数据存放到各个硬盘里，各个硬盘在SCSI控制卡的控制下平行动作，有容错能力。

5）热插拔硬盘

热插拔硬盘的英文名为Hot-Swappable Disk，在磁盘阵列中，如果使用支持热插拔技术的硬盘，在有一个硬盘坏掉的情况下，服务器可以不用关机，直接抽出坏掉的硬盘，换上新的硬盘。一般的商用磁盘阵列在硬盘坏掉时，会自动鸣叫提示管理员更换硬盘。

2. 网络附加存储

NAS是英文Network Attached Storage的缩写，中文意思是网络附加存储。按字面简单地说就是连接在网络上、具备资料存储功能的装置，因此，也称为网络存储器或者网络磁盘阵列。

在NAS存储结构中，存储系统不再通过I/O总线附属于某个特定的服务器或客户机，而是直接通过网络接口与网络相连，由用户通过网络访问。

NAS是一种专业的网络文件存储及文件备份设备，它是基于LAN（局域网）的，按照TCP/IP进行通信，以文件的I/O（输入输出）方式进行数据传输。在LAN环境下，NAS已经完全可以实现异构平台之间的数据级共享，如NT、UNIX等平台的共享。

一个NAS系统包括处理器、文件服务管理模块和多个硬盘驱动器（用于数据的存储）。NAS可以应用在任何网络环境当中。主服务器和客户端可以非常方便地在NAS上存取任意格式的文件。典型的网络附加存储的网络结构如图7.12所示。

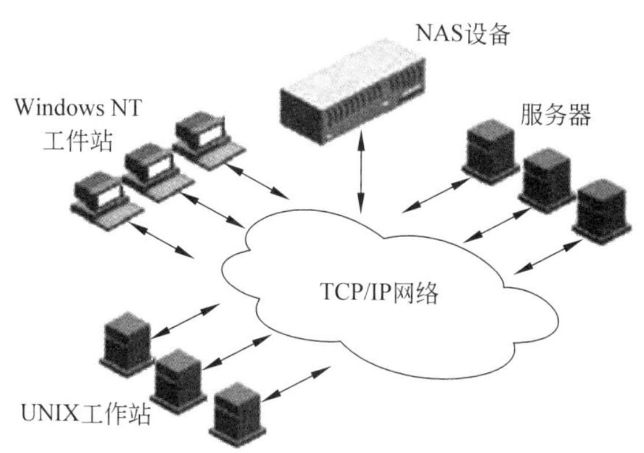

图7.12　网络附加存储

3. 存储区域网络

SAN的英文全称为Storage Area Network，即存储区域网络（见图7.13）。它是一种通过光纤集线器、光纤路由器、光纤交换机等连接设备将磁盘阵列、磁带等存储设备与相关服务器连接起来的高速专用子网。存储区域网络是指存储设备相互连接且与一台服务器或一个服务器群相连的网络。

简单地说，SAN实际上是一种存储设备池，即一个由磁盘阵列、磁带库以及光纤设备构成的子网，这一子网上的存储空间可由以太网主网上的每一系统所共享。

1）存储区域网络的基本构成

SAN由3个基本的组件构成：接口（如SCSI、光纤通道、ESCON等）、连接设备（交换设

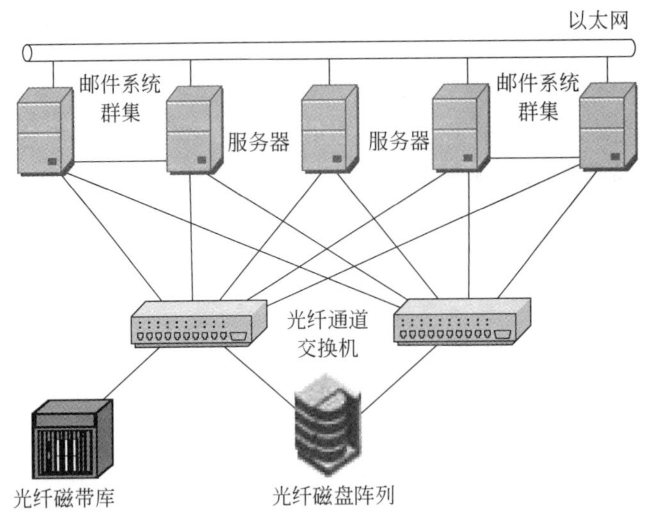

图 7.13　存储区域网络

备、网关、路由器、集线器等)和通信控制协议(如 IP 和 SCSI 等)。这 3 个组件再加上附加的存储设备和独立的 SAN 服务器,就构成一个 SAN 系统。

SAN 提供一个专用的、高可靠性的基于光通道的存储网络,SAN 允许独立地增加它们的存储容量,也使得管理及集中控制更加简化。而且,光纤接口提供了 10km 的连接长度,这使得物理上分离的远距离存储变得更容易。

2) 存储区域网络的适用范围

具有以下业务数据特性的企业环境中适宜采用 SAN 技术。

(1) 对数据安全性要求很高,数据在线性要求高,具有本质上物理集中、逻辑上又彼此独立的数据管理特点的企业,典型行业用户是电信、金融和证券、商业网站。

(2) 对数据存储性能要求高的企业,典型行业用户是电视台、交通部门和测绘部门。

(3) 在系统级方面具有很强的容量(动态)可扩展性和灵活性的企业,典型行业用户是各中大型企业的 ERP 系统、CRM 系统和决策支持系统。

(4) 具有超大型海量存储特性的企业,典型行业用户是图书馆、博物馆、税务。

4. 3 种网络存储结构的比较

1) NAS 与 DAS 的区别

DAS 是一种对已有服务器的简单扩展,并没有真正实现网络互连。NAS 则是将网络作为存储实体,更容易实现文件级别的共享。NAS 性能上比 DAS 有所增强。

2) SAN 与 NAS 的区别

NAS 和 SAN 最大的区别就在于 NAS 有文件操作和管理系统,而 SAN 却没有这样的系统功能,其功能仅仅停留在文件管理的下一层,即数据管理。同时 SAN 和 NAS 相比不具有资源共享的特征。图 7.14 给出了 DAS、SAN、NAS 3 种存储结构的比较情况。

SAN 和 NAS 并不是相互冲突的,是可以共存于一个系统网络中的,但 NAS 通过一个公共的接口实现空间的管理和资源共享,SAN 仅仅是为服务器存储数据提供一个专门的快速后方通道,在空间的利用上,SAN 和 NAS 也有截然不同之处,SAN 是只能独享的数据存储池,NAS 是共享与独享兼顾的数据存储池。因此,NAS 与 SAN 的关系也可以表述为:

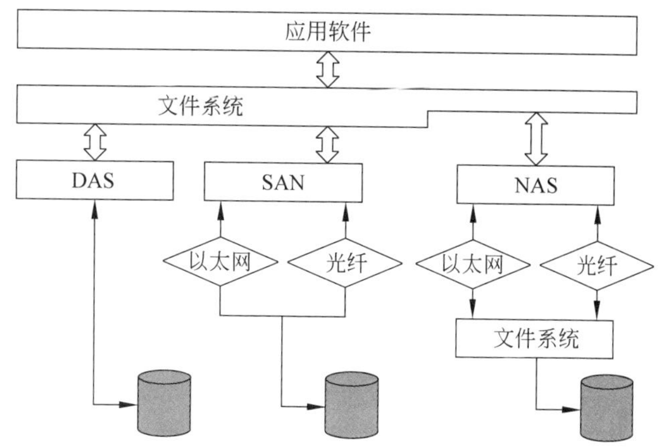

图 7.14 网络存储结构的比较

NAS 是 Network-attached(网络外挂式),而 SAN 是 Channel-attached(通道外挂式)。

从具体功能上讲,3 种网络存储结构分别适用于不同的应用环境。

(1) 直连式存储是将存储系统通过缆线直接与服务器或工作站相连,一般包括多个硬盘驱动器,与主机总线适配器通过电缆或光纤相连,在存储设备和主机总线适配器之间不存在其他网络设备,实现了计算机内存储到存储子系统的跨越。

(2) 网络附加存储是文件级的计算机数据存储架构,计算机连接到一个仅为其他设备提供基于文件级数据存储服务的网络。

(3) 存储区域网络是通过网络方式连接存储设备和应用服务器的存储架构,由服务器、存储设备和 SAN 连接设备组成。SAN 的特点是存储共享并支持服务器从 SAN 直接启动。

7.5.2 海量数据存储及查询

分析人员发现,公司收集、存储和分析的有关客户、财务、产品和运营的数据,其增长率达 125%之多。各个方面的因素导致了数据的爆炸,如网络应用增加了数据的增长速度;监控点击流需要存储与以往相比越来越多的不同的数据类型;多媒体数据也增加了对存储的要求;人们存储并管理的不仅仅是数字和文字,还有视频、音频、图像、临时数据以及更多内容,这些数据的增长速度也在不断地上升;数据仓库和数据挖掘应用鼓励企业存储越来越长的时间段内越来越多的数据。这些实际情况导致的结果就是数据大量增加。

现在的网络世界是海量数据的时代,物联网数据存储将使用数据中心的模式。数据中心是一整套复杂的设施,它不仅仅包括计算机系统和其他与之配套的设备(例如通信和存储系统),还包含冗余的数据通信连接、环境控制设备、监控设备以及各种安全装置。由于篇幅较长,以下在本章案例中以一个典型数据中心(Google 数据中心)加以说明。

7.6 物联网数据融合及路由

“数据融合”一词最早出现在 20 世纪 70 年代,并于 20 世纪 80 年代发展成一项专门技术。它是人类模仿自身信息处理能力的结果,类似人类和其他动物对复杂问题的综合处理。

数据融合技术最早用于军事,1973 年美国研究机构就在国防部的资助下,开展了声呐信号解释系统的研究。目前,工业控制、机器人、空中交通管制、海洋监视和管理等领域也向多传感器数据融合方向发展。随着物联网概念的提出,数据融合技术将成为其数据处理等相关技术开发所要关心的重要问题之一。

7.6.1 数据融合的基本概念

1. 数据融合的定义

数据融合技术是指利用计算机对按时序获得的若干观测信息,在一定准则下加以自动分析、综合,以完成所需的决策和评估任务而进行的信息处理技术。

2. 数据融合研究的主要内容

数据融合是针对一个网络感知系统中使用多个和(或)多类感知结点(如多传感器)展开的一种数据处理方法,研究的内容包含以下几个主要问题:①数据对准;②数据相关;③数据识别,即估计目标的类别和类型;④感知数据的不确定性;⑤不完整、不一致和虚假数据;⑥数据库;⑦性能评估。

3. 数据融合的体系结构

数据融合的一般模型如图 7.15 所示。

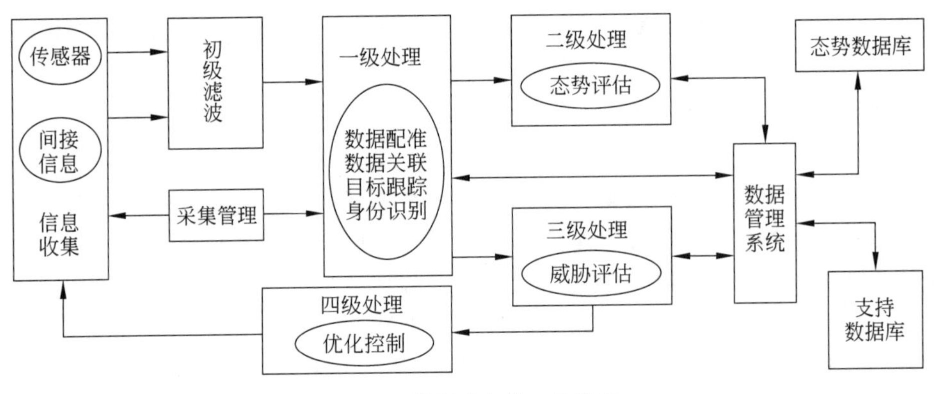

图 7.15 数据融合的一般模型

7.6.2 物联网中数据融合的关键问题

1. 物联网数据融合所要解决的关键问题

物联网数据融合需要研究解决的关键问题有如下三点。

(1) 数据融合结点的选择。融合结点的选择与网络层路由协议有密切关系,需要依靠路由协议建立路由回路数据,并且使用路由结构中的某些结点作为数据融合的结点。

(2) 数据融合时机。

(3) 数据融合算法。

2. 物联网数据融合技术要求

物联网与以往的多传感器数据融合有所不同,具有它自己独特的融合技术要求。主要问题集中在①稳定性;②数据关联;③能量约束;④协议的可扩展性。

但为便于讲解说明,以下仍以传感器网络的数据融合为例加以说明。

7.6.3　物联网数据融合的基本原理

通过对多感知结点信息的协调优化,数据融合技术可以有效地减少整个网络中不必要的通信开销,提高数据的准确度和收集效率。因此,传送已融合的数据要比未经处理的数据节省能量,延长网络的生存周期。

数据融合中心对来自多个源结点的信息进行融合(见图 7.16),也可以将来自多个传感器的信息和人机界面的观测事实进行信息融合(这种融合通常是决策级融合)。提取征兆信息,在推理机作用下,将征兆与知识库中的知识匹配,做出故障诊断决策,提供给用户。在基于信息融合的故障诊断系统中可以加入自学习模块。故障决策经自学习模块反馈给知识库,并对相应的置信度因子进行修改,更新知识库。同时,自学习模块能根据知识库中的知识和用户对系统提问的动态应答进行推理,以获得新知识,总结新经验,不断扩充知识库,实现专家系统的自学习功能。

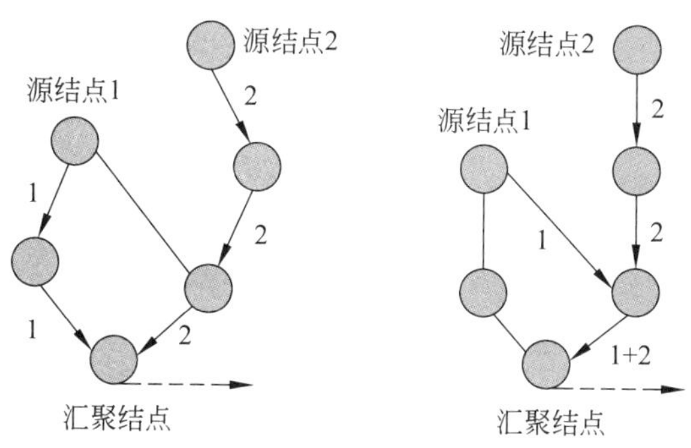

图 7.16　物联网数据融合示意图

数据融合主要关注以下五点。

(1) 多个不同类型的源结点(如有源或无源的传感器)采集观测目标的数据。

(2) 对源结点的输出数据(离散的或连续的时间函数数据、输出矢量、成像数据或一个直接的属性说明)进行特征提取,提取代表观测数据的特征矢量。

(3) 对特征矢量进行模式识别处理(例如,汇聚算法、自适应神经网络或其他能将特征矢量变换成目标属性判决的统计模式识别法等)完成各源结点关于目标的说明。

(4) 将各源结点关于目标的说明数据按同一目标进行分组,即关联。

(5) 利用融合算法将每一目标各源结点数据进行合成,得到该目标的一致性解释与描述。

7.6.4 传感器网络数据融合技术

1. 数据融合技术的产生背景

数据融合技术的产生背景来自于数据融合的几个重要作用。

1）节省能量

由于部署无线传感器网络时，考虑了整个网络的可靠性和监测信息的准确性（即保证一定的精度），需要进行结点的冗余配置。在这种冗余配置的情况下，监测区域周围的结点采集和报告的数据会非常接近或相似，即数据的冗余程度较高。如果把这些数据都发给汇聚结点，在已经满足数据精度的前提下，除了使网络消耗更多的能量外，汇聚结点并不能获得更多的信息。而采用数据融合技术，就能够保证在向汇聚结点发送数据之前，处理掉大量冗余的数据信息，从而节省了网内结点的能量资源。

2）获取更准确的信息

由于环境的影响，来自传感器结点的数据存在较高的不可靠性。通过对监测同一区域的传感器结点采集的数据进行综合，有效地提高获取信息的精度和可信度。

3）提高数据收集效率

网内进行数据融合，减少网络数据传输量，降低传输拥塞，降低数据传输延迟，减少传输数据冲突碰撞现象，可在一定程度上提高网络收集数据的效率。数据融合技术可以从不同角度进行分类，主要的依据有3种：融合前后数据信息含量、数据融合与应用层数据语义的关系以及融合操作的级别。

2. 无线传感器网络的数据融合技术可以结合网络的各个协议层来进行

在应用层，可通过分布式数据库技术，对采集的数据进行初步筛选，达到融合效果；在网络层，可以结合路由协议，减少数据的传输量；在数据链路层，可以结合MAC，减少MAC层的发送冲突和头部开销，达到节省能量目的的同时，还不失去信息的完整性。无线传感器网络的数据融合技术只有面向应用需求的设计，才会真正得到广泛的应用。

1）应用层和网络层的数据融合

无线传感器网络通常具有以数据为中心的特点，因此，应用层的数据融合需要考虑以下因素：无线传感器网络能够实现多任务请求，应用层应当提供方便和灵活的查询提交手段；应用层应当为用户提供一个屏蔽底层操作的用户接口，用户使用时无须改变原来的操作习惯，也不必关心数据是如何采集上来的；由于结点通信代价高于结点的本地计算的代价，应用层的数据形式应当有利于网内的计算处理，减少通信的数据量和减小能耗。

2）独立的数据融合协议层

无论是与应用层还是网络层相结合的数据融合技术都存在一些不足之处。为了实现跨协议层理解和交互数据，必须对数据进行命名。采用命名机制会导致来自同一源结点不同数据类型的数据之间不能融合；打破传统各网络协议层的独立完整性，上下层协议不能完全透明；采用网内融合处理，可能具有较高的数据融合程度，但会导致信息丢失过多。

7.6.5　数据融合的层次结构

1. 传感器网络结点的部署

在传感器网络的数据融合结构中，比较重要的问题是如何部署感知结点。目前，传感器网络感知结点的部署方式一般有 3 种类型，最常用的拓扑结构是并行拓扑。在这种部署方式中，各种类型的感知结点同时工作。另一种类型是串行拓扑，在这种结构中，感知结点检测数据信息具有暂时性。实际上，SAR(Synthetic Aperture Radar)图像就属于此结构。还有一种类型是混合拓扑，即树状拓扑。

2. 数据融合的层次划分

数据融合大部分是根据具体问题及其特定对象来建立自己的融合层次。例如，有些应用，将数据融合划分为检测层、位置层、属性层、态势评估和威胁评估；有的根据输入输出数据的特征提出了基于输入输出特征的融合层次化描述。数据融合层次的划分目前还没有统一标准。

根据多传感器数据融合模型定义和传感网的自身特点，通常按照结点处理层次、融合前后的数据量变化、信息抽象的层次，来划分传感网的数据融合的层次结构。

通常将数据融合分为三类。

1）像素级融合

它是直接在采集到的原始数据层上进行的融合，在各种传感器的原始测报未经预处理之前就进行数据的综合与分析(见图 7.17)。数据层融合一般采用集中式融合体系进行融合处理过程，这是低层次的融合，如成像传感器中通过对包含某一像素的模糊图像进行图像处理来确认目标属性的过程就属于数据层融合。

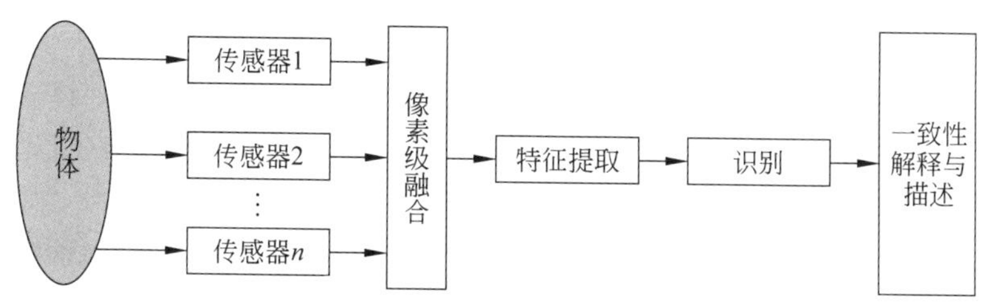

图 7.17　像素级融合

2）特征层融合

特征层融合属于中间层次的融合(见图 7.18)，它先对来自传感器的原始信息进行特征提取(特征可以是目标的边缘、方向、速度等)，然后对特征信息进行综合分析和处理。特征层融合的优点在于实现了可观的信息压缩，有利于实时处理，并且由于所提取的特征直接与决策分析有关，因而融合结果能最大限度地给出决策分析所需要的特征信息。特征层融合一般采用分布式或集中式的融合体系。特征层融合可分为两大类：一类是目标状态融合，另一类是目标特性融合。

3）决策层融合

决策层融合通过不同类型的传感器观测同一个目标，每个传感器在本地完成基本的处

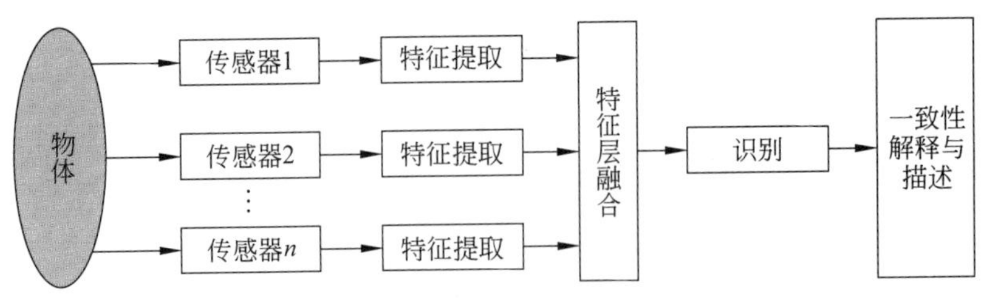

图 7.18 特征层融合

理,其中包括预处理、特征抽取、识别或判决,以建立对所观察目标的初步结论。然后通过关联处理进行决策层融合判决,最终获得联合推断结果(见图 7.19)。

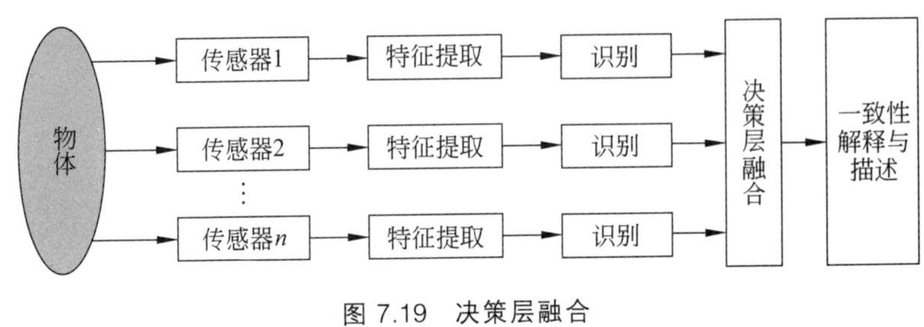

图 7.19 决策层融合

7.6.6 多传感器数据融合算法

多传感器数据融合(Multi-Sensor Data Fusion,MSDF)是一个新兴的研究领域,是针对一个系统使用多种传感器这一特定问题而展开的一种关于数据处理的研究。多传感器数据融合技术是近几年来发展起来的一门实践性较强的应用技术,是多学科交叉的新技术,涉及信号处理、概率统计、信息论、模式识别、人工智能、模糊数学等理论。

近年来,多传感器数据融合技术无论在军事还是民用领域的应用都极为广泛。多传感器融合技术已成为军事、工业和高技术开发等多方面关心的问题。这一技术广泛应用于C3I(Command,Control,Communication and Intelligence)系统、复杂工业过程控制、机器人、自动目标识别、交通管制、惯性导航、海洋监视和管理、农业、遥感、医疗诊断、图像处理、模式识别等领域。实践证明:与单传感器系统相比,运用多传感器数据融合技术在解决探测、跟踪和目标识别等问题方面,能够增强系统生存能力,提高整个系统的可靠性和鲁棒性,增强数据的可信度,并提高精度,扩展整个系统的时间、空间覆盖率,增加系统的实时性和信息利用率等。

数据融合概念是针对多传感器系统而提出的。在多传感器系统中,由于信息表现形式的多样性,数据量的巨大性,数据关系的复杂性,以及要求数据处理的实时性、准确性和可靠性,都已大大超出了人脑的信息综合处理能力,在这种情况下,多传感器数据融合技术应运而生。多传感器数据融合简称数据融合,也称为多传感器信息融合(Multi-Sensor Information Fusion,MSIF)。目前已有大量的多传感器数据融合算法,基本上可概括为两大类。

一是随机类方法,包括加权平均法、卡尔曼滤波法、贝叶斯估计法、Dempster-Shafer(D-S)证据推理等。

二是人工智能类方法，包括模糊逻辑、神经网络等。

不同的方法适用于不同的应用背景。神经网络和人工智能等新概念、新技术在数据融合中将发挥越来越重要的作用。

1. 多传感器数据融合的概念

随着数据融合和计算机应用技术的发展，根据国内外研究成果，多传感器数据融合比较确切的定义可概括为：充分利用不同时间与空间的多传感器数据资源，采用计算机技术对按时间序列获得的多传感器观测数据，在一定准则下进行分析、综合、支配和使用，获得对被测对象的一致性解释与描述，进而实现相应的决策和估计，使系统获得比它的各组成部分更充分的信息。

2. 多传感器数据融合原理

多传感器数据融合技术的基本原理就像人脑综合处理信息一样，充分利用多个传感器资源，通过对多传感器及其观测信息的合理支配和使用，把多传感器在空间或时间上冗余或互补信息依据某种准则来进行组合，以获得被测对象的一致性解释或描述。具体地说，多传感器数据融合原理如下。

(1) N 个不同类型的传感器(有源或无源的)收集观测目标的数据。

(2) 对传感器的输出数据(离散的或连续的时间函数数据、输出矢量、成像数据或一个直接的属性说明)进行特征提取的变换，提取代表观测数据的特征矢量 $\boldsymbol{Y}_i$。

(3) 对特征矢量 $\boldsymbol{Y}_i$ 进行模式识别处理(如聚类算法、自适应神经网络或其他能将特征矢量 $\boldsymbol{Y}_i$ 变换成目标属性判决的统计模式识别法等)完成各传感器关于目标的说明。

(4) 将各传感器关于目标的说明数据按同一目标进行分组，即关联。

(5) 利用融合算法将每一目标各传感器数据进行合成，得到该目标的一致性解释与描述。

3. 多传感器数据融合方法

利用多个传感器所获取的关于对象和环境全面、完整的信息，主要体现在融合算法上。因此，多传感器系统的核心问题是选择合适的融合算法。对于多传感器系统来说，信息具有多样性和复杂性，因此，对信息融合方法的基本要求是具有鲁棒性和并行处理能力。此外，还有方法的运算速度和精度，与前续预处理系统和后续信息识别系统的接口性能，与不同技术和方法的协调能力，对信息样本的要求等。一般情况下，基于非线性的数学方法，如果它具有容错性、自适应性、联想记忆和并行处理能力，则都可以用来作为融合方法。

多传感器数据融合虽然未形成完整的理论体系和有效的融合算法，但在不少应用领域根据各自的具体应用背景，已经提出许多成熟并且有效的融合方法。多传感器数据融合的常用方法基本上可概括为随机类方法和人工智能类方法两大类：随机类方法有加权平均法、卡尔曼滤波法、多贝叶斯估计法、D-S 证据推理、产生式规则等；人工智能类方法则有模糊逻辑理论、神经网络、粗集理论、专家系统等。

4. 应用领域

随着多传感器数据融合技术的发展，应用的领域也在不断扩大，多传感器融合技术已成功地应用于众多的研究领域。多传感器数据融合作为一种可消除系统的不确定因素、提供准确的观测结果和综合信息的智能化数据处理技术,已在军事应用、复杂工业过程控制、机器人遥感、交通管理系统、全局监视等领域获得普遍关注和广泛应用。

1）军事应用

数据融合技术起源于军事领域,数据融合在军事上应用最早、范围最广,涉及战术或战略上的指挥、控制、通信和情报任务的各个方面。主要的应用是进行目标的探测、跟踪和识别,包括C3I系统、自动识别武器、自主式运载制导、遥感、战场监视和自动威胁识别系统等,如对舰艇、飞机、导弹等的监测、定位、跟踪和识别,海洋监视,空对空防御系统,地对空防御系统等。海洋监视系统包括对潜艇、鱼雷、水下导弹等目标的监测、跟踪和识别,传感器有雷达、声呐、远红外、综合孔径雷达等。空对空、地对空防御系统主要用来监测、跟踪、识别敌方飞机、导弹和防空武器,传感器包括雷达、ESM(电子支援措施)接收机、远红外敌我识别传感器、光电成像传感器等。

迄今为止,美、英、法、意、日、俄等国家已研制出上百种军事数据融合系统,比较典型的有TCAC(战术指挥控制)、BETA(战场利用和目标截获系统)、AIDD(炮兵情报数据融合)等。

2）复杂工业过程控制

复杂工业过程控制是数据融合应用的一个重要领域。目前,数据融合技术已在核反应堆和石油平台监视等系统中得到应用。融合的目的是识别引起系统状态超出正常运行范围的故障条件,并据此触发若干报警器。通过时间序列分析、频率分析、小波分析,从各传感器获取的信号模式中提取出特征数据,同时,将所提取的特征数据输入神经网络模式识别器,神经网络模式识别器进行特征级数据融合,以识别出系统的特征数据,并输入到模糊专家系统进行决策级融合;专家系统推理时,从知识库和数据库中取出领域知识规则和参数,与特征数据进行匹配(融合);最后,决策出被测系统的运行状态、设备工作状况和故障等。

3）机器人

多传感器数据融合技术的另一个典型应用领域为机器人。目前,主要应用在移动机器人和遥感操作机器人上,因为这些机器人工作在动态、不确定与非结构化的环境中(如"勇气"号和"机遇"号火星车),这些高度不确定的环境要求机器人具有高度的自治能力和对环境的感知能力,而多传感器数据融合技术正是提高机器人系统感知能力的有效方法。实践证明:采用单个传感器的机器人不具有完整、可靠地感知外部环境的能力。智能机器人应采用多个传感器,并利用这些传感器的冗余和互补的特性来获得机器人外部环境动态变化的、比较完整的信息,并对外部环境变化做出实时的响应。目前,机器人学界提出向非结构化环境进军,其核心的关键之一就是多传感器系统和数据融合。

4）遥感

多传感器融合在遥感领域中的应用,主要是通过高空间分辨率全色图像和低光谱分辨率图像的融合,得到高空间分辨率和高光谱分辨率图像,融合多波段和多时段的遥感图像来提高分类的准确性。

5）交通管理系统

数据融合技术可应用于地面车辆定位、车辆跟踪、车辆导航以及空中交通管制系统等。

6）全局监视

监视较大范围内的人及事物的运动和状态,需要运用数据融合技术。例如,根据各种医疗传感器、病历、病史、气候、季节等观测信息，实现对病人的自动监护；从空中和地面传感器监视庄稼生长情况，进行产量预测；根据卫星云图、气流、温度、压力等观测信息，实现天气预报。

7.6.7　传感器网络数据融合路由算法

目前，针对传感器网络中的数据融合问题，国内外在以数据为中心的路由协议以及融合函数、融合模型等方面已经取得许多研究成果，主要集中在数据融合路由协议方面。按照通信网络拓扑结构的不同，比较典型的数据融合路由协议有基于数据融合树的路由协议、基于分簇的路由协议，以及基于结点链的路由协议。

从网络层来看，数据融合通常与路由的方式有关，例如，以地址为中心的路由方式(最短路径转发路由)，路由并不需要考虑数据融合。然而，以数据为中心的路由方式，源结点并不是各自寻找最短路径路由数据，而是需要在中间结点进行数据融合，然后再继续转发数据。如图 7.20 所示，这里给出了两种不同的路由方式的对比。网络层的数据融合的关键就是数据融合树(Aggregate on Tree)的构造。

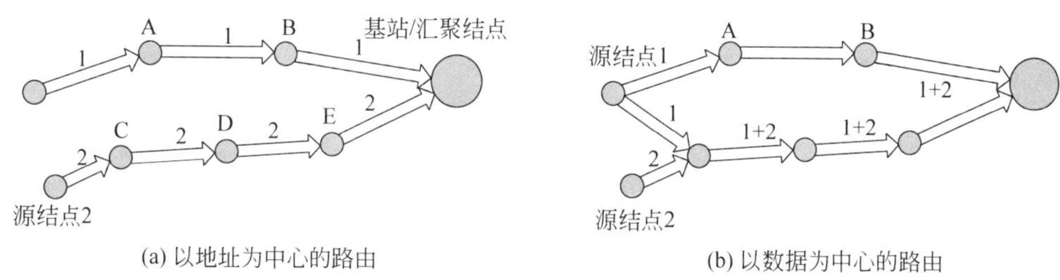

图 7.20　以地址为中心的路由与以数据为中心的路由的区别

在无线传感器网络中，基站或基站子系统是移动通信系统中与无线蜂窝网络关系最直接的基本组成部分。在整个移动网络中基站主要起中继作用。基站与基站之间采用无线信道连接，负责无线发送、接收和无线资源管理。主基站与移动交换中心之间常采用有线信道连接，实现移动用户之间或移动用户与固定用户之间的通信连接。

汇聚结点收集数据时通过反向组播树的形式从分散的传感器结点将数据逐步汇聚起来。当各个传感器结点监测到突发事件时，传输数据的路径形成一棵反向组播树，这棵树就称为数据融合树。如图 7.21 所示，无线传感器网络就是通过融合树来报告监测事件的。

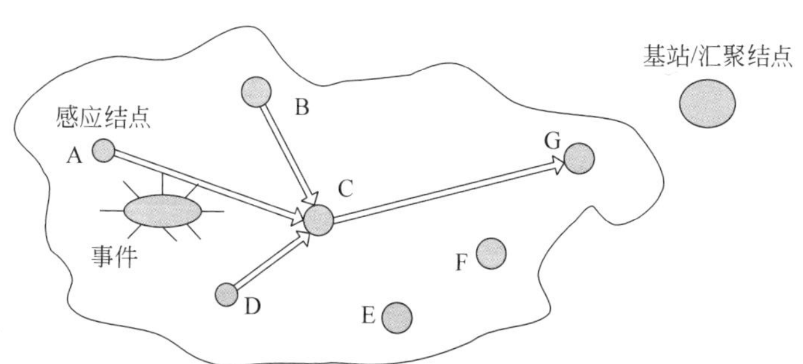

图 7.21　利用数据融合树来报告监测事件

关于数据融合树的构造，可以转化为最小 Steiner 树来求解，它是一个 NP 完全难题。以下给出 3 种不同的非最优的融合算法。

(1) 以最近源结点为中心(Center at Nearest Source,CNS)：以离基站或汇聚结点最近的源结点充当融合中心结点，所有其他数据源将数据发送到该结点，然后由该结点将融合后的数据发送给基站或汇聚结点。一旦确定了融合中心结点，融合树就确定下来。

(2) 最短路径树(Shortest Paths Tree,SPT)：每个源结点都各自沿着到达基站或汇聚结点最短的路径传输数据，这些来自不同源结点的最短路径可能交叉，汇集在一起就形成了融合树。交叉处的中间结点都进行数据融合。当所有源结点各自的最短路径确立时，融合树就基本形成了。

(3) 贪婪增长树(Greedy Incremental Tree,GIT)：这种算法中的融合树是依次建立的。先确定树的主干，再逐步添加枝叶。最初，贪婪增长树只有基站或汇聚结点与距离它最近的结点存在一条最短路径。然后每次都从前面剩下的源结点中选出距离贪婪增长树最近的结点连接到树上，直到所有结点都连接到树上。

上面 3 种算法都比较适合基于事件驱动的无线传感器网络的应用，可以在远程数据传输前进行数据融合处理，从而减少冗余数据的传输量。在数据的可融合程度一定的情况下，上面 3 种算法的节能效率通常为 GIT＞SPT＞CNS。当基站或汇聚结点与传感器覆盖监测区域距离的远近不同时，可能会造成上面算法节能的一些差异。

7.7 未来的物联网软件、服务和算法技术

作为未来互联网的一个不可分割的组成部分，只有与相应的软件相结合，未来的物联网才有可能从人们的想象变为现实。同时也只有通过软件领域的技术进步，人们今天所想的各种新颖应用模式和交互类型才能得以实现，并且网络以及它之中的各种资源、设备与分布式服务才可以为人类所掌控。

所以，软件、服务和算法技术领域的研究将是十分重要的，工作也将是异常繁重的。单就可管理性而言，人们就可以预见以前一些人们并没有充分涉足的领域，如能使软件具有某种程度上的自主配置能力以及在发生问题后具有一定的自我恢复能力等，将会马上变成人们即将面对的技术问题和研究方向。

通过近几年的研究，可以确定服务将在未来的物联网中扮演着关键的角色。

首先，它们可以提供一种很好的方式来封装各种系统功能，如可以从各式各样的底层硬件或者具体实现细节中抽象出通用算法来加以实现并且反复应用。

其次，服务可以进行自主协调以创造出新的、更高等级的服务功能；并且，如果需要的话，服务还可以在远程位置执行，或者在嵌入式设备中的恰当位置进行部署。人们完全有理由相信，通过这些分布式部署和执行的服务逻辑，有时候也被称为分布式智能，将可以解决未来物联网的可扩展性中最为关键的主要问题。

7.8 应用案例：Google 数据中心

Google 数据中心在全球共建有近 40 个大规模数据中心，单个数据中心需要至少 50MW 功率，约等于一个小型城市所有家庭的用电量。它们使用独特的硬件设备、以太网交换机、能源系统等。

Google 数据中心使用廉价的 Linux PC 组成集群，在上面运行各种应用。即使是分布式开发的新手也可以迅速使用 Google 公司的基础设施。其核心组件有 3 个。

(1) GFS(Google File System)。一个分布式文件系统，隐藏下层负载均衡、冗余复制等细节，对上层程序提供一个统一的文件系统 API 接口。Google 根据自己的需求对它进行了特别优化，包括超大文件的访问，读操作比例远超过写操作，PC 极易发生故障造成结点失效等。GFS 把文件分成 64MB 的块，分布在集群的机器上，使用 Linux 的文件系统存放。同时每块文件至少有 3 份以上的冗余。中心是一个 Master 结点，根据文件索引，找寻文件块。详见 Google 公司的工程师发布的 GFS 论文。

(2) MapReduce。Google 发现大多数分布式运算可以抽象为 MapReduce 操作。Map 是把输入 Input 分解成中间的 Key-Value 对，Reduce 把 Key-Value 合成最终输出 Output。这两个函数由程序员提供给系统，下层设施把 Map 和 Reduce 操作分布在集群上运行，并把结果存储在 GFS 上。

(3) BigTable。一个大型的分布式数据库，这个数据库不是关系式数据库。像它的名字一样，就是一个巨大的表格，用来存储结构化的数据。

1. GFS

GFS 是一个可扩展的分布式文件系统，用于大型的、分布式的、对大量数据进行访问的应用。它运行于廉价的普通硬件上，但可以提供容错功能。它可以给大量的用户提供总体性能较高的服务。

1) GFS 的设计观念

GFS 与以往文件系统的不同的观点如下。

(1) 部件错误不再被当作异常，而是将其作为常见的情况加以处理。因为文件系统由成百上千个用于存储的机器构成，而这些机器是由廉价的普通部件组成并被大量的客户机访问。部件的数量和质量使得一些机器随时都有可能无法工作并且有一部分还可能无法恢复。所以实时地监控、错误检测、容错、自动恢复对系统来说必不可少。

(2) 按照传统的标准，文件都非常大。容量达几吉字节的文件是很平常的。每个文件通常包含很多应用对象。当经常要处理快速增长的、包含数以万计的对象、容量达太字节的数据集时，人们很难管理成千上万的千字节规模的文件块，即使底层文件系统提供支持。因此，设计中操作的参数、块的大小必须要重新考虑。对大型文件的管理一定要能做到高效，对小型文件也必须支持，但不必优化。

(3) 大部分文件的更新是通过添加新数据完成的，而不是改变已存在的数据。在一个文件中，随机的操作在实践中几乎不存在。一旦写完，文件就只可读，很多数据都有这些特性。一些数据可能组成一个大仓库以供数据分析程序扫描。有些是运行中的程序连续产生的数据流,有些是档案性质的数据,有些是在某个机器上产生、在另外一个机器上处理的中间数据。这些对大型文件的访问方式、添加操作成为性能优化和原子性保证的焦点,而在客户机中缓存数据块则失去了吸引力。

(4) 工作量主要由两种读操作构成:对大量数据的流方式的读操作和对少量数据的随机方式的读操作。在前一种读操作中,可能要读1MB以上。来自同一个客户的连续操作通常会读文件的一个连续的区域。随机的读操作通常在一个随机的偏移处读几千字节。性能敏感的应用程序通常对少量数据的读操作进行分类并进行批处理以使得读操作稳定地向前推进,而不要让它来回地读。

(5) 工作量还包含许多对大量数据进行的、连续的、向文件添加数据的写操作。所写数据的规模与读相似。一旦写完,文件很少改动。在随机位置对少量数据的写操作也支持,但不必非常高效。

(6) 系统必须高效地实现定义完好的大量客户同时向同一个文件的添加操作的语义。

2) GFS的设计架构(见图7.22)

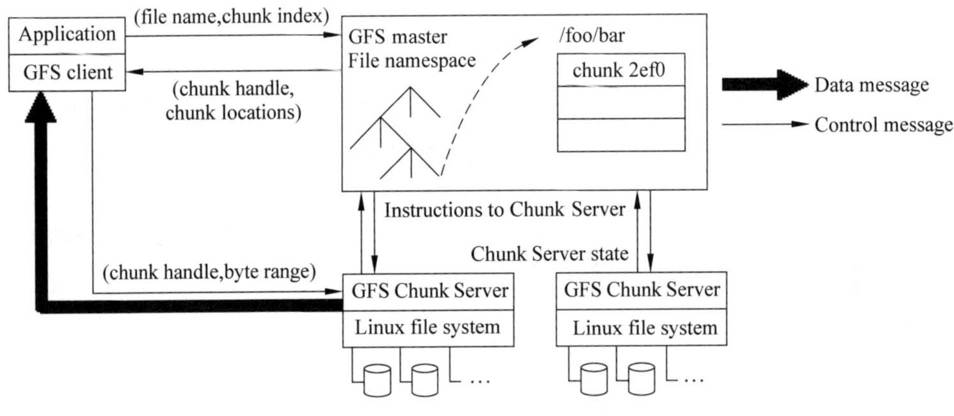

图7.22 GFS的设计架构

一个GFS集群包含一个主服务器(Master)和多个块服务器(Chunk Server),并被多个客户端(Client)访问。文件分成固定大小的块。每个块在创建时都由主服务器分配一个固定不变的64位句柄唯一标识。块服务器把块作为Linux文件存储在本地磁盘上,并根据指定的块句柄和字节范围对数据块进行读写操作。

主服务器维护所有文件系统的元数据,包括名字空间、访问控制信息、文件到块的映射信息以及块当前的位置。此外,主服务器还控制其他系统级的活动。主服务器周期性地与块服务器通信,以下达指令和收集状态。

GFS客户端代码被嵌入到每个应用中。它实现了文件系统API,实现主服务器与块服务器的通信从而代表应用实现读写操作。客户端与服务器交互从而实现元数据操作,但所有的数据操作都通过直接与块服务器交互而完成。

2. MapReduce编程模型系统

MapReduce是一种针对超大规模数据集的编程模型和系统。用MapReduce开发出的程序可在大量商用计算机集群上并行执行、处理计算机的失效以及调度计算机间的通信。

MapReduce 是一种编程模型,用于大规模数据集(大于 1TB)的并行运算。概念 Map(映射)和 Reduce(化简)是它们的主要思想,都是从函数式编程语言里借来的,还有的是从编程语言里借来的特性。它极大地方便了编程人员在不会分布式并行编程的情况下,将自己的程序运行在分布式系统上。当前的软件实现是指定一个 Map(映射)函数,用来把一组键值对映射成一组新的键值对,指定并发的 Reduce(化简)函数,用来保证所有映射的键值对中的每一个共享相同的键组。

MapReduce 的基本思想很直接,它包括用户写的两个程序: Map 和 Reduce,以及一个 Framework,在一个计算机簇中执行大量的每个程序的实例。MapReduce 程序的执行过程如图 7.23 所示。

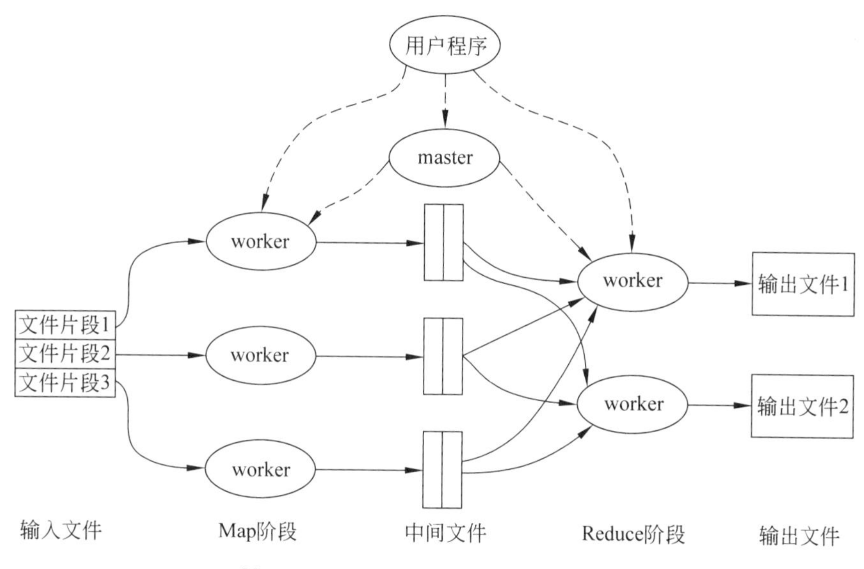

图 7.23　MapReduce 程序的执行过程

3. BigTable 分布式存储系统

BigTable 是一种用来在海量数据规模下(例如,包含以 PB 为单位的数据量和数千台廉价计算机的应用)管理结构化数据的分布式存储系统(见图 7.24)。应用于 Google 地球、网页索引、RSS 阅读器等。

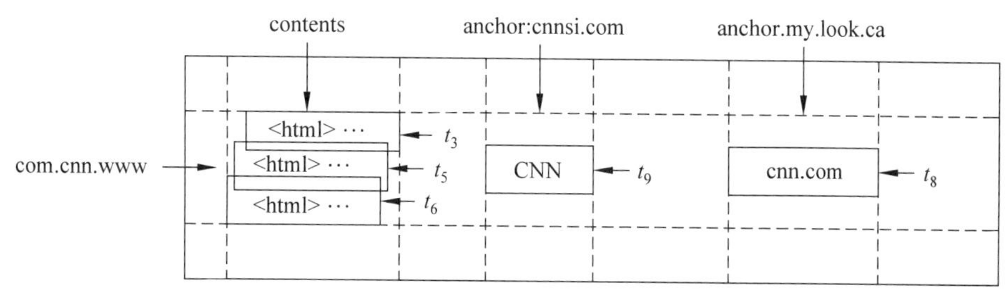

图 7.24　BigTable 分布式存储系统

每个 BigTable 都是一个稀疏的、分布式的多维有序图,按行键值、列键值和时间戳建立索引。

4. 典型数据中心:Hadoop 分布式文件系统

Hadoop 是一个分布式文件系统(Distributed File System)基础架构,用于在大型集群的廉价服务器上运行数据密集型分布式应用程序。由 Apache 基金会开发。在早期实际上是 Google 文件系统与 MapReduce 分布式计算框架及相关 IT 基础服务的开源实现。

用户可以在不了解分布式底层细节的情况下,开发分布式程序。充分利用集群的威力高速运算和存储。Hadoop 实现了一个分布式文件系统(Hadoop Distributed File System, HDFS)。HDFS 有高容错性的特点,并且设计用来部署在低廉的(Low-Cost)硬件上。而且它提供高传输率(High Throughput)来访问应用程序的数据,适合那些有超大数据集(Large Data Set)的应用程序。

Hadoop 包括多个子项目,包括 HDFS、MapReduce、HBase、Chukwa、Pig、ZooKeeper 等。

Hadoop 不但是一个用于存储的分布式文件系统,而且是设计用来在由通用计算设备组成的大型集群上执行分布式应用的框架。

Hadoop 的体系结构如图 7.25 所示。

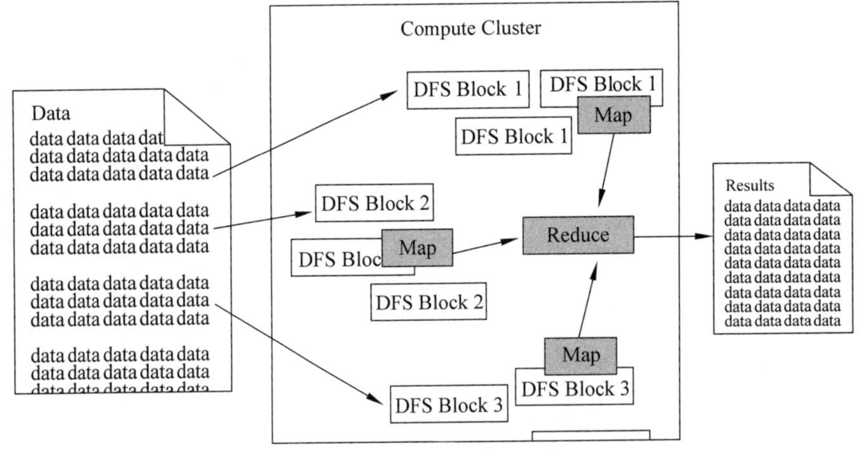

图 7.25 Hadoop 的体系结构

习题与思考题

(1) 什么是中间件?

(2) 简述物联网中间件的设计。

(3) 嵌入式系统的定义是什么?嵌入式软件是如何分类的?

(4) 简要叙述有哪几类微型操作系统,以及常用微型结点操作系统的对比。

(5) 简要概述面向服务的体系结构。

(6) 简述网络存储的技术分类。它们的作用与相互关系怎样?

(7) 举例说明海量数据存储及查询的应用。

(8) 物联网将物理世界与虚拟世界连接起来，这一点在数据库系统中是如何体现的？

(9) 分析传统的关系数据库在应对海量数据处理上的应用难点。

(10) 画出 MapReduce 编程思想的模型示意图。

(11) 什么是数据融合技术？常见的数据融合方法有哪些？数据融合具有哪些显著特点？

(12) 数据融合在传感器网络中的主要作用是什么？数据融合可划分为哪些不同的形式？

第8章　硬件技术

8.1　微电子机械系统

微电子机械系统(Micro Electro Mechanical System,MEMS)是集微型机构、微型传感器、微型执行器以及信号处理控制电路、接口、电源等于一体的机械装置。它将自然界各种物理量,如声、光、压力、加速度、温度以及生物、化学物质的浓度信息转化为电信号,并将电信号送入微处理器得到指令,指令被发送到微执行器上,对自然界的变化做出相应反应。MEMS的特点是体积小、质量小、能耗低、可靠性高和可批量制造。

8.1.1　MEMS简介

MEMS在美国被称为微机电系统,在日本被称为微机械,在欧洲被称为微系统,它是指可批量制作的,集微型机构、微型传感器、微型执行器以及信号处理和控制电路,直至接口、通信和电源等于一体的微型器件或系统。

MEMS是随着半导体集成电路微细加工技术和超精密机械加工技术的发展而发展起来的,目前MEMS加工技术还被广泛应用于微流控芯片与合成生物学等领域,从而进行生物化学等实验室技术流程的芯片集成化(见图8.1)。

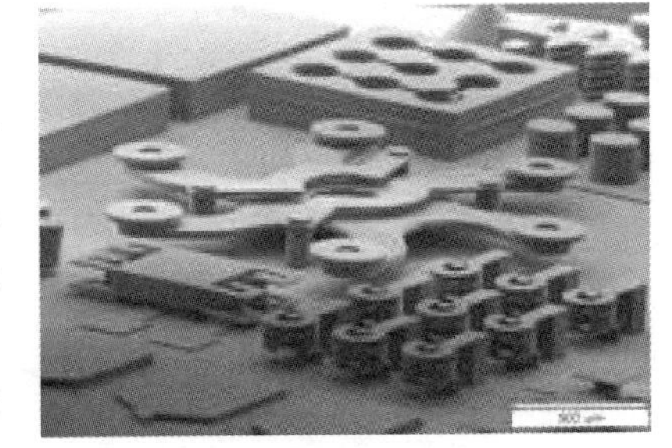

图8.1　微电子机械系统

MEMS是建立在微米/纳米技术基础上的21世纪前沿技术,使之对微米/纳米材料进行设计、加工、制造和控制的技术。它可将机械构件、光学系统、驱动部件、电控系统、数字处理系统集成为一个整体单元的微型系统。

这种微电子机械系统不但能够采集、处理与发送信息或指令,还能够按照所获取的信息自主地或根据外部指令采取行动。它用微电子技术和微加工技术(包括硅体微加工、硅表面微加工、LIGA和晶片键合等技术)相结合的制造工艺,制造出各种性能优异、价格低廉、微型化的传感器、执行器、驱动器和微系统。

8.1.2　发展概述

相对于传统的机械,MEMS的尺寸更小,最大的不超过1cm,甚至仅仅为几微米,其厚度更加微小。采用以硅为主的材料,电气性能优良,硅材料的强度、硬度和杨氏模量与铁相当,密度与铝类似,热传导率接近钼和钨。采用与集成电路类似的生成技术,可大量利用IC生产中的成熟技术、工艺,进行大批量、低成本生产,使性价比相对于传统“机械”制造技术大幅度提高。

完整的MEMS是由微传感器、微执行器、信号处理和控制电路、通信接口和电源等部件组成的一体化的微型器件系统。其目标是把信息的获取、处理和执行集成在一起，组成具有多功能的微型系统，集成于大尺寸系统中，从而大幅度地提高系统的自动化、智能化和可靠性水平。

MEMS第一轮商业化浪潮始于20世纪70年代末80年代初，当时用大型蚀刻硅片结构和背蚀刻膜片制作压力传感器。由于薄硅片振动膜在压力下变形，会影响其表面的压敏电阻曲线，这种变化可以把压力转换成电信号。后来的电路则包括电容感应移动质量加速计，用于触发汽车安全气囊和定位陀螺仪。

MEMS第二轮商业化出现于20世纪90年代，主要围绕PC和信息技术的兴起。TI公司根据静电驱动斜微镜阵列推出了投影仪，而热式喷墨打印头现在仍然大行其道。

MEMS第三轮商业化出现于20世纪与21世纪之交，微光学器件通过全光开关及相关器件而成为光纤通信的补充。尽管该市场现在萧条，但微光学器件从长期看来将是MEMS一个增长强劲的领域。

目前MEMS产业呈现的新趋势是产品应用的扩展，其开始向工业、医疗、测试仪器等新领域扩张。推动第四轮商业化的其他应用包括一些面向射频无源元件、在硅片上制作的音频、生物和神经元探针，以及所谓的“片上实验室”生化药品开发系统和微型药品输送系统的静态和移动器件。

国内MEMS芯片供应商主要有上海微系统所、沈阳仪表所和北京微电子所等，目前形成生产的主要是MEMS压力传感器芯片。

8.1.3 微电子机械系统的应用领域

MEMS用于取代现有仪器或系统中的元器件，最终发展方向是取代现有大系统的集成微光机电系统(Micro Optical Electro Mechanical System，MOEMS)。MEMS目前主要应用在微机械元器件制造、信息、汽车工业、生物医学工程、航空航天、国防军事等多个领域。

1. 微机械元器件制造领域

MEMS技术可加工制造各种微机械元器件，如微马达、微镊子、微齿轮、微开关、微电感、微透镜阵列、微射流器件等，它可使现有仪器设备体积更小、质量更小、能耗更低、可靠性更高。

2. 信息领域

信息领域中，许多器件如硬盘、光盘读写头、喷墨打印头、光开关、光衰减器、光滤波器、射频开关、射频移相器、数字微镜器件(Digital Mirror Device，DMD)、蜂窝电话元器件等都已采用MEMS技术制造。

3. 汽车工业领域

汽车上用于保护驾驶员安全的安全气囊是最成熟的MEMS系统，它由微加速度传感器、微阀门、气体发生器和气囊组成。当汽车发生碰撞时，微加速度传感器如果检测到一定阈值的负加速度,就会打开微阀门,使两种化学物质发生反应生成气体充入气囊,从而保护驾驶员和乘客的安全。此外,汽车上的压力传感器、废气传感器、碰撞传感器、电喷控制、空气流量传感器和陀螺仪等也应用了 MEMS 技术。

4. 生物医学工程领域

MEMS 技术还可用于制造药物输出系统,如微泵、微阀、药物喷雾器等。同时,血压传感器、血糖分析传感器、生物芯片、心脏起搏器和植入式微系统等均在研发中。

5. 航空航天领域

在航空航天领域,MEMS 技术在陀螺仪(见图 8.2)、微加速度计、用于姿态控制的微推进系统、微机械红外非制冷成像系统、微飞行器和微(纳、皮)卫星等仪器中也有所应用。

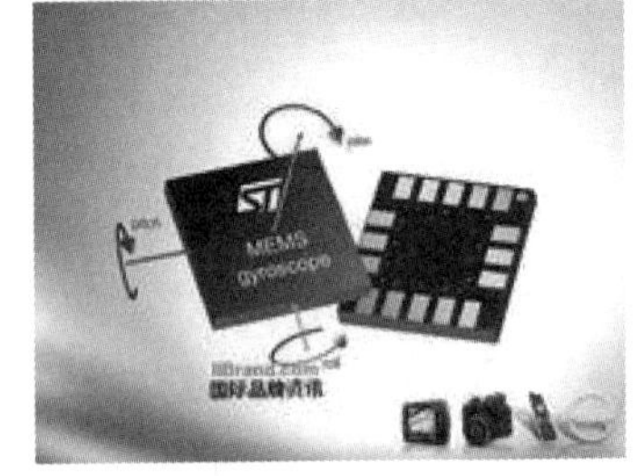

图 8.2　MEMS 陀螺仪

6. 国防军事领域

MEMS 技术在国防军事领域也得到广泛应用,用于构建化学武器识别系统、武器安全引爆系统、敌我识别系统,以及用于地雷探索的磁强传感器,智能炮弹、导弹和微型侦察机等。

8.1.4　微电子机械系统技术

微电子机械系统技术在欧洲也称为微系统技术(Microsystem Technology,MST),是近年来飞速发展的一门高新技术,它综合集成了微电子工艺和其他微加工工艺,加工制造各种微型传感器和微型执行器,并将其综合集成。微电子机械系统技术包含材料、设计与模拟、加工、封装、测试 5 个方面。

1. MEMS 的材料

MEMS 的材料包括导体、半导体和绝缘材料几类。根据不同的使用环境,MEMS 材料要求耐高温、耐低温、耐腐蚀和耐辐射。在微传感器和微执行器的制造中,MEMS 需要使用具有各种功能的材料,如压电材料、压阻材料、磁性材料和形状记忆合金等。

2. MEMS 设计与模拟技术

MEMS 设计与模拟技术包括专用集成电路(Application Specific Integrated Circuit,ASIC)设计、机械微结构设计、加工工艺流程设计,以及微传感器和微执行器结构参数优化与性能模拟等。

3. MEMS 加工技术

MEMS 加工技术主要分为硅微加工技术和非硅微加工技术两类。MEMS 硅微加工技术应用了微电子常规工艺,包括氧化、薄膜制备、光刻、刻蚀、电镀、离子注入等。

MEMS技术与微电子技术的区别是,前者可以制造悬空或可活动的微结构,以及具有高深宽比的三维立体微结构,它主要采用硅表面工艺和体硅工艺技术(包括牺牲层工艺,湿法、干法各向同性和各向异性刻蚀工艺以及键合工艺等)来实现。

非硅MEMS微加工技术包括LIGA、激光、电火花等微加工技术。LIGA技术是Lithographie、Galvanoformung和Abformung三个德语单词的缩写,该技术包含同步辐射X射线光刻、微电铸和微复制3个工艺步骤,能制备高深宽比聚合物和金属微结构,并能采用微复制工艺进行批量生产。

4. MEMS封装技术

MEMS封装技术的目的是建立微传感器和微执行器与专用集成电路的连接,并减少外部环境对微传感器和微执行器工作的影响。MEMS封装技术包括倒焊装、重布线、密封封装和真空封装等。设计MEMS器件的封装往往比设计普通集成电路的封装更加复杂,这是因为工程师常常要遵循一些额外的设计约束,以及满足工作在严酷环境条件下的需求,例如,冲击、温度变化、潮湿、电磁干扰(Electro Magnetic Interference,EMI)和射频干扰(Radio Frequency Interference,RFI)等。

5. MEMS测试技术

MEMS测试技术主要是对微传感器和微执行器的性能,如微结构力学性能、MEMS器件的光学性能、电学性能以及量程、分辨率、响应频率等进行测试。可靠性测试是MEMS产品进入市场的前提,其内容包括高低温、使用环境、疲劳、使用寿命等方面的测试。

8.1.5 产品应用实例

1. 苹果iPhone

iPhone使用了MEMS陀螺仪,iPhone可以在很多应用中使用该技术,如保龄球、高尔夫等运动游戏。另外,该项技术还可以将iPhone与桌面PC游戏结合在一起。苹果公司已经将iPhone用作Mac笔记本的遥控设备,因此,人们可能很快就可以看到苹果公司将iPhone用作PC上的游戏控制设备。

2. 奥林巴斯数码相机

奥林巴斯推出了一款数码相机,使用者可通过敲击LCD显示屏或机身外壳来改变设置、拍照和查看拍摄的照片。例如,当使用者在滑雪坡道上拍照时,无须脱下手套即可操作相机。

3. GPS辅助导航

MEMS压力传感器可以使GPS导航更精确,Sensor Platforms公司和其他供应商都在开发集成有MEMS航位推算功能的系统,这样人们的导航系统就可以跟随人们进入建筑物内(甚至是地铁)而不迷路。其他的开发者在开发把GPS、相机、MEMS传感器集成在一个平台,这样导航系统不但知道使用者身处何处,还知道使用者看到些什么,这样屏幕上的数据交互以确定人们寻找的建筑物。

8.2 移动设备内置传感器硬件平台

8.2.1 内置传感器

有许多传感器可供结点平台使用,使用哪种传感器往往由具体的应用需求以及传感器本身的特点决定。需要根据处理器与传感器的交互方式:通过模拟信号和通过数字信号,选择是否需要外部模数转换器和额外的校准技术。为方便在工程中选用合适的传感器,下面列出常用传感器及其关键特性和生产厂家,如表8.1所示。

表8.1 常用传感器及其关键特性

厂 商	传 感 器	工作电压/V	工作电流	离散采样时间
Taos	可见光传感器	2.7~5.5	1.9mA	330μs
Dallas Semiconductor	温度传感器	2.5~5.5	1mA	400ms
Sensirion	湿度传感器	2.4~5.5	550μA	300ms
Intersema	压强传感器	2.2~3.6	1mA	35ms
Honeywell	磁传感器	Any	4mA	30μs
Analog Devices	加速度传感器	2.5~3.3	2mA	10ms
Panasonic	声音传感器	2~10	0.5mA	1ms
Motorola	烟传感器	6~12	5μA	—
Melixis	被动式红外传感器	Any	0mA	1ms
Li-Cor	合成光传感器	Any	0mA	1ms
Ech2o	土壤水分传感器	2~5	2mA	10ms

8.2.2 微处理器

微处理器是无线传感结点中负责计算的核心,目前的微处理器芯片同时也集成了内存、闪存、模数转化器、数字I/O等,这种深度集成的特征使得它们非常适合在无线传感器网络中使用。

影响结点工作整体性能的微处理器关键性能包括功耗特性、唤醒时间(在睡眠/工作状态间快速切换)、供电电压(长时间工作)、运算速度和内存大小。

为方便在工程中选用合适的微处理器,下面列出常用微处理器及其关键特性和生产厂家,如表8.2所示。

表 8.2　常用微处理器及其关键特性

厂　商	设　　备	发布年份	字长/b	工作电压/V	SRAM/KB	闪存/KB	工作电流/mA	睡眠电流/kA	唤醒时间/μs
Atmel	Atmega128L	2002	8	2.7～5.5	4	128	0.95	5	6
	Atmega1281	2005	8	1.8～5.5	8	128	0.9	1	6
	Atmega1561	2005	8	1.8～5.5	8	256	0.9	1	6
Ember	EM250	2006	16	2.1～3.6	5	128	8.5	1.5	>1000
Freescale	HC05	1988	8	3.0～5.5	0.3	0	1	1	>2000
	HC08	1993	8	4.5～5.5	1	32	1	20	4
	HCS08	2003	8	2.7～5.5	4	60	7.4	1	10
Jennic	JN5121	2005	32	2.2～3.6	96	128	4.2	5	>2500
	JN5139	2007	32	2.2～3.6	192	128	3.0	3.3	>2500
TI	Msp430F149	2000	16	1.8～3.6	2	60	0.42	1.6	6
	Msp430F1611	2004	16	1.8～3.6	10	48	0.5	2.6	6
	Msp430F2618	2007	16	1.8～3.6	8	116	0.5	1.1	1
	Msp430F5437	2008	16	1.8～3.6	16	256	0.28	1.7	5
ZiLOG	eZ80F91	2004	16	3.0～3.6	8	256	50	50	3200

8.2.3　通信芯片

通信芯片是无线传感结点中重要的组成部分，在一个无线传感结点的能量消耗中，通信芯片通常消耗能量最多，在目前常用的结点上，CPU 在工作状态电流仅 500μA，而通信芯片在工作状态电流近 20mA。

低功耗的通信芯片在发送状态和接收状态时消耗的能量差别不大，这意味着只要通信芯片开着，都在消耗差不多的能量。通信芯片的传输距离是选择传感结点的重要指标。发射功率越大，接收灵敏度越高，信号传输距离越远。

常用通信芯片如下。

CC1000：可工作在 433MHz、868MHz 和 915MHz，采用串口通信模式时速率只能达到 19.2kb/s。

CC2420：工作频率为 2.4GHz，是一款完全符合 IEEE 802.15.4 协议规范的芯片，传输速率为 250kb/s。

为方便在工程中选用合适的通信芯片，下面列出常用通信芯片及其关键特性和生产厂家，如表 8.3 所示。

表 8.3 常用通信芯片及其关键特性

厂商	设备	发布年份	唤醒时间/ms	接收灵敏度/dBm	发射灵敏度/dBm	接收电流/mA	发送电流/mA	睡眠电流/μA
Atmel	RF230	2006	1.1	−101	+3	15.5	16.5	0.02
Ember	EM260	2006	1	−99	+2.5	28	28	1.0
Freescale	MC13192	2004	7～20	−92	+4	37	30	1.0
	MC13202	2007	7～20	−92	+4	37	30	1.0
	MC13212	2005	7～20	−92	+3	37	30	1.0
Jennic	JN5121	2005	>2.5	−93	+1	38	28	<5.0
	JN5139	2007	>2.5	−95.5	+0.5	37	37	2.8
TI	CC2420	2003	0.58	−95	0	18.8	17.4	1
	CC2430	2005	0.65	−92	0	17.2	17.4	0.5
	CC2520	2008	0.50	−98	+5	18.5	25.8	0.03

8.3 数字传感器及网络接口技术

8.3.1 数字传感器

随着信息化的发展，传感器的功能已突破传统的功能，其输出不再是单一的模拟信号，而是经过微计算机处理好的数字信号，有的甚至带有控制功能，这就是所说的数字传感器。随着计算机的飞速发展以及单片机的日益普及，世界进入数字时代，人们在处理被测信号时首先想到的是计算机(或单片机)，具有输出信号便于计算机处理的传感器就是数字传感器。

数字传感器的特点如下。

(1) 数字传感器将模拟信号转换成数字信号输出，提高了传感器输出信号抗干扰能力，特别适用于电磁干扰强、信号距离远的工作现场。

(2) 软件对传感器线性修正及性能补偿，减少系统误差。

(3) 一致性与互换性好。

数字传感器的结构框图如图 8.3 所示。

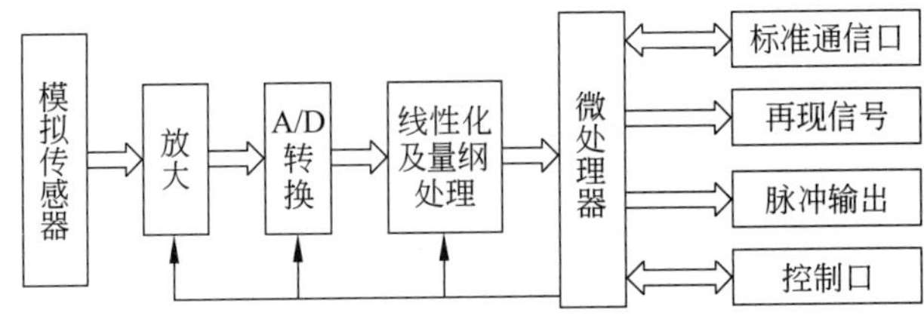

图 8.3 数字传感器的结构框图

模拟传感器产生的信号经过放大、A/D 转换、线性化及量纲处理后变成纯粹的数字信号，该数字信号可根据要求以各种标准的接口形式(如 232、422、485、USB 等)与中央处理机相连，可以输出线性无漂移地再现模拟信号，按照给定程序去控制某个对象（如电动机）等。

8.3.2　传感器的网络化

传感器的网络化是传感器领域发展的一项新兴技术。传感器的网络化是利用 TCP/IP，使现场测控数据就近接入网络，并与网络上有通信能力的结点直接进行通信，实现数据的实时发布和共享。由于传感器自动化、智能化水平的提高，多台传感器联网已推广应用，虚拟仪器、三维多媒体等新技术开始实用化，因此，通过 Internet，传感器与用户之间可异地交换信息，厂商能直接与异地用户交流，能及时完成如传感器故障诊断、软件升级等工作，传感器操作过程更加简化，功能更换和扩张更加方便。

传感器的网络化目标是采用标准的网络协议，同时采用模块化结构将传感器和网络技术有机地结合起来。敏感元件输出的模拟信号经 A/D 转换及数据处理后，由网络处理装置根据程序的设定和网络协议（TCP/IP）将其封装成数据帧，并加上目的地址，通过网络接口传输到网络上。

反过来，网络处理器又能接收网络上其他结点传给自己的数据和命令，实现对本结点的操作，这样传感器就成为测控网中的一个独立结点。网络化传感器的基本结构如图 8.4 所示。

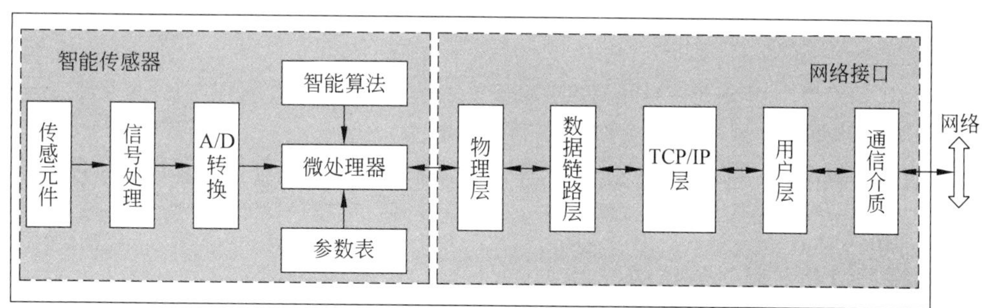

图 8.4　网络化传感器的基本结构

8.4　未来的物联网硬件技术

物联网的建设和发展毫无疑问需要硬件适应能力、并行处理能力等领域研究的支持，特别是对于片上极低功耗多处理器系统来说，需要在设计时就充分考虑自动适应和自主组织等能力的要求，以应付未来物联网环境中各种各样无法预知的环境和情况。

还需要在极低功耗的现场可编程逻辑阵列（Field Programmable Gate Array，FPGA）领域进行努力，开发出可以完全自主改变配置，或者是一部分可以进行自主参数调整的硬件元器件，以便让未来物联网中的设备可以随时根据环境的变化自主地进行各项所需的调整工作。

超大规模集成电路（Very Large Scale Integration，VLSI）领域的研究，特别是对于具有可扩展能力、感知能力和自主认知能力的硬件系统的研发工作，将通过使用专有的特殊算法彻底改变现有芯片上的各种映射规则与拓扑关系。

同时,还需要开发出上下文切换体系结构,从而让物联网中的物品可以根据预先定义的场景以及设备之间的相互关系,自主地在一系列配置参数之间进行转换。

最后,具有自适应能力以及运行时自主分析能力的片上自适应网络元器件和体系将伴随着物联网及其应用的各种需求而发展起来。通过这些片上自适应网络元器件与体系,未来的物联网中的基础通信和交互设施将可以根据环境和应用中不断变化的通信需求自主地进行适当的响应。

本领域中一些需要解决的问题和主要研究内容包括如下。

(1) 纳米技术——设备和电路的微型化以及精巧化。

(2) 各种传感器技术——嵌入式传感器技术、嵌入式驱动装置技术。

(3) 衔接纳米和微系统的各种技术解决方案。

(4) 通信技术——天线技术、高效节能的射频前端技术。

(5) 纳米电子学——纳米电子元器件设备和纳米电子元器件技术,具有自主配置、自我优化、自动修复能力的电路体系结构。

(6) 聚合物电子学。

(7) 嵌入式系统——微能源消耗和供给的微型处理器/微型控制器技术、硬件加速技术。

(8) 低成本、高性能的安全识别/认证设备。

(9) 低成本硬件制造技术。

(10) 防篡改、抗干扰技术,在旁侧信息通道上具有感知能力或者具有警觉性的硬件设计技术。

8.5 应用案例:基于无线通信M2M模块的道路照明解决方案

1. 物联网道路照明系统结构

基于物联网无线通信M2M模块控制道路照明系统结构如图8.5所示,通过在每盏路灯中嵌入一个无线通信模块,使它们自组网络,接收控制中心的命令并将路灯的状态反馈给控制中心。

HG-2控制箱采用ZigBee技术与所管辖道路的所有路灯通信,采用GPRS与控制中心通信,根据控制中心的指令或时间和日照亮度对每盏路灯发出控制命令(路灯开启、关闭、照明度等),自动调节整条道路的功率平衡;控制中心由服务器、大屏显示、CenterView中央控制系统软件平台等组成,CenterView中央控制系统软件平台采用3D设计,通过缩放变换以俯视的角度观察和控制到整个城市、一个街道、一条道路甚至一盏路灯的照明情况;移动计算工具(笔记本计算机、PDA、手机)和路灯维护车也能通过控制中心进行远程遥测和遥控。

2. 无线采集通信模块

无线采集通信模块的MCU为Freesclae公司MC13213,MC13213采用SiP技术在9mm×9mm的LGA封装内集成了MC9S08GT主控MCU和MC1320x射频收发器,如图8.6所示。

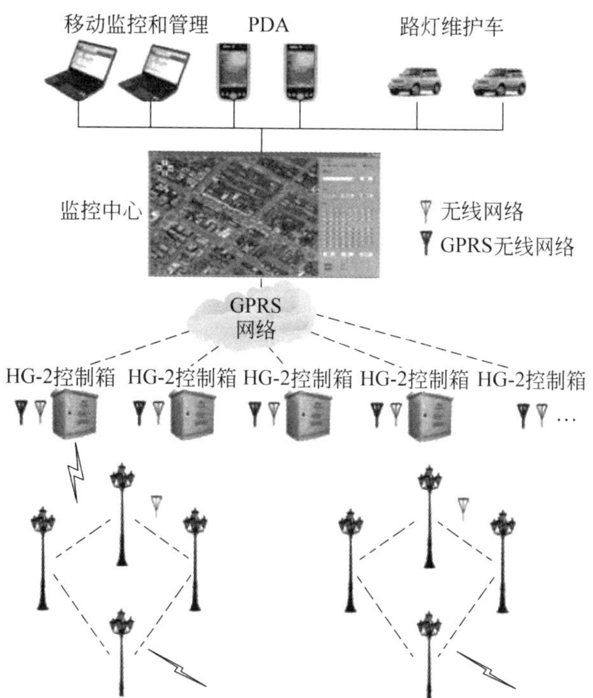

图 8.5　无线通信 M2M 模块控制道路照明系统结构

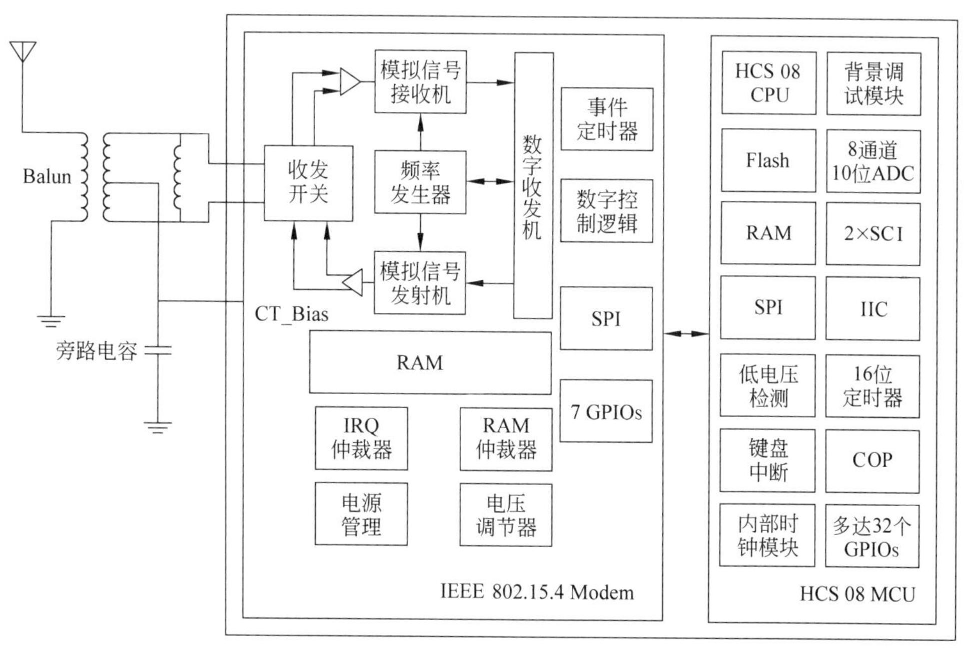

图 8.6　无线采集通信模块的结构

无线通信模块采用 ZigBee 技术、IEEE 802.15.4 协议，通信覆盖半径可达 150m，能与在其覆盖范围内的任何路灯结点自组网络和进行通信，除了实现路灯的物物相连以外，还具有调节电子镇流器的功率输出（30％～100％），实现节能和绿色照明，检测供电线路的电流、电压、功率因数以及每一盏灯的工作状态，当发生故障（如灯具损坏、灯杆撞击、人为破坏）时，实时向监控中心和相关部门报警等功能。

无线通信模块还进行了防雨、防潮、防雷电、防电磁干扰设计，并充分考虑了安装方便、维护简单和可恢复性(接入两根线就实现了路灯级的无线控制，拆除两根线又恢复到原来的状态)，可以嵌入在路灯的不同位置(灯杆底部、灯杆内、灯罩内)。

图 8.7 远程无线通信模块

3. 通信协议

远程无线通信模块(见图 8.7)的通信协议如下：对照明实施按路段顺序编号，通过命令转发和状态返回实现结点之间"手拉手"的通信。命令转发机制：每个结点通过一个位示图结构来记录哪些帧已经被转发(位示图最多可以表示 256 帧)，如果结点接收到命令帧后，判断该帧是否已经被该结点转发，如已转发则丢弃该帧(结点只对收到的命令帧进行转发，对帧的内容不做修改)，从而保证了以最快的速度控制一条线路，并且有效防止了某个结点故障影响整条线路的工作。状态返回机制：命令帧发送到达指定结点后，该指定结点则接收该命令并立即返回状态。转发规则：只有结点号比目标结点号小才转发，状态返回过程则相反。

4. 与中央监控的连接

一条传输通信链路由若干个 ZigBee 结点组成，在这些结点的中间设置一个簇结点(一条道路可以设置一个或多个簇结点)，其作用是以 GPRS 的方式与控制中心通信(命令接收和状态返回)，簇结点采用 Freescale 公司 32 位 CodeFire 系列 MCF52223 芯片作为控制单元，GTM900B(华为 GPRS 通信模块)和 EM770W(华为 WCDMA 的 3G 通信模块)作为远距离无线通信模。MCF5222x 系列利用常用的 V2ColdFire 内核构建而成，在 80MHz 的频率下性能高达 76MIPS(Dhrystone 2.1)，接口功能包括：一个 MiniUSB 接口，支持 USBOTG 功能，3 个 2 线串口，一个麦克风输入接口，一个 HEADSET 输入输出接口，一个 HANDSET 输入输出接口，一个 8Ω/16Ω 扬声器输出接口，一个 132×96 点阵 LED，一个 5×5按键键盘，支持 RTC、ADC、PIT&GPT、PWM 等；GTM900B 和 EM770W 则完成远距离的 GPRS 通信。

5. 控制中心软件设计

控制中心的软件设计平台为 Windows 2003，开发工具是 Visual Studio 2005，数据库使用 SQL Server 2005，与地理信息系统相结合，在获取了街道、建筑物以及路灯的位置、形状等特征信息后，设计以路灯为主体的三维虚拟城市，在控制中心大屏幕上动态显示道路的照明效果，并可以通过平移、放大、缩小等几何变换，观察整个城市、街道甚至每一盏路灯的照明情况。

该软件主要有 5 个功能模块：系统设置、智能控制、电量核算、故障处理和紧急预案。系统设置中的区域设置有市、区、街道和电控箱 4 种。

路灯设置有路灯的位置、型号、生产单位、施工单位、维护责任人，安装日期、清洗维护日期等；亮灯方式设置有全开、全关、单号路灯开、单号路灯关、双号路灯开、双号路灯关、1/3 路灯开、1/3 路灯关、1/4 路灯开、1/4 路灯关、智能控制 11 种控制方式。

时段设置可根据不同的城市、不同的季节设置不同时段的亮灯方式。智能控制有两方面内容：针对安装了电子型路灯的路段，根据季节变化和天气状况，通过实时采样环境光强度，对路灯的照明亮度进行智能调节。

在夜间，特别是深夜当检测到汽车和行人的流量十分稀少时，在不影响辨认可靠的情况下，适当降低道路的照明亮度，节约电耗；电量核算能对市、区、街道、电控箱甚至每盏路灯进行用电量的统计和核算；故障处理是对灯具损坏、断电、断相、过流、过压、三相不平衡以及人为破坏等情况，在第一时间向监控中心报警后迅速生成故障报告。

故障处理的另一个功能是按路段和时段（年、季度、月）统计亮灯率、故障率、每次故障处理的效率（平均修理时间）。紧急预案是对一些突发事件制定的紧急预案，在特殊情况下，尽可能提供合适的道路照明，保证人民生命财产的安全。

6. 实际应用

物联网的道路照明系统自 2009 年 5 月以来，在某国家级工业园区进行了安装和测试，安装环境为同一条道路两边的各 100 盏路灯，道路左边的 100 盏路灯采用无线传感智能控制，共增加成本 24 600 元，道路右边的 100 盏路灯采用常规的控制方式（半夜后单双号间隔开灯 18:30～6:30），测试结果如表 8.4 所示。

表 8.4　物联网道路照明系统应用效果对比

照明系统	平均点亮时间	耗电总度数	节电总度数
传统控制方式右边路灯（100 盏×250w/h）	91 天×12 小时/天	27 300 度	0
物联网控制方式左边路灯（100 盏×250w/h）	91 天×6 小时/天	11 375 度	15 925 度

从表中可以看出，采用物联网的智能控制，通过实际测试，物联网控制的 100 盏路灯在 91 天中，节约电能 15 925 度，一般情况下在产品投入的半年内就可以收回全部投资。

电耗降低有以下几个方面因素。

开启关闭时间的调整，道路右边的路灯传统控制方式是根据季节设定开闭时间（定时控制）并且是全功率开全功率闭，道路左边的物联网路灯控制方式是环境光强度和季节自动控制开闭时间，开启时，由于路面上尚有较强的环境光，路灯以补光的方式工作，逐渐增加照明强度，路灯关闭控制类似。

深夜控制模式，由于深夜时企业与居民用电负荷减少，低压电网电压升高，常规控制方式下的路灯（道路右边）异常明亮、炫目，往往造成过度照明，不仅大大增加耗电，同时也导致灯具、电器实际使用寿命迅速下降，大量增加维护量和维护费用，道路左边的物联网深夜控制模式，采用降功率照明，不但降低耗电，还能改善道路照明质量和视觉舒适度，延长灯具、电器的实际使用寿命。

道路照明的智能控制，对有学校、居民密集的小区、道路转弯处、事故多发地带等特殊路段，适当提高照明亮度，其余路段则适当降低照明亮度。

采用物联网智能路灯控制后对故障自动侦测、报警具有实时性好、可靠性强各项优点，极大地缩短了由人工定期巡查检测的时间和劳动强度。

本案例基于无线传感器网络，选择 Freesclae 公司 MC13213 芯片，设计了一种嵌入式无线通信模块,使整条道路的每一盏路灯自主联网,使用Freescale公司的MCF52223芯片、华为公司的MG323和EM770W作为远程通信模块,实现了路灯的遥测、遥控,对节约公共资源,建设数字化和节约型城市有较高的实际应用价值。

习题与思考题

(1) 简要叙述微电子机械系统的组成,以及MEMS英文简写的含义。

(2) MEMS的定义是什么?MEMS的优点和特点是什么?

(3) 试分析微电子机械系统在各领域里的应用。

(4) 分析微电子机械系统技术的关键技术。

(5) 简述数字传感器的结构。

(6) 移动设备内置传感器硬件平台由哪几部分组成?它们的作用与相互关系怎样?

(7) 简述未来的物联网硬件技术发展方向。

第 9 章　数据和信号处理技术

9.1　可扩展标记语言

9.1.1　可扩展标记语言简介

可扩展标记语言(Extensible Markup Language,XML)与 HTML 一样,标准通用标记语言都是(Standard Generalized Markup Language,SGML)。XML 是 Internet 环境中跨平台的、依赖于内容的技术,是当前处理结构化文档信息的有力工具。

XML 是一种简单的数据存储语言,使用一系列简单的标记描述数据,而这些标记可以用方便的方式建立,虽然 XML 比二进制数据要占用更多的空间,但 XML 极其简单且易于掌握和使用。

1. XML 语法

在 XML 中,采用了如下语法。

(1) 任何起始标签都必须有一个结束标签。

(2) 可以采用另一种简化语法,可以在一个标签中同时表示起始标签和结束标签。这种语法是在大于符号之前紧跟一个斜线(/),例如＜tag/＞。XML 解析器会将其翻译成＜tag＞＜/tag＞。

(3) 标签必须按合适的顺序进行嵌套,所以结束标签必须按镜像顺序匹配起始标签,例如,this is a sample string 和＜script＞while(1){alert("this is a sample string")}＜/script＞这好比是将起始和结束标签看作是数学中的左右括号:在没有关闭所有的内部括号之前,是不能关闭外面的括号的。

(4) 所有的特性都必须有值。

(5) 所有的特性都必须在值的周围加上双引号。

2. XML 实例

XML 实例如下:

```
<?xml version="1.0"encoding="ISO-8859-1"?>
    <bookstore>
    <book id="No1">
    <title>An Introduction to XML</title>
    <author>Chunbin</author>
    <year>2010</year>
    <price>98.0</price>
```

```
</book>
<book id="No2">
<title>The Performance of DataBase</title>
<author>John</author>
<year>1996</year>
<price>56.0</price>
</book>
</bookstore>
```

上面的 XML 文档对应的树状结构如图 9.1 所示。

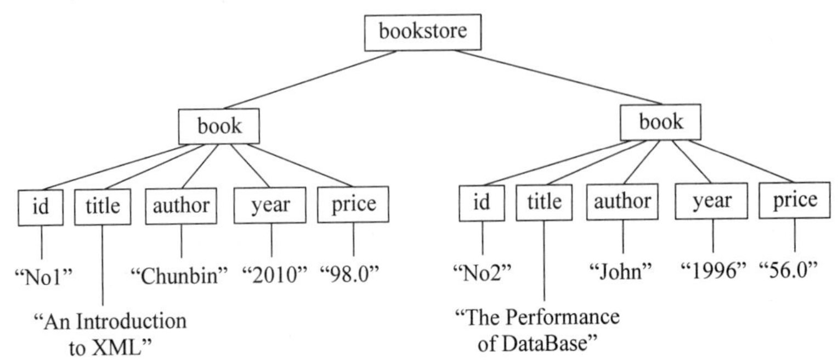

图 9.1 XML 文档对应的树状结构

9.1.2 可扩展标记语言特性

XML 与 Access、Oracle 和 SQL Server 等数据库不同，数据库提供了更强有力的数据存储和分析能力，例如，数据索引、排序、查找、相关一致性等，XML 仅仅是展示数据。事实上，XML 与其他数据表现形式最大的不同是它极其简单。

XML 与 HTML 的设计区别：XML 是用来存储数据的，重在数据本身；而 HTML 是用来定义数据的，重在数据的显示模式。

XML 的简单使其易于在任何应用程序中读写数据，这使 XML 很快成为数据交换的唯一公共语言，虽然不同的应用软件也支持其他数据交换格式，但不久之后它们都将支持 XML，这就意味着程序可以更容易地与 Windows、Mac OS、Linux 以及其他平台下产生的信息结合，然后可以很容易加载 XML 数据到程序中并分析它，并以 XML 格式输出结果。

为了使 SGML 显得用户友好，XML 重新定义了 SGML 的一些内部值和参数，去掉了大量的很少用到的功能，这些繁杂的功能使得 SGML 在设计网站时显得复杂化。XML 保留了 SGML 的结构化功能，这样就使得网站设计者可以定义自己的文档类型，XML 同时也推出一种新型文档类型，使得开发者也可以不必定义文档类型。

9.1.3 可扩展标记语言文档结构

每个 XML 文档都由 XML 序言开始，在前面的代码中的第一行便是 XML 序言，即<?xml version="1.0"?>。这一行代码会告诉解析器和浏览器，这个文件应该按照前面讨论过的 XML 规则进行解析。第二行代码<books>，则是文档元素(Document Element)，它是文件中最外面的标签(我们认为元素(element)是起始标签和结束标签之间的内容)。所有其他的标签必须包含在这个标签之内来组成一个有效的 XML 文件。XML 文件的第二行并不一定要包含文档元素;如果有注释或者其他内容,文档元素可以迟些出现。

范例文件中的第三行代码是注释,它与 HTML 中使用的注释风格一样。这是 XML 从 SGML 中继承的语法元素之一。

页面再往下的一些地方,可以发现＜desc＞标签里有一些特殊的语法。＜! [CDATA [ ]]＞代码用于表示无须进行解析的文本,允许诸如大于号和小于号之类的特殊字符包含在文本中,而无须担心破坏 XML 的语法。文本必须出现在＜! [CDATA[和]]＞之间才能合适地避免被解析。这样的文本称为 Character Data Section,简称 CData Section。

XML 文档结构如图 9.2 所示。

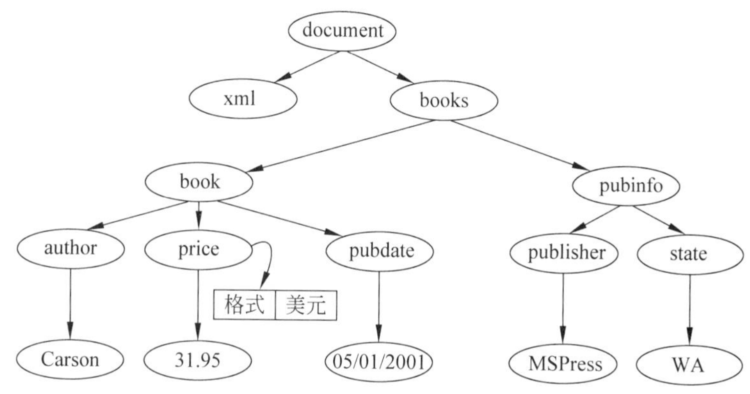

图 9.2 XML 文档结构

在前面的代码中,下面的一行就是在第二本书的定义之前的:

```
<?page render multiple authors?>
```

虽然它看上去很像 XML 序言,但实际上是一种称为处理指令(Processing Instruction, PI)的不同类型的语法。PI 的目的是为了给处理页面的程序(例如 XML 解析器)提供额外的信息。PI 通常情况下是没有固定格式的,唯一的要求是紧随第一个问号必须至少有一个字母。在此之后,PI 可以包含除了小于号和大于号之外的任何字符串序列。

9.1.4 XML 的优势

XML 的优势有以下 7 个方面。

1. XML 可以从 HTML 中分离数据

通过 XML,可以在 HTML 文件之外存储数据。在不使用 XML 时,HTML 用于显示数据,数据必须存储在 HTML 文件之内;使用了 XML,数据就可以存放在分离的 XML 文档中。这种方法可以让人们将精力集中到使用 HTML 做好数据的显示和布局上,并确保数据改动时不会导致 HTML 文件也需要改动。这样可以方便维护页面。

XML 数据同样可以以“数据岛”的形式存储在 HTML 页面中。人们仍然可以将精力集中到使用 HTML 格式化和显示数据上去。

2. XML 用于交换数据

通过 XML,人们可以在不兼容的系统之间交换数据。在现实生活中,计算机系统和数据库系统所存储的数据有 N^N 种形式,对于开发者来说,最耗时间的就是在遍布网络的系统之间交换数据。把数据转换为 XML 格式存储将大大减少交换数据时的复杂性,并且还可以使得这些数据能被不同的程序读取。

3. XML 和 B2B

使用 XML,可以在网络中交换金融信息。在不远的将来,可以看到很多关于 XML 和 B2B(Business to Business)的应用。XML 正在成为遍布网络的商业系统之间交换金融信息所使用的主要语言。许多与 B2B 有关的完全基于 XML 的应用程序正在开发中。

4. XML 可以用于共享数据

通过 XML,纯文本文件可以用来共享数据。既然 XML 数据是以纯文本格式存储的,那么 XML 提供了一种与软件和硬件无关的共享数据方法。这样创建一个能够被不同的应用程序读取的数据文件就变得简单了。同样,升级操作系统、升级服务器、升级应用程序、更新浏览器就容易多了。

5. XML 可以用于存储数据

利用 XML,纯文本文件可以用来存储数据。大量的数据可以存储到 XML 文件中或者数据库中。应用程序可以读写和存储数据,一般的程序可以显示数据。

6. XML 可以充分利用数据

使用 XML,数据可以被更多的用户使用。由于 XML 是与软件、硬件和应用程序无关的,所以可以使数据被更多的用户、更多的设备所利用,而不仅仅是基于 HTML 标准的浏览器。其他的客户端和应用程序可以把 XML 文档作为数据源来处理,就像它们对待数据库一样,数据可以被各种各样的“阅读器”处理,这时对某些人来说是很方便的,如盲人或者残疾人。

7. XML 可以用于创建新的语言

XML 是 WAP 和 WML 语言的“母亲”,而无线标记语言可用于标识运行于手持设备上的 Internet 程序。

9.2 高性能计算

高性能计算(High Performance Computing,HPC)是计算机科学的一个分支,主要是指从体系结构、并行算法和软件开发等方面研究开发高性能计算机的技术。

9.2.1　高性能计算概述

HPC 通常指使用很多处理器(作为单个机器的一部分)或者某一集群中组织的几台计算机(作为单个计算资源操作)的计算系统和环境。有许多类型的 HPC 系统,其范围从标准计算机的大型集群,到高度专用的硬件。大多数基于集群的 HPC 系统使用高性能网络互连,如那些来自 InfiniBand 或 Myrinet 的网络互连。基本的网络拓扑和组织可以使用一个简单的总线拓扑,在性能很高的环境中,网状网络系统在主机之间提供较短的潜伏期,所以可改善总体网络性能和传输速率。

图 9.3 显示了一 HPC 网状网络拓扑系统。在网状网络拓扑中,该结构支持通过缩短网络结点之间的物理和逻辑距离来加快跨主机的通信。

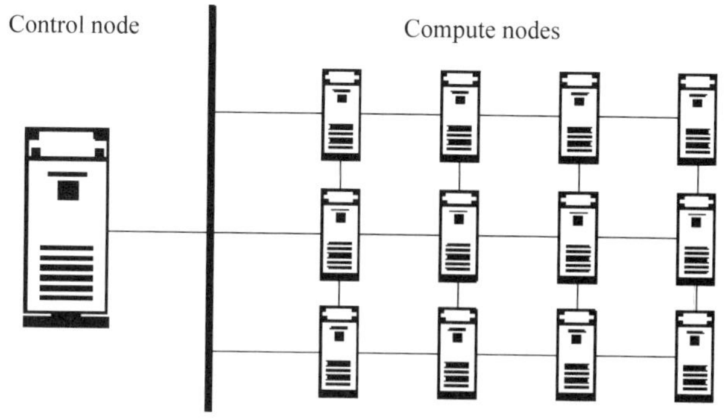

图 9.3　HPC 网状网络拓扑系统

尽管网络拓扑、硬件和处理硬件在 HPC 系统中很重要,但是使系统如此有效的核心功能是由操作系统和应用软件提供的。

HPC 系统使用的是专门的操作系统,这些操作系统被设计为看起来像是单个计算资源。正如从图 9.3 中可以看到的,其中有一个控制结点,该结点形成了 HPC 系统和客户机之间的接口。该控制结点还管理着计算结点的工作分配。

对于典型 HPC 环境中的任务执行,有两个模型:单指令多数据(Single Instruction Multiple Data,SIMD)和多指令多数据(Multiple Instruction Multiple Data,MIMD)。SIMD 在跨多个处理器的同时执行相同的计算指令和操作,但对于不同数据范围,它允许系统同时使用许多变量计算相同的表达式。MIMD 允许 HPC 系统在同一时间使用不同的变量执行不同的计算,使整个系统看起来并不只是一个没有任何特点的计算资源(尽管它功能强大),可以同时执行许多计算。

不管是使用 SIMD 还是 MIMD,典型 HPC 的基本原理仍然是相同的:整个 HPC 单元的操作和行为像是单个计算资源,它将实际请求的加载展开到各个结点。HPC 解决方案也是专用的单元,被专门设计和部署为能够充当(并且只充当)大型计算资源。

9.2.2　高性能计算机的应用

大家已逐渐认同这一观点,高性能计算机是价格在 10 万元以上的服务器。之所以称为高性能计算机,主要是它跟微机与低档PC服务器相比而言具有性能、功能方面的优势。高性能计算机也有高、中、低档之分,中档系统市场发展最快。从应用与市场角度来划分,中高档系统可分为两种:一种是超级计算机,主要用于科学工程计算及专门的设计,如Cray T3E;另一种是超级服务器,可以用来支持计算、事务处理、数据库应用、网络应用与服务,如IBM的SP和国产的曙光2000(见图9.4)。

图9.4 曙光2000

总的来说,国外的高性能计算机应用已经具有相当的规模,在各个领域都有比较成熟的应用实例。在政府部门大量使用高性能计算机,能有效地提高政府对国民经济和社会发展的宏观监控和引导能力,包括打击走私、增强税收、进行金融监控和风险预警、环境和资源的监控和分析等。

高性能计算机在国内的研究与应用已取得了一些成功,包括曙光2000超级服务器的推出和正在推广的一些应用领域,如航空航天工业中的数字风洞,可以减少实验次数,缩短研制周期,节约研制费用;利用高性能计算机进行气象预报和气候模拟,对厄尔尼诺现象及灾害性天气进行预警,国家气象局利用国产高性能计算机,对北京地区进行了集合预报、中尺度预报和短期天气预报,取得了良好的预报结果。此外,在生物工程、生物信息学、船舶设计、汽车设计和碰撞模拟以及三峡工程施工管理和质量控制等领域都有高性能计算机成功应用的实例。

9.2.3 高性能计算分类

高性能计算的分类方法很多。这里从并行任务间的关系角度来对高性能计算分类。

1. 高吞吐计算(High-Throughput Computing)

有一类高性能计算,可以把它分成若干可以并行的子任务,而且各个子任务彼此间没有关联。因为这种类型应用的一个共同特征是在海量数据上搜索某些特定模式,所以把这类计算称为高吞吐计算。Internet计算都属于这一类。按照Flynn的分类,高吞吐计算属于SIMD的范畴。

2. 分布计算(Distributed Computing)

另一类计算刚好与高吞吐计算相反,它们虽然可以给分成若干并行的子任务,但是子任务间联系很紧密,需要大量的数据交换。按照Flynn的分类,分布式的高性能计算属于MIMD的范畴。

9.2.4 分布式计算

分布式计算就是在两个或多个软件互相共享信息,这些软件既可以在同一台计算机上运行,也可以在通过网络连接起来的多台计算机上运行。分布式计算是利用互联网上计算机的CPU的闲置处理能力来解决大型计算问题的一种计算科学。分布式计算是近年提出的一种新的计算方式。

分布式计算是一门计算机科学。它研究如何把一个需要非常巨大的计算能力才能解决的问题分成许多小的部分,然后把这些部分分配给许多计算机进行处理,最后把这些计算结果综合起来得到最终结果。

最近的分布式计算项目已经被用于使用世界各地成千上万志愿者的计算机的闲置计算能力,通过因特网,可以分析来自外太空的电信号,寻找隐蔽的黑洞,并探索可能存在的外星智慧生命;可以寻找超过 1000 万位数字的梅森质数;也可以寻找并发现对抗艾滋病毒更为有效的药物。用于完成需要惊人的计算量的庞大项目。

随着计算机的普及,个人计算机开始进入千家万户。与之伴随产生的是计算机的利用问题。越来越多的计算机处于闲置状态,即使在开机状态下 CPU 的潜力也远远不能被完全利用。可以想象,一台家用的计算机将大多数的时间花费在"等待"上面。即便是使用者实际使用他们的计算机时,处理器依然是寂静的消费,依然是不计其数的等待(等待输入,但实际上并没有做什么)。互联网的出现,使得连接调用所有这些拥有限制计算资源的计算机系统成了现实。

9.2.5　网格计算

网格(Grid)已经成为高性能计算的一个新的研究热点,是非常重要的新兴技术。网格计算环境的应用模式将仍然是 Internet/Web,但 5～10 年后,信息网格模式将逐渐成为主流。

网格计算系统的关键元素是网格中的各个结点,它们不是专门的专用组件。在网格中,各种系统常常基于标准机器或操作系统,而不是基于大多数并行计算解决方案中使用的严格受控制的环境。位于这种标准环境顶部的是应用软件,它们支持网格功能。网格可能由一系列同样的专用硬件、多种具有相同基础架构的机器或者由多个平台和环境组成的完全异构的环境组成。专用计算资源在网格中并不是必需的。许多网格是通过重用现有基础设施组件产生新的统一计算资源来创建的。网格计算覆盖范围如图 9.5 所示。

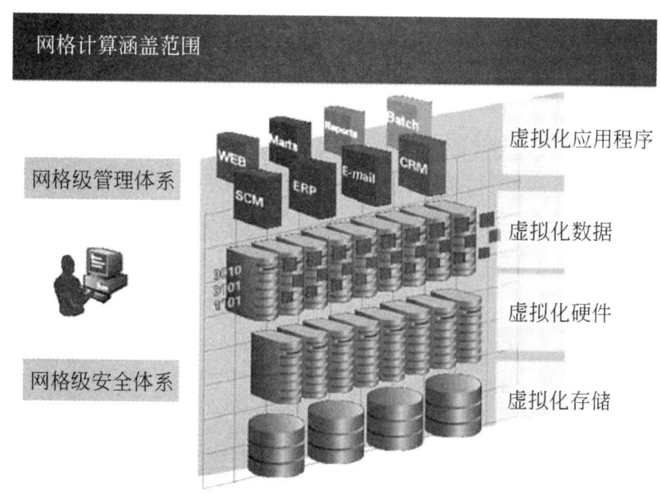

图 9.5　网格计算覆盖范围

网格与传统HPC解决方案之间的其他主要不同：HPC解决方案设计用于提供特定资源解决方案，如强大的计算能力以及在内存中保存大量数据以便处理它们的能力。另外，网格是一种分布式计算资源，这意味着网格可以根据需要共享任何组件，包括内存、CPU电源，甚至磁盘空间。

因为这两个系统之间存在这些不同，因此开发出了简化该过程的不同编程模型和开发模型。

9.2.6 网格类型

4种主要的网格类型如下。

(1) 高吞吐量网格——在这种网格中，发给每个网格结点的各个任务单元通常都非常小，每个单元的请求和预期执行时间都很小。这些网格通常会在计算系统中使用，其中请求的数量反映了给定函数或计算的不同输入值的范围。例如，在单个作业中可能有10 000甚至100 000个请求。

(2) 高计算量(High-Computational)网格——在计算网格中，每个结点都负责为函数或表达式提供CPU处理能力。每个工作单元的持续时间可能会很长(与高吞吐量网格中较短的执行时间相比)。

(3) 高内存量(High-Memory Grid)的网格——在处理大量数据时使用这种类型的网格，例如，计算机动画绘图、计算流体动力学分析或制造和监视系统中处理大量数据所使用的网格。

(4) 存储网格——存储网格在需要将大量信息存储在大量计算机上时使用，所以数据的大小以及从网格存储/检索信息这样的负载被分布到网格中。

9.2.7 高性能计算集群

高性能计算集群主要用于处理复杂的计算问题，应用在需要大规模科学计算的环境中，如天气预报、石油勘探与油藏模拟、分子模拟、基因测序等。高性能集群上运行的应用程序一般使用并行算法，把一个大的普通问题根据一定的规则分为许多小的子问题，在集群内的不同结点上进行计算，而这些小问题的处理结果，经过处理可合并为原问题的最终结果。由于这些小问题的计算一般是可以并行完成的，从而可以缩短问题的处理时间。

高性能集群的处理能力与集群的规模成正比，是集群内各结点处理能力之和，但这种集群一般没有高可用性。

1. 高性能计算集群系统模型

1) Beowulf集群

简单地说，Beowulf是一种能够将多台计算机用于并行计算的体系结构。通常Beowulf系统由通过以太网或其他网络连接的多个计算结点和管理结点构成。管理结点控制整个集群系统，同时为计算结点提供文件服务和对外的网络连接。它使用的是常见的硬件设备，如普通PC、以太网卡和集线器。它很少使用特别定制的硬件和特殊的设备。Beowulf集群的软件也是随处可见的，如Linux、PVM和MPI。

2) COW 集群

像 Beowulf 一样,COW(Cluster Of Workstation)也是由最常见的硬件设备和软件系统搭建而成。通常也是由一个控制结点和多个计算结点构成。

3) COW 和 Beowulf 的区别

COW 中的计算结点主要都是闲置的计算资源,如办公室中的桌面工作站,它们就是普通的 PC,采用普通的局域网进行连接。因为这些计算结点白天会作为工作站使用,所以主要的集群计算发生在晚上和周末等空闲时间。Beowulf 中的计算结点都是专职于并行计算,并且进行了性能优化。Beowulf 采用高速网(InfiniBand,SCI,Myrinet)上的消息传递(PVM 或 MPI)进行进程间通信(IPC)。

因为 COW 中的计算结点主要的目的是桌面应用,所以它们都具有显示器、键盘和鼠标等外设。Beowulf 的计算结点通常没有这些外设,对这些计算结点的访问通常是在管理结点上通过网络或串口线实现的。

2. 高性能计算集群配置

在搭建高性能计算集群(HPC Cluster)之前,首先要根据具体的应用需求,在结点的部署、高速互联网络的选择以及集群管理和通信软件 3 个方面进行配置。

1) 结点的部署

根据功能,可以把集群中的结点划分为 6 种类型:①用户结点(User Node);②控制结点(Control Node);③管理结点(Management Node);④存储结点(Storage Node);⑤安装结点(Installation Node);⑥计算结点(Compute Node)。

虽然有多种类型的结点,但并不是说一台计算机只能是一种类型的结点。一台计算机所扮演的结点类型要由集群的实际需求和计算机的配置决定。在小型集群系统中,用户结点、控制结点、管理结点、存储结点和安装结点往往是同一台计算机。

2) 高速互联网络的选择

网络是集群最关键的部分,它的容量和性能直接影响整个系统对高性能计算(HPC)的适用性。根据调查,大多数高性能科学计算任务都是通信密集型的,因此如何尽可能地缩短结点间的通信延迟和提高吞吐量是一个核心问题。

(1) Myrinet 互连技术。

Myrinet 提供网卡和交换机,其单向互连速率最高可达到 1.28Gb/s。网卡有两种形式,铜线型和光纤型。

(2) InfiniBand 互连技术。

InfiniBand 是由 InfiniBand 协会开发的体系结构技术,它是一种用于实现基于通道的交换式技术的通用 I/O 规范。由于 IB 的理论带宽极高——30Gb/s,因此备受业内关注。InfiniBand 的解决方案包括一个连接多个独立处理器和 I/O 平台的系统区域网络,它所定义的通信和管理结构同时支持 I/O 和处理器与处理器之间的通信。InfiniBand 系统可以是只有少量 I/O 设备的单处理器服务器,也可以是大型的并行超级计算机。

InfiniBand 规范定义了 3 个基本组件:一个主机信道适配器(Host Channel Adapter,HCA),一个目标信道适配器(Target Channel Adapter,TCA),一个网络交换机。

InfiniBand 技术通过连接 HCAs、TCAs、交换机和路由器而发挥作用(见图 9.6)。位于页结点的 InfiniBand 设备是产生和使用信息包的信道适配器。

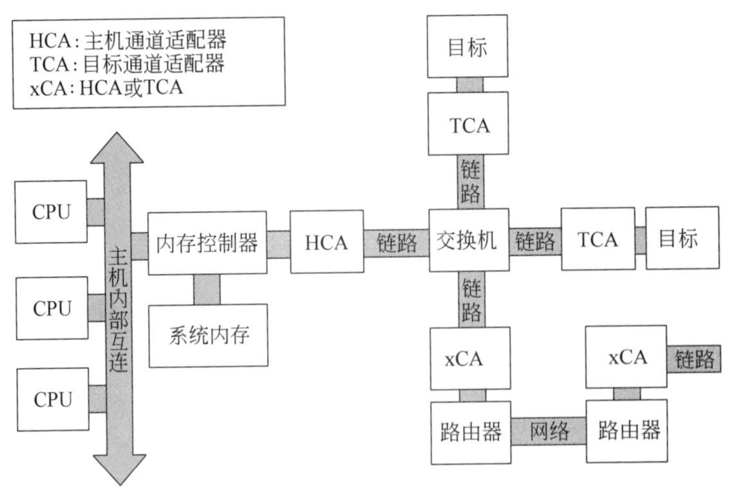

图 9.6　InfiniBand 体系架构模型

3）集群管理和通信软件

国内和国际上有多种集群管理和通信软件可供挑选(见图 9.7),一些是由 HPC 集成商自己编写的专用软件,捆绑硬件销售的,也有专业的软件公司提供的通用软件包。我们推荐全球知名的 HPC 软件公司——挪威 Scali 公司的产品。

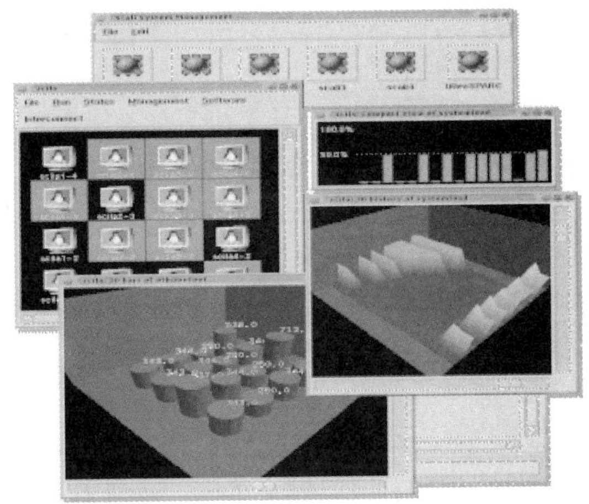

图 9.7　基于 Linux 操作系统的集群管理软件

Scali 软件的最大特点是支持多种高速互联网络:从吉比特以太网、SCI、Myrinet,到 InfiniBand 都可以支持。

9.3　海量数据库技术

数据库系统从 20 世纪 50 年代萌芽,20 世纪 60 年代中期产生,至 21 世纪初,已有 40 多年的历史,在这短短 40 年间,数据库系统发生了巨大的变化并取得了巨大的成就。它已从第一代的网状、层次数据库,第二代的关系数据库系统,发展到第三代以面向对象模型为主要特征的数据库系统。

而在物联网领域的应用中，选择一个适合自己项目的数据平台对整个项目成败而言尤为重要，其原则有二。

第一，根据数据类别和实际应用选择正确的数据库类型。业务数据、管理数据要使用关系数据库，海量数据、实时数据要使用实时数据库。

第二，必须具有前瞻性。目前物联网项目大多是试点项目，涉及范围小，应用程度浅，但是试点的最终目的是将来的广泛深入应用，如果在初步设计时没有考虑这一点，试点也就失去了试点本身的意义了。

如果把物联网比喻成人体的话，传感器好比五官、皮肤，传输机制好比神经，应用层好比人体主动或被动的行为或反应，而数据库无疑就是大脑，数据库在整个物联网中发挥着记忆(数据存储)、分析(数据挖掘)的作用。生物进化的最后一步就是大脑的发育成熟，所以拥有发育成熟的大脑是智慧生物的标志，有了这颗大脑，才能长期记忆、思考、分析，传授知识。同样，没有数据库的物联网是不完整的，选错数据库的物联网是不完美的，而一个完整、完美的物联网系统必定需要一个最匹配的数据库。

9.3.1 传统的关系数据库面临更大的挑战

传统的关系数据库在计算机数据管理的发展史上是一个重要的里程碑，这种数据库具有数据结构化、最低冗余度、较高的程序与数据独立性、易于扩充、易于编制应用程序等优点，目前较大的信息系统都是建立在结构化数据库设计之上的。

然而，随着越来越多企业海量数据的产生，使得非结构化数据的应用日趋扩大，以及对海量数据快速访问、有效的备份恢复机制、实时数据分析等的需求，传统的关系数据库从1970 年发展至今，虽功能日趋完善，但在应对海量数据处理上仍有许多不足。主要表现如下。

(1) 缺乏对海量数据的快速访问能力。

(2) 缺乏海量数据访问灵活性。

(3) 对非结构化数据处理能力薄弱。

(4) 海量数据导致存储成本、维护管理成本不断增加。

(5) 海量数据缺乏快速备份与灾难恢复机制。

9.3.2 支撑物联网的数据库技术

数据库是存储在计算机系统内的有结构的数据的集合。这些数据是被数据库管理系统按一定的组织形式存放在各个数据库文件中的。数据库是由很多数据库文件以及若干辅助操作文件组成的。基本的数据库模型有 3 种：网状数据库模型、层次数据库模型和关系数据库模型。

新一代的数据技术究竟会是什么？就目前的发展趋势来看，应该是在成熟、稳定的基础数据库架构上，开发和定义新的数据库概念，如语义数据模式、事件驱动数据库等。

目前在数据库技术领域的技术发展中，已经出现以下类型的数据库管理系统。

1. 面向对象数据库

面向对象数据库采用面向对象数据模型,是面向对象技术与传统数据库技术相结合的产物。面向对象数据模型能够完整地描述现实世界的数据结构,具有丰富的表达能力。目前,在许多关系数据库系统中已经引入并具备了面向对象数据库系统的某些特性。

2. 分布式数据库

分布式数据库(Distributed DataBase,DDB)是传统数据库技术与网络技术相结合的产物。一个分布式数据库是物理上分散在计算机网络各结点上,但在逻辑上属于同一系统的数据集合。它具有局部自治与全局共享性、数据的冗余性、数据的独立性、系统的透明性等特点。分布式数据库管理系统(DDBMS)支持分布式数据库的建立、使用与维护,负责实现局部数据管理、数据通信、分布式数据管理以及数据字典管理等功能。分布式数据库在物联网系统中将有广泛的应用前景。

3. 多媒体数据库

多媒体数据库(Multimedia DataBase,MDB)是传统数据库技术与多媒体技术相结合的产物,是以数据库的方式存储计算机中的文字、图形、图像、音频和视频等多媒体信息。多媒体数据库管理系统(MDBMS)是一个支持多媒体数据库的建立、使用与维护的软件系统,负责实现对多媒体对象的存储、处理、检索和输出等功能。MDB研究的主要内容包括多媒体的数据模型、MDBMS的体系结构、多媒体数据的存取与组织技术、多媒体查询语音、MDB的同步控制,以及多媒体数据压缩技术。

4. 并行数据库

并行数据库(Parallel DataBase,PDB)是传统数据库技术与并行技术相结合的产物,它在并行体系结构的支持下,实现数据库操作处理的并行化,以提高数据库的效率。超级并行机的发展推动了并行数据库技术的发展。并行数据库的设计目标是提高大型数据库系统的查询与处理效率,而提高效率的途径不仅是依靠软件手段,更重要的是依靠硬件的多CPU的并行操作来实现。并行数据库技术主要研究的内容包括并行数据库体系结构、并行数据库机、并行操作算法、并行查询优化、并行数据库的物理设计、并行数据库的数据加载和再组织技术问题。

5. 演绎数据库

演绎数据库(Deductive DataBase,DeDB)是传统数据库技术与逻辑理论相结合的产物,是指具有演绎推理能力的数据库。通常,它用一个数据库管理系统和一个规则管理系统来实现。将推理用的事实数据存放在数据库中,称为外延数据库;用逻辑规则定义要导出的事实,称为内涵数据库。演绎数据库的关键是研究如何有效地计算逻辑规则推理。演绎数据库技术的主要研究内容包括逻辑理论、逻辑语言、递归查询处理与优化算法、演绎数据库体系结构等。演绎数据库系统不仅可应用于事务处理等传统的数据库应用领域,而且将在科学研究、工程设计、信息管理和决策支持中表现出优势。

6. 主动数据库

主动数据库(Active DataBase,Activc DB)是相对于传统数据库的被动性而言的,它是数据库技术与人工智能技术相结合的产物。传统数据库及其管理系统是一个被动的系统,它只能被动地按照用户所给出的明确请求,执行相应的数据库操作,完成某个应用事务。

主动数据库则打破了常规,它除了具有传统数据库的被动服务功能之外,还提供主动服务功能。这是因为在许多实际应用领域,如计算机集成制造系统、管理信息系统、办公自动化系统中,往往需要数据库系统在某种情况下能够根据当前状态主动地做出反应,执行某些操作,向用户提供所需的信息。主动数据库的目标是提供对紧急情况及时反应的功能,同时又提高数据库管理系统的模块化程度。实现该目标的基本方法是采取在传统数据库系统中嵌入"事件-条件-动作"的规则。当某一事件发生后引发数据库系统去检测数据库当前状态是否满足所设定的条件,若条件满足则触发规定动作的执行。

主动数据库研究的问题:主动数据库中的知识模型、执行模型、事件监测和条件检测方法、事务调度、安全性和可靠性、体系结构和系统效率。

并行数据库、演绎数据库、主动数据库、数据仓库与数据集市技术已经进入了普适计算研究的范围,其研究成果对于物联网的应用有着重要的借鉴作用。

9.3.3　关系数据库

关系数据库是建立在关系模型基础上的数据库,借助于集合代数等数学概念和方法来处理数据库中的数据。现实世界中的各种实体以及实体之间的各种联系均用关系模型来表示。关系模型是由埃德加·科德于 1970 年首先提出的,目前它是数据存储的传统标准。标准数据查询语言 SQL 就是一种基于关系数据库的语言,这种语言执行对关系数据库中数据的检索和操作。关系模型由关系数据结构、关系操作集合、关系完整性约束三部分组成。

它通过数据、关系和对数据的约束三者组成的数据模型来存放和管理数据。RDBMS 是 SQL 的基础,同样也是所有现代数据库系统的基础,例如 MS SQL Server、IBM DB2、Oracle、MySQL 以及 Microsoft Access。RDBMS 中的数据存储在被称为表(Tables)的数据库对象中。目前主流的关系数据库有 Oracle、SQL、Access、DB2、SQL Server、Sybase 等。

近年来,计算机的应用已从传统的科学计算、事务处理等领域,逐步扩展到工程设计统计、人工智能、多媒体、分布式等领域,这些新的应用领域需要有新的数据库支撑,而传统的关系数据库系统是以商业应用、事务处理为背景而发展起来的,它并不完全适用于新领域。因此,新的领域期待有新的数据库系统来支撑。

但是,随着网络技术和软件技术的飞速发展,特别是物联网方面的应用,使得非结构化数据的应用日趋扩大。关系数据库从 1970 年发展至今,虽功能日趋完善,但对数据类型的处理只局限于数字、字符等,对多媒体信息的处理只是停留在简单的二进制代码文件的存储。然而,随着用户应用需求的提高、硬件技术的发展和 Internet/物联网提供的多彩的多媒体交流方式,用户对多媒体处理的要求从简单的存储上升为识别、检索和深入加工,正是用户呼唤出"通用"数据库服务器来处理占信息总量 70%的声音、图像、时间序列信号和视频等复杂数据类型。

为了填补关系数据库应用的空白,非关系数据库(NoSQL)的时代悄然来临,关系数据库的时代是否被终结？二者之间到底是相互取代还是共同合作？二者之间到底能否架起一座互连的桥梁？未来的数据库市场会演变成什么样子呢？目前还没有定论，但许多科学家和相关领域技术人员认为：在相当一段时间内，关系数据库和非关系数据库将并存。

9.3.4 非关系数据库

随着 Web 2.0 的兴起，非关系数据库现在成了一个极其热门的新领域，非关系数据库产品的发展非常迅速。而传统的关系数据库在应付 Web 2.0 网站，特别是超大规模和高并发的 SNS 类型的 Web 2.0 纯动态网站以及将来大量出现的物联网应用来说，已经显得力不从心，暴露了很多难以克服的问题。

1. 对数据库高并发读写的需求

物联网数据库并发负载非常高，往往要达到每秒上万次读写请求。关系数据库应付上万次 SQL 查询还勉强顶得住，但是应付上万次 SQL 写数据请求，硬盘 I/O 就已经无法承受了。因此，这是一个相当普遍的需求。

2. 对海量数据的高效率存储和访问的需求

类似 Facebook、Twitter、Friendfeed 这样的 SNS 网站，每天用户产生海量的用户动态，以 Friendfeed 为例，一个月就达到了 2.5 亿条用户动态，对于关系数据库来说，在一张 2.5 亿条记录的表里面进行 SQL 查询，效率是极其低下乃至不可忍受的。再例如物联网的应用中，一个小的系统也将出现动辄数以亿计的账号，关系数据库也很难应付。

3. 对数据库的高可扩展性和高可用性的需求

在基于 Web 的架构当中，数据库是最难进行横向扩展的，当一个应用系统的用户量和访问量与日俱增的时候，数据库却没有办法像 Web Server 和 App Server 那样简单地通过添加更多的硬件和服务结点来扩展性能和负载能力。对于很多需要提供 24 小时不间断服务的网站来说，对数据库系统进行升级和扩展是非常痛苦的事情，往往需要停机维护和数据迁移。

因此，关系数据库在这些越来越多的应用场景下显得不那么合适了，为了解决这类问题的非关系数据库应运而生。这两年，各种各样非关系数据库风起云涌，多得让人眼花缭乱。这些 NoSQL 数据库，有的是用 C/C++ 编写的，有的是用 Java 编写，还有的是用 Erlang 编写的，每个都有自己的独到之处。这些 NoSQL 数据库大致可以分为以下三类。

1) Kye-Value 数据库

高性能 Key-Value 数据库的主要特点就是具有极高的并发读写性能，Redis、Tokyo Cabinet 和 Flare 这 3 个 Key-Value 数据库都是用 C 编写的，它们的性能都相当出色，但除了出色的性能，它们还有自己独特的功能。

(1) Redis。

Redis 本质上是一个 Key-Value 类型的内存数据库，整个数据库都加载在内存当中进行操作，定期通过异步操作把数据库数据刷新到硬盘上进行保存。因为是纯内存操作，Redis 的性能非常出色，每秒可以处理超过 10 万次读写操作，是已知的性能最快的 Key-Value 数据库。

Redis 的主要缺点是数据库容量受到物理内存的限制，不能用作海量数据的高性能读写，因此，Redis 适合的场景主要局限在较小数据量的高性能操作和运算上。

(2) Tokoy Cabinet(TC)和 Tokoy Tyrant(TT)。

TC 和 TT 的开发者是日本人，现在已经是一个非常成熟的项目，也是 Kye-Value 数据库领域最大的热点，现在被广泛地应用在很多网站上。TC 是一个高性能的存储引擎，而 TT 提供了多线程高并发服务器，性能也非常出色，每秒可以处理 4 万～5 万次读写操作。

TC 的主要缺点是在数据量达到上亿级别以后，并发写数据性能会大幅度下降。

(3) Flare。

简单地说，Flare 就是给 TC 添加了 Scale 功能。Flare 在网络服务端之前添加了一个 Node Server，来管理后端的多个服务器结点，因此，可以动态添加数据库服务结点，删除服务器结点。

Flare 唯一的缺点就是它只支持 Memcached 协议，因此当使用 Flare 的时候，就不能使用 TC 的 Table 数据结构了，只能使用 TC 的 Key-Value 数据结构存储。

2) 满足海量存储需求和访问的面向文档的数据库 Mongo DB 和 Couch DB

面向文档的非关系数据库主要解决的问题不是高性能的并发读写，而是在保证海量数据存储的同时，具有良好的查询性能。Mongo DB 是用 C++ 开发的，而 Couch DB 则是用 Erlang 开发的。

(1) Mongo DB。

Mongo DB 是一个介于关系数据库和非关系数据库之间的产品，是非关系数据库当中功能最丰富、最像关系数据库的。它支持的数据结构非常松散，是类似 Json 的 Bjson 格式，因此，可以存储比较复杂的数据类型。Mongo DB 最大的特点是它支持的查询语言非常强大，其语法有点类似于面向对象的查询语言，几乎可以实现类似关系数据库单表查询的绝大部分功能，而且还支持对数据建立索引。

Mongo DB 主要解决的是海量数据的访问效率问题，根据官方的文档，当数据量超过 50GB 的时候，Mongo DB 的数据库访问速度是 MySQL 的 10 倍以上。因为 Mongo DB 主要是支持海量数据存储的，所以 Mongo DB 还自带了一个出色的分布式文件系统 Grid FS，可以支持海量的数据存储。

最后由于 Mongo DB 可以支持复杂的数据结构，而且带有强大的数据查询功能，因此非常受欢迎，很多项目都考虑用 Mongo DB 替代 MySQL 实现不是特别复杂的 Web 应用。已有真实的数据库由于数据量实在太大，在 MySQL 迁移到 Mongo DB 的案例中，数据查询的速度得到了非常显著的提升。

(2) Couch DB。

Couch DB 现在是一个非常有名气的项目。Couch DB 的问题主要是 Couch DB 仅仅提供了基于 HTTP REST 的接口，因此 Couch DB 单纯从并发读写性能来说，是非常糟糕的。

3) 满足高可扩展性和可用性的面向分布式计算的数据库 Cassandra 和 Voldemort

面向 Scale 能力的数据库其实主要解决的问题领域和上述两类数据库还不太一样，它首先必须是一个分布式的数据库系统，由分布在不同结点上面的数据库共同构成一个数据库服务系统，并且根据这种分布式架构来提供 Online 的，具有弹性的可扩展能力。例如，可以不停机地添加更多数据结点，删除数据结点等。因此，Cassandra 常被看成一个开源版本的

Google BigTable 的替代品。Cassandra 和 Voldemort 都是用 Java 开发的。

(1) Cassandra。

Cassandra 项目是 Facebook 在 2008 年开源出来的,目前除了 Facebook 之外,Twitter 和 digg.com 都在使用 Cassandra。

Cassandra 是由一堆数据库结点共同构成的一个分布式网络服务,对 Cassandra 的一个写操作,会被复制到其他结点上去,对 Cassandra 的读操作,也会被路由到某个结点上面去读取。对于一个 Cassandra 群集来说,扩展性能是比较简单的事情,只管在群集里面添加结点就可以了。例如,Facebook 的 Cassandra 群集有超过 100 台服务器构成的数据库群集。

(2) Voldemort。

Voldemort 是个与 Cassandra 类似的面向解决 Scale 问题的分布式数据库系统,Voldemort 的并发读写性能也很不错,每秒超过了 1.5 万次读写。

9.3.5 实时数据库

实时数据库(Real Time DataBase,RTDB)是数据库系统发展的一个分支,是数据库技术结合实时处理技术产生的。关系数据库和实时数据库在一定程度上有相似的性能,在某些方面也是相通的,但是一旦超过了一定的界限,细微的差异性就体现出来了。

1. 实时数据库应用框架(见图 9.8)

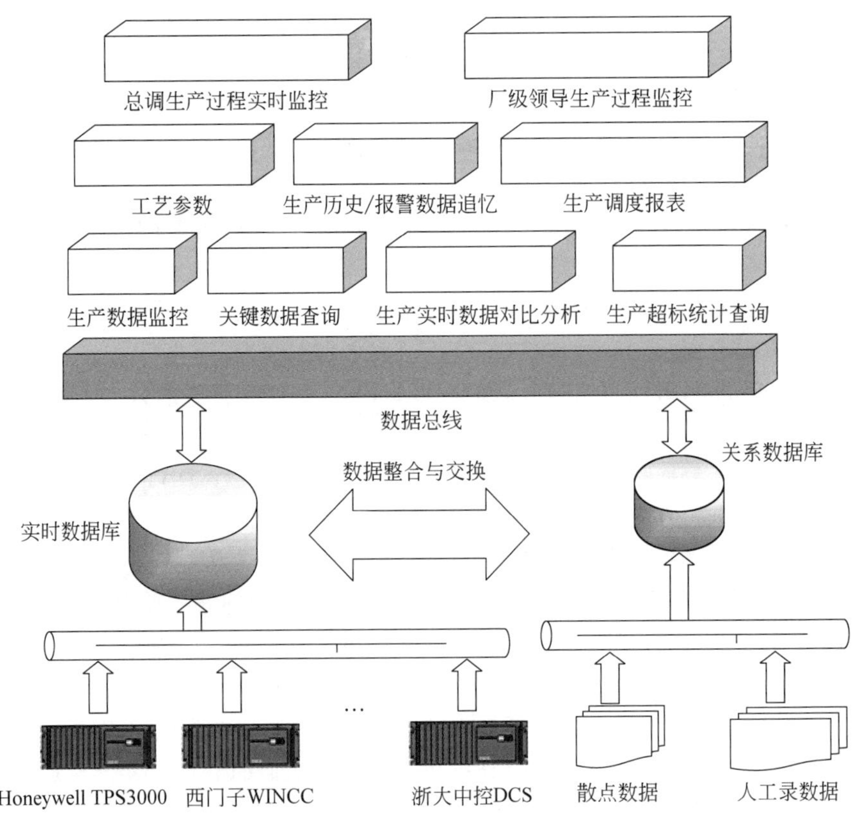

图 9.8 实时数据库应用框架

实时数据库系统是开发实时控制系统、数据采集系统、CIMS等的支撑软件。在流程行业中，大量使用实时数据库系统进行控制系统监控和优化控制，并为企业的生产管理和调度、数据分析、决策支持及远程在线浏览提供实时数据服务和多种数据管理功能。实时数据库已经成为企业信息化的基础数据平台。

实时数据库的一个重要特性就是实时性，包括数据实时性和事务实时性。一般数据的实时性主要受现场设备的制约。事务实时性是指数据库对其事务处理的速度。它可以是事件触发方式或定时触发方式。事件触发是该事件一旦发生可以立刻获得调度，这类事件可以得到立即处理，但是比较消耗系统资源；而定时触发是在一定时间范围内获得调度权。作为一个完整的实时数据库，从系统的稳定性和实时性而言，必须同时提供两种调度方式。

针对不同行业不同类型的企业，实时数据库的数据来源方式也各不相同。总的来说，数据的主要来源有集散控制系统、由组态软件＋PLC建立的控制系统、数据采集系统(SCADA)、关系数据库系统、直接连接硬件设备和通过人机界面人工录入的数据。

2. 实时数据库结构

一个实时数据库系统的优劣，主要体现在它提供的功能是否齐备，系统性能是否优越，能否完成有效的数据存取，各种数据操作、查询处理、存取方法、完整性检查，保证相关的事务管理，事务的概念、调度与并发控制、执行管理及存取控制，安全性检验。

系统结构与系统组成：由采集站DA、数据服务器、Web服务器、客户端组成，同时和关系数据库进行有效的数据交换，DCS的数据经过DA进行采集，由DA Server送到数据服务器，数据服务器再有效地送给其他客户端。

3. 实时数据库的常规功能

实时数据库常用的功能如下。

1）高I/O事务吞吐量

实时数据库对数据的处理和分辨精度可以达到1ms。与秒级版本的数据库服务器一样，毫秒级版本本身对数据标签的容量也是没有限制的。目前毫秒级版本对类高频率数据的存储性能已经超过500万事件每秒，查询性能超过500万事件每秒。

2）高效压缩技术归档算法

时序数据库系统采用独特的数据压缩算法，结合存储数据的特性，从不同的数据类型和不同的数据变化趋势等方面进行了进一步优化。使压缩比更大，压缩的效率更高，从而为用户节省磁盘空间并提高了访问时的时间效率。

实时数据库系统提供了两种压缩模式：一种是无损压缩模式；另一种是误差范围内的有损压缩模式(死区过滤)。这两种模式可供用户自行设定，从而更好地满足了不同用户的需求。

3）特征化断面查询

以往的实时/历史数据库，在按照时序区间的查询方面拥有相对于关系数据库的优势，但是在大批量数据点的特定时刻断面快照查询方面，并未能提供很好的支持。实时数据库在设计之初就充分考虑了这类越来越重要的应用需求，从数据库核心层设计了针对断面查询的优化算法，很好地满足了事故反演和场景回放等方面的应用需求。

4）智能化恢复及负载均衡

动态负载均衡一直是大型数据处理软件面临的最大挑战。实时数据库在这个领域迈出了极具意义的一步。与传统的双机设备和物理冗余部署方案相比,实时数据库的动态负载均衡技术可以最大化地利用硬软件资源,在无故障的情况下,多台主机共同分担业务负载,当其中某些结点故障时,其额定负载被智能转移到其他正常工作的主机。不仅如此,实时数据库允许用户以级联方式指定一个或者多个动态转移目标主机,为智能化企业级部署提供了坚实的技术支撑。

5) 数据序列化及灾难恢复

为了提供更为可靠的灾难恢复能力,实时数据库系统在充分利用不同操作系统底层磁盘操作接口的同时,还采用了序列化存储技术。实时数据库内部独特的索引和存储机制,在保证高效访存的前提下,为最终的压缩文件附加了额外的安全信息。

9.3.6 分布式数据库系统

分布式数据库系统有两种:一种是物理上分布的,但逻辑上却是集中的,这种分布式数据库只适宜用途比较单一的、不大的单位或部门;另一种是在物理上和逻辑上都是分布的,也就是联邦式分布数据库系统。由于组成联邦的各个子数据库系统是相对“自治”的,这种系统可以容纳多种不同用途的、差异较大的数据库,比较适宜于大范围内数据库的集成。

1. 简介

分布式数据库系统包含分布式数据库管理系统和分布式数据库。在分布式数据库系统中,一个应用程序可以对数据库进行透明操作,数据库中的数据分别在不同的局部数据库中存储,由不同的数据库管理系统(DBMS)进行管理,在不同的机器上运行,由不同的操作系统支持,被不同的通信网络连接在一起。

一个分布式数据库在逻辑上是一个统一的整体,在物理上则是分别存储在不同的物理结点上。一个应用程序通过网络的连接可以访问分布在不同地理位置的数据库。它的分布性表现在数据库中的数据不是存储在同一场地。更确切地讲,不存储在同一计算机的存储设备上。这就是其与集中式数据库的区别。从用户的角度看,一个分布式数据库系统在逻辑上和集中式数据库系统一样,用户可以在任何一个场地执行全局应用。就像那些数据是存储在同一台计算机上,有单个数据库管理系统管理一样,用户并没有什么感觉不一样。

分布式数据库系统是在集中式数据库系统的基础上发展起来的,是计算机技术和网络技术结合的产物。分布式数据库系统适合于单位分散的部门,允许各个部门将其常用的数据存储在本地,实施就地存放本地使用,从而提高响应速度,降低通信费用。分布式数据库系统与集中式数据库系统相比具有可扩展性,通过增加适当的数据冗余,提高系统的可靠性。

在集中式数据库中,尽量减少冗余度是系统目标之一,其原因是,冗余数据浪费存储空间,而且容易造成各副本之间的不一致性。为了保证数据的一致性,系统要付出一定的维护代价,减少冗余度的目标是用数据共享来达到的。

在分布式数据库中却希望增加冗余数据,在不同的场地存储同一数据的多个副本,其原因如下。

(1) 提高系统的可靠性、可用性。当某一场地出现故障时,系统可以对另一场地上的相同副本进行操作,不会因一处故障而造成整个系统的瘫痪。

(2) 提高系统性能。系统可以根据距离选择离用户最近的数据副本进行操作,减少通信代价,改善整个系统的性能。

2. 分布式数据库特点

1) 数据独立性与分布透明性

数据独立性是数据库方法追求的主要目标之一,而分布透明性指用户不必关心数据的逻辑分区,不必关心数据物理位置分布的细节,也不必关心重复副本(冗余数据)的一致性问题,同时也不必关心局部场地上数据库支持哪种数据模型。分布透明性的优点是很明显的。有了分布透明性,用户的应用程序书写起来就如同数据没有分布一样。当数据从一个场地移到另一个场地时,不必改写应用程序;当增加某些数据的重复副本时,也不必改写应用程序。数据分布的信息由系统存储在数据字典中。用户对非本地数据的访问请求由系统根据数据字典予以解释、转换、传送。

2) 集中和结点自治相结合

数据库是用户共享的资源。在集中式数据库中,为了保证数据库的安全性和完整性,对共享数据库的控制是集中的,并设有 DBA 负责监督和维护系统的正常运行。在分布式数据库中,数据的共享有两个层次:一是局部共享,即在局部数据库中存储局部场地上各用户的共享数据,这些数据是本场地用户常用的;二是全局共享,即在分布式数据库的各个场地也存储可供网中其他场地的用户共享的数据,支持系统中的全局应用。因此,相应的控制结构也具有两个层次:集中和自治。分布式数据库系统常常采用集中和自治相结合的控制结构,各局部的 DBMS 可以独立地管理局部数据库,具有自治的功能。同时,系统又设有集中控制机制,协调各局部 DBMS 的工作,执行全局应用。当然,不同的系统集中和自治的程度不尽相同。有些系统高度自治,连全局应用事务的协调也由局部 DBMS、局部 DBA 共同承担而不要集中控制,不设全局 DBA,有些系统则集中控制程度较高,场地自治功能较弱。

3) 支持全局数据库的一致性和可恢复性

分布式数据库中各局部数据库应满足集中式数据库的一致性、可串行性和可恢复性。除此以外,还应保证数据库的全局一致性、并行操作的可串行性和系统的全局可恢复性。这是因为全局应用要涉及两个以上结点的数据。因此,在分布式数据库系统中一个业务可能由不同场地上的多个操作组成,例如银行转账业务包括两个结点上的更新操作。

4) 复制透明性

用户不用关心数据库在网络中各个结点的复制情况,被复制的数据的更新都由系统自动完成。在分布式数据库系统中,可以把一个场地的数据复制到其他场地存放,应用程序可以使用复制到本地的数据在本地完成分布式操作,避免通过网络传输数据,提高了系统的运行和查询效率。但是对于复制数据的更新操作,就要涉及对所有复制数据的更新。

5) 易于扩展性

在大多数网络环境中,单个数据库服务器最终会不满足使用。如果服务器软件支持透明的水平扩展,那么就可以增加多个服务器来进一步分布数据和分担处理任务。

3. 分布式数据库系统的目标

分布式数据库系统的目标,也就是研制分布式数据库系统的目的、动机,主要包括技术和组织两方面的目标。

1) 适应部门分布的组织结构,降低费用

使用数据库的单位在组织上常常是分布的(如分为部门、科室、车间等),在地理上也是分布的。分布式数据库系统的结构符合部门分布的组织结构,允许各个部门对自己常用的数据存储在本地,在本地录入、查询、维护,实行局部控制。由于计算机资源靠近用户,因而可以降低通信代价,提高响应速度,使这些部门使用数据库更方便、更经济。

2) 提高系统的可靠性和可用性

改善系统的可靠性和可用性是分布式数据库的主要目标。将数据分布于多个场地,并增加适当的冗余度可以提供更好的可靠性。对于一些可靠性要求较高的系统,这一点尤其重要。因为一个场地出了故障不会引起整个系统崩溃——故障场地的用户可以通过其他场地进入系统,而其他场地的用户可以由系统自动选择存取路径,避开故障场地,利用其他数据副本执行操作,不影响业务的正常运行。

3) 充分利用数据库资源

提高现有集中式数据库的利用率。当在一个大企业或大部门中已建成了若干数据库之后,为了利用相互的资源和开发全局应用,就要研制分布式数据库系统。这种情况可称为自底向上地建立分布式系统。这种方法虽然也要对各现存的局部数据库系统做某些改动、重构,但比起把这些数据库集中起来重建一个集中式数据库,则无论从经济上还是从组织上考虑,分布式数据库均是较好的选择。

4) 逐步扩展处理能力和系统规模

当一个单位因规模扩大要增加新的部门(如银行系统增加新的分行,工厂增加新的科室、车间)时,分布式数据库系统的结构为扩展系统的处理能力提供了较好的途径:在分布式数据库系统中增加一个新的结点。这样做比在集中式系统中扩大系统规模要方便、灵活、经济得多。

在集中式系统中为了扩大规模常用的方法有两种:一种是在开始设计时留有较大的余地,这容易造成浪费,而且由于预测困难,设计结果仍可能不适应情况的变化;另一种是系统升级,这会影响现有应用的正常运行,并且当升级涉及不兼容的硬件或系统软件有了重大修改而要相应地修改已开发的应用软件时,升级的代价就十分昂贵而常常使得升级的方法不可行。分布式数据库系统能方便地把一个新的结点纳入系统,不影响现有系统的结构和系统的正常运行,提供了逐渐扩展系统能力的较好途径,有时甚至是唯一的途径。

9.4 边缘计算

边缘计算(Edge Computing)是指在靠近物或数据源头的一侧,采用网络、计算、存储、应用核心能力为一体的开放平台,就近提供最近的端服务。其应用程序在边缘侧发起,产生更快的网络服务响应,满足行业在实时业务、应用智能、安全与隐私保护等方面的基本需求。边缘计算处于物理实体和工业连接之间,或处于物理实体的顶端,而云端计算,仍然可以访问边缘计算的历史数据。边缘计算和云计算的应用区间如图9.9所示。

对物联网而言,边缘计算技术取得突破,意味着许多控制将通过本地设备实现而无须交由云端,处理过程将在本地边缘计算层完成。这无疑将大大提升处理效率,减轻云端的负荷,而且由于更加靠近用户,还可为用户提供更快的响应,将需求在边缘端解决。

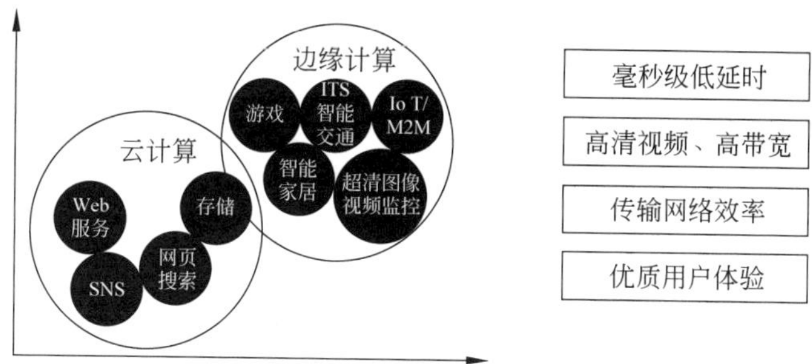

图 9.9　边缘计算和云计算的应用区间

1. 云计算的不足

随着在太多场景中需要计算庞大的数据并且希望得到即时反馈，这些场景开始暴露出云计算的不足，主要有以下几点。

1）大数据的传输问题

据估计，到 2020 年，每人每天平均将产生 1.5GB 的数据。随着越来越多的设备连接到互联网并生成数据，以中心服务器为结点的云计算可能会遇到带宽瓶颈。

2）数据处理的即时性

据统计，无人驾驶汽车每秒产生约 1GB 数据，波音 787 每秒产生的数据超过 5GB；2020 年我国数据储存量达到约 39ZB，其中约 30%的数据来自于物联网设备的接入。海量数据的即时处理可能会使云计算力不从心。

3）隐私及能耗的问题

云计算将身体可穿戴、医疗、工业制造等设备采集的隐私数据传输到数据中心的路径比较长，容易导致数据丢失或者信息泄露等风险；数据中心的高负载导致的高能耗也是数据中心管理规划的核心问题。

2. 边缘计算和云计算

边缘计算可以被理解为“最近端的云计算”，但是边缘计算从许多共识来看，并不隶属于云计算，而是云计算的补充或者云计算的“预处理”。

相较于云计算，边缘计算有以下优势。

优势一：有更多的结点来负载流量，使得数据传输速率更快。

优势二：更靠近终端设备，传输更安全，数据处理更及时。

优势三：更分散的结点相比云计算故障所产生的影响更小，还解决了设备散热问题。两者既有区别，又互相配合。

上面讲了云计算的缺点以及边缘计算的优点，那么是不是意味着在未来，边缘计算更胜云计算一筹呢？其实不然！云计算是人和计算设备的互动，而边缘计算则属于设备与设备之间的互动，最后再间接服务于人。边缘计算可以处理大量的即时数据，而云计算最后可以访问这些即时数据的历史或者处理结果并做汇总分析。

无论是云计算还是边缘计算，其本身只是实现物联网所需要的计算技术的一种方法或者模式。严格讲,云计算和边缘计算本身并没有本质的区别,都是在接近于现场应用端提供的计算。就其本质而言,都是相对于云计算而言的。

1）两者之间的差异

基本上,云计算是一个更广泛的概念,广泛用于所有类型的计算和数据处理。边缘计算是数据传输更具战术性的方法。

边缘计算的目标是处理设备附近的数据,以便设备可以快速获取数据并在更有效的时间范围内使用它。

云计算适用于对时间不敏感或在特定时间不需要特定设备的数据。云计算适用于通用平台,而边缘计算适用于专用系统和设备。

2）边缘计算的好处

处理靠近设备和网络边缘的数据有很多好处。这些好处包括减少数据传输开始之前的延迟,使应用程序和设备之间的响应时间更快,并减轻云计算所需的数据中心负载。

考虑消耗和提供给物联网的数据量,以某种方式使用和提供这些数据至关重要。边缘计算通过尝试筛选传入信息,现场处理数据,并直接发送给用户提供了一些解决方案。

边缘计算可以降低成本并提供平稳的服务流程。对于企业来说,边缘计算可以降低物联网成本,并从数据传输中获得最大价值。传输大量数据可能非常昂贵,并且通常会给系统和数据中心带来压力。通过处理数据源附近的数据,边缘计算可以帮助解决一些紧张和费用问题。

3）边缘计算和云计算相辅相成

一般来说,边缘计算将不会取代云计算。这两种方法非常不同,两者都无法互相替代。

例如,具有能够快速处理信息和数据的边缘计算应用程序是有意义的,但是,需要云计算来确保边缘计算不会被破坏,并且不需要处理难以管理的数据。

边缘计算和云计算必须协同工作。边缘计算可以很容易地与基于目标的系统在需要快速处理的信息上协同工作。云计算可以与通用平台协同工作。

4）两种计算方法同时使用

如今,物联网巨大而且迅速增长。有了这么多的网络连接设备,就需要有一种快速高效处理数据的方法。云计算和边缘计算可用于处理数据。

虽然两者提供不同的服务,但它们相辅相成。企业利用边缘计算与特定系统协同工作,快速处理靠近设备和云计算的信息,并使用云计算与通用平台合作,通过数据中心处理大量信息。

这里可以从某个侧面做个比喻,如果云计算是章鱼的大脑,那么边缘计算就是章鱼的触角,触角对于外界刺激的反应大都出于本能,而这些不断的刺激产生的结果最后会汇集到大脑中,进而作为触角后续的行为决策的依据。

由此来看,云计算和边缘计算是一种共生和互补的关系,并不会出现谁取代谁的问题,而是谁在哪些计算上更有优势,谁在哪些场景上更合适。

边缘计算主要服务于物联网中能够联网的设备,如智能穿戴设备、智能家居、智能机床、无人驾驶汽车、无人机、智能港口等。这些各式各样的设备(设施)通过传感器或者预设程序组成一个巨大的通信系统,而要让这个系统正常运转起来,像人那样处理问题,就需要计算海量的数据并即时反馈,由此对庞大数据的处理要求暴露了云计算的不足。

3. 边缘计算系统

边缘计算是在高带宽、时间敏感、物联网集成这个背景下发展起来的技术。Edge(边缘)这个概念的本意是涵盖那些“贴近用户与数据源的 IT 资源”。根据国际数据公司的一份报告，2019 年至少已有 40%的生成数据被存储、处理、分析，并在封闭或处于网络边缘的地方采取行动。

全球智能手机的快速发展，推动了移动终端和边缘计算的发展。万物互连、万物感知的智能社会，则是跟物联网的发展相伴而生，边缘计算系统也因此应运而生。边缘计算的范式如图 9.10 所示。

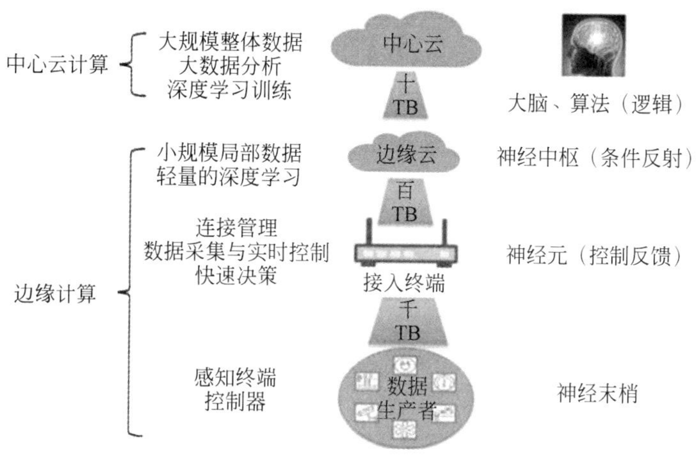

图 9.10 边缘计算的范式

1）边缘计算系统架构

（1）架构：架构设计主要采用分布式结构，能够在边缘侧弹性扩展存储、计算和网络能力。

（2）计算：根据使用场景的不同分为实时计算系统（满足实时复杂性计算）和轻量计算系统（资源受限的感知终端）。

（3）网络：使用智能网关系统，实现边缘计算的互连并提供本地的计算和存储能力。

边缘计算系统架构如图 9.11 所示。

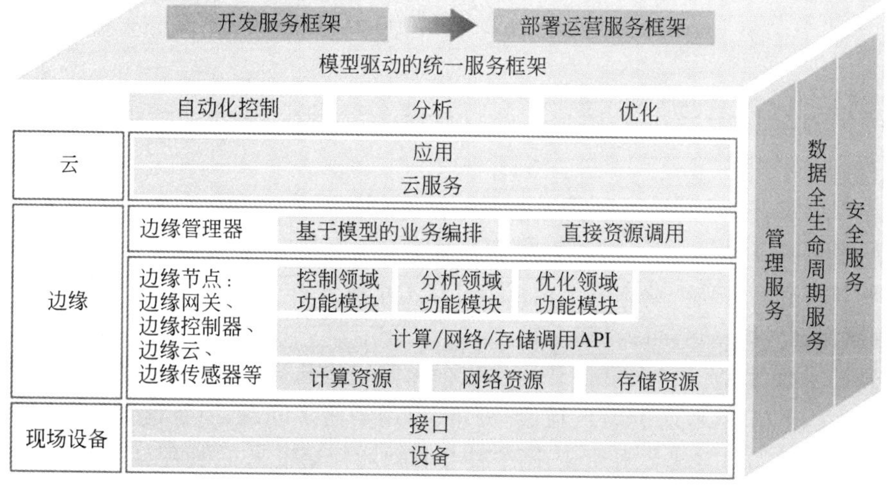

图 9.11 边缘计算系统架构

2）边缘计算结点

边缘计算结点包括智能资产、智能系统、智能网关，用于提供存储、计算和网络功能。

3）边缘信息源

边缘信息源主要通过六类产品满足九大类场景完成。

（1）嵌入式控制器：vPLC、机器人等场景。

（2）独立式控制器：工业 PLC 场景。

（3）感知终端：数字化机床、仪表场景。

（4）ICT 融合网关：梯联网、智慧路灯等场景。

（5）分布式业务网关：智能配电场景。

（6）边缘集群(边缘云)：智能制造车间场景。

边缘计算的行业应用如图 9.12 所示。

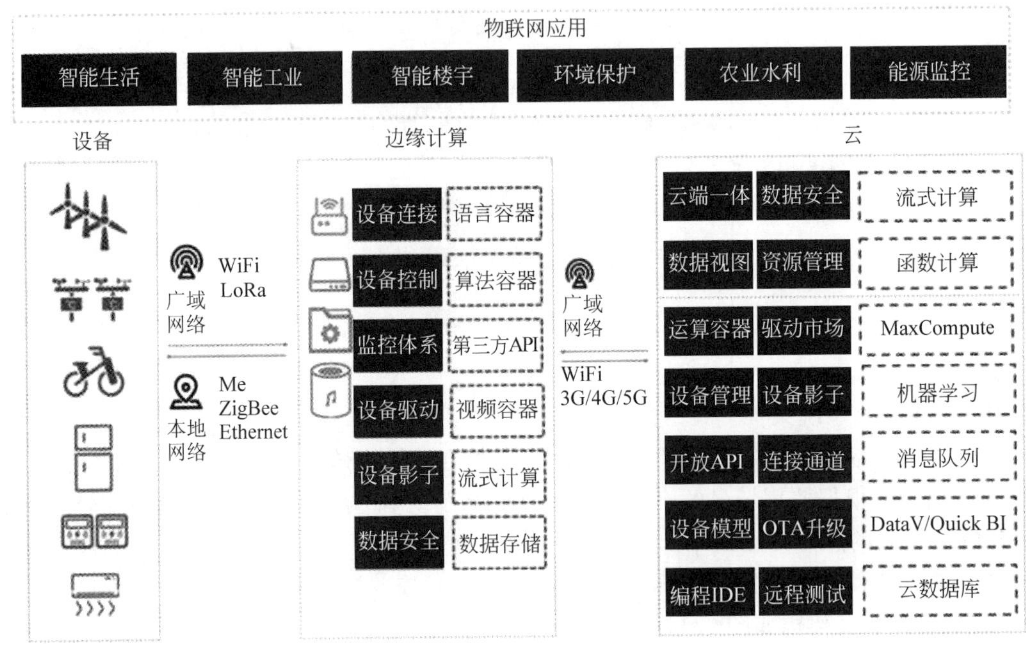

图 9.12　边缘计算的行业应用

9.5　物联网大数据处理

当今，信息技术为人类步入智能社会开启了大门，带动了互联网、物联网、电子商务、现代物流、网络金融等现代服务业发展，催生了车联网、智能电网、新能源、智能交通、智能城市、高端装备制造等新兴产业发展。现代信息技术正成为各行各业运营和发展的引擎，但这个引擎正面临着大数据这个巨大的考验。

这里所说的大数据是指大量的结构化数据和非结构化数据，各种业务数据正以几何级数的形式爆发，其格式、收集、储存、检索、分析、应用等诸多问题，不再能以传统的信息处理技术加以解决，为人类实现数字社会、网络社会和智能社会带来了极大的障碍。全球数据规模预测如图 9.13 所示。

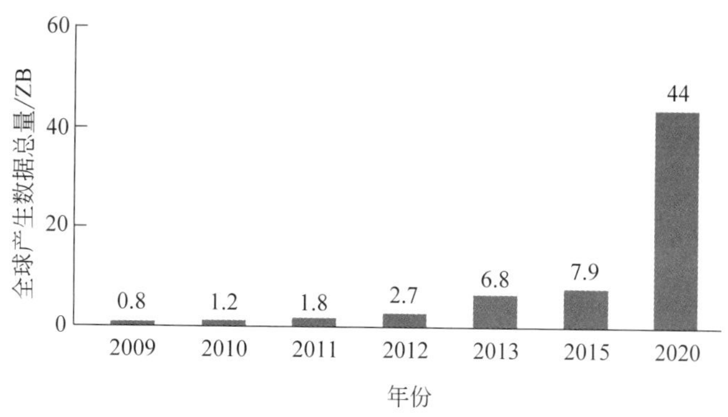

图 9.13　全球数据规模预测

物联网作为信息通信技术的典型代表，在全球范围内呈现加速发展的态势，可穿戴设备、智能家电、自动驾驶汽车、智能机器人等设备与应用的发展促使数以百亿计的新设备将接入网络，万物互连的时代正在加速来临。全球物联网市场规模如图 9.14 所示。

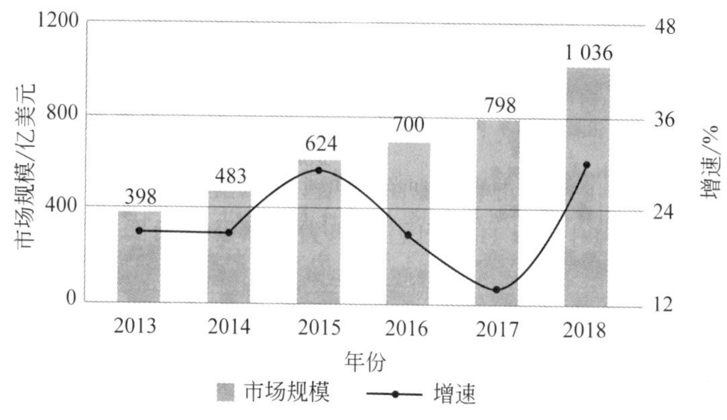

图 9.14　全球物联网市场规模

2018 年，物联网设备的连接数已超过手机，成为最大的互联网设备连接类别；预计到 2020 年，M2M 的设备连接将占所有设备连接基数的 46%。

在推动海量设备接入的同时，将在网络中形成海量数据，预计 2020 年全球物联网设备所带来的数据将达到 44ZB，物联网数据价值的发掘将进一步推动物联网应用的爆发式增长，促进生产生活和社会管理方式不断向智能化、精细化、网络化方向转变。

到 2025 年，全球物联网设备基数预计将达到 754 亿台，较 2017 年的 200 亿台左右，复合增长率达 17%。从连接形式上，将由目前主导的手机与其他消费终端连接方式，转变为工业及机器设备间的连接(M2M)。2015—2030 年全球物联网设备基数如图 9.15 所示。

1. 物联网数据的特点

1) 物联网中的数据量更大

物联网的最主要特征之一是结点的海量性，除了人和服务器之外，物品、设备、传感网等都是物联网的组成结点，其数量规模远大于互联网。同时，物联网结点的数据生成频率远高于互联网，如传感结点多数处于全时工作状态，数据流源源不断。

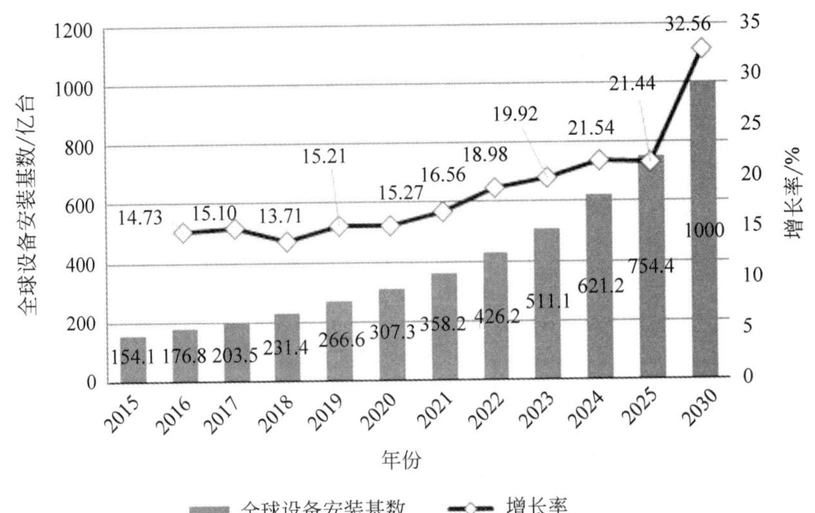

图 9.15　2015—2030 年全球物联网设备基数

2）物联网中的数据速率更高

一方面，物联网中数据的海量性必然要求骨干网汇聚更多的数据，数据的传输速率要求更高；另一方面，由于物联网与真实物理世界直接关联，很多情况下需要实时访问、控制相应的结点和设备，因此需要高数据传输速率来支持相应的实时性。

3）物联网中的数据更加多样化

物联网涉及的应用范围广泛，从智慧城市、智慧交通、智慧物流、商品溯源，到智能家居、智慧医疗、安防监控等，无一不是物联网的应用范畴。在不同领域、不同行业，需要面对不同类型、不同格式的应用数据，因此物联网中数据的多样性更为突出。

4）物联网对数据真实性的要求更高

物联网是真实物理世界与虚拟信息世界的结合，其对数据的处理以及基于此进行的决策将直接影响物理世界，物联网中数据的真实性显得尤为重要。

2. 物联网生态系统

物联网生态系统如图 9.16 所示。逻辑上它由实体、物理层、网络层、应用层、远程控制和仪表板组成。

（1）实体：这些是使用设备并生成数据的用户，如企业、政府和消费者。这些用户构成了可以从数据分析中受益的群体。

（2）物理层：该层由物联网生态系统的物理硬件组成，包括设备、嵌入式传感器、网络设备、物理网关、交换机等。

（3）网络层：该层主要负责将在物理层生成和收集的数据传输到其他设备。

（4）应用层：该层主要是无形的，因为它包含用于跨异构设备共享数据的协议。它还包括帮助不同设备高效识别和沟通的界面。

（5）远程控制：远程操作允许实体通过仪表板（如应用程序）控制和连接到物联网设备。远程操作的例子有个人计算机、智能手表、联网电视、平板计算机、智能手机等。

（6）仪表板：仪表板包含在遥控器中，它允许实体控制和管理物联网生态系统。

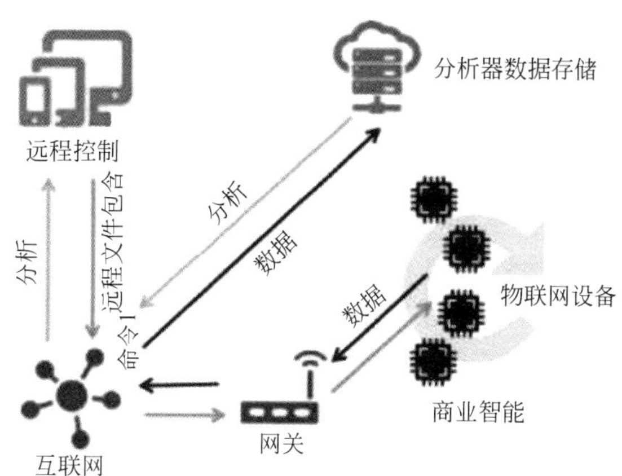

图 9.16　物联网生态系统

3. 大数据和物联网的交集

遍布全球的众多传感器和智能设备，使物联网产生了大量数据。只有大数据技术和框架才能处理这样庞大的数据量，这些数据量可以传输各种类型的信息。物联网的数量增长越多，就需要更多的大数据技术。在这个领域内，机构需要将重点转移到实时易于访问的丰富数据上。这些数据会影响客户群，并可通过挖掘产生有意义的结论。

来自传感器的数据应该被处理以实时发现模式和见解，以推进业务目标。现有的大数据技术可以有效利用传入的传感器数据，将其存储起来，并使用人工智能进行高效分析。实际上，对于物联网处理，大数据是燃料而人工智能是大脑。

4. 物联网大数据的一般体系结构

物联网大数据的一般体系结构组成如下。

(1) 上下文数据层。这将收集用于后续 IoT 数据处理的外部非 IoT 数据作为额外的上下文/元数据。

(2) 物联网服务层。处理设备之间的交互以从物联网设备收集数据并向其发送控制命令。双向通信由该层处理。

(3) 数据和协议中介。它负责数据在其被数据和控制层发布前将数据保存在协调的数据实体中。该层是独立的并确保一致性。

(4) 数据和控制代理。这允许第三方应用程序发起查询或 API 访问协调数据实体。它还控制来自应用程序层的请求。

(5) 同行 API 访问管理。这与同行企业进行交互以发布相关的上下文数据。

(6) 开发者 API 访问管理。它控制统一数据实体（上下文数据和物联网）的权限，并帮助控制提供给第三方应用程序的服务。访问控制、认证和授权是在这里管理的。隐私和安全是其主要职责。

(7) 物联网和大数据存储。在数据和控制代理的控制下，这可以提供短至中等的数据存储功能。Apache Hadoop、Apache Cassandra、Mongo DB 等是常用的。Neo4J 和 Tital 是用于社交媒体相关数据的图形数据库。

(8) 物联网和大数据处理。分析和商业智能程序在这里进行。分析包括探索统计关系的常规方法以及使用分析引擎通过预定义流程生成输出。智能意味着人工智能和机器学习的使用,为预测结果与预期结果之间的匹配创建适应性算法。Apache Spark、Apache TinkerPop3、Apache Mahout 和 Tensor Flow 被广泛使用。

9.6 人工智能技术

物联网从物物相连开始,最终要达到智慧地感知世界的目的,而人工智能就是实现智慧物联网最终目标的技术。

1. 人工智能的基本概念

人工智能(Artificial Intelligence,AI)是计算机科学、控制论、信息论、神经生理学、心理学、语言学等多种学科高度发展、紧密结合、互相渗透而发展起来的一门交叉学科,其诞生的时间可追溯到 20 世纪 50 年代中期。人工智能研究的目标:如何使计算机能够学会运用知识,像人类一样完成富有智能的工作。

2. 人工智能技术的研究与应用

当前人工智能技术的研究与应用主要集中在以下几个方面。

1) 自然语言理解

自然语言理解的研究开始于 20 世纪 60 年代初。它是研究用计算机模拟人的语言交互过程,使计算机能理解和运用人类社会的自然语言(如汉语、英语等),实现人机之间通过自然语言的通信,以帮助人类查询资料、解答问题、摘录文献、汇编资料,以及一切有关自然语言信息的加工处理。自然语言理解的研究涉及计算机科学、语言学、心理学、逻辑学、声学、数学等学科。自然语言理解分为语音理解和书面理解两个方面。

语音理解是用口语语音输入,使计算机"听懂"人类的语言,用文字或语音合成方式输出应答。由于理解自然语言涉及对上下文背景知识的处理,同时需要根据这些知识进行一定的推理,因此实现功能较强的语音理解系统仍是一个比较艰巨的任务。目前人工智能研究中,在理解有限范围的自然语言对话和理解用自然语言表达的小段文章或故事方面的软件已经取得了较大进展。

书面语言理解是将文字输入到计算机,使计算机"看懂"文字符号,并用文字输出应答。书面语言理解又称为光学字符识别(Optical Character Recognition,OCR)技术。OCR 技术是指用扫描仪等电子设备获取纸上打印的字符,通过检测和字符比对的方法,翻译并显示在计算机屏幕上。书面语言理解的对象可以是印刷体或手写体。目前已经进入广泛应用的阶段,包括手机在内的很多电子设备都成功地使用了 OCR 技术。

2) 数据库的智能检索

数据库系统是存储某个学科大量事实的计算机系统。随着应用的进一步发展,存储信息量越来越庞大,因此解决智能检索的问题便具有实际意义。将人工智能技术与数据库技术结合起来,建立演绎推理机制,变传统的深度优先搜索为启发式搜索,从而有效地提高了系统的效率，实现数据库智能检索。智能信息检索系统应具有如下的功能：能理解自然语言，允许用自然语言提出各种询问；具有推理能力，能根据存储的事实，演绎出所需的答案；系统拥有一定的常识性知识，以补充学科范围的专业知识，系统根据这些常识，将能演绎出更一般询问的一些答案来。

3）专家系统

专家系统是人工智能中最重要的也是最活跃的一个应用领域，它实现了人工智能从理论研究走向实际应用，从一般推理策略探讨转向运用专门知识的重大突破。专家系统是一个智能计算机程序系统，该系统存储有大量的、按某种格式表示的特定领域专家知识构成的知识库，并且具有类似于专家解决实际问题的推理机制，能够利用人类专家的知识和解决问题的方法，模拟人类专家来处理该领域问题。同时，专家系统应该具有自学习能力。

专家系统的开发和研究是人工智能研究中面向实际应用的课题，受到极大重视，已经开发的系统涉及医疗、地质、气象、交通、教育、军事等领域。目前专家系统主要采用基于规则的演绎技术，开发专家系统的关键问题是知识表示、应用和获取技术，困难在于许多领域中专家的知识往往是琐碎的、不精确的或不确定的，因此目前研究仍集中在这一核心课题上。此外对专家系统开发工具的研制发展也很迅速，这对扩大专家系统应用范围，加快专家系统的开发过程，起到了积极的作用。

4）定理证明

把人证明数学定理和日常生活中的演绎推理变成一系列能在计算机上自动实现的符号演算的过程和技术称为机器定理证明和自动演绎。机器定理证明是人工智能的重要研究领域，它的成果可应用于问题求解、程序验证和自动程序设计等方面。数学定理证明的过程尽管每一步都很严格，但决定采取什么样的证明步骤，却依赖于经验、直觉、想象力和洞察力，需要人的智能。因此，数学定理的机器证明和其他类型的问题求解，就成为人工智能研究的起点。

5）博弈

计算机博弈（或机器博弈）就是让计算机学会人类的思考过程，能够像人一样下棋。计算机博弈有两种方式：一种是计算机和计算机之间对抗，另一种是计算机和人之间对抗。

在20世纪60年代就出现了西洋跳棋和国际象棋的程序，并达到了大师级的水平。进入20世纪90年代后，IBM公司以其雄厚的硬件基础，支持开发后来被称为“深蓝”的国际象棋系统，并为此开发了专用的芯片，以提高计算机的搜索速度。IBM公司负责“深蓝”研制开发项目的是两位华裔科学家谭崇仁博士和许峰雄博士。1996年2月，与国际象棋世界冠军卡斯帕罗夫进行了第一次比赛，经过6个回合的比赛之后，“深蓝”以2∶4告负。

博弈问题也为搜索策略、机器学习等问题的研究提供了很好的实际应用背景，它所产生的概念和方法对人工智能其他问题的研究也有重要的借鉴意义。

6）自动程序设计

自动程序设计是指采用自动化手段进行程序设计的技术和过程，也是实现软件自动化的技术。研究自动程序设计的目的是提高软件生产效率和软件产品质量。

自动程序设计的任务是设计一个程序系统，它接收关于所设计的程序要求实现某个目标的非常高级的描述作为其输入，然后自动生成一个能完成这个目标的具体程序。自动程序设计具有多种含义。按广义的理解，自动程序设计是尽可能借助计算机系统，特别是自动程序设计系统完成软件开发的过程。

软件开发是指从问题的描述、软件功能说明、设计说明，到可执行的程序代码生成、调试、交付使用的全过程。按狭义的理解，自动程序设计是从形式的软件功能规格说明到可执行的程序代码这一过程的自动化。因而自动程序设计所涉及的基本问题与定理证明和机器人学有关，要用到人工智能的方法来实现，它也是软件工程和人工智能相结合的课题。

7）组合调度问题

许多实际问题都属于确定最佳调度或最佳组合的问题，例如，互联网中的路由优化问题，物流公司要为物流确定一条最短的运输路线。这类问题的实质是对由几个结点组成的一个图的各条边，寻找一条最小耗费的路径，使得这条路径只对每一个结点经过一次。在大多数这类问题中，随着求解结点规模的增大，求解程序面临的困难程度按指数方式增长。人工智能研究者研究过多种组合调度方法，使“时间-问题大小”曲线的变化尽可能缓慢，为很多类似的路径优化问题找出最佳的解决方法。

8）感知问题

视觉与听觉都是感知问题。计算机对摄像机输入的视频信息以及话筒输入的声音信息的处理的最有效方法应该是建立在“理解”能力的基础上，使得计算机具有视觉和听觉。视觉是感知问题之一。机器视觉的前沿研究领域包括实时并行处理、主动式定性视觉、动态和时变视觉、三维景物的建模与识别、实时图像压缩传输和复原、多光谱和彩色图像的处理与解释等。机器视觉已在机器人装配、卫星图像处理、工业过程监控、飞行器跟踪和制导以及电视实况转播等领域获得极为广泛的应用。

3. 物联网、云计算、人工智能之间的关系

1）物联网和人工智能

物联网的定义：通过射频识别、红外感应器、全球定位系统、激光扫描器等信息传感设备，按约定的协议，把任何物品与互联网连接起来，进行信息交换和通信，以实现智能化识别、定位、跟踪、监控和管理的一种网络。

人工智能是研究、开发用于模拟、延伸和扩展人的智能的理论、方法、技术及应用系统的一门技术科学，简单地讲就是机器通过数据学习，模拟人的思维做事。

了解了两者的定义之后，不难发现，有一个很明显的共同点就是大数据处理，但是两者却不完全相似，举一个不太恰当其实又通俗易懂的例子。物联网就是从各个地方汇集而来的各种配料、香料和食材，人工智能就是大厨，他将各种零散的、不成体系的食料根据不同菜品的特色进行分析、归纳，然后烹饪成各式各样的菜肴以满足酒店大厅中的各式各样的食客（人类）。

简言之，物联网负责收集资料（通过传感器连接无数的设备和载体，包括家电产品），收集到的动态信息会被上传云端。接下来人工智能系统将对信息进行分析加工，生成人类所需的实用技术。此外，人工智能通过数据自我学习，帮助人类达成更深层次的长远目标。

对于物联网应用来说，人工智能的实时分析更是能帮助企业提升营运业绩，通过数据分析和数据挖掘等手段，发现新的业务场景。

从这个层面上来说，物联网是目标，人工智能是实现方式，实现物联网离不开人工智能的发展。人工智能计算、处理、分析、规划问题，而物联网侧重解决方案的落地、传输和控制，

两者相辅相成。

2) 物联网、云计算、人工智能三者的联系

物联网的特点在于海量的计算结点和终端，不同于普通软件业务，物联网在处理海量数据时对于计算能力的要求是很高的，而云计算刚好就可以担负起这一角色。当然也可以直接把云计算当成计算网络的大脑，在物联网中起到中枢的作用。

在云计算这个平台上，决定最终性能的关键因素就是应用的各种算法，这也是人工智能承担的角色。人工智能同样离不开大数据，同时也是要靠云计算平台以完成深度学习进化。

同时，人工智能虽然核心在于算法，但是它是根据大量的历史数据和实时数据来对未来进行预测的。所以大量的数据对于人工智能的重要性也就不言而喻了，它可以处理和从中学习的数据越多，其预测的准确率也会越高。人工智能需要的是持续的数据流入，而物联网的海量结点和应用产生的数据也是来源之一。

所以我们可以看到，通过物联网产生、收集海量的数据存储于云平台，再通过大数据分析，甚至更高形式的人工智能为人类的生产活动、生活所需提供更好的服务。人工智能是程序算法和大数据结合的产物。

9.7　人机交互技术

9.7.1　人机交互技术概况

人机交互技术(Human-Computer Interaction Techniques)是指通过计算机输入输出设备，以有效的方式实现人与计算机对话的技术。它包括机器通过输出或显示设备给人提供大量有关信息及提示请示等，人通过输入设备给机器输入有关信息，回答问题及提示请示等。人机交互技术是计算机用户界面设计中的重要内容之一。它与认知学、人机工程学、心理学等学科领域有密切的联系。

9.7.2　人机交互技术的发展

1. WIMP 界面的形成

Xeror Palo 研究中心于 20 世纪 70 年代中后期研制出原型机 Star，形成了以窗口(Window)、图符(Icons)、菜单(Menu)和指示装置(Pointing Devices)为基础的图形用户界面，也称为 WIMP 界面。

Apple 公司最先采用了这种图形界面，斯坦福研究所 20 世纪 60 年代的发展计划也对 WIMP 界面的发展产生了重要的影响。该计划强调增强人的智能，把人而不是技术放在了人机交互的中心位置。该计划的结果导致了许多硬件的发明，众所周知的鼠标就是其中之一。

2. WIMP 界面面临的问题

WIMP 界面面临的问题和发展多媒体计算机及虚拟现实(Virtual Reality，VR)系统的出现，改变了人与计算机通信的方式和要求，使人机交互发生了很大的变化。在多媒体系统

中继续采用WIMP界面有其内在的缺陷:随着多媒体软硬件技术的发展,在人机交互界面中计算机可以使用多种媒体,而用户只能同时用一个交互通道进行交互,因而从计算机到用户的通信带宽要比从用户到计算机的通信带宽大得多,这是一种不平衡的人机交互。

虚拟现实技术除了要求有高度自然的三维人机交互技术外,由于受交互装置和交互环境的影响,不可能也不必要对用户的输入做精确的测量,而是一种非精确的人机交互。三维人机交互技术在科学计算可视化和三维CAD系统中占有重要的地位。从本质上讲,基于WIMP技术的图形用户界面是一种二维交互技术,不具有三维直接操作的能力。要从根本上改变这种不平衡的通信,人机交互技术的发展必须适应从精确交互向非精确交互、从单通道交互向多通道交互以及从二维交互向三维交互的转变,发展用户与计算机之间快速、低耗的多通道界面。在传统的人机系统中,人被认为是操作员,只是对机器进行操作,而无真正的交互活动。在计算机系统中人还是被称为用户。只有在VR系统中的人才是主动的参与者。

9.7.3 多媒体与虚拟现实系统的交互特点

1. 多媒体系统的交互特点

与传统用户界面相比,引入了视频和音频之后的多媒体用户界面,最重要的变化就是界面不再是一个静态界面,而是一个与时间有关的时变媒体界面。

人类使用语言和其他时变媒体(如姿势)的方式完全不同于其他媒体。从向用户呈现的信息来讲,时变媒体主要是顺序呈现的,而人们通常熟悉的视觉媒体(文本和图形)通常是同时呈现的。在传统的静止界面中,用户或是从一系列选项中进行选择(明确的界面通信成分),或是用可再认的方式进行交互(隐含的界面通信成分)。

在时变媒体的用户界面中,所有选项和文件必须顺序呈现。由于媒体带宽和人的注意力的限制,在时变媒体中,用户不仅要控制呈现信息的内容,也必须控制何时呈现和如何呈现。目前,许多人把多媒体系统错误地只当作是一种表现装置。这除了对多媒体的错误理解外,没有有效的多媒体交互形式也是目前多媒体存在的一大问题,因而多通道与多媒体用户界面是联系在一起的。

2. VR系统中人机交互的特点

虚拟现实技术(Virtual Reality,VR)又称为灵境技术,是20世纪发展起来的一项全新的实用技术。虚拟现实技术囊括计算机、电子信息、仿真技术为一体,其基本实现方式是计算机模拟虚拟环境,从而给人以环境沉浸感。

人机交互可以说是VR系统的核心,因此,VR系统中人机交互的特点是所有软硬件设计的基础。其特点如下。

(1) 观察点(Viewpoint)是指用户进行观察的起点。

(2) 导航(Navigation)是指用户改变观察点的能力。

(3) 操作(Manipulation)是指用户对其周围对象起作用的能力。

(4) 临境(Immersion)是指用户身临其境的感觉,这在VR系统中越来越重要。

VR系统中人机交互若要具备这些特点,就需要发展新的交互装置,其中包括三维空间定位装置、语言理解、视觉跟踪、头部跟踪和姿势识别等。

多媒体与 VR 系统的人机交互有某些共同特点。首先，它们都是使用多个感觉通道，如视觉和听觉；其次，它们都是时变媒体。

9.7.4　多通道人机交互技术

人类生活中的事件都是多通道的，人机多通道交互技术的发展虽然受到软件和硬件的限制，但至少要满足两个条件：其一，多通道整合，不同通道的结合对用户的体验是十分重要的；其二，在交互中容许用户产生含糊和不精确的输入。

1. 非精确的交互

目前，非精确的交互主要方式如下。

语音(Voice)主要以语音识别为基础，但不强调很高的识别率，而是借助其他通道的约束进行交互。

姿势(Gesture)主要利用数据手套、数据服装等装置，对手和身体的运动进行跟踪，完成自然的人机交互。

头部跟踪(Head Tracking)主要利用电磁、超声波等方法，通过对头部的运动进行定位交互。

视觉跟踪(Eye Tracking)是对眼睛运动过程进行定位的交互方式。

2. 多通道交互的体系结构

多通道交互的体系结构首先要能保证对多种非精确的交互通道进行综合，使多通道交互存在于一个统一的用户界面中，同时，还要保证这种通道的综合在交互过程中的任何时刻都能进行。良好的体系结构应能保证多个通道的综合不只是发生在应用程序这一级。

人机交互技术是目前用户界面研究中发展得最快的领域之一，对此，各国都十分重视。美国在国家关键技术中，将人机界面列为信息技术中与软件和计算机并列的 6 项关键技术之一，并称其为“对计算机工业有着突出的重要性，对其他工业也是很重要的”。在美国国防关键技术中，人机界面不仅是软件技术中的重要内容之一，而且是与计算机和软件技术并列的 11 项关键技术之一。欧共体的欧洲信息技术研究与发展战略计划(ESPRIT)还专门设立了用户界面技术项目，其中包括多通道人机交互界面(Multi Modal Interface for Man-Machine Interface)。保持在这一领域中的领先，对整个智能计算机系统是至关重要的。人们可以以发展新的人机界面交互技术为基础，带动和引导相关的软硬件技术的发展，使更有效地使用计算机的计算处理能力成为可能。

9.7.5　人机界面

人机界面也称为“脑机接口”，它是在人或动物脑(或者脑细胞的培养物)与外部设备之间建立的直接连接通路，即使不通过直接的语言和行动，大脑的所思所想也可以借助这条通路向外界传达。

人机界面分为非侵入式和侵入式两种。在非侵入式人机界面中，脑电波是通过外部方式读取的，如放置在头皮上的电极可以解读脑电图活动。以往的脑电图扫描需要使用导电凝胶仔细地固定电极,获得的扫描结果才会比较准确,不过现在技术得到改进后,即使电极的位置不那么精准,扫描也能够将有用的信号检取出来。其他的非侵入式人机界面还包括脑磁图描记术和功能磁共振成像等。

为了帮助有语言和行动障碍的病患,美国、西班牙和日本的研究人员近年来已经相继开发出了"意念轮椅",这些装置都是利用外部感应器来截获患者大脑发出的神经信号,然后将信号编码传递给计算机,再由计算机分析并合成语言或形成菜单式操控界面,来"翻译"患者的需求,并让轮椅按照这些需求为患者服务,让他们真正做到"身随心动"。

更有意义的是,美国威斯康辛州立大学麦迪逊分校的生物医学博士生亚当·威尔逊戴上自己研制的一种新型读脑头盔,然后想了一句话"用脑电波扫描发送到 Twitter 上去。"于是这句话出现在了他的微博上。由于技术限制,该设备每分钟只能输入 10 个字母,但显示了可观的应用前景。这样一来,闭锁综合征患者(意识清醒,对语言的理解无障碍,但因身体不能动,不能言语,常被误认为昏迷的病人)和四肢瘫痪者都有望依靠大脑"书写"文字、控制轮椅移动来重新恢复部分功能。

侵入式人机界面的电极是直接与大脑相连的。到目前为止,侵入式人机界面在人身上的应用仅限于神经系统修复,通过适当的刺激,帮助受创的大脑恢复部分机能,如可以再现光明的视网膜修复,以及能够恢复运动功能或者协助运动的运动神经元修复等。科学家还尝试在全身瘫痪病患的大脑中植入芯片,并成功利用脑电波来控制计算机,画出简单的图案。

美国匹兹堡大学去年在开发用大脑直接控制的义肢上取得了重大突破。研究人员在两只猴子大脑运动皮层植入了薄如发丝的微型芯片,这块芯片与做成人手臂形状的机械义肢无线连接。芯片感受到的来自神经细胞的脉冲信号被计算机接收并分析,最终可转化为机械手臂的运动。结果显示,这套系统行之有效。猴子通过思维控制机械手臂抓握、翻转、拿取,行动自如地完成了进食动作。

除了医疗领域,人机界面还有很多令人惊叹的应用,如家庭自动化系统,可以根据是谁在房间里面而自动调节室温;当人入睡之后,卧室的灯光会变暗或者熄灭;如果有人中风或者突发其他疾病,会立即呼叫护理人员寻求帮助。

到目前为止,大部分人机界面都采用的是"输入"方式,即由人利用思想来操控外部机械或设备,但由人脑来接收外部指令并形成感受、语言甚至思想还面临着技术上的挑战。

不过,神经系统修复方面的一些应用,如人工耳蜗和人造视觉系统的植入,可能开创出一条新思路:有一天科学家或许能够通过与人们的感觉器官相连,从而控制大脑产生声音、影像乃至思想。但与此同时,随着各种与人类神经系统挂钩的机械装置变得越来越精巧复杂、应用范围越来越广泛并且逐步拥有远程无线控制功能时,安全专家们就要担心"黑客入侵大脑"的事件了。

9.8 未来的物联网数据和信号处理技术

本领域中一些需要解决的问题和主要研究内容包括如下。

(1) 语义互操作性、服务发现、服务整合以及语义传感器门户网络技术。

(2) 数据共享和协作规则。

(3) 自动代理机制。

(4) 人机交互技术。

(5) 边界处理、滤波和聚合算法。

(6) 服务和流处理的质量问题。

9.9　应用案例：基于图像处理技术的汽车牌照识别系统

在计算机视觉越来越发达的今天，车牌识别技术发展迅速，出现了很多较为实用的产品，在高速公路收费、城市卡口、城市道路监控点和海关等都有较广的应用。

智能交通系统的研究领域十分广阔，各国各地区的侧重点也有所不同，如电子收费系统是 ITS 在公路收费领域的具体表现，可解决收费站的"瓶颈"制约，较好地缓解收费站的交通拥挤、排队等候以及环境污染等问题。为了满足这些需求，十分有必要在智能交通管理系统引入车辆牌照自动识别技术。

汽车牌照是车辆最清晰、准确、唯一的标志。车辆牌照识别(Vehicle License Plate Recognition，VLPR)系统作为一个专门的计算机视觉系统，它能够自动拍摄车辆行进中的动态数据，有效判断和提取有车牌的图像数据，并实时准确地识别出车辆牌照上的字符。

1. 汽车牌照自动识别系统的实现流程

一个完整的汽车牌照自动识别系统主要分为图像采集、图像处理、车牌定位、车牌字符分割、车牌字符识别等几个部分。图 9.17 所示是一个汽车牌照自动识别系统的主要工作流程图。

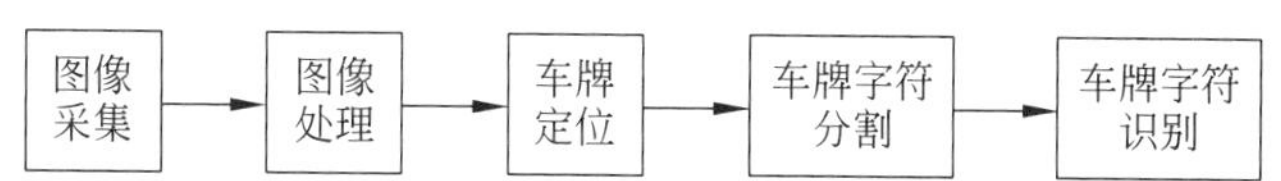

图 9.17　汽车牌照自动识别系统的主要工作流程图

从算法上来说，车牌定位之前一般要对图像做预处理，然后再进行定位、分割、识别等部分。由于得到的车牌图像可能含有较多噪声，或图像对比度不强，车牌被部分遮挡，车牌处出现污点、变脏，笔迹模糊褪色，有其他字符区域干扰，以及出现因运动产生的图像模糊失真等情况，所以定位算法实现起来有很多困难。对于字符分割，则可能存在光照不均、污迹严重、车牌倾斜、对比度小、牌照褪色、牌照字符黏连等不利因素，需要研发与之相适应的算法。而字符识别算法上，由于汉字笔画复杂，所以要求图像有更高的分辨率，系统有很高的采集和处理速度，才能达到实时处理的要求。算法的简捷、实用、高效率往往与算法速度形成冲突。

2. 图像采集与处理

图像采集目前主要采用专用摄像机连接图像采集卡，或者直接连接便携式笔记本进行实时图像采集，同时将模拟信号转换为数字信号。图像处理主要是对采集的图像进行增强、恢复、变换等处理，目的是突出车牌的主要特征，以便更好地提取车牌区域。

3. 车牌定位

从人眼视觉的角度出发,同时根据车牌的字符目标区域特点,在二值化图像的基础上,可以提取其相应的定位特征。这从本质上说,就是一个在参量空间寻找最优定位参量的问题,它需要用最优化方法予以实现。一般可计算边缘图像的投影面积,寻找峰谷点,大致确定车牌位置,再计算此连通域内的宽高比,剔除不在域值范围内的连通域,最后得到的就是车牌区域。车牌定位是车辆牌照自动识别系统中的关键和难点,实际图像中的噪声、复杂的背景等干扰都会给定位增加困难。车辆牌照的分割是一个寻找最符合牌照特征区域的过程。

车牌检测定位方法包括图像预处理、车辆牌照粗定位、车辆牌照精确定位等几个组成部分。

图像预处理部分的功能是将已经变成电信号的信息加以区分,同时去除信号中的污点、空白等噪声,并根据一定准则除掉一些非本质信号,再对文字的大小、位置和笔画粗细等进行规范化,最后简化判断部分的复杂性。

车辆牌照粗定位部分将给出若干个待进一步判断识别的候选车牌区域,如果候选区域的个数为零,则说明本幅图像不含车牌,也就不用进行下一步的识别。

车辆牌照精确定位就是对车牌候选区域进行分类,以判断哪一个是真正的车牌区域并给出车牌区域的坐标。

车牌的自动识别是计算机视觉、图像处理与模式识别技术在智能交通领域应用的重要研究课题之一,是实现交通管理智能化的重要环节,目前发达国家LPR系统在实际交通系统中已成功应用,而我国的开发应用进展缓慢,基本停留在实验室阶段,随着车牌识别技术的发展与成熟、牌照的变化和智能交通需求的增长,将会有更多此方面的研究,而车牌识别系统的识别速度和识别率也有待进一步提高。

习题与思考题

(1) 什么是可扩展标记语言?

(2) 简述在XML中采用的语法规则。

(3) 举例说明XML的优势。

(4) 什么是高性能计算?

(5) 高性能计算是如何分类的?

(6) 什么是非关系数据库?

(7) 简要概述网格计算系统。

(8) 简述主要的网格类型。

(9) 高性能计算集群系统有几种模型?

(10) 如何进行高性能计算集群配置?

(11) 语义网的主要特征有哪些? 语义网的主要技术难点有哪些?

(12) 简述语义网与万维网的区别。

(13) 试分析语义网在各领域里的应用。

(14) 请简要地叙述人机交互技术的组成。

第 10 章 发现与搜索引擎技术

10.1 搜索引擎技术概述

搜索引擎(Search Engine)是指根据一定的策略、运用特定的计算机程序搜集互联网上的信息,对信息进行组织和处理后,并将处理后的信息显示给用户,是为用户提供检索服务的系统。

10.1.1 搜索引擎的发展

1990 年,加拿大麦吉尔大学(University of McGill)计算机学院的师生想到了开发一个可以用文件名查找文件的系统,开发出 Archie。当时,万维网(World Wide Web)还没有出现,人们通过 FTP 来共享交流资源。Archie 能定期搜集并分析 FTP 服务器上的文件名信息,提供查找分别在各个 FTP 主机中的文件。用户必须输入精确的文件名进行搜索,Archie 告诉用户哪个 FTP 服务器能下载该文件。

虽然 Archie 搜集的信息资源不是网页(HTML 文件),但与搜索引擎的基本工作方式是一样的:自动搜集信息资源、建立索引、提供检索服务。所以,Archie 被公认为现代搜索引擎的鼻祖。由于 Archie 深受欢迎,受其启发,1993 年又开发了一个 Gopher 搜索工具。

10.1.2 搜索引擎分类

1. 全文索引

全文索引是名副其实的搜索引擎,国外代表有 Google,国内则有著名的百度搜索。它们从互联网提取各个网站的信息,建立起数据库,并能检索与用户查询条件相匹配的记录,按一定的排列顺序返回结果。

根据搜索结果来源的不同,全文搜索引擎可分为两类:一类拥有自己的检索程序(Indexer),俗称“爬虫”(Spider)程序或“机器人”(Robot)程序,能自建网页数据库,搜索结果直接从自身的数据库中调用,上面提到的 Google 和百度搜索就属于此类;另一类则是租用其他搜索引擎的数据库,并按自定的格式排列搜索结果,如 Lycos 搜索引擎。

2. 目录索引

目录索引虽然有搜索功能,但严格意义上不能称为真正的搜索引擎,只是按目录分类的网站链接列表而已。用户完全可以按照分类目录找到所需要的信息,不依靠关键词(Keywords)进行查询。目录索引中最具代表性的是新浪分类目录搜索。

3. 元搜索引擎

元搜索引擎(Meta Search Engine)接收用户查询请求后,同时在多个搜索引擎上搜索,并将结果返回给用户。著名的元搜索引擎有 InfoSpace、Dogpile 等。

10.2 Web 搜索引擎工作原理

Web 搜索引擎的原理:首先,用爬虫(Spider)进行全网搜索,自动抓取网页;然后,将抓取的网页进行索引,同时也会记录与检索有关的属性,中文搜索引擎中还需要首先对中文进行分词;最后,接收用户查询请求,检索索引文件并按照各种参数进行复杂的计算,产生结果并返回给用户。基于上面的原理,下面将简要介绍 Web 搜索引擎实现。

10.2.1 Web 搜索引擎的组成

Web 搜索引擎一般由搜索器、索引器、检索器和用户接口 4 个部分组成(见图 10.1)。

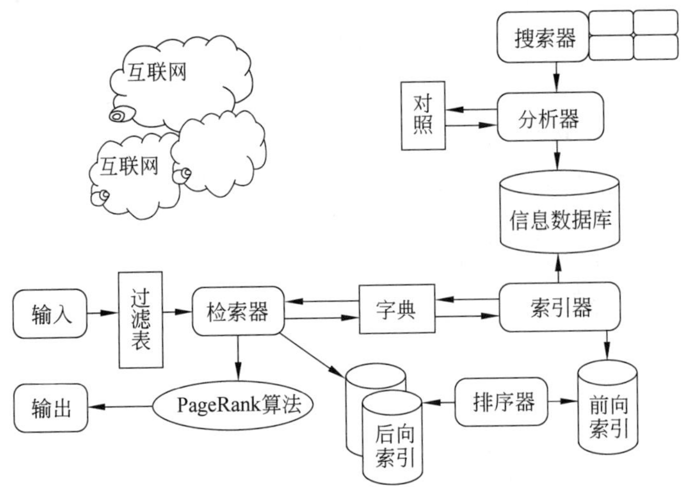

图 10.1 Web 搜索引擎的组成

(1) 搜索器:其功能是在互联网中漫游,发现和搜集信息。

(2) 索引器:其功能是理解搜索器所搜索的信息,从中抽取出索引项,用于表示文档以及生成文档库的索引表。

(3) 检索器:其功能是根据用户的查询在索引库中快速检索文档,进行相关度评价,对将要输出的结果排序,并能按用户的查询需求合理反馈信息。

(4) 用户接口:其作用是接纳用户查询、显示查询结果、提供个性化查询项。

10.2.2 Web 搜索引擎的工作模式

1. 利用网络爬虫获取网络资源

这是一种半自动化的资源（由于此时尚未对资源进行分析和理解，不能称为信息而仅是资源）获取方式。所谓半自动化，是指搜索器需要人工指定起始网络资源 URL（Uniform Resource Locator），然后获取该 URL 所指向的网络资源，并分析该资源所指向的其他资源并获取。

网络爬虫访问资源的过程是对互联网上信息遍历的过程。在实际的爬虫程序中，为了保证信息收集的全面性、及时性，还有多个爬虫程序的分工和合作问题，往往有复杂的控制机制。例如，Google 在利用爬虫程序获取网络资源时，是由一个人为管理程序负责任务的分配和结果的处理，多个分布式的爬虫程序从管理程序获得任务，然后将获取的资源作为结果返回，并重新获得任务。

其基本流程图如图 10.2 所示。

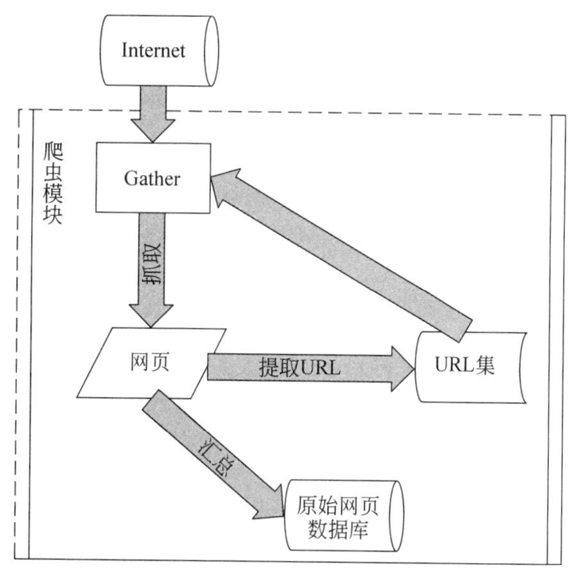

图 10.2 基本搜索器流程图

2. 利用索引器从搜索器获取的资源中抽取信息，并建立利于检索的索引表

当用网络爬虫获取资源后，需要对这些资源进行加工过滤，去掉控制代码及无用信息，提取出有用的信息，并把信息用一定的模型表示，使查询结果更为准确。信息的表示模型一般有布尔模型、向量模型、概率模型和神经网络模型等。

Web 上的信息一般表现为网页，对每个网页，需生成一个摘要，此摘要将显示在查询结果的页面中，告诉查询用户各网页的内容概要。模型化的信息将存放在临时数据库中，由于 Web 数据的数据量极为庞大，为了提高检索效率，需按照一定规则建立索引。

不同搜索引擎在建立索引时会考虑不同的选项，如是否建立全文索引，是否过滤无用词汇，是否使用元信息等。

索引的建立包括以下内容。

(1) 分析过程,处理文档中可能的错误。

(2) 文档索引,完成分析的文档被编码进存储桶,有些搜索引擎还会使用并行索引。

(3) 排序,将存储桶按照一定的规则排序。

(4) 生产全文存储桶。最终形成的索引一般按照倒排文件的格式存放。

3. 检索及用户交互

前面两部分属于搜索引擎的后台支持。本部分在前面信息索引库的基础上,接受用户查询请求,并到索引库检索相关内容,返回给用户。这部分的主要内容包括如下。

(1) 用户查询(Query)理解,即尽最大可能理解用户通过查询串想要表达的查询目的,并将用户查询转换化为后台检索使用的信息模型。

(2) 根据用户查询的检索模型,在索引库中检索出结果集。

(3) 结果排序:通过特定的排序算法,对检索结果集进行排序。

现在用的排序因素一般有查询相关度。由于 Web 数据的海量性和用户初始查询的模糊性,检索结果集一般很大,而用户一般不会有足够的耐心逐个查看所有的结果,所以怎样设计结果集的排序算法,把用户感兴趣的结果排在前面就十分重要。

Web 搜索引擎的工作模式如图 10.3 所示。

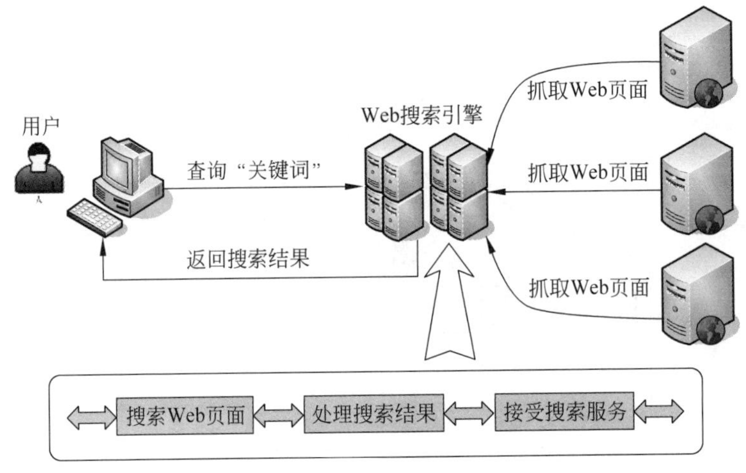

图 10.3 Web 搜索引擎的工作模式

10.2.3 搜索引擎的技术设计与算法

搜索引擎的评价指标有响应时间、查全率、查准率和用户满意度等。其中响应时间是从用户提交查询请求到搜索引擎给出查询结果的时间间隔,响应时间必须在用户可以接受的范围之内。查全率是指查询结果集信息的完备性。查准率是指查询结果集中符合用户要求的数目与结果总数之比。用户满意度是一个难以量化的概念,除了搜索引擎本身的服务质量外,它还与用户群体、网络环境有关系。在搜索引擎可以控制的范围内,其核心是搜索结果的排序,即前文提到的如何把最合适的结果排到前面。

总的来说,Web 搜索引擎的 3 个重要问题如下。

(1) 响应时间：一般来说合理的响应时间在秒这个数量级。

(2) 关键词搜索：得到合理的匹配结果。

(3) 搜索结果排序：如何对海量的结果数据排序。

所以，在设计搜索引擎的体系结构时需要考虑信息采集和搜索服务等模块的设计。

1. 信息采集

Web 搜索引擎的信息采集模块的主要功能：执行基于超文本传输协议(HyperText Transfer Protocol，HTTP)，从 Web 上收集页面信息，即 Web 机器人(爬虫)程序。

典型的基于超文本传输协议的网络应答如图 10.4 所示。

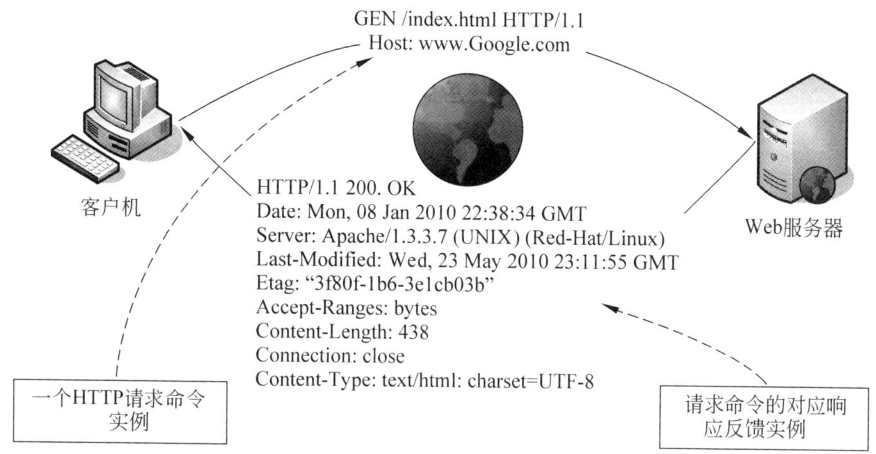

图 10.4　基于超文本传输协议的网络应答图

2. 网络爬虫程序

1) 网络爬虫程序的工作模式

网络爬虫程序根据 HTTP 发送请求，并通过 TCP 连接接收服务器的应答。

由于 Web 搜索引擎需要抓取数以亿计的页面，所以建立快速分布式的网络爬虫程序才能满足搜索引擎对性能和服务的要求，其物理实现可能是一组终端(见图 10.5)。

2) 网络爬虫程序的基础结构

首先，网络爬虫程序从 URL 链接库读取一个或多个 URL 作为初始输入并进行域名解析。

然后，根据域名解析结果(IP)访问 Web 服务器，建立 TCP 连接，发送请求，接收应答，储存接收数据，并分析提取链接信息(URL)放入 URL 链接库里。

爬虫程序递归执行该过程直到 URL 链接库为空。网络爬虫程序的基础结构如图 10.6 所示。

3. 信息采集优化

信息采集优化需要考虑网络连接优化策略、持久性连接和多进程并发设计等方面的问题。同时由于网络爬虫程序会频繁调用域名系统，域名系统缓存可提高爬虫程序性能，需要使用 Web 缓存技术，如相关域名系统的缓存策略。

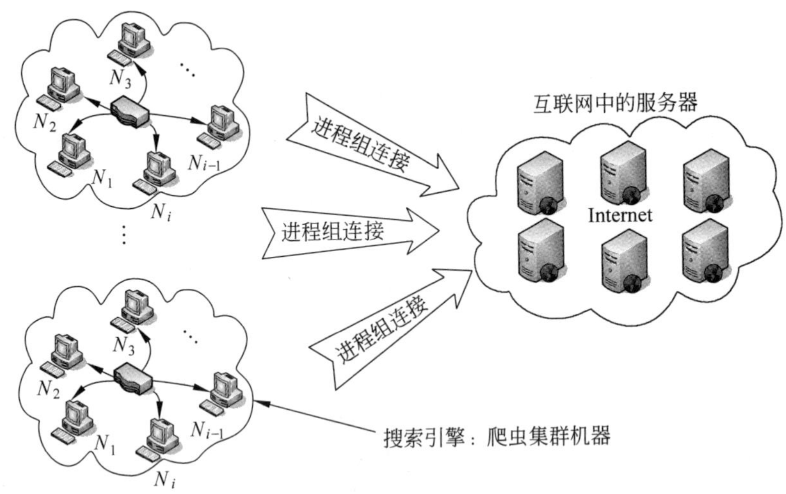

图 10.5　网络爬虫程序物理设备架构图

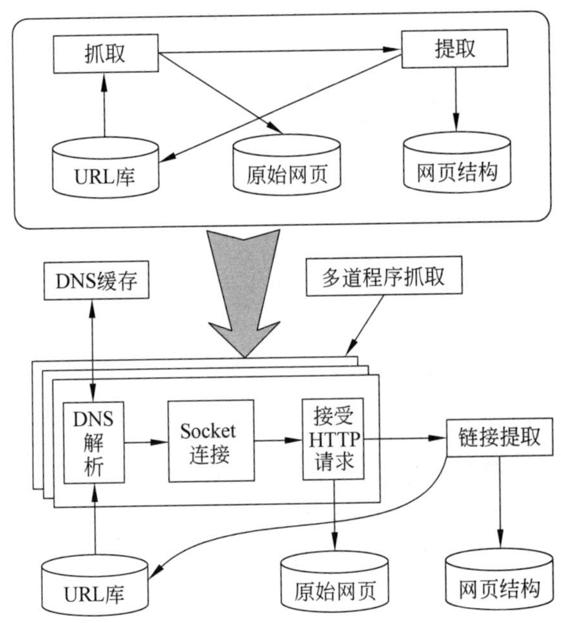

图 10.6　网络爬虫程序的基础结构

(1) LRU(Least Recently Used)算法：将最近最少使用的内容替换出 Cache 缓存。

(2) LFU(Least Frequently Used)算法：将最近访问次数最少的内容替换出 Cache 缓存。

(3) FIFO(First-In,First-Out)算法：在 Cache 缓存中执行数据的先进先出流程方法。

4. 网页抓取算法

1) 深度优先算法

在 Web 收集页面信息时，从一个或一组预定义 URL 地址开始，然后根据页面内容中的超链接深度抓取页面，直到搜索结束(没有新的 URL)。

2）广度优先算法

在 Web 收集页面信息时，从一个或一组预定义 URL 地址开始，然后根据页面内容中的超链接广度抓取页面，抓取下一层的 URL 直到这一层的 URL 完全被抓取，搜索结束时返回。

3）基于内容算法

根据关键字、主题文档的相似度和链接文本（Linked Texts）估计链接值，并确定相应搜索策略的算法。

链接文本是包含对 URL 链接解释说明和内容摘要的文字信息。

4）基于 HITS 的算法

主要思想：在抓取 Web 页面时，采用 Authority/Hub 抓取策略。Authority 表示该页面被其他页面所引用的次数（页面入度值，In-Degree Value）。Hub 表示该页面引用其他页面的次数（页面出度值，Out-Degree Value）。

5）PageRank（Google 公司的专利技术）

Google 公司的 PageRank 根据网站的外部链接和内部链接的数量和质量来衡量网站的价值。PageRank 背后的概念是，每个到页面的链接都是对该页面的一次投票，被链接的越多，就意味着被其他网站投票越多。这个就是所谓的"链接流行度"——衡量多少人愿意将他们的网站和你的网站挂钩。PageRank 这个概念引自学术中一篇论文的被引述的频度，即被别人引述的次数越多，一般判断这篇论文的权威性就越高。

Google 公司有一套自动化方法来计算这些投票。Google 公司的 PageRank 分值为 0～10；PageRank 为 10 表示最佳，但非常少见，类似里氏震级（Richter Scale）。PageRank 级别也不是线性的，而是一种指数刻度。这是一种奇特的数学术语，意思是 PageRank4 不是比 PageRank3 好一级，而可能会好 6～7 倍。因此，一个 PageRank5 的网页和 PageRank8 的网页之间的差距会比人们可能认为的要大得多。

PageRank 的定义如下。

假设有 $T_1, T_2, \cdots, T_n$ 个页面指向页面 A（即引用）。参数 d 是一个阻尼因子，其取值区间属于(0,1)，通常取值为 0.85。$C(A)$定义为指向页面 A 的其他页面的链接数，页面 A 的 PageRank 或 PR(A)值可以通过下面的公式得到：

$$\mathrm{PR}(\mathrm{A}) = (1-d) + d\left(\frac{\mathrm{PR}(T_1)}{C(T_1)} + \cdots + \frac{\mathrm{PR}(T_n)}{C(T_n)}\right)$$

注意：PageRank 值是 Web 页面的概率分布表示，所以所有 Web 页面的 PageRank 值的和是 1。

5. 索引技术

Web 爬虫抓取回来的页面信息，需要放入索引数据库里。索引建立的好坏对于搜索引擎有很大的影响，优秀的索引能够显著地提高搜索引擎系统运行的效率及检索结果的品质。文本分析技术是建立数据索引信息的支撑技术。

（1）索引建立：预处理。

当 Web 搜索引擎获得数据信息以后，首先需要对数据进行预处理，如将句子切分成有意义的词汇。由于中文的特殊性在切分句子时会产生二义性，如何合理地切分词汇是一个技术难题。

中文分词完全不同于英文分词，英文行文中，单词间以空格分隔，而中文只有字/句/段有明显分隔符，唯独词没有形式上的分隔符存在。

(2) 索引建立：倒排文件模型。倒排文件模型如图10.7所示。

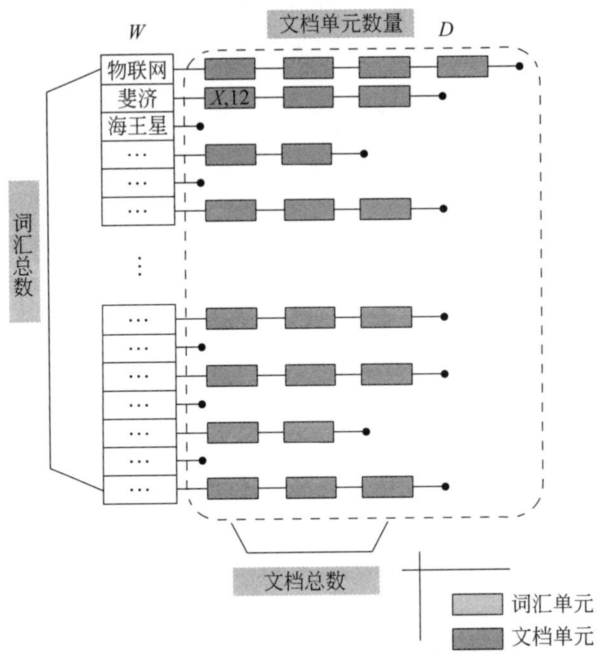

图10.7 倒排文件模型

(3) 倒排文件(Inverted File)：指一个词汇集合 W 和一个文档集合 D 之间对应关系的数据结构。建立倒排文件索引是建立索引数据库的核心工作。

倒排文件简单一点可以定义为“用文档的关键词作为索引,文档作为索引目标的一种结构。类似于普通书籍中索引是关键词,书的页面是索引目标。”

6. 搜索服务

搜索服务是Web搜索引擎工作流程的最后一步,根据用户提交的查询关键字展开搜索,将匹配结果返回给用户。搜索服务的好坏直接影响Web搜索引擎的用户满意程度。

1) 结果显示

接收用户的输入,提交用户搜索请求。然后根据搜索结果列表合理地展示给用户,并在保护隐私的前提下,记录用户使用行为的详细信息,以便提高下次服务的满意度。

2) 网页快照

Web上的数据每时每刻都在变化,所以随时存在检索到的页面信息已经不存在的可能。Web搜索引擎为了提高服务质量,需要对搜索到的页面信息进行快照,以便在原来页面信息失效的情况下,保证用户能够通过快照功能查看页面。

10.3 物联网搜索引擎

在物联网时代,搜索引擎的新思考需要考虑：首先需要从智能物体角度思考搜索引擎与物体之间的关系,主动识别物体并提取有用信息;其次需要从用户角度上的多模态信息利用,使查询结果更精确,更智能,更订制化。

10.3.1　基于物品的搜索引擎技术

物联网中存在海量的分布式资源，包括传感器、探测设备和驱动装置等。需要发展起完整的技术体系，使得未来物联网中的物品可以根据自身的特定能力、所处的环境情况（如传感器的类型、驱动装置的状态以及服务的提供情况等）以及它们的位置对这些普遍存在的信息和数据进行独立的或者类别化（如根据来自物品唯一标识或者传输状态的相关状态索引等信息）的搜索与发现。

物联网的搜索与发现服务将不仅服务于人类，方便人们进行各种操作，同时，这些搜索与发现服务也将为各种软件、系统、应用以及自动化的物品所使用，帮助它们收集各种分布于成千上万组织、机构、地点位置的完整信息和状态数据，帮助它们明确所处环境中的基础设施配备情况，满足智慧物品的运动、操作、加热或者制冷，以及网络通信与数据处理等的需求。

这些服务将在现实世界中的物体和实体对象与它们的数字化副本以及虚拟对等体之间对应关系的建立过程中起到至为关键的作用。而且，这种对应关系的建立是通过收集多方、不同物品之间众多支离破碎的信息和数据而形成的。

在搜索和发现服务的研发过程中，通用的身份验证机制是必需的。通用身份验证机制与细粒度的访问控制机制整合到一起将可以允许物联网中的资源持有者限制具体物品的发现权限，控制哪些物品或者人员可以使用他们的资源或者与他们所持有的特定物品（如一个存在唯一标识的物品）之间建立关联。

出于搜索与发现效率的考虑，未来物联网中的信息将很可能存在元数据结构或者语义标记。但是这样做将使人们面对重大的挑战，那就是如何保证未来物联网中海量的自动生成信息可以被自动地、可靠地发现和查找出来，而无须人为参与。

此外，还有几件同样重要的事情，那就是如何在地球地理数据（当可用的时候）与逻辑位置和地址（如邮政编码、地名等）之间建立交叉引用关系；如何通过搜索和发现服务处理标准的几何概念和位置规则（如空间位置的重叠、区域的分割或者分离等）等。

10.3.2　基于简单标识的对象查找技术

基于数据对象和到标识目的的用户连接之间的确定关系生成搜索结果，其中一种搜索系统基于将用户上下文应用于信息上下文和连接上下文来生成包括标识个人和数据对象的目的目标的排序列表。用户上下文标识与用户的身份有关的搜索上下文（即用户正查找的信息），并且信息上下文标识用户可访问的目的，包括数据对象和基于通信的动作（例如，IP语音电话呼叫、即时通信会话记录等）。连接上下文标识遍及系统的所选择目的之间的关系，以及从所选择目的的现象确定的那些关系的强度，基于现象检测来更新连接上下文。连接上下文中的与用户上下文有关的部分用于对信息上下文中的与用户上下文有关的部分进行排序，从而产生目的目标的排序列表。

10.4 服务发现技术

10.4.1 Web服务发现

Web服务发现与传统的信息检索有很多相似之处,但前者具有更高的复杂性和实现技术的不成熟性,将有更广阔的应用领域。目前Web服务发现技术的结构有以下几种。

1. 直接搜索

形式最简单的服务发现是向服务提供者索要服务描述的副本。服务提供者接收到请求后,只要把服务描述作为附件用电子邮件发送给服务请求者,或者将其放在可传递介质(例如磁盘)上提供给服务请求者。这类服务发现虽然简单,但其效率不是很高,因为它需要先知道Web服务以及服务提供者的联系信息。服务请求者可以从以下几种方式中得到服务描述:①本地文件;②FTP站点;③Web站点。

2. 集中式架构搜索

集中式架构提供一个中心目录,服务提供者在其中注册服务,发布服务公告及引用。典型的架构是UDDI(Universal Description Discovery and Integration,通用描述发现与集成服务)。UDDI作为Web服务体系中的元服务(Meta Service),为Web服务体系提供基本的商业Web服务的注册和发现机制。UDDI规范利用W3C和IETF的很多标准作为实现基础,如XML、HTTP等。另外,在跨平台的设计特性中,UDDI采用了SOAP规范。也就是说,UDDI相对其他Web服务技术有其独特性,UDDI是一种服务,这种服务的具体实施形式就是Web服务。一般称这种提供Web服务注册发现服务的Web服务为UDDI Registry。

目前公共的UDDI注册库,Microsoft、IBM、SAP和NTT分别提供了一个兼容2.0规范的UDDI注册库,它们之间每天进行数据同步。在各大公司的开发平台上(如.NET、WebSphere等)都提供了供开发用的UDDI注册库。JUDDI(Judy)是UDDI注册库的一个开放源代码实现,底层使用Oracle存储注册数据,而UDDI4J则是UDDI客户端的开放源代码实现,用于在J2EE平台中访问UDDI注册库。一般而言,人们可以通过UDDI客户端查询UDDI注册库,发现人们需要的Web服务及其描述WSDL文档,然后人们就可以通过SOAP来访问这些Web服务了。UDDI虽然提供了较高级的功能,但是服务提供者必须是在UDDI注册中心注册了,人们才能检索该服务。这样就大大减小了人们的搜索范围,降低了搜索效率。

3. 分布式架构搜索

分布式服务发现方法通过指定检查Web站点获得可用Web服务的方法,Web服务检查语言提供了这种分布式发现方法。

WS-Inspection提供此类分布式方法的方式,是通过指定如何探查Web服务提供站点来获得可用的Web服务技术信息。WS-Inspection规范定义了如何在Web服务提供站点上查找 Web 服务技术描述的位置。

WS-Inspection 依赖全分布式模型提供与服务相关的信息,可以把服务描述存在任何位置,通常情况下直接向提供该服务的实体提出检索信息的请求。WS-Inspection 文档是轻量级的,易于构造和维护。WS-Inspection 机制通过利用现有的协议,直接从服务提供点传播服务的相关信息,从而实现对当个目标执行有重点的发现。但是,由于其分散性本质,如果通信伙伴未知的话,WS-Inspection 规范无法提供良好的机制执行有重点的发现。

这些搜索方式之间并不是相互独立的,相反,它们之间的关系是互补的。

与一般的 Web 服务相比,网络地图服务是 Web Service 在 GIS 专业领域的应用。OGC WMS 规范定义了网络地图服务必须实现的操作以及这些操作的一系列参数。这样就不存在困扰一般 Web 服务发现中的语法的问题,从而使网络地图服务自动化的搜索成为可能。

10.4.2　传感数据的语义发现技术

1. 语义传感器网络(Semantic Sensor Networks)

语义 Web 预示着一种连接和标注的 Web、一种充满自动和半自动软件代理的 Web。这些软件代理可以对标注、连接和数据进行解释、推理。语义 Web 技术能够使不同的域获利,在这些域中,复杂度和特异性等问题能够被克服。

据估计,目前有 40 亿台移动设备作为传感器使用,固定传感器的数目更大,美国研究机构预测到 2020 年该数目将增长到万亿台。这些传感器设备越来越多地具有访问 Web 的能力,由 OGC 制定的 SWE(传感器 Web 访问,Sensor Web Enablement)标准,已经被应用到工业、政府和学术界。另外,数据 Web 的概念成为启动语义 Web 的牵引力,它的目标是设计复杂、动态、多样性和分布式开放的信息系统。语义被认为是将传感器数据集成到 Web 中的主要技术。由语义 Web 提供的分析和推理能力对于从观察数据的获取到事件认知和对复杂环境的完全感知是非常重要的。

传感器网络是物联网的一种关键且不可或缺的技术,语义 Web 应用于传感器网络更加丰富并扩展了传感器网络的内容,这将大大提高传感器网络资源的利用、发现和共享。

2. 语义搜索的局限

完全采用语法和词汇原则来理解文字信息是语义搜索的一大局限,不能处理如双关语、多义词等模糊信息。这是因为计算机本身缺乏理解能力,尤其是缺乏理解不确定性信息或模糊信息的能力,所以当计算机尝试通过解析整段话来提取含义时,就颇为棘手。一些高级的系统能够建立一套使机器解决不确定性所遵循的原则。但是,其指令集极为繁杂而且难以维护,基本没有可操作性。

与基于关键字的搜索方法一样,语义搜索方法也不能确定思想的相对重要性。换句话说,计算机会给一句话中的不同词汇分配相同的重要性值,而这与自然语言的实际内涵可能大相径庭。

在最好的情况下,语义搜索方法可以处理少数简单的句子,但在采用包含大量概念的大型文件时,要从整段话、整篇文章中提取含义,其语言模式就只能望洋兴叹了。由于语义分析是基于真/假决策树和规则结构进行推理的,一个不正确的决策或者一个未知的查询的出现,会导致整个分析出错。

此外,语义分析都是基于特定语言及其语法结构的,这意味着它在俚语或语法方面非常容易出错。一旦有新单词或者变更出现,必须对系统进行调整,从而保证系统能够理解这些新单词或变更,对系统进行拓展是一项复杂的工程。通常,语义搜索引擎只能支持有限的一些语言,如果要增加一种新的比较难的语言,则会产生很多问题。此前国内的问一问、悠游等基于自然语言处理的搜索引擎之所以昙花一现,然后就被第二代关键词搜索所取代,与此有关。

3. 另一种方法

与完全基于语法结构分析的语义搜索不同,以 Autonomy 为代表的核心概念匹配技术并不单纯依赖于一种语言的语法结构,而是把文字当作语义的抽象符号或者另一种类型的信息,采用可预测的统计词方式表示概念和功能,并通过有意义的概念词出现的上下文环境(而不是通过严格的语法定义)来形成对该概念词的理解,以此确定文档中每个主题的相关性及重要性。由于其系统由所输入的实际数据驱动,而不是由与内容无关的辅助规则所驱动,所以,Autonomy 可以支持基于俚语、行业术语、自然语言的检索。

因为同样的原因,Autonomy 还能够不受语言语种限制(支持超过 80 种语言),支持任意信息片段的检索,只要该语言的信息足够多,就可以让系统形成对该语言的理解。例如,将一句话、一段或者整页文本作为输入的搜索条件,由此可返回与搜索条件概念相关的结果,这些结果可按照概念相关性或文档上下文关联排序。Autonomy 的技术甚至能自动检测输入文档的语言并改变相应配置以自动处理每一种语言。

Autonomy 的技术内核是一个被称为 IDOL 的智能信息处理层。IDOL 由动态推理引擎(DRE)、分类服务器、用户服务器等模块组成,DRE 可实现概念识别、自动摘要、有效识别、自动超链接、自然语言检索等核心操作,分类服务器可实现自动聚类、自动分类、自动目录生成等功能操作,用户服务器则可以实现个性化信息创建、个性化信息提示、个性化信息训练、专家定位等个性化操作。

可以说,IDOL 提供了一个对语言模式进行文字分析进而推断出有序概念的智能内核。正是以此为基础,Autonomy 才能够发展出一整套基于模式匹配的功能应用,如二维趋势图、三维立体图等图形化结果,如自动建档、社区及协作、专家搜索、信息推送等行业应用,如电子通信和管理技术的安全监控、诉讼及风险管理自动化的 Aungate,如下一代呼叫中心技术 Qfiniti(现在是 Autonomy Etalk 部门的一部分),如视频关键帧识别技术和语音识别技术等。这些 Autonomy 早在 20 世纪 90 年代末已研发成熟并投入使用的搜索应用,正是眼下第三代搜索潮流中最被看好的主流应用。

10.4.3 数据挖掘

随着信息技术的高速发展,人们积累的数据量急剧增长,如何从海量的数据中提取有用的知识成为当务之急。数据挖掘就是为顺应这种需要应运而生,并发展起来的数据处理技术,是知识发现(Knowledge Discovery in Database)的关键步骤。

1. 数据挖掘技术发展需求

1）网络之后的下一个技术热点

人们现在已经生活在一个网络化的时代，通信、计算机和网络技术正改变着整个人类和社会。如果用芯片集成度来衡量微电子技术，用 CPU 处理速度来衡量计算机技术，用信道传输速率来衡量通信技术，那么摩尔定律告诉人们，它们都是以每 18 个月翻一番的速度在增长，这一势头已经维持了十多年。在美国，广播达到 5000 万户用了 38 年，电视用了 13 年；Internet 拨号上网达到 5000 万户仅用了 4 年。全球 IP 网发展速度达到每 6 个月翻一番，国内情况亦然。

大量信息在给人们带来方便的同时也带来一大堆问题：第一是信息过量，难以消化；第二是信息真假难以辨识；第三是信息安全难以保证；第四是信息形式不一致，难以统一处理。人们开始提出一个新的口号——要学会抛弃信息。人们开始考虑"如何才能不被信息淹没，而是从中及时发现有用的知识、提高信息利用率"。面对这一挑战，数据开采和知识发现（DMKD）技术应运而生，并显示出强大的生命力。

2）数据爆炸但知识贫乏

另外，随着数据库技术的迅速发展以及数据库管理系统的广泛应用，人们积累的数据越来越多。激增的数据背后隐藏着许多重要的信息，人们希望能够对其进行更高层次的分析，以便更好地利用这些数据。目前的数据库系统可以高效地实现数据的录入、查询、统计等功能，但无法发现数据中存在的关系和规则，无法根据现有的数据预测未来的发展趋势。缺乏挖掘数据背后隐藏的知识的手段，导致了"数据爆炸但知识贫乏"现象。

3）支持数据挖掘技术的基础

数据挖掘技术是人们长期对数据库技术进行研究和开发的结果。起初各种商业数据是存储在数据库中的，然后发展到可对数据库进行查询和访问，进而发展到对数据库进行即时遍历。数据挖掘使数据库技术进入一个更高级的阶段，它不仅能对过去的数据进行查询和遍历，并且能够找出过去数据之间的潜在联系，从而促进信息的传递。现在数据挖掘技术在商业应用中已经使用，有四个主要的技术理由激发了数据挖掘的开发、应用和研究的兴趣。

（1）超大规模数据库的出现，例如商业数据仓库。

（2）先进的计算机技术，例如更快、更大的计算能力和并行体系结构。

（3）对巨大量数据的快速访问。

（4）对这些数据应用精深的统计方法计算的能力。

商业数据库现在正以一个空前的速度增长，并且数据仓库正在广泛地应用于各种行业。对计算机硬件性能越来越高的要求，也可以用现在已经成熟的并行多处理机的技术来满足。

4）从商业数据到商业信息的进化

数据挖掘的核心模块技术历经了数十年的发展，其中包括数理统计、人工智能、机器学习。今天，这些成熟的技术，加上高性能的关系数据库引擎以及广泛的数据集成，让数据挖掘技术在当前的数据仓库环境中进入实用阶段。

5）数据挖掘逐渐演变的过程

电子数据处理的初期，人们就试图通过某些方法来实现自动决策支持，当时机器学习成为人们关心的焦点。机器学习的过程就是将一些已知的并已被成功解决的问题作为范例输入计算机，机器通过学习这些范例总结并生成相应的规则，这些规则具有通用性，使用它们可以解决某一类问题。随后,随着神经网络技术的形成和发展,人们的注意力转向知识工程,知识工程不同于机器学习那样给计算机输入范例,让它生成出规则,而是直接给计算机输入已被代码化的规则,计算机通过使用这些规则来解决某些问题。专家系统就是使用这种方法所得到的成果,但它有投资大、效果不理想等不足。20世纪80年代人们又在新的神经网络理论的指导下,重新回到机器学习的方法上,并将其成果应用于处理大型商业数据库。

随着数据库中的知识发现(Knowledge Discovery in Database,KDD)方法的出现,人们接受了这个术语,并开始用知识发现来描述整个数据挖掘(Data Mining)的过程,包括最开始制定业务目标到最终的结果分析,而用数据挖掘来描述使用挖掘算法进行数据挖掘的子过程。人们却逐渐开始用统计方法进行数据挖掘,并认为最好的策略是将统计方法与数据挖掘有机地结合起来。

数据仓库技术的发展与数据挖掘有密切的关系。数据仓库的发展是促进数据挖掘越来越热的原因之一。但是,数据仓库并不是数据挖掘的先决条件,因为有很多数据挖掘可直接从操作数据源中挖掘信息。

2. 数据挖掘的定义

1) 技术上的定义及含义

数据挖掘就是从大量的、不完全的、有噪声的、模糊的、随机的实际应用数据中,提取隐含在其中的、人们事先不知道的但又是潜在有用的信息和知识的过程。这个定义包括好几层含义:数据源必须是真实的、大量的、含噪声的;发现的是用户感兴趣的知识;发现的知识要可接受、可理解、可运用;并不要求发现放之四海皆准的知识,仅支持特定地发现问题。

什么是知识?从广义上理解,数据、信息也是知识的表现形式,但是人们更把概念、规则、模式、规律和约束等看作知识。人们把数据看作是形成知识的源泉,好像从矿石中采矿或淘金一样。原始数据可以是结构化的,如关系数据库中的数据;也可以是半结构化的,如文本、图形和图像数据;甚至是分布在网络上的异构型数据。发现知识的方法可以是数学的,也可以是非数学的;可以是演绎的,也可以是归纳的。发现的知识可以被用于信息管理、查询优化、决策支持和过程控制等,还可以用于数据自身的维护。因此,数据挖掘是一门交叉学科,它把人们对数据的应用从低层次的简单查询,提升到从数据中挖掘知识,提供决策支持。在这种需求牵引下,汇聚了不同领域的研究者,尤其是数据库技术、人工智能技术、数理统计、可视化技术、并行计算等方面的学者和工程技术人员,投身到数据挖掘这一新兴的研究领域,形成新的技术热点。

这里所说的知识发现,不是要求发现放之四海而皆准的真理,也不是要去发现崭新的自然科学定理和纯数学公式,更不是机器定理证明。实际上,所有发现的知识都是相对的,是有特定前提和约束条件,面向特定领域的,同时还要能够易于被用户理解。最好能用自然语言表达所发现的结果。

2) 商业角度的定义

数据挖掘是一种新的商业信息处理技术,其主要特点是对商业数据库中的大量业务数据进行抽取、转换、分析和其他模型化处理,从中提取辅助商业决策的关键数据。

简而言之,数据挖掘其实是一类深层次的数据分析方法。数据分析本身已经有很多年的历史,只不过在过去数据收集和分析的目的是用于科学研究。另外,由于当时计算能力的限制，对大数据量进行分析的复杂数据分析方法受到很大限制。现在，由于各行业业务自动化的实现，商业领域产生了大量的业务数据，这些数据不再是为了分析的目的而收集的，而是由于纯机会的(Opportunistic)商业运作而产生。分析这些数据也不再是单纯为了研究的需要，更主要是为商业决策提供真正有价值的信息，进而获得利润。所有企业面临的一个共同问题：企业数据量非常大，但其中真正有价值的信息却很少。因此，从大量的数据中经过深层分析，获得有利于商业运作、提高竞争力的信息，就像从矿石中淘金一样，数据挖掘也因此而得名。

因此，数据挖掘可以描述为：按企业既定业务目标，对大量的企业数据进行探索和分析，揭示隐藏的、未知的或验证已知的规律性，并进一步将其模型化的先进有效的方法。

3）数据挖掘与传统分析方法的区别

数据挖掘与传统的数据分析方法(如查询、报表、联机应用分析)的本质区别：数据挖掘是在没有明确假设的前提下去挖掘信息、发现知识。数据挖掘所得到的信息应具有先前未知、有效和可实用3个特征。

先前未知的信息是指该信息是预先未曾预料到的，即数据挖掘是要发现那些不能靠直觉发现的信息或知识，甚至是违背直觉的信息或知识，挖掘出的信息越是出人意料，就可能越有价值。在商业应用中最典型的例子就是一家连锁店通过数据挖掘发现小孩尿布和啤酒之间有着惊人的联系。

4）数据挖掘和数据仓库

数据仓库(Data Warehouse)是为企业决策制定过程提供支持的所有类型数据的集合，它是单个数据存储。数据仓库为进行分析性报告和决策支持的目的而创建。

数据仓库的主要功能是将组织透过信息系统的在线事务处理(OLAP)经年累日所积累的大量资料，透过数据仓库的特有资料存储架构，做有系统的分析整理，以利于各种方法如在线事务处理(OLAP)、数据挖掘的进行。

数据集市是数据仓库的一个逻辑子集，形象地说是一个“部门级的仓库”，根据特定的业务分析和主体进行数据组织(例如，人力资源数据集市、财务数据集市等)，并进而支持决策支持系统(DSS)、主管信息系统(EIS)的创建，帮助决策者能快速有效地从大量资料中分析出有价值的信息，以利决策及快速回应环境变化。

大部分情况下，数据挖掘都要先把数据从数据仓库中拿到数据挖掘库或数据集市中。从数据仓库中直接得到进行数据挖掘的数据有许多好处。就如后面会讲到的，数据仓库的数据清理和数据挖掘的数据清理差不多，如果数据在导入数据仓库时已经清理过，那很可能在做数据挖掘时就没必要再清理一次了，而且所有数据不一致的问题都已经被解决。

数据挖掘库可能是数据仓库的一个逻辑上的子集，而不一定非得是物理上单独的数据库。如果数据仓库的计算资源已经很紧张，还是建立一个单独的数据挖掘库为好。

当然，为了数据挖掘也不必非得建立一个数据仓库，数据仓库不是必需的。建立一个巨大的数据仓库，把各个不同源的数据统一在一起，解决所有的数据冲突问题，然后把所有的数据导到一个数据仓库内，是一项巨大的工程，可能要用几年花上百万元才能完成。只是为了数据挖掘，可以把一个或几个事务数据库数据传到一个只读的数据库中，就把它当作数据集市，然后在它上面进行数据挖掘。

5）数据挖掘和在线分析处理(On-Line Anlytical Processing，OLAP)

一个经常问的问题是，数据挖掘和OLAP到底有何不同？下面将会解释，它们是完全不同的工具,基于的技术也大相径庭。

OLAP是决策支持领域的一部分。传统的查询和报表工具告诉人们数据库中都有什么(What Happened),OLAP则更进一步告诉人们下一步会怎么样(What Next)和如果采取这样的措施又会怎么样(What If)。用户首先建立一个假设,然后用OLAP检索数据库来验证这个假设是否正确。例如,一个分析师希望找到是什么原因导致了贷款拖欠,他可能先做一个初始的假定,认为低收入的人信用度也低,然后用OLAP来验证这个假设。如果这个假设没有被证实,他可能去查看那些高负债的账户,如果还不行,他也许要把收入和负债一起考虑,一直进行下去,直到找到他想要的结果或放弃。

也就是说,OLAP分析师是建立一系列的假设,然后通过OLAP来证实或推翻这些假设来最终得到自己的结论。OLAP分析过程在本质上是一个演绎推理的过程,但是如果分析的变量达到几十或上百个,那么再用OLAP手动分析验证这些假设将是一件非常困难和痛苦的事情。

数据挖掘与OLAP不同的地方是,数据挖掘不是用于验证某个假定的模式(模型)的正确性,而是在数据库中自己寻找模型。它本质上是一个归纳的过程。例如,一个用数据挖掘工具的分析师想找到引起贷款拖欠的风险因素。数据挖掘工具可能帮他找到高负债和低收入是引起这个问题的因素,甚至还可能发现一些分析师从来没有想过或试过的其他因素,如年龄。

数据挖掘和OLAP具有一定的互补性。在利用数据挖掘出来的结论采取行动之前,也许要验证一下如果采取这样的行动会给公司带来什么样的影响,那么OLAP工具能回答这些问题。

在知识发现的早期阶段,OLAP工具还有其他一些用途。可以帮人们探索数据,找到哪些是对一个问题比较重要的变量,发现异常数据和互相影响的变量。这都能帮人们更好地理解数据,加快知识发现的过程。

6) 数据挖掘、机器学习和统计

数据挖掘利用了人工智能(Artifical Intelligence,AI)和统计分析的进步所带来的好处。这两门学科都致力于模式发现和预测。

数据挖掘不是为了替代传统的统计分析技术。相反,它是统计分析方法学的延伸和扩展。大多数统计分析技术都基于完善的数学理论和高超的技巧,预测的准确度还是令人满意的,但对使用者的要求很高。随着计算机计算能力的不断增强,人们有可能利用计算机强大的计算能力只通过相对简单和固定的方法完成同样的功能。

一些新兴的技术同样在知识发现领域取得了很好的效果,如神经元网络和决策树,在足够多的数据和计算能力下,它们几乎不用人的关照自动就能完成许多有价值的功能。

数据挖掘就是利用统计和人工智能技术的应用程序,它把这些高深复杂的技术封装起来,使人们不用自己掌握这些技术也能完成同样的功能,并且更专注于自己所要解决的问题。

7) 软硬件发展对数据挖掘的影响

使数据挖掘这件事情成为可能的关键一点是计算机性价比的巨大进步。在过去的几年里磁盘存储器的价格几乎降低了99%,这在很大程度上改变了企业界对数据收集和存储的态度。

计算机计算能力价格的降低同样非常显著。每一代芯片的诞生都会把CPU的计算能力提高一大步。内存也同样降价迅速，几年之内每兆内存的价格由几百元降到现在只要几元。通常PC都有2～8GB内存，拥有几十吉字节以上内存的服务器已经不是什么新鲜事了。

在单个CPU计算能力大幅度提升的同时，基于多个CPU的并行系统也取得很大的进步。目前几乎所有的服务器都支持多个CPU，这些SMP服务器簇甚至能让成百上千个CPU同时工作。

基于并行系统的数据库管理系统也给数据挖掘技术的应用带来便利。如果有一个庞大而复杂的数据挖掘问题要求通过访问数据库取得数据，那么效率最高的办法就是利用一个本地的并行数据库。

所有这些都为数据挖掘的实施扫清了道路，随着时间的延续，相信这条道路会越来越平坦。

8）数据挖掘的任务

数据挖掘的任务主要是关联分析、聚类分析、分类、预测、时序模式和偏差分析等。

（1）关联分析（Association Analysis）。

关联规则挖掘是由Rakesh Apwal等人首先提出的。两个或两个以上变量的取值之间存在某种规律性，就称为关联。数据关联是数据库中存在的一类重要的、可被发现的知识。关联分为简单关联、时序关联和因果关联。关联分析的目的是找出数据库中隐藏的关联网。一般用支持度和可信度两个阈值来度量关联规则的相关性，还不断引入兴趣度、相关性等参数，使得所挖掘的规则更符合需求。

（2）聚类分析（Clustering）。

聚类是把数据按照相似性归纳成若干类别，同一类中的数据彼此相似，不同类中的数据相异。聚类分析可以建立宏观的概念，发现数据的分布模式，以及可能的数据属性之间的相互关系。

（3）分类（Classification）。

分类就是找出一个类别的概念描述，它代表了这类数据的整体信息，即该类的内涵描述，并用这种描述来构造模型，一般用规则或决策树模式表示。分类是利用训练数据集通过一定的算法而求得分类规则。分类可被用于规则描述和预测。

（4）预测（Predication）。

预测是利用历史数据找出变化规律，建立模型，并由此模型对未来数据的种类及特征进行预测。预测关心的是精度和不确定性，通常用预测方差来度量。

（5）时序模式（Time-Series Pattern）。

时序模式是指通过时间序列搜索出的重复发生概率较高的模式。与回归一样，它也是用已知的数据预测未来的值，但这些数据的区别是变量所处时间的不同。

（6）偏差分析（Deviation）。

在偏差中包括很多有用的知识，数据库中的数据存在很多异常情况，发现数据库中数据存在的异常情况是非常重要的。偏差检验的基本方法就是寻找观察结果与参照值间的差别。

9）数据挖掘对象

根据信息存储格式，用于挖掘的对象有关系数据库、面向对象数据库、数据仓库、文本数据源、多媒体数据库、空间数据库、时态数据库、异质数据库以及Internet等。

10）数据挖掘流程

（1）定义问题。

清晰地定义出业务问题，确定数据挖掘的目的。

（2）数据准备。

数据准备：选择数据，即在大型数据库和数据仓库目标中提取数据挖掘的目标数据集；数据预处理，即进行数据再加工，包括检查数据的完整性及数据的一致性、去噪声，填补丢失的域，删除无效数据等。

（3）数据挖掘。

根据数据功能的类型和数据的特点选择相应的算法，在净化和转换过的数据集上进行数据挖掘。

（4）结果分析。

对数据挖掘的结果进行解释和评价，转换成为能够最终被用户理解的知识。

（5）知识的运用。

将分析所得到的知识集成到业务信息系统的组织结构中去。

11）数据挖掘的方法

（1）神经网络方法。

神经网络由于本身良好的鲁棒性、自组织自适应性、并行处理、分布存储和高度容错等特性非常适合解决数据挖掘的问题，因此近年来越来越受到人们的关注。典型的神经网络模型主要分为3大类：以感知机、BP反向传播模型、函数型网络为代表的，用于分类、预测和模式识别的前馈式神经网络模型；以Hopfield的离散模型和连续模型为代表的，分别用于联想记忆和优化计算的反馈式神经网络模型；以ART模型、Koholon模型为代表的，用于聚类的自组织映射方法。神经网络方法的缺点是"黑箱"性，人们难以理解网络的学习和决策过程。

（2）遗传算法。

遗传算法是一种基于生物自然选择与遗传机理的随机搜索算法，是一种仿生全局优化方法。遗传算法具有的隐含并行性、易于与其他模型结合等性质使得它在数据挖掘中被加以应用。

Sunil已成功地开发了一个基于遗传算法的数据挖掘工具，利用该工具对两个飞机失事的真实数据库进行了数据挖掘实验，结果表明遗传算法是进行数据挖掘的有效方法之一。遗传算法的应用还体现在与神经网络、粗集等技术的结合上。如利用遗传算法优化神经网络结构，在不增加错误率的前提下，删除多余的连接和隐层单元；用遗传算法和BP算法结合训练神经网络，然后从网络提取规则等。但遗传算法的算法较复杂，收敛于局部极小的较早收敛问题尚未解决。

（3）决策树方法。

决策树是一种常用于预测模型的算法，它通过将大量数据有目的地分类，从中找到一些有价值的、潜在的信息。它的主要优点是描述简单，分类速度快，特别适合大规模的数据处理。最有影响和最早的决策树方法是由Quinlan提出的著名的基于信息熵的ID3算法。它的主要问题：ID3是非递增学习算法；ID3决策树是单变量决策树，复杂概念的表达困难；同性间的相互关系强调不够；抗噪性差。针对上述问题，出现了许多较好的改进算法，如Schlimmer和Fisher设计了ID4递增式学习算法；钟鸣、陈文伟等提出了IBLE算法等。

(4) 粗集方法。

粗集理论是一种研究不精确、不确定知识的数学工具。粗集方法有几个优点：不需要给出额外信息；简化输入信息的表达空间；算法简单，易于操作。粗集处理的对象是类似二维关系表的信息表。成熟的关系数据库管理系统和新发展起来的数据仓库管理系统，为粗集的数据挖掘奠定了坚实的基础。但粗集的数学基础是集合论，难以直接处理连续的属性，而现实信息表中连续属性是普遍存在的。因此，连续属性的离散化是制约粗集理论实用化的难点。现在国际上已经研制出来了一些基于粗集的工具应用软件，如加拿大 Regina 大学开发的 Kdd-R，美国 Kansas 大学开发的 LERS 等。

(5) 覆盖正例排斥反例方法。

它是利用覆盖所有正例、排斥所有反例的思想来寻找规则。首先在正例集合中任选一个种子，到反例集合中逐个比较。与字段取值构成的选择子相容则舍去，相反则保留。按此思想循环所有正例种子，将得到正例的规则(选择子的合取式)。比较典型的算法有 Michalski 的 AQ11 方法、洪家荣改进的 AQ15 方法以及他的 AE5 方法。

(6) 统计分析方法。

在数据库字段项之间存在两种关系：函数关系(能用函数公式表示的确定性关系)和相关关系(不能用函数公式表示，但仍是相关确定性关系)，对它们的分析可采用统计学方法，即利用统计学原理对数据库中的信息进行分析。可进行常用统计(求大量数据中的最大值、最小值、总和、平均值等)、回归分析(用回归方程来表示变量间的数量关系)、相关分析(用相关系数来度量变量间的相关程度)、差异分析(从样本统计量的值得出差异来确定总体参数之间是否存在差异)等。

(7) 模糊集方法。

模糊集方法即利用模糊集合理论对实际问题进行模糊评判、模糊决策、模糊模式识别和模糊聚类分析。系统的复杂性越高，模糊性越强，一般模糊集合理论是用隶属度来刻画模糊事务的亦此亦彼性的。李德毅等在传统模糊理论和概率统计的基础上，提出了定性定量不确定性转换模型——云模型，并形成了云理论。

10.4.4 物联网数据挖掘

物联网(IoT)是下一代网络，包含上万亿结点来代表各种对象，从无所不在的小型传感器设备，掌上的到大型网络的服务器和超级计算机集群。物联网将会产生大量的信息。举一个例子，将超市引入一个采用 RFID 技术的供应链。RFID 数据包含 EPC(地点、时间)。EPC 代表了一个 RFID 读者阅读的唯一标识，地点是读者的位置，时间是阅读发生的时刻。这需要 18B 来储存一个 RFID 记录。一个超市，大约有 700 000 个 RFID 记录。所以，如果这个超市每秒都有读者在浏览，那么每秒大约产生 12.6GB RFID 数据流，每天将达到 544TB 的数据。

因此，发展有效的思想去管理、分析、挖掘 RFID 数据是非常必要的。物联网数据可以分成几种类型：RFID 数据流、地址/唯一标识、描述数据、位置数据、环境数据和传感器网络数据等。它将给物联网的管理、分析、挖掘数据带来巨大挑战。

1. 物联网数据挖掘的研究

作为互联网的全新范例，人们对于物联网的研究还处于初级阶段。目前，有一些物联网数据挖掘的研究,主要包括以下3个方面。

一些研究集中于管理和挖掘RFID数据流。例如,Hector Gonzalez等提出一个存储RFID数据的新奇模型,能保护对象转变同时提供重要的压缩和路径依赖总量。RFID立方体保持了3个表:①信息表,能储存产品的路径依赖信息;②停留表,保存了数据所在位置信息;③地图表,存储用于结构分析的路径信息。

一些研究偏好于提问、分析和挖掘由各种IoT服务产生的对象数据运动,例如,GPS装置、RFID传感器网络、网络雷达或卫星等。

其他研究是传感器数据的知识发现。尽管IoT对于数据挖掘有很多贡献,但都主要集中于IoT的基本内容,如传感器网络、RFID等。作为一个全新的网络范例,IoT仍然缺乏模型和理论来指导其进行数据挖掘。

2. 物联网数据挖掘模型

1) IoT多层数据挖掘模型

根据IoT式样和RFID数据挖掘框架,人们提出了IoT多层数据挖掘模型,如图10.8所示,将其分为四层:数据收集层、数据管理层、事件处理层和数据挖掘服务层。

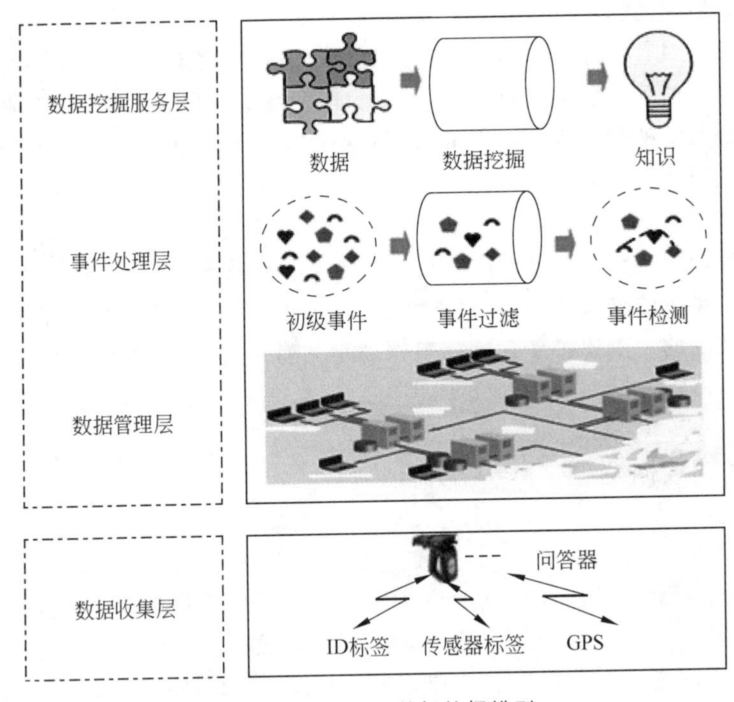

图10.8 IoT多层数据挖掘模型

其中,数据收集层采用一些设备,如RFID阅读器和接收器等,来收集各种智能对象的数据,分别是RFID流数据、GPS数据、卫星数据、位置数据和传感器数据等。不同类型的数据需要不同的收集策略。在数据采集过程中,一系列问题如节能、误读、重复读取、容错、数据过滤和通信等,都应被妥善解决。

数据管理层适用于集中或分布式的数据库或数据仓库区管理收集的数据。在目标识别、数据抽象和压缩后,一系列数据被保存在相应数据库或数据仓库。例如,RFID数据原始的数据流格式中包含EPC、位置、时间,EPC被标记为智能对象的ID。之后人们利用数据仓库去储存和管理相关数据,包括信息表、停留表和地图表,称为RFID体。基于RFID体,用户可以方便地在线分析处理RFID数据。另外,也可以采用XML语言去表述IoT数据。智能对象可以通过物联网数据管理层相互连接。

事件是数据、时间和其他因素的整合,所以它提供高水平的IoT处理机制。事件处理层有效地用于分析IoT事件。因此,人们可以在事件处理层实现基于事件的提问分析。将观察到的原始事件过滤后,就可获得复杂事件或用户关注的事件。然后人们可以根据事件集合、组织和分析数据。

数据挖掘服务层建立在数据管理和事件处理的基础上。各种基于对象或基于事件的数据挖掘服务,分类、预测、聚类、孤立点检测、关联分析或类型挖掘,都提供给应用。例如,供应链管理、库存管理和优化等。这一层的建立模式是服务至上。

2) IoT分布式数据挖掘模型

与一般的数据相比,IoT数据有自己的特色。例如,IoT数据总是大规模的、分布式的、时间相关的和位置相关的。同时,数据的来源是各异的,结点的资源是有限的。这些特征带来了很多集中数据挖掘式样的问题。

第一,大量的IoT数据储存在不同的地点。因此,通过中央模式很难让人们挖掘分布式数据。

第二,IoT数据很庞大需要实时处理。所以如果人们采用中央结构,硬件中央结点的要求非常高。

第三,考虑到数据安全性、数据隐私、容错、商业竞争、法律约束和其他方面,将所有相关数据放在一起的战略通常是不可行的。

第四,结点的资源是有限的。将数据放在中心结点的策略没有优化昂贵资源传输。在大多数情况下,中心结点不需要所有的数据,但是需要估计一些参数。所以可以在分布式结点中预处理原始数据,再将必要信息传送给接收者。

IoT分布式数据挖掘模型不仅可以解决分布式存储结点带来的问题,也将复杂的问题分解成简单的问题。因此,高性能需求、高存储能力和计算能力都降低。在本节中,我们提出了IoT分布式数据挖掘模型,如图10.9所示。

在该模型中,全局控制结点是整个数据挖掘系统的核心。它选择数据挖掘算法和挖掘数据集合,之后引导包含这些数据集合的辅助结点。这些辅助结点从各种智能对象收到原始数据。这些原始数据通过数据过滤、数据抽象和压缩进行预处理,然后保存在局部数据仓库。事件过滤、复杂事件检测和局部结点数据挖掘获得局部模型。根据全局控制结点的需要,这些局部模型受控于全局控制结点并且聚集起来形成全局模型。辅助结点互相交换对象数据、处理数据和信息。基于联合管理机制的多层代理控制着整个过程。

3) IoT基于网格的数据挖掘模型

网格计算是新型的计算设备,能够实现异构、大规模和高性能应用。同IoT,网格计算受到来自工业界和研究机构的关注。网格的基本理念就是同电力资源一样利用网格计算资源。各种计算资源、数据资源和服务资源都可以被存取或便捷使用。IoT的基本理念是通过互联网连接各种智能对象,使智能对象变得聪明、环境敏感且远程合用。所以可以认为智能对象是一种网格计算资源,使用网格数据挖掘服务去实现IoT数据挖掘操作。人们提出了基于网格数据挖掘模型,如图10.10所示。

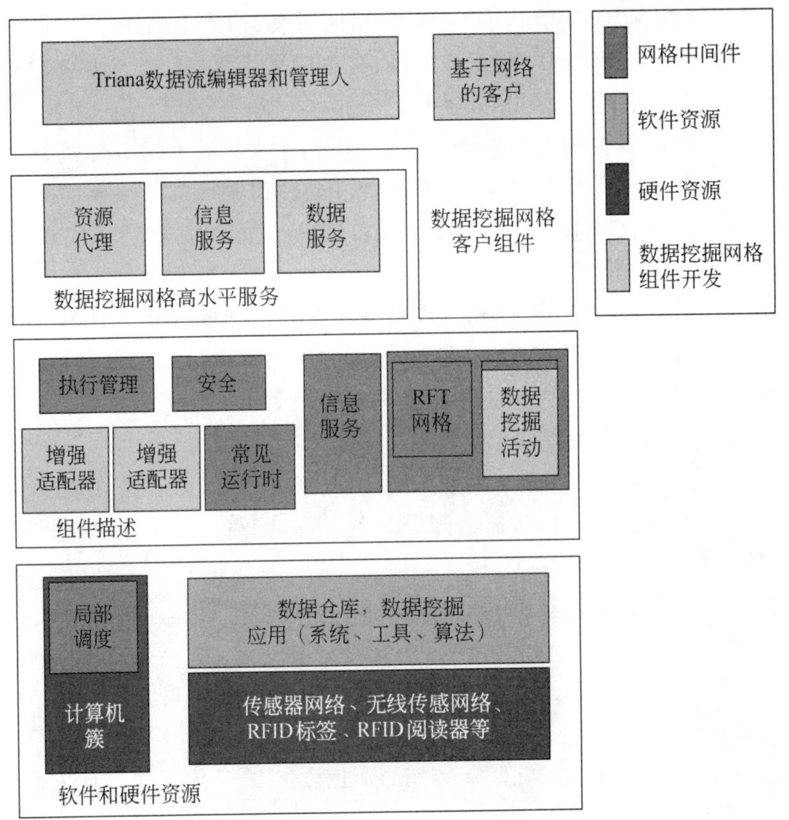

图 10.9 IoT 分布式数据挖掘模型

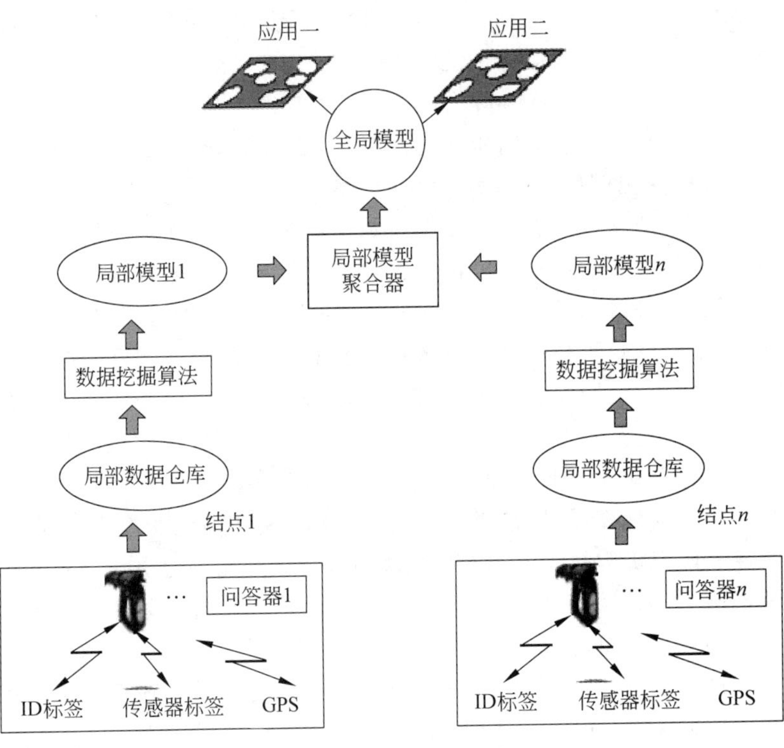

图 10.10 基于网格的 IoT 数据挖掘模型

基于网格的 IoT 数据挖掘模型与网格数据挖掘不同，是硬件和软件资源的一部分。IoT 提供多种类型的硬件，如 RFID 标签、RFID 阅读器、WSM、WSAN 和传感器网络等。它也提供了多种软件资源，如事件处理算法、数据仓库和数据挖掘应用等。人们可以充分利用基于网格的 IoT 数据挖掘的高水平服务来挖掘客户。

4) IoT 多层技术集成角度的数据挖掘模型

物联网是下一代互联网发展的重要方向。同时，还有很多新的方向，例如，可信网络、无所不在的网络、网格计算和云计算等。因此，从多层次技术集成的角度出发，提出了相应的 IoT 数据挖掘模型，如图 10.11 所示。

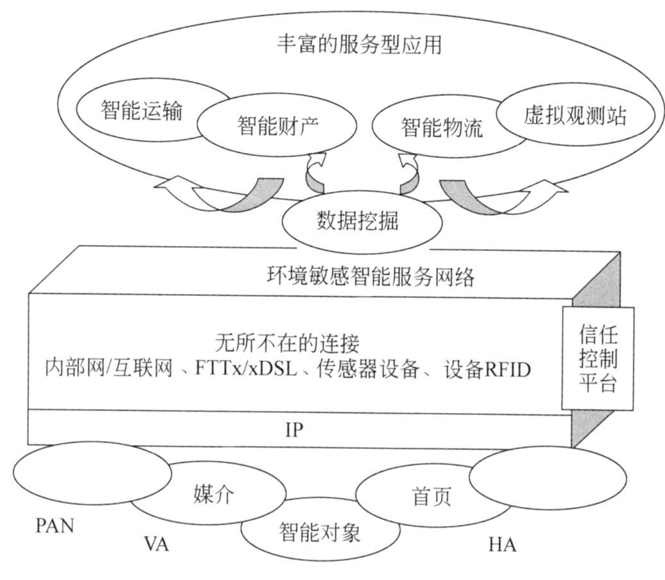

图 10.11　IoT 多层技术集成角度的数据挖掘模型

在该模型中，数据来自环境敏感的个人、智能对象或环境。采用 128 位的 IPv6 地址，并且提供各种无所不在的方式去访问未来网络。例如，内部网/互联网、FTTx/xDSL、传感器设备、RFID、2.5/3/4G 移动访问等。信赖控制平台保证数据传输的信誉和可控性。在此基础上，人们完成了数据挖掘工具和算法，并提交了各种知识服务型的应用，如智能交通、智能物流等。

3. IoT 数据挖掘模型关键问题

1) 从 IoT 智能对象收集数据

当人们从智能对象进行数据收集时，需要考虑智能对象的特殊要求。例如，如果想从分布式传感器网络收集数据，就应考虑网络效率、可扩展性和容错性。有一系列的策略，如区域数据集合可以采用。因此，传输数据的数量会减少，利用能源的传感器结点将提升。为了调节传感器网络数据挖掘过程中与目标冲突，Joydeep Ghosh 在计算、电力、记忆的限制之下，提出了一个一般概率框架。

2) 数据抽象、压缩、索引、聚集和多维查询

物联网将会产生大量的智能对象数据。因此，有必要考虑如何有效地管理 IoT 数据以及如何便捷执行在线分析和处理。智能对象数据都有如下特点。

(1) IoT 环境中,RFID 和传感器等设备会产生大量数据流。

(2) 智能对象数据可能是不准确的,而且通常是时间相关和地点相关。

(3) 智能对象数据往往有自己的隐含语义。这些特点提出了对于 IoT 数据管理和挖掘的新要求。关键问题包括如下。

① 智能对象识别和寻址:在 IoT 中,会有成千上万的智能对象实体。为了查找和连接这些智能对象,实现对智能对象的识别和寻址是很有必要的。

② 数据抽象和压缩。应开发有效的方法过滤冗余数据。

③ IoT 数据存档、索引、可扩展性和访问控制。

④ 数据仓库和查询语言的多维分析。

⑤ 互连性和 IoT 异构数据的语义理解。

⑥ 时序水平和事件级数据集合。

⑦ 管理 IoT 数据的隐私和保护问题。

3) 事件过滤、聚集和检测

事件过滤和复杂性事件处理用来处理数据中的简单事件。整个处理过程包括以下步骤。首先,根据事件聚集数据。原始事件被过滤,有价值事件被保留。之后,这些简单的核心事件都被纳入复杂事件。因此,可以通过检测复杂事件来检测相应业务逻辑。例如,Tai Ku 等提出了一种新的事件挖掘网络来检测 RFID 应用,并且运用 RFID 技术定义了供应链事件管理的基本概念。

4) 集中式数据处理和挖掘与分布式数据处理和挖掘的比较

在不同的场合,要灵活运用集中式或分布式数据处理和挖掘模型。以分布式传感网络为例,在有限结点的计算、存储、电力限制下,将全部数据传送给汇点的策略并没有优化昂贵能源的传输。事实上,大多数情况下不需要所有的原始数据,而是着重于一些参数的价值。

下一代互联网有很多潜在的发展方向:IPv6 技术、无所不在的网络、可信网络、语义网、网格的(语义网格、数据网格和知识网格)、面向服务的应用、光传输和云计算等。下一代互联网,新技术将融入 IoT。因此,很多新的数据挖掘问题需要深入研究。例如,从 IoT 基于语义的数据挖掘,基于网格的数据挖掘和服务型数据挖掘等。

10.5 未来的物联网发现与搜索引擎技术

在未来的物联网中,物品的种类和类型有千差万别,所以物品的各种信息和服务也将不存在统一性,而是分散于很多不同的对象之中。从层次结构来看,物品的信息和服务既可以是在类别层级上进行部署的(即相同类型内所有物品实例的公有信息和服务),也可以是针对独立的个体的(即那些单个的物品所独有的信息和服务)。就提供者来说,这些信息和服务可能是物品创造者或者生产者所权威提供的,也可能来自于其他的物品,如那些来自于物品在其生命周期中某些阶段与特定物品进行交互而获得的信息与服务。

因此,物联网的发现和搜索服务的发展应该不仅仅被局限于连接物品的特定的信息和服务,而应该考虑建立一种信息和服务的安全的接入方式。这种方式不但要充分考虑连接方(或者说使用者、请求者)的意愿,还要尽可能顾及服务和信息提供方的安全性以及保密性要求。也只有这样做,才有可能在充分信任的基础上建立起依照这种接入方式建立起的信息服务请求者与提供方之间的和谐匹配关系，或者说是搜索与发现体系。

另外，随着物品在现实世界中的运动，它将经历变化的环境，也会遇到其他智能的物品或者媒介对象。在这个过程中，物品将会监测其他物品和媒介对象的状况，反过来其他物品或媒介对象也在实时监视这个物品本身。这样就要求人们为未来的物联网建立起一套发现和查找机制：一方面，通过它，物品将可以发现自身功能或者服务在所处本地环境中的可用性。这些功能和服务既可能有传感探测能力，也可能是驱动装置是否可以激活；或者这个物品是否具有网络通信的各种接口，是否配备用于数据转换、运算和处理的各种设施，是否可以进行传送、运输、处置以及发生问题时的人为处理方式与各种报警能力等。另一方面，通过发现与查找机制，物品也将有能力发现所处环境中对等物品的存在性以及它们的标识与身份。这样，物品与对等体(处于同一个地点，或者采用相同的传输方式等)之间将可以自主地根据共同的目标展开谈判与协商，明确各自的身份，解决相互之间的冲突，共同制定高效、协同、可靠的解决方案，并且相互协作、付诸实施。特别地，就现在而言，当物品计划和它们所处的本地环境以及所要求的运输环境中的传输装置进行交互时，这种机制将为人们节约很大的人力和物力成本，同时也将开拓出大量新的商业机遇与产业领域。上面主要说的是信息和服务的发现与搜索问题，然而当人们处于现实的环境中，信息的请求者(物品)也包括它们的虚拟副本，将经常需要监测物品的实际位置，而这些位置不一定是物品确切所处的实际地址，很多情况下位置信息将表现为或者抽象为逻辑地址。这些地址既可能是某一位置地址的层次结构，也可能是这些层次结构的联合体。当然，如果幸运的话，位置将以人们常见的三维地球空间位置坐标形式而存在。

在这种情况下，物联网中的很多应用必须拥有可以理解位置概念的能力，并且也要求物联网的各种地址模型之间存在若干机制，这些机制允许在相对于空间的实际位置与其所对应的逻辑地址之间搭建起可逆的对应关系。同时，物联网的某些应用还要求可以解释各种空间关系和几何概念，如位置的重叠或者是边界的交集等。这种能力将是非常重要的，特别适用于解释那些来自传感器的数据。因为，当传感器被安置在距被测物品有一定距离的情况下(如可能是由于温度因素，传感器不能靠近待测位置)，就需要根据待测物品的实际位置和传感器的位置判断或者推测物品处于平衡状态时的各种参数与数据。

物联网中的物品和对象还要有能力进行断言，并且可以为该断言负责。只有这样其他物品和对象才能通过搜索和发现找到这些断言，并且根据这些断言判断一个物品或者对象的状态与类别。举例来说，断言可能是管理某个独立的物品事件的，如这个物品有没有被售出，这个物品是不是已经被销毁，这个物品是不是已经被挂失或者遗失的物品是不是已经被找到，或物品是不是需要标记为找回以及物品是不是需要进行回收以保护环境等。再例如，断言可能是用来声明一个物品的类别或者状态的，像商品的评价、产品的评分、使用建议与要求、物品的用户帮助或者使用技巧，以及针对物品的全新服务和更新功能的可用性等(例如，物品是不是使用了新的软件或者新的固件版本等)。此外，断言还可以被用来表明一个物品的标识或者这个物品与其他物品之间的关系，就像那些表述物品在一个物品联合体中的对等地位的断言那样。

本领域中一些需要解决的问题和主要研究内容如下。

(1) 设备发现技术、资料库/数据库分布式部署技术。

(2) 物品的定位、本地化以及局域化技术。

(3) 现实的物品、数字化的物品以及虚拟的物品之间对应关系建立方式和规则的研究工作。

(4) 物品的地球地理数据相关技术。

10.6 应用案例:语境感知技术

手机的新功能给人们的生活带来越来越多的便利。手机今后能先进成什么样?美国英特尔公司首席技术官贾斯廷·拉特纳认为,能分析出并满足使用者兴趣和习惯是手机发展的方向。

以这个概念为核心的计算技术与眼下以感受器为基础的应用本质上不同,例如,眼下不少手机可感知使用者所处位置并提供全球定位服务,但新一代基于"语境感知"概念(见图10.12)开发的手机可以把使用者在手机上检索的目标和他(她)所处的位置综合在一起,分析出使用者喜欢吃哪一类菜肴,喜欢参观哪一类景点等,然后给出建议。

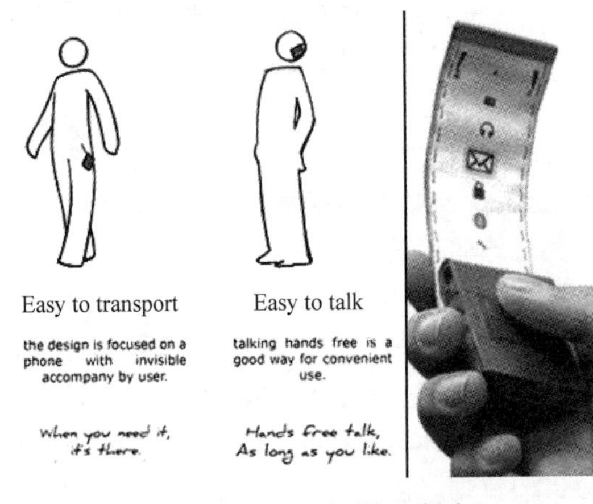

图 10.12 "语境感知"概念

分析消费者爱好和习惯并"投其所好"服务并非新鲜事,但拉特纳说,把这些信息和手机收集到的大量其他信息结合在一起可以让手机用处放大很多。按照他的设想,应用"语境感知"概念的新一代手机更像是使用者的贴心私人秘书,知道"你是谁,你如何生活、工作和娱乐",从而可以预见"你"的需求。"想象一下,它了解到交通拥堵情况后提醒你早10min出门赴约。它可以有遥控电视功能并自动选择使用者想看的节目。"

业内分析师认为,发展新一代手机面临着把"硬感受器"和"软感受器"数据结合在一起的技术难题。"硬感受器"数据指使用者是否坐在计算机前或在其他位置,在跑步、走路或者坐着,在聊天还是听音乐,所在位置光线明还是暗等。"软感受器"数据指使用者在手机中设定的约会时间、用手机浏览互联网历史和手机中存储的通讯录等信息。

把上述两方面数据结合在一起,手机可以探知使用者状态。例如,是否下班准备回家,如果是,手机会自动显示最佳交通路线。"等到把软硬感受器数据结合在一起,东西就真的变得好玩了,"美联社援引拉特纳的话报道,"这可以让手机接近拥有第六感,可以预知用户今后需求。"

拉特纳说,"语境感知"概念已经存在20多年,随着移动互联网和物联网技术的发展,应用这一概念已经逐渐接近现实。提到新一代手机的功能,拉特纳说:"这些听起来像是科幻小说，但运用‘语境感知’计算可以做到，我们已经在实验室实现许多功能。”拉特纳在论坛上与在线旅游服务商“福多尔旅游”副总裁蒂姆·贾雷尔一起向与会者展示一款应用“语境感知”概念的手机，如图10.13所示。

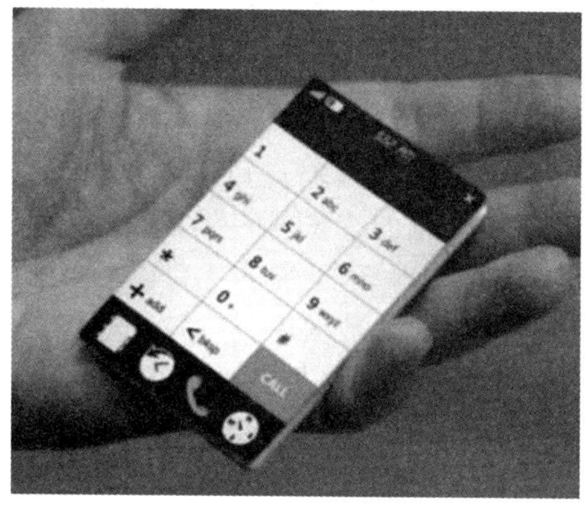

图10.13 一款应用“语境感知”概念的手机

这款手机可以把使用者参加过什么活动、现在所处位置、日程安排等语境信息结合在一起，在使用者度假时实时提出建议。新一代手机是否会因为掌握太多个人信息而泄露隐私？拉特纳说：“在开发所有这些感知、收集和分享语境数据的新方式的同时，我们会更加注重保护隐私和安全。”

习题与思考题

(1) 简述搜索引擎的分类。

(2) 简述搜索引擎的工作原理。

(3) 试分析搜索引擎在各领域的应用。

(4) 简要概述搜索引擎的组成。

(5) 分析Web搜索引擎的关键技术。

(6) 什么是基于物品的搜索引擎技术？

(7) 服务发现技术的定义是什么？它们是如何分类的？

(8) 数据挖掘技术是如何发展起来的？

(9) 简述数据挖掘的定义。

(10) 物联网数据挖掘的主要特性有哪些？

第 11 章 关系网络管理技术

物联网需要管理各种网络，而网络中不但存在数十亿的物品，还存在各种类型的软件、中间件、系统以及硬件设备。所以未来的物联网的网络管理技术将涵盖广阔的范围，并且需要考虑各种因素，从元素容纳、安全性保证，到性能优化以及可靠性要求等。

首先，网络管理技术需要涉及分布式数据库/资料集合的管理、网络设备的自动轮询，以及实时网络拓扑变化和网络流量分布的图形界面监控系统。

其次，物联网中的网络管理服务，需要开发出各式各样的工具、应用软件和设备，来辅助监控与维护那些参与到物联网及其应用中的各种类型的网络。

最后，就像今天在互联网上蓬勃发展的社区网络服务那样，未来的物联网的网络管理技术还需要允许物品之间形成各式各样依托于网络的关系。这些关系既可能是传统的、标准的、经典的类型，如物品对于物品集合的隶属性等；还可能是新颖的、松散类型的关系，如基于一个意外或者事件所形成的短期临时性联盟结构等。

11.1 网络管理的热点技术

安装配置、共享资源、备份恢复、系统安全和优化性能等这些为网络管理人员所关心的诸多问题，都是现代网络管理的重要方面。在这种形式下，传统的、高度集中的网络管理模式早已不能满足当下复杂网络管理的需要。从网络管理软件的管理功能的要求来讲，目前的网络管理软件的技术热点有如下几个方面。

1. 数据采集技术

在数据的采集处理方面，当今的网络管理基本上都是采用轮询和陷阱技术来实现。但随着网络用户的不断增加，网络复杂性的不断增强，使得需要采集的数据总量越来越庞大，对网络管理站的性能要求越来越高，也要求越来越高的网络传输质量，此时传统的数据采集技术已经不能很好地适应这一局面。为了突破这一瓶颈，出现了移动代理采集技术。

移动代理不但具备普通代理所拥有的自主、主动、交互、合作等特点，并且在此基础上还做到了智能化，在被管理主机之间迁移而无须终止程序的特性。正是由于移动代理的这种高智能性与可移动性，它才能够显著地削减在网络中通过的数据量，除去处理数据的中间步骤，以达到降低管理站负载的目的。此移动代理对管理平台来讲具有透明性，可移植性好，可用于管理大型分布式的异构网络，拥有灵活的编程能力和丰富的扩展功能。

2. 数据处理技术

1）集中式数据处理

集中式计算机网络有一个大型的中央系统，其终端是客户机，数据全部存储在中央系统,由数据库管理系统进行管理,所有的处理都由该大型系统完成,终端只是用来输入和输出。终端自己不做任何处理,所有任务都在主机上进行处理。

集中式数据存储的主要特点是能把所有数据保存在一个地方,各地办公室的远程终端通过电缆同中央计算机(主机)相连,保证了每个终端使用的都是同一信息。备份数据容易,因为它们都存储在服务器上,而服务器是唯一需要备份的系统。这还意味着服务器是唯一需要安全保护的系统,终端没有任何数据。银行的自动提款机(ATM)采用的就是集中式计算机网络。所有的事务都在主机上进行处理,终端也不需要软驱,所以网络感染病毒的可能性很低。这种类型的网络总费用比较低,因为主机拥有大量存储空间、功能强大的系统,而终端可以使用功能简单且便宜的微机和其他设备。

这类网络不利的一面是来自所有终端的计算都由主机完成,处理速度可能有些慢。另外,如果用户有各种不同的需要,在集中式计算机网络上满足这些需要可能是十分困难的,因为每个用户的应用程序和资源都必须单独设置,而让这些应用程序和资源都在同一台集中式计算机上操作,使得系统效率不高。还有,因为所有用户都必须连接一台中央计算机,集中连接可能成为集中式网络的一个大问题。由于这些限制,如今的大多数网络都采用分布式和协作式网络计算模型。

2) 分布式数据处理

个人计算机的性能得到极大提高及其使用的普及,使处理能力分布到网络上的所有计算机成为可能。分布式计算是和集中式计算相对立的概念,分布式计算的数据可以分布在很大区域。

分布式网络中,数据的存储和处理都是在本地工作站上进行的。数据输出可以打印,也可保存在硬盘上。通过网络主要是得到更快、更便捷的数据访问。因为每台计算机都能够存储和处理数据,所以不要求服务器功能十分强大,其价格也就不必过于昂贵。这种类型的网络可以适应用户的各种需要,同时允许他们共享网络的数据、资源和服务。在分布式网络中使用的计算机既能够作为独立的系统使用,也可以把它们连接在一起得到更强的网络功能。

分布式计算的优点是可以快速访问、多用户使用。每台计算机可以访问系统内其他计算机的信息文件。系统设计上具有更大的灵活性,既可为独立的计算机用户服务,也可为联网的企业需求服务,实现系统内不同计算机之间的通信;每台计算机都可以拥有和保持所需要的最大数据和文件;减少了数据传输的成本和风险。为分散地区和中心办公室双方提供更迅速的信息通信和处理方式,为每个分散的数据库提供作用域,数据存储在许多存储单元中,但任何用户都可以进行全局访问,使故障的不利影响最小化,以较低的成本来满足企业的特定要求。

分布式计算的缺点:对病毒比较敏感,任何用户都可能引入被病毒感染的文件,并将病毒扩散到整个网络;备份困难,如果用户将数据存储在各自的系统上,而不是将它们存储在中央系统中,难以制订一项有效的备份计划,这种情况还可能导致用户使用同一文件的不同版本;为了运行程序要求性能更好的 PC;要求使用适当的程序;不同计算机的文件数据需要复制;对某些 PC 要求有足够的存储容量,形成不必要的存储成本;管理和维护比较复杂;设备必须要互相兼容。

3) 协作式数据处理

协作式数据处理系统内的计算机能够联合处理数据,处理既可集中实施,也可分区实施。协作式计算允许各个客户计算机合作处理一项共同的任务,采用这种方法,任务完成的速度要快于仅在一台客户计算机上运行。协作式计算允许计算机在整个网络内共享处理能力,可以使用其他计算机上的处理能力完成任务。除了具有在多个计算机系统上处理任务的能力,该类型的网络在共享资源方面类似于分布式计算。

协作式计算和分布式计算具有相似的优缺点。例如,协作式网络上可以容纳各种不同的客户。协作式计算的优点是处理能力强,允许多用户使用。缺点是病毒可迅速扩散到整个网络。因为数据能够在整个网络内存储,形成多个副本,文件同步困难,并且也使得备份所有的重要数据比较困难。

3. 数据的管理和显示技术

传统的网络管理技术中,网管人员只有在管理控制台上才能对采集到的数据信息进行操作,发送指令实现对远程网络设备的管理。为了实现更加方便直观的网络管理,使拥有不同权限的管理人员能够在任何时间、任何地点查看数据并加以管理,并且做到将采集到的信息直观地呈现在管理人员的面前,引进了包括 WBM 技术、Portal 技术和 XML 技术在内的概念。

1) 基于 Web 的网络管理(Web-Based Management,WBM)

WBM 融合了 Web 功能与网管技术,从而为网管人员提供了比传统工具更强的操作能力。WBM 允许网管人员使用任何一种 Web 浏览器,在网络任何结点上方便迅速地配置、控制和存取,是网管方案的一次革命,它使网络用户管理网络的方式得以改善。

基于 Web 的网络管理模式的实现有两种方式,两者之间平行发展互不干涉。第一种方式为代理方式,就是将一个 Web 服务器加到一个内部工作站上,此工作站轮流与端设备通信,浏览器用户通过 HTTP 与代理通信,同时代理通过 SNMP 与端设备通信(见图 11.1)。第二种实现 WBM 方式为嵌入方式,将 Web 能力真正地嵌入网络设备中,每个设备都有自己的 Web 地址,管理人员可轻松地通过浏览器访问设备并加以管理,详见图 11.2。

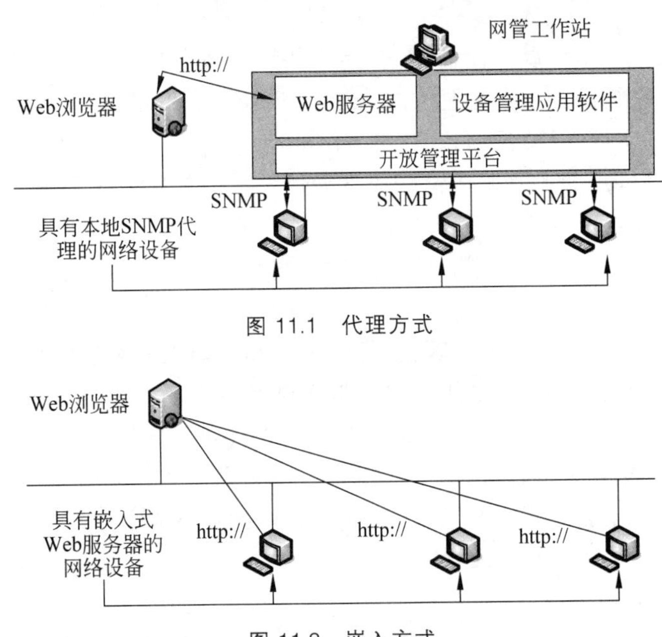

图 11.1　代理方式

图 11.2　嵌入方式

这两种方式各有优点，在未来的网络管理中都将被继续采用，而非相互取代。代理方式不但保留了现存的基于工作站的网管系统及设备的优点，同时还增加了访问灵活、移动性强的优点。嵌入方式给独立设备带来了图形化的管理，这一点保障了非常简单易用的接口，它优于现在的命令行或基于选单的远程登录界面。

2）Portal 门户网站技术

Portal 英文字面的意思是“入口”，国内也有称它为“门户”技术的，是指一个门户网站技术，例如，Sina(新浪)就采用了这种技术，它是.NET 的一个开源的网站模板。

Portal 技术是 Web 应用发展的一个重要趋势，它在网络环境下将各种应用系统资源、数据资源、信息资源统一集成到一个平台上，根据每个用户的使用特点和角色不同，形成个性化的应用界面，并通过对事件和消息的处理把用户有机地联系在一起。它具有很强的可扩展性、兼容性和综合性。因此，在 Web 技术已经开始应用到网络管理的今天，Portal 技术在网络管理层面的应用将不远。

3）XML 技术

可扩展标记语言(Extensible Markup Language，XML)是一种用于标记电子文件使其具有结构性的标记语言。在电子计算机中，标记指计算机能够理解的信息符号。XML 易于在任何应用程序中读/写数据，这使 XML 成各种程序系统进行数据交换的唯一公共语言。

XML 技术是一项国际标准，可以有效地统一现有网络系统中存在的多种管理接口。系统提供了标准的信息源，以一种在不同的系统之间及不同用户之间易于读取和理解的方式来描述，从而使网络应用具有更好的互操作性、通用性和扩展性。并且此技术具有很强的灵活性，可以操控异构网络设备的内嵌管理代理，确保管理系统之间、管理系统与被管理异构网络设备之间的交互式通信和操作的可靠进行。由于 XML 技术本身采用了简单清晰的标记语言，在管理系统开发与集成过程中易于实现，这种新管理接口的采用可以降低管理系统的开发成本。

11.2 分布式网络管理技术

自计算机网络诞生以来，早期的计算机网络的规模和复杂性并不是很大，但随着计算机技术的发展，网络变得越来越普及，它所扮演的角色也越来越重要。随着网络技术的迅猛发展，人们也越来越依赖网络，简单的网络连通早已不能满足用户的要求。他们要求网络具有更快的速度、更好的质量和更高的安全性。但是，网络用户数量的持续增加又为网络的日常管理与维护提出难题。为了维护日益庞大的网络系统的正常工作，保证所有网络资源处于良好的运行状态，必须有相应的网络管理系统加以控制，所以如何有效地管理网络的运行便成为一个越来越棘手的问题。

另外，随着计算机网络复杂性的增加，对网络性能的要求越来越高，也给网络管理带来前所未有的发展契机。为了满足网络的应用需求，现在的网络管理技术正逐渐朝着层次化、集成化、Web 化和智能化方向发展，网管协议也在不断丰富，而且开始担负起较复杂的网络管理任务。

随着计算机网络和信息技术的高速发展，一方面，一个行业或一个企业拥有的网络数量迅速增长；另一方面，在网络上的应用模式也发生很大变化，朝着数据、语音和视频综合的方向发展。网络管理如何适应这些变化,从而有效地管理网络,已成为当前面临的重要问题。

传统的网络管理一般都是采用集中式网络管理模式,即由一个中心网络服务器的网络管理系统负责对整个网络系统进行统一的管理。这种管理方式结构简单,投资成本相对较低,但是对于结构复杂、规模庞大的系统,要想在单个管理中心实现有效的监控,是十分不现实的,管理信息的交换将消耗大量的带宽和计算资源,成为系统的瓶颈,而且整个网络的运行依赖网管中心的状态,一旦网管中心故障,容易导致整个网络管理的无序甚至瘫痪。所以,这种集中式网络管理的模式不适合对大规模网络进行实时的监控与管理。在对大规模的复杂网络进行管理的状况下,分布式网络管理则应运而生成为现代网络管理的方向之一。

11.2.1 分布式网络管理体系结构

网络管理的标准和平台很多,管理标准主要有两大体系。

(1) 国际标准化组织的开放系统互连参考模型(Open System Interconnection/Reference Model,OSI/RM)的公共管理信息服务(Common Management Information Service,CMIS)和公共管理信息协议(Common Management Information Protocol,CMIP)。

(2) 互联网工程任务组(Internet Engineering Task Force,IETF)的简单网络管理协议(Simple Network Management Protocol,SNMP)。

1. OSI网络管理体系

OSI网络管理体系结构是一个面向对象的设计,其应用了面向对象的概念,包括继承、包含、管理对象间的关联等,其体系结构由4个主要部分组成:信息模型、组织模型、通信模型和功能模型,它们结合在一起提供全面的网络管理方案。

(1) 信息模型:包括一个管理信息结构、命名等级体系和管理对象定义。

(2) 组织模型:采用管理系统和代理系统模式,定义了一些管理角色,如管理站、代理等。

(3) 通信模型:是基于系统的通信体系结构,包括应用管理、层管理和层操作3种交换管理信息的机制。

(4) 功能模型:将整个管理系统划分为5个功能域,即配置管理、故障管理、性能管理、安全管理和计费管理。这些模型结合在一起提供网络管理。

2. SNMP网络管理体系

SNMP网络管理体系结构是为了管理TCP/IP的网络而提出的,SNMP的网络管理模型包括以下关键元素:管理站、代理者、管理信息库和网络管理协议,其中管理站一般是一个分立的设备,也可以利用共享系统实现,管理站被作为网络管理员与网络管理系统的接口。

代理者装备了SNMP的平台,如主机、网桥、路由器及集线器均可作为代理者工作,代理者对来自管理站的信息请求和动作请求进行应答,并随机地为管理站报告一些重要的意外事件。

管理信息库(Managment Information Base,MIB)是设在代理者处的管理对象的集合,管理站通过读取MIB中对象的值来进行网络监控。

管理站和代理者之间通过SNMP通信。由于SNMP简单实用而被业界广泛接受,成为应用最广泛的TCP/IP网络管理框架。

3. 分布式网络管理体系结构的基本思想

为了克服集中式网络管理的缺陷,可以将管理工作分散到整个系统中进行分布处理,再将处理结果汇总。在这样的环境中会有多个管理者存在,网络管理工作也应按照一定的管理结构划分给各个管理站(Network Management System,NMS)。这种管理结构可以是能反映网络连接关系的结构,也可以是反映等级管理关系的结构,甚至可以是反映分布应用的结构。

在实际的分布式网络管理中采用的是层次式网络管理,通过引入子管理站(Sub NMS)减轻顶层管理站的负担。每个子管理站负责一个子网域,并对应一个管理信息库(Management Information Base,MIB),这些 MIB 与顶层管理站的 MIB 在网络初始条件下可以设置为相同,但在网络运行后,每个子网域的 MIB 搜集本网内的管理信息和数据,再汇总到顶层管理站的 MIB 中。分布式网络管理的模型如图 11.3 所示。

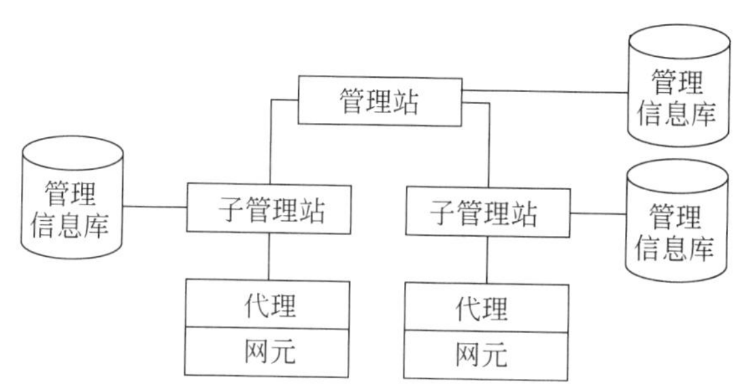

图 11.3　分布式网络管理的模型

每一个子网域的网管系统都有一个相应的 MIB,这些 MIB 与中心网络服务器的 MIB 在网络初始条件下,可以设置为相同,但在网络运行后,每个子网域的 MIB 收集本网内的管理信息和数据,子网 MIB 可以把全部数据汇总到中心服务器的 MIB 中,中心网络服务器也可以有选择地接收子网 MIB 的数据,或者在需要的时候再到子网 MIB 中索取相应的信息。

分布式网络管理集中体现了分布式思想(如分布式阈值检测、分布式查找与检测、分布式的管理任务引擎等),将网络管理任务由网管工作站移到一个或多个远程工作站。以分布式阈值检测为例,在实际应用中,一些厂商可以在网络设备中内置 SNMP 的软件,承担中心网络管理软件的分布式阈值检测任务。再加上包含于计算机网络管理软件之内的远程监控工具,这些内置软件的收集诊断和性能数据独立于中心管理控制台,并执行特定的校验操作。这种分布式 RMON 特性扩展了中心网络管理系统跨越交换局域网网段的检测和收集能力。另外,自适应的策略管理、智能过滤、判断逻辑等功能可根据策略或规则对变化的网络做出性能和安全性方面的响应,减少管理复杂度,限制信息负荷等。

采用这种方式,可以减少网络传输,消除瓶颈,增加可靠性和扩展性,从而提高整个网络管理的性能,而顶层管理站负责协调所有管理站的通信与操作,更易于与现有的网管系统集成。相对于集中式管理模式,分布式网管模型降低了网络管理流量,避免网络拥塞的产生;多个管理域组成的网络管理系统提高了其可靠性,在功能上有较好的可扩展性,能产生较高的管理效率,适应于较为复杂的网络结构。

分布式网络管理主要有两种发展趋势。

一种是在现有的网管框架下,使用分布计算工具可以较容易地设计出一个开放的、标准的、可扩展的大型分布式网管系统,主要有基于CORBA(Common Object Request Broker Architecture,通用对象请求代理结构)的分布式管理和基于Web的分布式管理。

另一种是全新的分布式体制的网管,如Active Network(主动式网络)、Mobile Agent(移动代理)来实现主动式网络管理,即由网络被管理结点主动产生管理数据并传送给管理结点。这里重点讨论目前热点的两种方式:基于Web的分布式网络管理系统和基于移动代理的分布式网络管理系统。

11.2.2 基于CORBA的分布式管理

CORBA是由对象管理组织(OMG)提出的应用软件体系结构和对象技术规范,其核心是一套标准的语言、接口和协议,以支持异构分布应用程序间的互操作性及独立于平台和编程语言的对象重用。

CORBA的主要特点如下。

(1) 引入中间件(Middle-Ware)作为事务代理,完成客户机(Client)向服务对象方(Server)提出的业务请求,实现客户与服务对象完全分开,客户不需要了解服务对象的实现过程以及具体位置。

(2) 提供软总线机制,使得在任何环境下、采用任何语言开发的软件只要符合接口规范的定义,均能集成到分布式系统中。

(3) CORBA规范软件系统采用面向对象的软件实现方法开发应用系统,实现对象内部细节的完整封装,保留对象方法的对外接口定义。

引入中间件,在CORBA系统中称为对象请求代理(Object Request Broker,ORB),它负责接收客户机的服务要求,寻找实现该服务的对象,传递相应参数,引用有关方法,返回结果。由于ORB可以根据对象引用来定位服务器,因此客户机对远端对象发起的调用就像本地调用一样,从而实现了CORBA的位置透明性,ORB在异构分布式环境下为不同机器上的应用提供了互操作性,并无缝地集成了多种对象系统。

OMG接口定义语言(Interactive Data Language,IDL)通过对象的接口定义了对象的类型。一个接口由一些命名的操作和与这些操作相关的参数组成。虽然IDL提供概念框架用于描述对象,但不需要有IDL源代码供ORB工作,只要相同的信息以句柄函数或运行接口库的形式提供,特定的ORB就可以正常工作。IDL是一种方法,它使对象实现能告诉潜在的客户,什么样的操作可以执行。从IDL的定义上可以将CORBA对象映射为特定的编程语言或对象系统。

基于CORBA的网络管理模型如图11.4所示,通过软总线机制,为分布在不同结点上的对象提供一个对象总线及相应的总线服务,各分布式对象只要按照要求的接口方法接上总线,便可方便地实现对象间的互操作。利用CORBA进行网络管理,既可以用CORBA客户实现管理系统,也可利用CORBA定义被管对象,还可以单独利用CORBA实现完整的网络管理系统。但是为了发挥现有网络管理模型在管理信息定义以及管理信息通信协议方面的优势,一般是利用CORBA实现管理系统以及访问被管资源,使其获得分布式和编程简单的特性,而被管系统仍采用现有的模型实现。目前的研究热点是SNMP/CORBA网关和CMIP/CORBA网关的实现问题,以支持CORBA客户对SNMP或CMIP的被管对象进行管理操作。

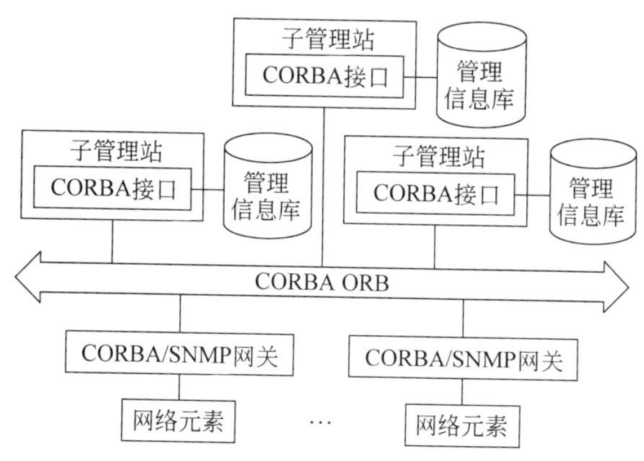

图 11.4 基于 CORBA 的网络管理模型

11.2.3 基于 Web 的分布式网络管理

传统的基于大型平台的网络管理模式存在很多不足：①管理平台软硬件费用昂贵；②系统安装、维护较复杂；③远程访问困难，不便于分布式管理；④扩展性较差，网络管理应用开发较复杂。因此，通过 Web 技术（如超文本应用协议（HyperText Transfer Protocol，HTTP）、超文本标记语言（HyperText Markup Language，HTML）、Web 浏览器和 Web 服务器等）来集成网络管理系统，特别适合于要求低成本、易于理解、平台独立和远程访问的网络环境。

目前，实现基于 Web 的网络管理较为普遍的一种方式就是基于代理的三级解决方案，即在网络管理工作站上运行一个 Web 服务器，该服务器通过标准的网络管理协议（如 SNMP）与被管对象进行通信，通过 HTTP 与客户浏览器通信。从应用领域来看，目前的研究热点是 Web 技术与 CORBA 或移动代理技术的融合，例如，在浏览器与被管对象的通信中引入 CORBA 技术，实现融合的思想。

1. 概述

基于 Web 的分布式网络管理与传统的网络管理模式不同，它不再是 Manager-Agent 的两层管理结构，而是基于客户层 Web 浏览器＋应用层＋各种设备资源的三层体系结构。其中，应用层又可以包括 Web 服务器和应用服务器。用户下达的指令通过浏览器分析后，送往 Web 服务器，Web 服务器收到请求后，分析请求，将静态的 HTML 文件直接回传用户或通过 CGI/JSP/Servlet/ASP 调用应用服务器上的应用程序进行相应的数据处理后，再将动态 HTML 回传给浏览器。

2. 基于 Web 的分布式管理的一般结构

CORBA 技术可以满足开放的分布式网络管理系统的可移植性、可互操作性、可伸缩性，但不能满足易获得性这一特点，可以用基于 Web 的综合网管技术来满足这一需求。与传统的网络管理模式不同，基于 Web 方式的网络管理三层体系结构如图 11.5 所示，当用户下达的指令通过浏览器分析后，送往 Web 服务器，Web 服务器收到请求后，分析请求，将静态的 HTML 文件直接回传用户或通过 CGI/JSP/Servlet/ASP 调用应用服务器上的应用程序进行相应的数据处理后，再将动态 HTML(包括报表和图表)回传给浏览器。

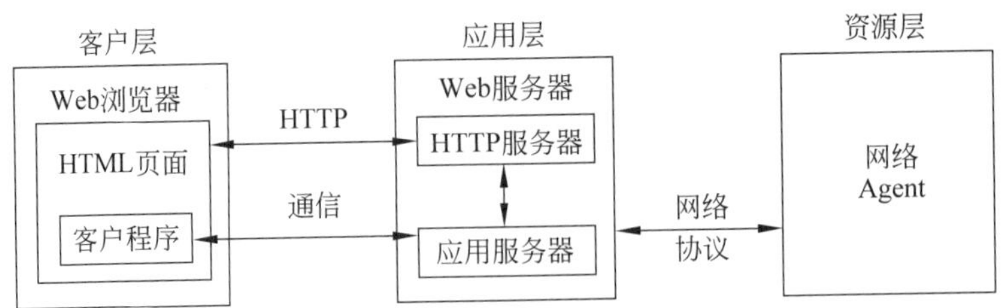

图 11.5　基于 Web 方式的网络管理三层体系结构

另外一种更为详尽的分类方式将基于 Web 的分布式网络管理分为四层：客户层、应用层、管理服务器层和子管理服务器层。其中，应用层包括 Web 服务器和应用服务器。

1）客户层

该层是网络管理员和网络管理系统的接口，不需要特定的网络管理客户端，通过浏览器登录到主管理服务器的 Web 服务器上，将用于管理需要的小程序如 Applet 程序下载到本机，然后即可根据管理者的权限执行网管任务。

2）应用层

该层包括 Web 服务器和应用服务器的功能，该层提供一般 Web 服务，它提供了一个事先设定好的 URL，用户可以通过这个地址请求到系统的登录页面，从而进入管理系统。此外，应用层还要完成 Web 服务器与应用服务器的信息交互功能，它不仅要把用户的处理信息交付给应用服务器，也要把应用服务器从主服务器层接收到的消息、解析好的结果传给客户端。应用服务器负责与主管理服务器进行通信，传递用户需求，解析主管理服务器传来的消息。它是整个系统中一个十分重要的通信枢纽。

3）管理服务器层

主管理服务器负责接收直接下级管理服务器发来的数据信息，并对其进行汇总、筛选和处理。可以通过添加网络智能管理，提供下级拓扑发现、故障报警、域值报警、IP 绑定、自定义视图和线路利用率等功能。主管理服务器是整个系统的核心，它直接决定网络管理的性能。

4）子管理服务器层

子管理服务器对上直接为主管理服务器或上级子管理服务器服务，将本管理范围内的业务数据传送给上级服务器；对下主要是完成本网络的拓扑发现、网络配置、系统性能、故障检测和恢复、安全措施、账户计费等传统的网络管理功能，还可为其他系统服务提供开发接口。该层不仅实现了管理的分布化、智能化，而且大大增强了管理系统的适应能力。既可用于大型复杂网络环境中，又可运行于较简单的中小型网络中。

另外，由于代理服务的独立性，可以提供与现有网络管理系统的接口，实现系统的开放性。系统将 Web 应用服务器的功能和真正起管理网络作用的子管理服务器层和主管理服务器层分开主要是考虑一个效率问题。因为网络管理是一个十分复杂的过程，如果所有的工作都由 Web 应用服务器来完成，势必造成效率低下。这样使得各层不必像传统的网络管理系统那样，整个系统只能装在一台主机上，不灵活，而是每一层都是一个独立的模块，可以各自装在独立主机上，真正体现了分布式管理的本质所在。

3. 基于 Web 的分布式管理的特点

这种分布式管理具有以下特点。

(1) 地理上和系统上具有可移动性,管理员可在任何位置通过任何一台计算机进行网络查看和管理,不必经过控制台。

(2) 具有一致的管理程序界面——Web 界面,易学、操作简单,管理程序可运行在各种环境下,运行平台具有独立性。

(3) 网络管理员可以通过浏览器在多个管理程序之间来回切换,具有更好的互操作性。

(4) 相对较低的成本。

11.2.4 基于移动代理的分布式网络管理

移动代理(Mobile Agent)实际上是一个程序,这个程序可以自主地在网络中各个结点之间移动,并决定在某个结点上执行,利用该结点的资源完成特定任务,最后返回结果。移动代理是一种网络计算模式,集面向对象技术、软件代理技术和分布计算技术三者于一身,标志着网络由传输数据向传输代码的转变。

1. 移动代理技术简介

移动代理是指一段动态分发到远端主机并在远端主机上执行的程序。它由移动代理的管理者发布到网络中任何一台具有移动代理运行环境的主机中执行,并返回执行的结果或相应的信息。IBM、Sun 等公司都制定了相应的策略并推出了产品。这些方案的共同特点:可移动代理由某种特定的语言写成,并分发到远程主机响应的解释器上解释执行。

在一个分布式的网络管理系统中,网络管理员监控网络流量的趋势来对网络性能做评价并诊断状态是否正常。分析数据能够从网络设备的网管信息库中获得。在分布式环境中,移动代理能被用来从管理信息库中返回数据,即管理任务被指派给一个移动代理,这个代理被送到远端主机来执行这个任务,完成任务后,结果能够通过这个代理返回到发送方。返回的数据可以被子网主机中的移动代理过滤,仅仅返回计算结果到中心服务器,网络通信量将显著地减少。借助移动技术,网络从"被动传送字节"向更一般的网络计算,即"可编程"或"主动"网络演变,网络可被随时添加新的网络服务和新的协议。

2. 基于移动代理的主动网络管理体系结构

用基于移动智能体的技术来实现主动网络管理,克服了集中式网络管理的缺陷。一方面管理数据由网络结点上移动代理主动产生,并主动向网络管理系统(Network Management System,NMS)传送;另一方面这些移动代理不固定驻留,可以在网络结点之间移动,并在所移到的设备上执行管理功能,具有管理任务的委托分派机制。基于移动代理的主动网络管理体系结构如图 11.6 所示,这种分布式特点大大降低了传输负载,减少了带宽开销。

从网络拓扑结构看,SNMP 的代理也有委托分派机制,数据先从 NMS 结点流向远程设备结点轮询,再由远端结点流向 NMS。移动代理的主动网络管理中,数据直接从各个远程设备结点流向 NMS 结点(NMS 所在结点也可以移动)。网络设备可以根据自身参数和变量的变化,主动执行代理的管理指令,实现对网络设备的自主性管理,而不需要像 SNMP 中那

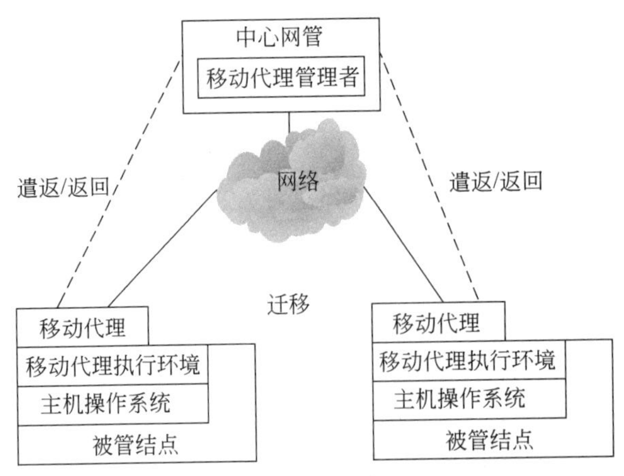

图 11.6　基于移动代理的主动网络管理体系结构

样轮询 MIB 状态变量。由于它自身会自动产生新的管理代码，可以对新增网络设备实行在线管理，这使网络管理具有更广的应用范围、更强的主动性和更灵活的管理方式。

在整个网络管理系统当中，不同类型的移动代理执行不同的功能，包括信息监控代理、信息交换代理、信息浏览代理和信息校验代理 4 种类型的移动代理用来完成分布式主动网络管理。每种代理所要执行的任务都非常简单，但结合在一起就能完成十分复杂的管理工作。它们是在 NMS 结点或客户端结点上，通过移动代理生成器，按照移动代理代码知识库的规则，根据管理功能的不同需要分别生成。

3. 基于移动代理的主动网络管理体系结构的特点

移动代理既可以动态驻留在本地结点，也可以移动发往其他结点，使其既能单独在结点上完成特定管理功能，又能和其他代理组合在一起完成复杂管理功能。

集中式管理中，为执行一个单独的管理进程，需要 NMS 与结点设备之间多次交换信息，从而造成管理延迟和可靠性降低，而移动代理可以从一个结点移到另一个结点，它本身不但具有管理功能和数据运算能力，还可以根据设备当前的状态，主动替 NMS 做出管理决策，既减少各结点与 NMS 间的数据交换，又提高进程处理的分散程度，充分利用了分布的网络资源，通过把网管任务分发到子网主机，使子网系统真正意义上参与了网络管理。由于移动代理是在子网主机中运行的，所以即使在网络连接故障，特别是与网络中心链路出现故障的时候，管理任务仍然能够执行，此时移动代理和数据可以暂时驻留在本机的代理箱中，在链路恢复时能被收回，这样大大提高了分布式系统的自治能力。在网管事务增加时，只需在移动代理服务器上更改功能，即使网管任务发生重大改变时，也只需重置移动代理服务器功能和子网移动代理模块，整个系统不用重新编译升级，使系统更具可扩展性，降低维护的消耗。移动代理的这些属性在大规模的异构网络管理中，或者在带宽偏低、网际互连可靠程度不高的情况下，优势更加明显。该体系结构的不足主要在于系统的执行效率有待提高和安全性需要加强。

4. 迁移路径

移动代理技术涉及迁移路径、通信机制、安全体系等多方面技术，其中迁移路径是基础核心，直接影响移动代理的性能乃至其任务的完成。

旅行代理问题是从实际移动代理系统中抽象出来的代理路由规划问题，其中旅行商问题(Travelling Salesman Problem，TSP)则是旅行代理问题的特例。解决 TSP 问题有很多典型的算法，例如，遗传算法吸取了生物进化和遗传变异论的研究成果，是一种群体性全局寻优方法，但算法执行到一定阶段后向最优解收敛速度缓慢。还有模拟退火算法，它模拟物质材料的冷却与结晶过程，通过退火温度控制搜索过程，但问题规模较大时，系统进入热平衡状态(对应于最优解)的时间较长。又如禁忌搜索算法模拟人类智力过程，通过引入灵活的存储结构和相应禁忌准则来避免迂回搜索，并通过藐视准则赦免一些被禁忌的优良状态，具有较强的“爬山”能力，但数据存取操作频繁，影响搜索速度。

还有仿照蚂蚁寻径的生物本能的算法，蚂蚁在其经过的地方留下一些信息素，后续的蚂蚁便倾向于向信息素浓度高的地方移动。经过蚂蚁越多的路径信息素越强，最终所有蚂蚁都会选择走最短的路径，但蚂蚁算法计算时间长，容易出现停滞现象。

随着问题规模和复杂度的增加，试图使用精确算法和单一算法求解 TSP 问题已经变得不现实，因此，混合优化策略方法必然成为研究趋势，如将遗传算法与蚁群算法融合，利用遗传算法全局快速收敛的优点来加快蚁群系统的收敛速度，结合实际问题设计适当的操作算法和局部优化策略以构造混合算法等都是新的研究方向。

5. 关键问题

1)平台问题

由于不同的机构推出了各自的移动代理平台，它们在体系结构和系统实现上都存在较大差异，阻碍了移动代理系统的互操作，因此，必须解决移动代理的跨平台问题。解决此类问题可以采用 CORBA 作为平台之间的通信总线，从而屏蔽它们内部实现的异构性，实现互操作。这种方法的本地环境是移动代理系统，通信环境是 CORBA，在整个应用程序中只使用移动代理。

MAFIS(Mobile Agent Facility Interoperability Specification)规范通过 CORBA 服务提供 MAF-Agent-System 和 MAF-Finder 两个接口，MAF-Agent-System 接口提供代理管理和传输操作，MAF-Finder 接口支持在一个被管范围内代理和代理系统的定位。移动代理平台内部的具体实现可以由开发人员自己决定，对外只要提供这两个标准接口，就可以通过 ORB 进行互操作。

2) 管理和控制问题

管理和控制问题包括代理的移动规程、通信模型、迁移方式等问题。例如，代理需要在其生命周期内遍历多个被管结点，很显然，遍历周期的大小是衡量网管系统性能的重要指标。特别当某一段链路发生阻塞或某个被访问结点的运算资源负荷过大时，代理的迁移将会形成一个新的瓶颈，使效率大大降低。应根据具体情况对代理指定优先级较高、链路状态较好或运算资源较宽裕的结点优先迁移，这样就可以很好地解决这个问题，并提供更好的 QoS，所以为移动代理制定一个灵活的迁移策略是必要的。现有的网管系统提供了对决策参数的支持，因此，对移动代理迁移策略的智能化改造是可行的。

3)安全问题

网络中存在大量的安全隐患，而管理系统中的信息又比一般的移动代码要求具有更高的安全性，如何保证它在传输过程和驻留主机过程中不受破坏，同时避免移动代理非法操作主机都是至关重要的。如何有效实现主机保护机制和移动代理保护机制仍是一个研究热点。

11.2.5 基于主动网络技术的网络管理

主动网络是一种新的网络架构方式,在传统的电路交换和包交换的基础上引入新思想,即将用户数据与一段程序一起封装在分组中,在网络结点上运行分组中的程序,完成一定的操作,改变结点的状态,使网络能适应不断变化的新需求。传统的网络只完成信息的传输和交换,各网络结点对信息处理的能力和权限十分有限。主动网络技术则提供了一种用户与网络之间的接口,允许网络结点被用户编程以提供某种特定功能。主动网络技术代表了一种灵活的框架、动态的结构及强大的扩充能力,能满足用户特定的需求。

结点是主动网络的核心。在实际运行中,结点的结构、行为和属性都可能会随时发生变化,因此对主动网络的管理也提出新的要求。传统的网络管理由于采用集中式管理,无法利用主动网络中结点的计算能力来管理网络,因此,它们不可能对主动网络实施有效管理,无法发挥和体现主动网络的优越性能。为了适应主动网络的特点,主动网络的管理模式应能突破传统网络的非对称管理模式,使网络控制与管理工作站及主动结点之间形成对等的关系,从而克服传统网络管理中的瓶颈问题,也便于业务的动态加载及 MIB 的管理与维护。

11.2.6 未来的网管系统

以上介绍的两种方法是网管领域正在研究并且很有发展前途的技术。未来的网管系统将会出现构件级重用,而不仅仅是现有的代码级重用。人工智能技术将被整合到当前的移动代理,管理者仅仅设定目标,其余由移动代理完成,实现真正的智能代理。另外,将多种技术和方法结合,是解决大型分布式网络管理的有效方法,也是网络管理发展的一个重要方向。

随着网络技术的不断发展,新一代网络管理技术(SNMP 网络管理技术、电信管理网(Telecommunication Management Network,TMN)网络管理技术、混合网络综合网络管理技术、新一代运营支撑系统等)将成为研究重点。近年来,智能技术逐步应用在分布式网络管理中,人们逐渐在故障管理、配置管理、性能管理、计费管理、安全管理 5 个网络管理功能域中使用智能控制理论。智能技术还在路由选择、容量分配、接纳控制、拥塞控制以及网络设计等多个网络管理方面得到广泛应用。

同时,移动代理技术、主动网络技术、基于策略的网络管理也体现了智能化思想。另外,多种技术的融合也将是网络管理的新发展方向,如将移动代理技术与主动网络相结合,或将 CORBA 技术与智能代理技术相结合,都将使网络结构能更加灵活变化,对网络流量的控制更加便捷,对各种应用的支持更加有力。未来网络管理应向面向对象、交互性、分布式、智能性、跨平台、高灵活性、可扩展性和可维护性方向发展。

11.3 分布式数据库/资料集合的管理

分布式数据库管理系统(Distributed DataBase Management System,DDBMS)是一个集中式的应用程序,用来管理分布式的数据库,就像这个数据库式存储在同一台计算机上一样。DDBMS 阶段性地同步所有的数据,并在多个用户必须同时访问同一数据时进行同步,以此确保在同一地点的数据的更新和删除会自动映射到其他存储数据的地方。

11.3.1　分布式数据库管理系统的组成

(1) LDBMS(Local DBMS):局部场地上的数据库管理系统,其功能是建立和管理局部数据库,提供场地自治能力,执行局部应用及全局查询的子查询。

(2) GDBMS(Global DBMS):全局数据库管理系统,主要功能是提供分布透明性,协调全局事务的执行,协调各局部 DBMS 完成全局应用,保证数据库的全局一致性,执行并发控制,实现更新同步,提供全局恢复功能等。

(3) 全局数据字典(Global Data Directory,GDD):用来存放全局概念模式、分片模式、分布模式的定义以及各模式之间映像的定义,存放用户存取权限的定义,以保证全部用户的合法权限和数据库的安全性;另外,还存放数据完整性约束条件的定义,其功能与集中式数据库的数据字典类似。

(4) 通信管理(Communication Management,CM):负责在分布式数据库的各场地之间传送消息和数据,完成通信功能。

11.3.2　分布式数据库管理系统的分类

DDBMS 功能的分割和重复以及不同的配置策略导致了各种不同的体系结构。其按全局控制方式可以分为以下 3 种。

1. 全局控制集中的 DDBMS

这种结构的特点是全局控制成分 GDBMS 集中在某一结点上,由该结点完成全局事务的协调和局部数据库转换等一切控制功能。全局数据字典只有一个,也存放在该结点上,它是 GDBMS 控制的主要依据。这种结构的优点是控制简单,容易实现更新一致性,但由于控制集中在某一特定的结点上,不仅容易形成瓶颈,而且系统比较脆弱,一旦该结点出故障,整个系统就会瘫痪。

2. 全局控制分散的 DDBMS

这种结构的特点是全局控制成分 GDBMS 分散在网络的每一个结点上,全局数据字典也在每个结点上存放一份。每个结点都能完成全局事务的协调和局部数据库转换的控制功能,每个结点既是全局事务的参与者又是全局事务的协调者。一般称这类结构为完全分布的 DDBMS。这种结构的优点是结点独立,自治性强,单个结点退出或进入系统均不会影响整个系统的运行,但是全局控制的协调机制和一致性的维护都比较复杂。

3. 全局控制部分分散的 DDBMS

这种结构是根据应用的需要将 GDBMS 和全局数据字典分散在某些结点上,是介于前两种情况之间的体系结构。

另一种分类方法是按局部 DBMS 的类型分类。它区分不同 DDBMS 的一个重要特性为:局部 DBMS 是同构的还是异构的。同构和异构的级别可以有三级:硬件、操作系统和局部 DBMS。最主要的是局部 DBMS,因为硬件和操作系统的不同将由通信软件处理和管理。所以,定义同构型 DBMS 为:每个结点的局部数据库具有相同的 DBMS,如都是 Oracle 关系数据库管理系统,即使操作系统和计算机硬件并不相同。定义异构型 DDBMS 为:各结点的局部数据库具有不同的,如有的是 Oracle,有的是 Sybase,有的是 IMS 层次数据库管理系统。

异构型 DDBMS 的设计和实现比异构型 DDBMS 更加复杂。因为各结点的局部数据库可能采用不同的数据库模型(层次、网状或关系),或者虽然模型相同但它们是不同厂商的 DBMS(如 DB2、Oracle、Sybase、Informix),它要解决不同的 DBMS 之间以及不同的数据模型之间的转换,要解决异构数据模型的同种化问题。现在的分布式数据库系统产品大都提供了集成异构数据库的功能,如使用 Sybase Replication Server,任何数据存储系统只要遵循基本的数据操作和事务处理规范,都可以充当局部数据库管理系统。

11.3.3 分布式数据库/资料集合管理的实现

分布式数据库是一个数据集合,这些数据分布在一个计算机网络的不同计算机中。此网络的每个站点具有自治的处理能力,并且能执行本地的应用。每个站点的计算机还至少参与一个全局应用的执行,这种应用要求使用通信子系统在几个站点存取数据。分布式数据库管理系统和分布式数据库管理系统的组成分别如图 11.7 和图 11.8 所示。

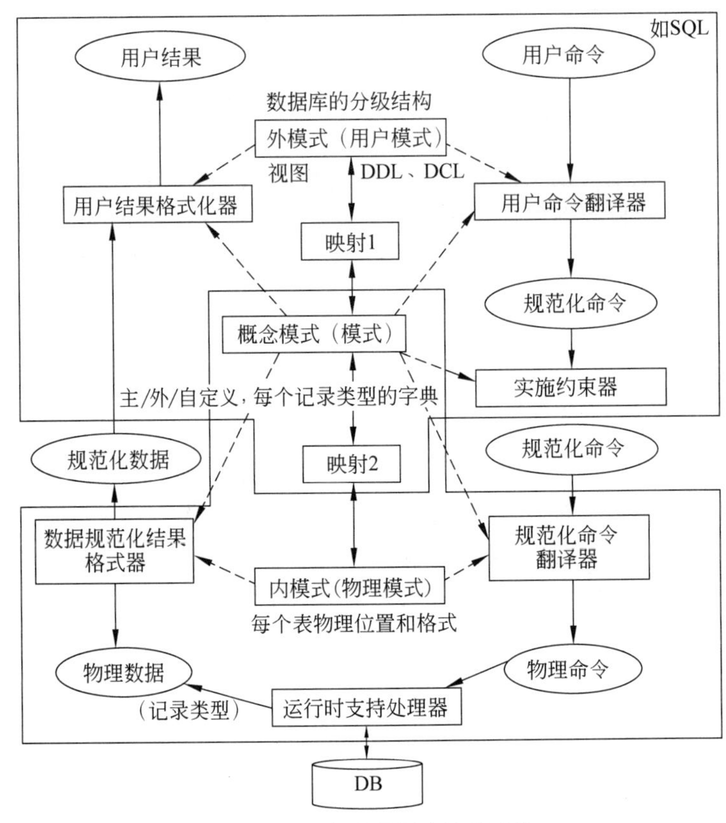

图 11.7 分布式数据库管理系统

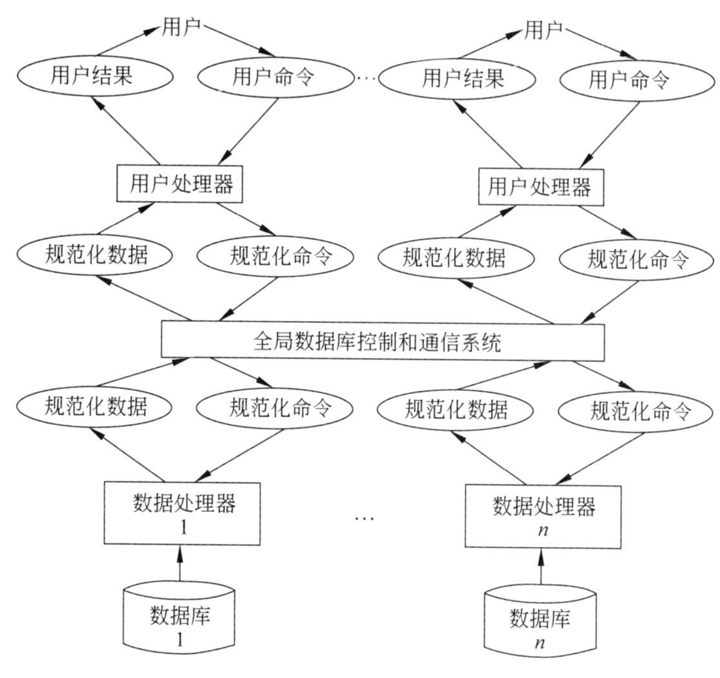

图 11.8　分布式数据库管理系统的组成

分布式数据库中最重要的技术就是实现在自治的站点之间协同工作。分布式数据库一定要在分布式操作系统环境下运行。

11.4　应用案例：海量飞行数据管理系统

随着计算机技术的快速发展，特别是网络的普及，金融、电信、交通等众多行业对信息化的要求越来越高，需要处理的数据量也不断增大。与此同时，人们对高性能联机事务处理能力和复杂查询操作能力的需求也在不断提高。因此，如何存储管理海量数据成为当今的研究热点。本案例对海量飞行数据的存储与管理进行研究。

1. 海量飞行数据管理系统简介

海量飞行数据管理系统是飞机故障诊断与维护支持系统的一个子系统，其中包含飞机数据库、故障模式库、专家知识库等多个数据库，能够为其他诊断子系统提供海量飞行数据的存储与读取服务。这些飞行数据具有海量、复杂、关联、异构等特性，对存储资源、计算资源、网络资源等都提出较高的性能要求。如何对这些海量数据进行有效管理，实现高效访问是本书研究的问题。

处理海量数据，必然要面对巨大的计算量，一般的解决方法是采用分布式计算，将计算任务分配到多台机器上并行处理，以此提高计算速度，但传统的分布式计算在实际操作中，还存在诸多问题，例如，如何有效地分割输入的数据和合理分配计算任务等。因此，如果有一种通用的分布式计算模型，由底层封装任务分配、并行处理、容错支持等细节，而由用户集中精力解决分布式计算的任务表达，就能极大地简化分布式程序的设计。由 Google 实验室提出的 MapReduce 正是这样一种模型。同时,开源的 Hadoop 为该模型提供了 Java 实现,从而为分布式计算提供了平台。

本案例基于 Hadoop 分布式平台设计了一个海量飞行数据管理系统,采用的 Linux 集群技术使存储容量易于扩充,分布式计算框架可以高速地处理数据,能够较好地满足飞行数据存储管理的要求。

2. 海量飞行数据管理系统架构

根据项目的需要,结合海量飞行数据的大数据量、分布性、异构性等主要特点,设计基于 Hadoop 分布式平台的海量飞行数据管理系统,采用中间件服务器完成软件的控制部分。海量飞行数据管理系统架构如图 11.9 所示。

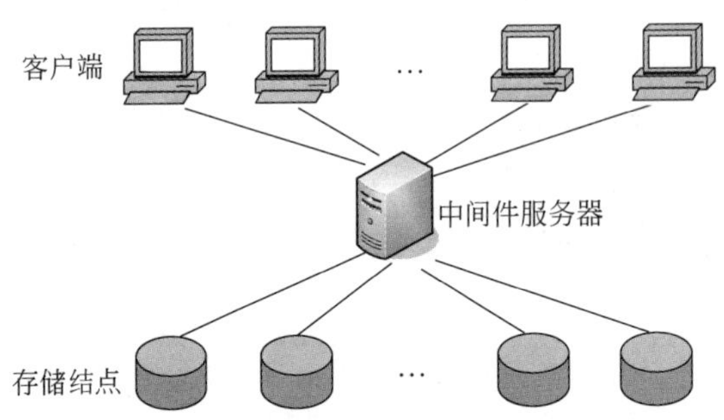

图 11.9 海量飞行数据管理系统架构

中间件服务器是整个系统的核心部分,也是设计开发的重点,它采用分布式数据库技术、并行事务处理技术等,提供了对海量飞行数据的并行加载存储、并行查询分发等核心功能。从功能组成上,可以分为应用接口层、数据库访问层和数据处理层三个层次,如图 11.10 所示。

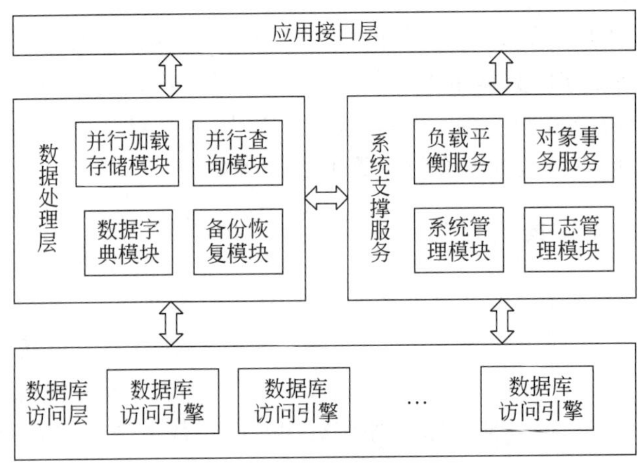

图 11.10 中间件服务器功能组成

(1) 应用接口层:提供对于不同应用的交互接口,以满足不同用户的需求。

(2) 数据库访问层:可以屏蔽数据库之间的异构性,能够以服务的方式对外提供数据库访问功能,灵活性比较好,方便运行部署和管理。

(3) 数据处理层:是中间件服务器的核心部分,包括系统支撑服务和数据处理服务。

① 系统支撑服务由负载平衡服务、系统管理模块和日志管理模块等组成。其中，负载平衡服务用于存储结点的负载均衡和容错管理；系统管理模块用于软件的管理，包括运行状态监测、系统远程部署、自主运行维护等；日志管理模块用于软件运行的日志管理，包括系统运行轨迹、关键事件和状态记录等。

② 数据处理服务包括并行查询模块、并行加载存储模块、数据字典模块和备份恢复模块。其中，并行查询模块提供并行查询、用户自定义事务处理等功能；并行加载存储模块提供对海量飞行数据的并行加载与存储功能；数据字典模块为中间件服务器配置一个全局数据字典，用于维护并行数据库的元数据信息。

3. 海量飞行数据的分布式存储与分布式计算

根据本系统的需求，采用 Hadoop 分布式应用平台来实现此海量飞行数据管理系统。

1）分布式文件系统

HDFS(Hadoop Distributed File System)是 Hadoop 应用中必不可少的一个分布式文件系统，它将海量飞行数据分布存储在一个大集群的多台计算机上，把文件进行分块存储，为实现容错自动进行分块复制。

HDFS 采用主/从架构，由一个管理结点和多个数据结点组成。管理结点是中心服务器，负责管理文件系统的名字空间以及客户端对文件的访问，如打开、关闭、重命名文件或目录，同时它还决定了数据块和数据结点的映射关系，也可称为管理文件系统的元数据。集群中每一个结点负责管理本结点上的数据存储，并处理客户端的读写请求，进行数据块的创建、删除和复制。从内部看，一个文件被分成一个或多个数据块，存储在一组数据结点上。HDFS 的架构如图 11.11 所示。

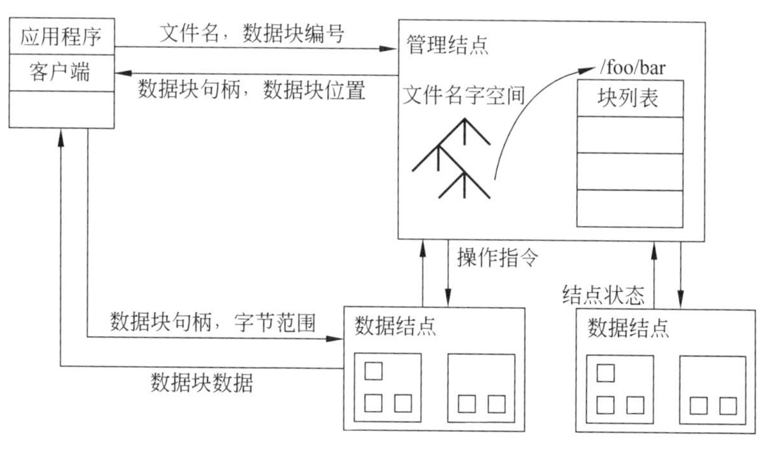

图 11.11　HDFS 的架构

2）文件系统元数据

任何对文件系统元数据产生修改的操作，管理结点都会使用编辑日志(Editlog)记录下来。文件系统的名字空间，包括数据块到文件的映射、文件的属性等，都存储在映像文件(FsImage)中。内存中保存着整个文件系统的名字空间和文件数据块映射(Blockmap)的映像。当管理结点启动时，它从硬盘中读取编辑日志和映像文件，将所有编辑日志中的事务作用在内存中的映像文件上，并将这个新版本的映像文件从内存中保存到本地磁盘上，然后删除旧的编辑日志。这个过程称为一个检查点(Check-Point)。

数据结点将数据以文件的形式存储在本地的文件系统中,它用试探的方法来确定每个目录的最佳文件数目,并且在适当的时候创建子目录。当一个存储结点启动时,它会扫描本地文件系统,产生一个与这些本地文件对应的所有 HDFS 数据块的列表,然后作为报告发送到管理结点,这个报告称为块状态报告。

3) 数据组织

客户端创建文件的请求并不是立即发送给管理结点。开始时客户端会先将文件数据缓存到本地的一个临时文件,当这个临时文件累积的数据量超过一个数据块的大小(64MB),客户端才会联系管理结点。管理结点将文件名插入文件系统的层次结构中,并且分配一个数据块给它,然后返回数据结点标识符和目标数据块给客户端。接着客户端将这块数据从本地临时文件上传到指定的数据结点上。当文件关闭时,在临时文件中剩余的没有上传的数据也会传输到指定的数据结点上。此时管理结点才将文件创建操作提交到日志里进行存储。

4) 分布式计算模型

分布式计算模型 MapReduce 分为 Map 和 Reduce 两部分。Map 是将任务分解成 n 个子任务并下发到相应的结点服务器,各个结点服务器并行地在当地执行任务,并把结果整合返回给中心服务器。数据的存储操作,同样是调用 MapReduce,将数据下发给结点服务器。这样的并行处理能够保证对数据处理的高速性。

5) MapReduce 执行流程

MapReduce 执行流程如图 11.12 所示。

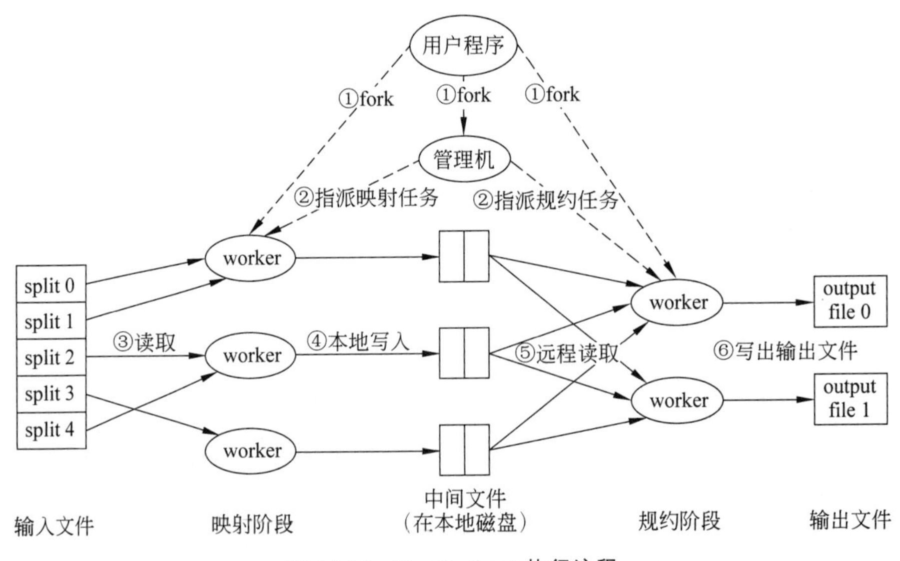

图 11.12 MapReduce 执行流程

(1) fork:将众多文件分成若干小块数据,然后启动集群系统中的众多程序副本。指派映射/规约任务。

(2) 程序:有一个管理机主程序,其他的均为工作站(worker)程序。管理机指派空闲的工作站执行映射任务或规约任务。

(3) 读取:被指派执行映射任务的工作站读取相关的数据块,解析出键值对,经过映射函数处理，得到中间键值对，存入内存缓冲区。

(4) 本地写入：内存中的数据组被划分后写入本地磁盘，其在本地磁盘的存放位置信息被送回管理机，管理机负责将这些位置信息传送到执行规约任务的工作站。

(5) 远程读取：当执行规约任务的工作站被告知这些数据的位置，它通过远程方式读取执行并排列映射任务工作站中的本地缓冲数据。具有相同关键字的数据分为一类。

(6) 写到输出文件：规约工作站对与中间关键字相对应的中间数据进行排列，它发送关键字和相对应的中间值给规约函数，规约函数的输出结果将被添加到最后的输出文件中。

习题与思考题

(1) 简述海量数据所导致的严重问题。
(2) 网络管理的热点技术的主要特性有哪些？
(3) 简述分布式网络管理技术。
(4) 分布式网络管理体系结构的定义是什么？它们是如何分类的？
(5) 简述基于 CORBA 的分布式管理的组成。
(6) 简述基于 Web 的分布式管理的一般结构模型。
(7) 基于移动代理的分布式网络管理的主要特性有哪些？
(8) 分布式数据库管理系统由哪几部分组成？
(9) 简要概述分布式数据库管理系统的分类。
(10) 什么是分布式数据库/资料集合的管理？

第 12 章　电源和能量存储技术

为了成为物联网的一部分，物品需要在物联网中拥有一个数字化的“自我”。这种参与方式往往是通过将电子技术、嵌入式技术和无线通信技术进行组合，并附加到现实世界的物品之上来得以实现。简单的数字化副本技术，如条码或者被动式 RFID 标签等，它们并不需要电源来支持就能发挥作用；然而对于那些复杂一点的对象来说，如那些需要提供活动连接或者是负责监控对象状态的物品，就必须依靠电池的帮助，来满足它们作为未来物联网最为活跃的一类成员，所必须完成的各种工作。

所以，能源技术将是未来物联网面对的重大技术挑战，也将是支撑物联网发展的关键技术研究领域之一。在物联网的能源技术研究内容中，首当其冲的是能量存储技术。从现在的情况看，能量存储已经成为电子设备小型化以及精巧化过程中最受重视的技术之一。当今的嵌入式无线技术，例如，无线传感器网络以及主动式 RFID 标签，都在忍受着笨重的大容量电池组所带来的负担，并且在容忍着短暂生命周期内频繁充电或者频繁更换电池所带来的种种尴尬。

未来的物联网要想成功地实现让真正的嵌入式、数字化物品参与其中，就必须在微型高容量能量存储技术上取得突破。从实现方式上，一种解决方案就是跳过存储能量的诸多问题，直接从环境中汲取能源，从而使物品的电池可以更加小巧，并且有能力进行自动地充电。

但是，能量采集技术仍然还只是一个非常低效的过程，所以能源技术领域的道路还很漫长。不过，今天的工作正为人们明确前进的方向。首先，能量采集技术应该不仅仅局限在原有的能量源上，像振动、太阳辐射、热能等，都应该成为接下来尝试的方向。

其次，微型发电技术将成为下一个新兴的能源技术领域，将为下一代物联网设备提供全新的发展机遇。可以这样说，随着人们在物联网能源技术领域的努力，随着物联网能源技术的发展，物联网将不再遥远，物联网将成为人类社会下一时代的基础支撑平台之一。

12.1　能源采集转换技术

12.1.1　能源采集转换技术概述

从广义上讲，采集能源包括各种来源，如动能（风、波、重力、振动等）、电磁能（光伏、电磁波）、热能（太阳热能、地热、温度变化、燃烧等）、原子能（原子核能、放射性衰变等）或生物能（生物燃料、生物质能等）。

要求远程结点自动运行数年的无线传感器网络成为首要的目标应用。根据其位置的不同，这些传感器结点可从光、振动或其他来源采集能量，如钟表、计算器以及蓝牙耳机等都是光伏电池应用的潜在领域。此外，精工公司的 Kinetic 牌手表采用了将运动能转换为电能的技术；Freeplay 公司的 EyeMax 宽频无线电广播产品采用振动能为无线电系统供电。

1. 能量采集

(1) 从体热采集能量是最具吸引力的技术之一，精工公司的Thermic牌手表就是采用这种方案。可统计从简单的脉搏频率到ECG波等关键数据的新一代生物计量传感器甚至有可能以体热作为能源。

转换技术只是整个系统的一部分。典型的能源采集系统包括众多组件，如转换、薄膜电池中的暂存器、大量复杂的能源管理电路、模拟转换器以及超低功耗微处理器(MCU)。至关重要的设计目标是将电源电路与应用电路相匹配，以实现最佳总体性能。只要设计人员确信采集技术将支持这种产品就能开发出相关应用。

(2) 由于采用大型太阳能电池板，太阳能光伏收集是一种高效率的收集技术。每$100mm^2$光伏电池平均可产生大约1MW的电能。一般能源效率约为10%，容量比(平均所产生的电能对太阳持续照射时将产生电能的比率)为15%～20%。

(3) 市场上出售的动能收集系统可产生毫瓦级的电能。能量很有可能通过一个振荡体(振动)而产生，但由压电电池或弹性体收集的静电能也属于动能范围。桥梁等建筑物以及众多工业与汽车结构可产生振动能。基本动能收集技术包括：①一个弹簧上的物体；②将线性运动转换为旋转运动的设备；③压电电池。

以上技术的优势：电压不取决于电源本身，而取决于转换设计。静电转换可产生高达1000V或更高的电压。

(4) 热电收集技术利用了赛贝克(Seebeck)效应，即在两个金属或半导体之间存在温差的情况下而产生电压。热电发电机(TEG)由热并联与电串联的热电堆构成。最新型TEG在匹配负载下可产生0.7V输出电压，工程师在设计超低功耗应用时通常采用该电压。所产生的电能取决于TEG的大小、环境温度以及(当从人体收集热能时的)新陈代谢活动水平。根据比利时研究机构IMEC公司的研究，在22℃时，手表型TEG在正常活动中可产生平均0.2～0.3mW的有用电能。一般情况下，一个TEG可持续为一个电池或超级电容供电。

上述几种主流微能量采集来源都有几个共同之处。它们都通常产生不稳定电压，而并非目前电子电路仍广泛使用的3.3V稳定电压。此外，这几种技术所提供的都是间断电源，甚至有时根本就不能提供电源。因此，设计工程师需要使用电源转换器与混合能源系统来解决这些问题。

2. 电源管理

这才是真正值得探讨的问题。重要的边界条件是，目前所讨论的大多数微型采集器能源技术所产生的输入电压均小于0.5V。这么小的输出电压很难启动电源转换器的电路。此外，二次损耗会对转换效率产生影响。

对于工程设计人员来说，能量采集技术实现的设计环境与以往有很大不同。在传统的电源管理应用中，最节能的方法是采用高输入电压来启动，以便在小电流和低电能消耗的条件下完成转换。然而，能量采集应用中输入电压一般比较低，因此设计工程师所面临的环境恰恰相反。在输入电压较低的情况下，若目标输出电源能确定，则要求电源管理电路在较大电流下运行。大电流导致电源转换器的尺寸增大，从而更难提高系统效率。

在输入电压不稳定且较低的情况下，实现低成本和低能耗滤波的基本方法有几种。当然，选择哪种方法需要权衡利弊。例如，采用较大的开关可以减少电阻损耗，但更大的开关会要求更大的开启电源,不过该开关可能无法提供。再例如,通过降低开关频率可以提高效率,但这要求使用较大的滤波器。

设计人员应记住的最重要的一点是,对于仅能产生几毫瓦功率的系统来说,管理电源所消耗的开销可能等于甚至大于系统所产生的开销。通常,像给MOSFET栅极电容充电这样简单的任务可能消耗大量的电能。

在上述这些情况下,可以考虑使用电流源栅极充电,而不是电压源栅极充电。这种方案的结果是,电路将变得更加复杂,但电能损耗和电路泄漏将得到更好控制。

12.1.2 光伏技术

太阳是能量的天然来源。地球上每一个活着的生物之所以具有发挥作用的能力,甚至于它的生存,都是由于直接或间接来自于太阳的能量。

太阳能是一种辐射能,太阳能发电意味着将太阳光直接转换成电能,它必须借助能量转换器才能将太阳能转换成为电能。将光能直接转换成电能的过程确切地说应叫光伏效应。不需要借助其他任何机械部件,光线中的能量被半导体器件的电子获得,于是就产生了电能。这种把光能转换成为电能的能量转换器,就是太阳能电池。

太阳能电池同晶体管一样,是由半导体组成。它的主要材料是硅,也有一些其他合金。用于制造太阳能电池的高纯硅,是经过特殊的提纯处理制作。太阳能电池只要受到阳光或灯光的照射,能够把光能转变为电能,使电流从一方流向另一方,一般就可发出相当于所接收光能10%~20%的电能。一般光线越强,产生的电能就越多。为了使太阳能电池板最大限度地减少光反射,将光能转变为电能,一般在它的上面都蒙上一层防止光反射的膜,使太阳能板的表面呈紫色。它的工作原理的基础是半导体PN结的光生伏打效应。所谓光生伏打效应,就是当物体受光照时,物体内的电荷分布状态发生变化而产生电动势和电流的一种效应。当太阳光或其他光照射半导体的PN结时,就会在PN结的两边出现电压,称为光生电压。这种现象就是著名的光生伏打效应。使PN结短路,就会产生电流。

太阳能发电的主要优点在于:太阳能电池可以设置在房顶等平时不使用的空间,无噪声、寿命长,而且一旦设置完毕就几乎不需要调整。现在只要将屋顶上排满太阳能电池,就可以实现家中用电的自给。现今太阳能的主要用途已不再是小规模的,从性质上来说,是专业化的。它从军事领域、通信领域到城市建设领域等都起到重大作用。委内瑞拉还推出廉价太阳能车、欧洲科学家研制出轻便的可穿在身上的太阳能电池。目前,太阳能的利用存在巨大的发展空间,有关的技术有可能在短时间内实现突破。它已被许多发达国家作为其能源战略的一个重要组成部分。

12.1.3 生物发电

生物发电就是人类利用能够产生强生物电的生物,并收集、转化利用其产生的生物电的一种发电方式。

1. 基本概念

生物质是植物通过光合作用生成的有机物,植物、动物排泄物,垃圾及有机废水等,是生物质能的载体，是唯一一种可存储和可运输的可再生能源。从化学的角度上看，生物质的组成是 C-H 化合物，它与常规的矿物能源如石油、煤等是同类（煤和石油都是生物质经过长期转换而来的），所以它的特性和利用方式与矿物燃料有很大的相似性，可以充分利用已经发展起来的常规能源技术开发利用生物质能，这也是开发利用生物质能的优势之一（见图 12.1）。

图 12.1　生物发电原理图示

2. 能源意义

生物质能是仅次于煤炭、石油、天然气的第四大能源，在整个能源系统占有重要地位。生物质能一直是人类赖以生存的重要能源之一，就其能源当量而言，是仅次于煤、油、天然气而列第四位的能源，在世界能源消耗中，生物质能占总能耗的 14%，但在发展中国家占 40%以上。广义的生物质能包括一切以生物质为载体的能量，具有可再生性。据估计，全球每年水、陆生物质产量的热当量为 3×1012J 左右，是全球目前总能耗量的 10 倍；据有关专家预测，生物质能在未来能源结构中具有举足轻重的地位，采用新技术生产的各种生物质替代燃料，主要用于生活、供热和发电等方面。

3. 中国优势

我国生物质能资源相当丰富，仅各类农业废弃物（如秸秆等）的资源量每年即有 3.08 亿吨标煤，薪柴资源量为 1.3 亿吨标煤，加上粪便、城市垃圾等，资源总量估计可达 6.5 亿吨标煤以上。在今后相当长一个时期内，人类面临着经济增长和环境保护的双重压力，因而改变能源的生产方式和消费方式，用现代技术开发利用包括生物质能在内的可再生能源资源，对于建立持续发展的能源系统，促进社会经济的发展和生态环境的改善具有重大意义。

12.1.4　压电技术

说到压电发电技术，先要回溯到 1880 年。当年居里兄弟在石英晶体中发现：晶体受到机械应力的作用时，其表面会产生电荷；反之，当外加电场于晶体时，晶体会产生形变。前者被命名为正压电效应，后者则被称为逆压电效应。

一百多年过去，压电学和压电材料经过了石英晶体、钛酸钡陶瓷、锆钛酸铅陶瓷、弛豫铁电单晶等几个里程碑的发展，各种压电传感器、换能器和驱动器在水声、超声、激光、红外、电光等技术领域中成为不可替代的重要器件。

这些年来，工业化社会对能源需求猛增与化石能源供给有限的矛盾日益突出，各国大力发展各种可再生能源，能量回收技术成为研发热点。压电发电正是这样一种技术——利用压电材料的正压电效应将机械振动能转变为电能，从而将如人体走路的踩踏、机械振动，甚至噪声等形式的振动能量收集起来，经过能量转换→整流→存储→供电等诸多环节，应用于生活。这种能量收集系统帮助人们利用曾被白白耗费的能源。不久的将来，车站、公路、轨道以及日用的垫子、地毯、地板、书包、鞋、衣服等，都可能成为发电装置，作为众多其他能源的补充。

压电发电具有结构简单、不发热、无电磁干扰、无污染和易于实现小型化和集成化等优点,并因能满足低耗能产品的电能需求而成为目前研究的热点之一。

1. 压电效应及其理论解释

当压电体发生机械形变时,其极化强度发生变化,导致表面吸附的自由电荷随之而变。如果将两个表面装上电极并用导线接通,变化的自由电荷便从一个极板移至另一个极板,形成电流。如果压电体上加交变电场,则压电体就会交替出现伸长和压缩,即发生机械振动。压电效应的解释:在离子性的晶体中,正、负离子有规则地交错配置,构成结晶点阵。这样就形成了固有电矩,在晶体表面出现了极化电荷,又由于晶体暴露在空气中,经过一段时间,这些电荷便被降落到晶面上、空气中的异号离子所中和,因此,极化电荷和电矩都不会显现。但是,当晶体发生机械形变时,晶格就会发生变化。这样,电矩产生变化,表面极化电荷数值也发生改变。于是,面上正电荷或负电荷都有了可以测出的增量(增加或减少),这种增量就是压电效应的电量。

2. 压电效应的应用

人们把根据压电效应制作出的材料称为压电陶瓷,利用它可以制作石英谐振器、陶瓷滤波器、陷波器、鉴频器、拾音器、发声器、超声波发声器等器件,还可以作为电子打火机、煤气点火栓的电源。

1) 石英谐振器

在石英晶体上加一交变电压,就会产生机械变形振动,同时机械变形振动又会产生交变电场。由于石英晶片具有固有的振动频率(称为石英晶体的谐振频率),因此,当交变电压的频率等于石英晶片的谐振频率时,这种振动就会突然增加,而在电路中反映出谐振特性。这种现象称为压电谐振效应。

根据压电谐振效应可以制作出石英谐振器,这种谐振器因具有极高的品质因数和极高的稳定性。已经被应用于对讲机、电子手表、电视机、电子仪器等产品中作为压控振荡器使用。用石英谐振器来控制振荡频率的振荡器称为晶体振荡器。

2) 发电地板、发电公路、发电行囊和其他

日、美、欧等发达国家对于压电发电自助供电系统进行了多年研究,取得了良好进展,尤其是日本在应用方面走在世界前列。

2006—2009年,东日本旅客铁道株式会社在东京火车站进行过三次发电地板试验,目标是实现乘客通过自动检票口时产生可使100W的灯泡发光0.1s的电力。2010年上海世博会上,日本馆展示了压电发电地板,参观者轻轻几步就可将电灯点亮,这让很多人惊喜不已。

另据报道,日本的NEC等公司联合开发了新型发光道路标识,在公路下埋有压电发电装置,使其驱动LED发光指示牌,基本达到可自供电的实用水平。同样,以色列技术研究院也在普通路面的沥青中植入大量的压电晶体,通过汽车驶过时的压电转换来发电。据测算,1km的路面能产生100~400kW的电力。理论上,这些植入沥青的压电材料能使用至少30年,可用于任何大流量的道路,包括铁路和公路。目前以色列对这种技术仅进行了小规模的试验,今后将进行大范围的试验。

此外，为了提高能量获得效率，研发人员一般在设计时将压电、热电、光伏等多种能量同时收集利用。例如，美国军方正在开发一种士兵边行军边发电的装置。士兵们可对所携带的电子设备进行自助供电，从而不必携带10kg的储能电池，大幅度减少行军负重。

我国有关的研究机构也在积极开展能量回收的研究工作。在上海举行的全国科技活动周上，中科院上海硅酸盐所计划在南京路上向大众演示自己开发的压电发电装置。

上述不同的研发工作，其基本原理没有本质差别，主要的不同在于压电材料的工作模式不同，系统和应用场合的结构不同。

目前压电换能器大多采用PZT-5H型压电陶瓷，结构形状有陶瓷片、陶瓷悬臂梁、压电鼓、压电铙钹以及多层陶瓷结构等。单个压电发电单元一般可输出电压5～20V，电流为毫安级，功率达到几十毫瓦级，能满足网络传感器等低耗能电子产品的供能需求。为了增大发电功率，必须采用多个元件并联方式，以提高装置的输出电流。

3）只要动就能发电的纳米发电机

近年来，压电材料也在向更微观的尺度发展。纳米压电电子学将半导体和压电学结合起来，从而有望开发出新型的压电场效应晶体管、自供电纳米发电机、无线纳米医学和生物器件。美国和我国的科学家合作研究并报道了一种压电纳米发电机，以氧化锌纳米线为基础，实现了在纳米尺度上把机械能转化为电能。纳米线的直径一般小于100nm，但其长度可以达到数微米，如此大的长径比使得很小的力便可将纳米线弯曲而产生电势差。这意味着只要动就能发电，无须行走，微弱的肌肉运动也可以带动纳米发电机。据报道，该纳米发电机的理论发电效率可达到17%～30%，具有较高的能量密度和转换效率，易于实现真正的微型化，这为利用人体运动进行活体体内发电开辟了技术路线。

此外，2009年，韩国三星综合技术研究院的科学家在《先进材料》上报道说，他们在柔性衬底上制备了氧化锌阵列，大量的氧化锌纳米棒并联，获得了$1mA/cm^2$的电流密度，可以用于力传感器、触摸屏以及人工皮肤敏感器等。

不过，虽然目前人们已经能够大量合成出纯度、尺寸、形貌以及晶体结构可控的氧化锌纳米棒阵列，但如何将运动、振动、流体等自然存在的机械能转化为电能，从而实现无须外接电源的纳米器件，仍然存在许多挑战。

12.1.5 能量转换装置

能量既不能产生也不能消失，能量转换是指从一种形式转化为另一种形式或是从一个物体转移到另一个物体。

1. 能量的形式

能量以多种形式出现，包括辐射、物体运动、处于激发状态的原子、分子内部及分子之间的应变力。所有这些形式的重要意义在于其能量是相等的，也就是说一种形式的能量可以转变成另一种形式。宇宙中发生的绝大部分事件，例如，恒星的崩溃和爆炸、生物的生长和毁灭、机器和计算机的操作中都包括能量由一种形式转化为另一种形式。

能量的形式可以用不同的方法来描述。声能主要是分子前后有规律的运动；热能是分子的无规则运动；重力能产生于分隔物体的相互吸引；储存在机械应力中的能量，则是由于分离的电子相互吸引的结果。尽管各种能量的表现形式大不相同,但是,每种能量都能采用一种方法来测量,这样就能够搞清楚,有多少能量由一种形式转化为另一种形式。不论什么时候,一个地方或一种形式的能量减少了,另一个地方或另一种形式就会增加同样数量的能量。在一个系统中不论发生渐变还是骤变,只要没有能量进入或者离开这个系统,那么系统内部各种能量之和将不发生变化。

但是,能量确实可以从系统边界渗漏出去。特别是能量转换会导致产生热能,通过辐射和传导的方式泄漏出去。如通过发动机、电线、热水罐、人们的躯体和立体音响。而且,当热在流体中传导或辐射时,激起的流动通常促发了热量的转移。尽管传导或辐射热能很少的材料可用来减少热能的损耗,但也无法完全避免热能的流失。

2. 能量之间转换的各种类型及方法

能量是一种看不见摸不着却一直能感觉到的神奇东西,至今为止没有任何人提取或发现它的真实面貌,有人认为能量就是以物体内部分子不断振动的频率来衡量大小的,也就是熵的大小,其中证明宇宙膨胀的一个例子就是宇宙中总体的熵值在不断增加,也就是宇宙在不断趋于混乱,却又不断创造平衡,如此循环反复地从混乱与协调中平衡。

1)电能转化为热能

电能转化为热能一般是通过热电阻或热辐射,例如家用的电热炉,是在热阻丝内通过大量电流使热阻丝产生大量热能,通过热辐射传导给周围环境。也可以通过微波装置,使电能转化成微波,通过直接的热辐射转为热能。

2)热能转化为电能

至今为止,人们还没想出很有效率的方法可以让热能直接转化为电能,似乎人们只发明了电能和机械能转化的装置,所以,如果想任何形式能量转换为电能,必须先转换为机械能。但是,有的物质如陶瓷等,在温度变化时可以产生电势差,进而产生微弱电能,但无法用于发电。

3)机械能转化为电能

通过切割电磁圈的磁感线,可以使机械能转化为电能。在电机中,机械能和电能可以互逆转换。

4)光能转化为电能

可以通过光电效应使光照射在金属表面而辐射出电子,通过这种方法,人们设计了太阳能板,太阳能板是通过阳光照射硅晶体的PN结产生空穴电压产生电能的,光能转化为电能是相对比较有效的转换方式,并且随着不可再生能源的枯竭,人们越来越重视可再生清洁能源的应用,光能就是最受关注的清洁能源之一。

5)化学能转化为电能

通过化学反应使得正电子和负电子分别在阳极和阴极汇聚,其实这也是电池的充电过程。

6)电能转化为机械能

借助电磁感应效应,人们设计了电机,可以使电能轻松转化为机械能。在电机中,电能和机械能可以互逆转换。

7)化学能转化为热能

可以通过核裂变使得熵值大量增加,进而产生大量热能传导出去。在核裂变过程中,不仅产生大量热能，还产生大量光能及机械能等。还有一种方法就是通过可燃物的燃烧，伴随着光能的同时也产生大量热能。

8）热能转化为机械能

至今人们想到的最好方法，只有通过加热水进而通过水蒸气驱动机械做功，自从瓦特发明蒸汽机以来，人们一直沿用这个方法进行转换。

9）机械能转化为热能

机械做功摩擦可以产生热能，但一般效率不高，而且在实际应用中无法通过这样的转化大量提供热能，只作为机械能的能量损耗而已。

10）光能转化为热能

光能在照射到物体时，自然就会伴随热能的传导，但不同波段的光波导热能力不同。

12.2 能量存储(电池)技术

12.2.1 薄膜电池

薄膜(Thin Film Solar Cell)电池顾名思义就是将一层薄膜制备成太阳能电池，其用硅量极少，更容易降低成本。目前已经能进行产业化大规模生产的薄膜电池主要有 3 种：硅基薄膜太阳能电池、铜铟镓硒薄膜太阳能电池(CIGS)、碲化镉薄膜太阳能电池(CdTe)。

1. 薄膜电池发电原理

薄膜电池发电原理与晶硅相似，当太阳光照射到电池上时，电池吸收光能产生光生电子——空穴对，在电池内建电场的作用下，光生电子和空穴被分离，空穴漂移到 P 侧，电子漂移到 N 侧，形成光生电动势，外电路接通时，产生电流。

薄膜太阳电池可以使用价格低廉的玻璃、塑料、陶瓷、石墨、金属片等不同材料当基板来制造，形成可产生电压的薄膜厚度仅需数微米，因此，在同一受光面积之下可较硅晶圆太阳能电池大幅减少原料的用量(厚度可低于硅晶圆太阳能电池 90%以上)，目前转换效率最高已可达 13%。

薄膜太阳电池除了平面之外，也因为具有可挠性，可以制作成非平面构造。其应用范围大，可与建筑物结合或变成建筑体的一部分，在薄膜太阳电池制造上，则可使用各式各样的沉积(Deposition)技术，一层又一层地把 P 型或 N 型材料长上去，常见的薄膜太阳电池有非晶硅、CuInSe2(CIS)、CuInGaSe2(CIGS)和 CdTe 等。

2. 薄膜电池的优点

薄膜电池有如下优点。

(1) 成本低。2014 年薄膜电池的平均价格已能够在单一 300MW 全自动化生产线上产生 0.2 美元每瓦。

(2) 弱光性好。

(3) 适合与建筑结合的光伏发电组件(Building Integrated Photovoltaic，BIPV)。不锈钢和聚合物衬底的柔性薄膜太阳能电池适用于建筑屋顶等，根据需要制作成不同的透光率，代替玻璃幕墙。

3. 薄膜电池的缺点

(1) 效率低。单晶硅太阳能电池,单体效率为14%～17%,而柔性基体非晶硅太阳电池组件(约1000cm^2)的效率为10%～12%,还存在一定差距。

(2) 稳定性差。其不稳定性集中体现在其能量转换效率随辐照时间的延长而变化,直到数百或数千小时后才稳定。这个问题一定程度上影响了这种低成本太阳能电池的应用。

(3) 相同的输出电量所需太阳能电池面积增加。与晶体硅电池相比,每瓦的电池面积会增加约一倍,在安装空间和光照面积有限的情况下限制了它的应用。

4. 发展趋势

近年来,业界对以薄膜取代硅晶制造太阳能电池在技术上已有足够的把握。日本产业技术综合研究所于2010年2月研制出目前世界上太阳能转换率最高的有机薄膜太阳能电池,其转换率已达到现有有机薄膜太阳能电池的4倍。此前的有机薄膜太阳能电池是把两层有机半导体的薄膜接合在一起,其太阳能到电能的转换率约为1%。新型有机薄膜太阳能电池在原有的两层构造中间加入一种混合薄膜,变成三层构造,这样就增加了产生电能的分子之间的接触面积,从而大大提高了太阳能转换率。

可折叠薄膜的太阳能电池是一种利用非晶硅结合PIN光电二极管技术加工而成的薄膜太阳能电池。此系列产品具有柔软便携、耐用、光电转换效率高等特点,可广泛应用于电子消费品、远程监控/通信、军事、野外/室内供电等领域。

有机薄膜太阳能电池使用塑料等质轻柔软的材料为基板,因此人们对它的实用化期待很高。研究人员表示,通过进一步研究,有望开发出转换率达20%、可投入实际使用的有机薄膜太阳能电池。专家认为,未来5年内薄膜太阳能电池将大幅降低成本,届时这种薄膜太阳能电池将广泛用于手表、计算器、窗帘甚至服装上。

早在10年前,科学家就发明了一种比头发还要细的太阳能电池,由于其所使用的半导体原料远较一般太阳能电池为少,因此可解决太阳能电池价格高昂的问题。后来,研究人员使用称为CIS的复合半导体的技术,将2～3μm厚的CIS放在玻璃等物料上,制成薄膜太阳能电池。它比传统以矽制成的太阳能电池薄100倍,实际上比头发还要薄,它亦较轻和使用较少半导体物料,售价因此较便宜并可大量生产。

传统的矽电池需大量半导体物料,价格昂贵,因此无法普及,而且由于较笨重,其应用范围受限制。薄膜电池却只需要将廉价物料放在诸如塑胶等有弹性的表面上便可,价钱便宜而且轻便。

有机薄膜太阳能电池使用塑料等质轻柔软的材料为基板,因此,人们对它的实用化期待很高。研究人员表示,通过进一步研究,有望开发出转换率达20%、可投入实际使用的有机薄膜太阳能电池。专家相信,不久的将来,薄膜材料的太阳能电池将出现在人们的日常生活中。

目前,世界上至少有40个国家正在开展对下一代低成本、高效率的薄膜太阳能电池实用化的研究开发。

12.2.2　锂离子电池

锂离子电池是一种充电电池，它主要依靠锂离子在正极和负极之间移动来工作。在充放电过程中，锂离子在两个电极之间往返嵌入和脱嵌：充电池时，锂离子从正极脱嵌，经过电解质嵌入负极，负极处于富锂状态；放电时则相反(见图12.2)。一般采用含有锂元素的材料作为电极的电池，是现代高性能电池的代表。

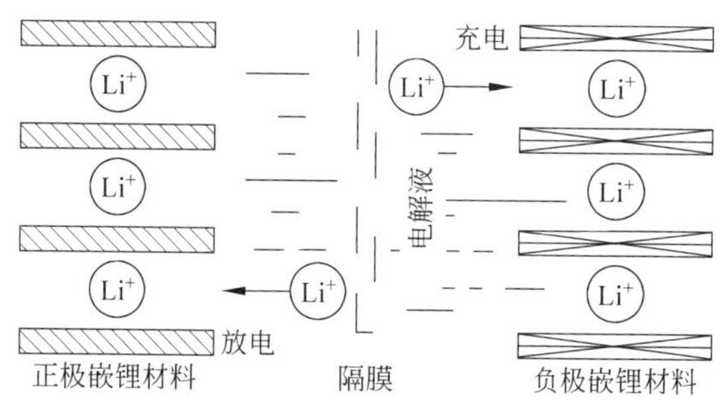

图12.2　锂离子电池原理结构

1. 锂系电池概述

锂系电池分为锂电池和锂离子电池。目前手机和笔记本计算机使用的都是锂离子电池，通常人们俗称其为锂电池，而真正的锂电池由于危险性大，很少应用于日常电子产品。

2. 作用机理

锂离子电池以碳素材料为负极，以含锂的化合物作正极，没有金属锂存在，只有锂离子，这就是锂离子电池。锂离子电池是指以锂离子嵌入化合物为正极材料电池的总称。锂离子电池的充放电过程，就是锂离子的嵌入和脱嵌过程。在锂离子的嵌入和脱嵌过程中，同时伴随着与锂离子等当量电子的嵌入和脱嵌(习惯上正极用嵌入或脱嵌表示，而负极用插入或脱插表示)。在充放电过程中，锂离子在正、负极之间往返嵌入/脱嵌和插入/脱插，被形象地称为“摇椅电池”。

1）工作状态和效率

锂离子电池能量密度大，平均输出电压高。自放电小，好的电池，每月在2%以下(可恢复)，没有记忆效应。工作温度范围宽为－20℃～60℃。循环性能优越、可快速充放电、充电效率高达100%，而且输出功率大，使用寿命长，不含有毒有害物质，被称为绿色电池。

2）充电

充电是电池重复使用的重要步骤，锂离子电池的充电过程分为两个阶段：恒流快充阶段和恒压电流递减阶段。恒流快充阶段，电池电压逐步升高到电池的标准电压，随后在控制芯片的控制下转入恒压阶段，电压不再升高以确保不会过充，电流则随着电池电量的上升逐步减弱到设定的值，最终完成充电。电量统计芯片通过记录放电曲线可以抽样计算出电池的电量。锂离子电池在多次使用后，放电曲线会发生改变，锂离子电池虽然不存在记忆效应，但是充电和放电不当会严重影响电池性能。

充电时需注意如下事项。

(1) 锂离子电池过度充电和放电会对正负极造成永久性损坏。过度放电导致负极碳片层结构出现塌陷,而塌陷会造成充电过程中锂离子无法插入;过度充电使过多的锂离子嵌入负极碳结构,而造成其中部分锂离子再也无法释放出来。

(2) 充电量等于充电电流乘以充电时间,在充电控制电压一定的情况下,充电电流越大(充电速度越快),充电电量越小。电池充电速度过快和终止电压控制点不当,同样会造成电池容量不足,实际上是电池的部分电极活性物质没有得到充分反应就停止充电,这种充电不足的现象随着循环次数的增加而加剧。

3) 放电

第一次充电和放电,如果时间能较长(一般3~4小时足够),那么可以使电极尽可能多地达到最高氧化态(充足电),放电(或使用)时则强制放到规定的电压或直至自动关机,如此能激活电池使用容量。

在锂离子电池的平常使用中,不需要如此操作,可以随时根据需要充电,充电时既不必要一定充满电为止,也不需要先放电。像首次充电和放电那样的操作,只需要每隔3~4个月进行连续的1~2次即可。

3. 锂离子电池

可充电锂离子电池是目前手机、笔记本计算机等现代数码产品中应用最广泛的电池,但它较为"娇气",在使用中不可过充、过放(会损坏电池或使之报废)。因此,在电池上有保护元器件或保护电路以防止昂贵的电池损坏。锂离子电池充电要求很高,要保证终止电压精度在±1%之内,目前各大半导体器件厂已开发出多种锂离子电池充电的IC,以保证安全、可靠、快速地充电。

现在手机已十分普遍,基本上都是使用锂离子电池。正确地使用锂离子电池对延长电池寿命是十分重要的。它根据不同的电子产品的要求可以做成扁平长方形、圆柱形、长方形及扣式,并且有由几个电池串联和并联在一起组成的电池组。锂离子电池的额定电压一般为3.7V,磷酸铁锂(以下称磷铁)正极的电压则为3.2V。充满电时的终止充电电压一般是4.2V,磷铁的是3.65V。锂离子电池的终止放电电压为2.75~3.0V(电池厂给出工作电压范围或给出终止放电电压,各参数略有不同,一般为3.0V,磷铁的为2.5V)。低于2.5V(磷铁的是2.0V)继续放电称为过放,过放对电池会有损害。

钴酸锂类型材料为正极的锂离子电池不适合用作大电流放电,过大电流放电时会降低放电时间(内部会产生较高的温度而损耗能量),并可能发生危险;但现在研发的磷酸铁锂正极材料锂电池,可以以20C甚至更大(C是电池的容量,如C=800mA·h,1C充电率即充电电流为800mA)的大电流进行充放电,特别适合电动车使用。因此,电池生产工厂给出最大放电电流,在使用中应小于最大放电电流。锂离子电池对温度有一定要求,工厂给出了充电温度范围、放电温度范围及保存温度范围,过压充电会造成锂离子电池永久性损坏。锂离子电池充电电流应根据电池生产厂的建议,并要求有限流电路以免发生过流(过热)。一般常用的充电倍率为0.25~1C。在大电流充电时往往要检测电池温度,以防止过热损坏电池或产生爆炸。

锂离子电池充电分为两个阶段:先恒流充电,到接近终止电压时改为恒压充电。例如,一种800mA·h容量的电池,其终止充电电压为4.2V。电池以800mA(充电率为1C)恒流充电,开始时电池电压以较大的斜率升压,当电池电压接近4.2V时,改成4.2V恒压充电,电流渐降，电压变化不大，到充电电流降为 0.1～50C（各厂设定值不一，不影响使用）时，认为接近充满，可以终止充电（有的充电器到 0.1C 后启动定时器，过一定时间后结束充电）。锂离子电池在充电或放电过程中若发生过充、过放或过流时，会造成电池的损坏或降低使用寿命。

锂离子电池的主要优点如下。

（1）电压高：单体电池的工作电压高达 3.7～3.8V（磷酸铁锂的工作电压是 3.2V），是 Ni-Cd、Ni-H 电池的 3 倍。

（2）比能量大：目前能达到的实际比能量为 555Wh/kg 左右，即材料能达到 150mAh/g 以上的比容量（3～4 倍于 Ni-Cd，2～3 倍于 Ni-MH），已接近于其理论值的 88%。

（3）循环寿命长：一般均可达到 500 次甚至 1000 次以上，磷酸铁锂的可以达到 2000 次以上。对于小电流放电的电器，电池的使用期限，将倍增电器的竞争力。

（4）安全性能好：无公害，无记忆效应。作为 Li-ion 前身的锂电池，因金属锂易形成结晶发生短路，缩减了其应用领域。Li-ion 中不含镉、铅、汞等对环境有污染的元素。部分工艺（如烧结式）的 Ni-Cd 电池存在的一大弊病为"记忆效应"，严重束缚电池的使用，但 Li-ion 根本不存在这方面的问题。

（5）自放电小：室温下充满电的 Li-ion 储存 1 个月后的自放电率为 2%左右，大大低于 Ni-Cd 的 25%～30%，Ni-MH 的 30%～35%。

（6）可快速充放电：1C 充电 30min 容量可以达到标称容量的 80%以上，现在磷铁电池可以达到 10min 充电到标称容量的 90%。

（7）工作温度范围高，工作温度为－25℃～45℃，随着电解液和正极的改进，期望能扩宽到－40℃～70℃。

4. 新发展

1）聚合物锂离子电池

聚合物锂离子电池是在液态锂离子电池基础上发展起来的，以导电材料为正极，碳材料为负极，电解质采用固态或凝胶态有机导电膜组成，并采用铝塑膜做外包装的最新一代可充锂离子电池（见图 12.3）。由于性能更加稳定，因此它也被视为液态锂离子电池的更新换代产品。目前很多企业都在开发这种新型电池。

2）动力锂离子电池

严格来说，动力锂离子电池是指容量在 3A·h 以上的锂离子电池，目前则泛指能够通过放电给设备、器械、模型、车辆等驱动的锂离子电池，由于使用对象的不同，电池的容量可能达不到单位 A·h 的级别。动力锂离子电池分高容量和高功率两种类型。高容量电池可用于电动工具、自行车、滑板车、矿灯、医疗器械等；高功率电池主要用于混合动力汽车及其他需要大电流充放电的场合。根据内部材料的不同，动力锂离子电池相应地分为液态动力锂离子电池和聚合物锂离子动力电池两种，统称为动力锂离子电池。

3）高性能锂电池

为了突破传统锂电池的储电瓶颈，人们研制了一种能在很小的储电单元内储存更多电力的全新铁碳储电材料。此前这种材料的明显缺点是充电周期不稳定，在电池多次

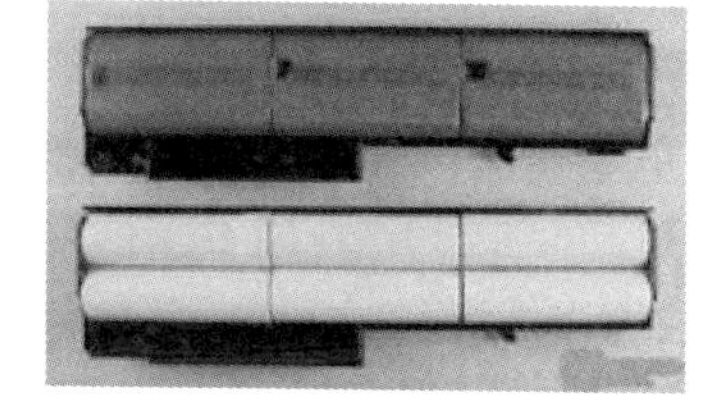

图 12.3　新型锂离子电池

充电和放电后储电能力明显下降。为此,改用一种新的合成方法。人们用几种原始材料与一种锂盐混合并加热,由此生成了一种带有含碳纳米管的全新纳米结构材料。这种方法在纳米尺度材料上一举创建了储电单元和导电电路。

目前这种稳定的铁碳材料的储电能力已达到现有储电材料的两倍,而且生产工艺简单,成本较低,其高性能可以保持很长时间。领导这项研究的马克西米利安·菲希特纳博士说:"如果研能够充分开发这种新材料的潜力,将来可以使锂离子电池的储电密度提高5倍。"

12.2.3 印刷电池

研究人员通过利用纳米技术将普通锂离子电池缩小并封闭到一张纤维素纸张上,采用丝网印刷方式生产,类似于制造T恤衫。单层比头发丝还薄。印刷电池(见图12.4)与普通电池有很大不同。由于其轻薄的特性,可以将其嵌入银行卡。电池不含汞,十分环保。其电压为1.5V,属于正常电压范围。可以将电池堆叠起来提高电压,得到3V、4.5V和6V的电池,为电子产品提供电能。

图12.4 印刷电池

印刷电池灵活的形状和超轻的质量将使这种新功能广泛应用于智能卡、RFID和传感器等电子产品中,可提高这些产品的有用性和市场规模。

12.2.4 光电池

1. 晶体硅光电池

晶体硅光电池有单晶硅与多晶硅两大类,用P型(或N型)硅衬底,通过磷(或硼)扩散形成PN结而制作成的,生产技术成熟,是光伏市场上的主导产品。采用埋层电极、表面钝化、强化陷光、密栅工艺、优化背电极及接触电极等技术,提高材料中的载流子收集效率,优化抗反射膜、凹凸表面、高反射背电极等方式,光电转换效率有较大提高。单晶硅光电池面积有限,目前比较大的为10~20cm的圆片,年产能力为46MW/a。目前主要课题是继续扩大产业规模,开发带状硅光电池技术,提高材料利用率。国际公认最高效率在AM1.5条件下为24%,空间用高质量的效率在AM0条件约13.5%~18%,地面用大量生产的在AM1条件下多在11%~18%。优化正背电极的银浆和铝浆丝网印刷,切磨抛工艺,千方百计进一步降低成本,提高效率,大晶粒多晶硅光电池的转换效率最高达18.6%。

2. 非晶硅光电池

a-Si(非晶硅)光电池一般采用高频辉光放电方法使硅烷气体分解沉积而成。由于分解沉积温度低,可在玻璃、不锈钢板、陶瓷板、柔性塑料片上沉积约1μm厚的薄膜,易于大面积化(0.5m×1.0m),成本较低,多采用pin结构。为提高效率和改善稳定性,有时还制成三层pin等多层叠层式结构,或插入一些过渡层。其商品化产量连续增长,年产能力45MW/a,10MW生产线已投入生产,全球市场用量每月在1000万片左右,居薄膜电池首位。发展集成型a-Si光电池组件,激光切割的使用有效面积达90%以上,小面积转换效率提高到

14.6%，大面积大量生产的为8%～10%，叠层结构的最高效率为21%。研发动向是改善薄膜特性，精确设计光电池结构和控制各层厚度，改善各层之间界面状态，以求得高效率和高稳定性。

3. 多晶硅光电池

p-Si（多晶硅，包括微晶）光电池没有光致衰退效应，材料质量有所下降时也不会导致光电池受影响，是国际上正掀起的前沿性研究热点。在单晶硅衬底上用液相外延制备的p-Si光电池转换效率为15.3%，经减薄衬底，加强陷光等加工，可提高到23.7%，用CVD法制备的转换效率为12.6%～17.3%。采用廉价衬底的p-Si薄膜生长方法有PECVD和热丝法，或对a-Si：H材料膜进行后退火，达到低温固相晶化，可分别制出效率9.8%和9.2%的无退化电池。微晶硅薄膜生长与a-Si工艺相容，光电性能和稳定性很高，研究受到很大重视，但效率仅为7.7%。大面积低温p-Si膜与a-Si组成叠层电池结构，是提高a-Si光电池稳定性和转换效率的重要途径，可更充分利用太阳光谱，理论计算表明其效率可在28%以上，将使硅基薄膜光电池性能产生突破性进展。

4. 铜铟硒光电池

CIS（铜铟硒）薄膜光电池已成为国际光伏界研究开发的热门课题，它具有转换效率高（已达到17.7%），性能稳定，制造成本低的特点。CIS光电池一般是在玻璃或其他廉价衬底上分别沉积多层膜而构成的，厚度可做到2～3μm，吸收层CIS膜对电池性能起着决定性作用。现已开发出反应共蒸法和硒化法（溅射、蒸发、电沉积等）两大类多种制备方法，其他外层通常采用真空蒸发或溅射成膜。阻碍其发展的原因是工艺重复性差，高效电池成品率低，材料组分较复杂，缺乏控制薄膜生长的分析仪器。CIS光电池正受到产业界重视，一些知名公司意识到它在未来能源市场中的前景和所处地位，积极扩大开发规模，着手组建中试线及制造厂。

5. 碲化镉光电池

CdTe（碲化镉）也很适合制作薄膜光电池，其理论转换效率达30%，是非常理想的光伏材料。可采用升华法、电沉积、喷涂、丝网印刷等10种较简便的加工技术，在低衬底温度下制造出效率12%以上的CdTe光电池，小面积CdTe光电池的国际先进水平光电转换率为15.8%，一些公司正深入研究与产业化中试，优化薄膜制备工艺，提高组件稳定性，防范Cd对环境污染和操作者的健康危害。

6. 砷化镓光电池

GaAs（砷化镓）光电池大多采用液相外延法或MOCVD技术制备。用GaAs作为衬底的光电池效率高达29.5%（一般在19.5%左右），产品耐高温和辐射，但生产成本高，产量受限，目前主要作为空间电源用。以硅片作为衬底，用MOCVD技术异质外延方法制造GaAs电池是降低成本很有希望的方法。

7. 其他材料光电池

InP（磷化铟）光电池的抗辐射性能特别好，效率达17%～19%，多用于空间方面。采用

SiGe单晶衬底,研制出在AM0条件下效率大于20%的GaAs/Si异质结外延光电池,最高效率为23.3%。Si/Ge/GaAs结构的异质外延光电池在不断开发中,控制各层厚度,适当变化结构,可使太阳光中各种波长的光子能量都得到有效利用,GaAs基多层结构光电池效率已接近40%。

12.3 无线充电技术

12.3.1 无线充电技术的发展

早在1890年,物理学家兼电气工程师尼古拉·特斯拉(Nikola Tesla)就已经做了无线输电实验。磁感应强度的国际单位制也是以他的名字命名的。特斯拉构想的无线输电方法,是把地球作为内导体、地球电离层作为外导体,通过放大发射机以径向电磁波振荡模式,在地球与电离层之间建立起大约8Hz的低频共振,再利用环绕地球的表面电磁波来传输能量。

但因财力不足,特斯拉的大胆构想并没有得到实现。后人虽然从理论上完全证实了这种方案的可行性,但世界还没有实现大同,想要在世界范围内进行能量广播和免费获取也是不可能的。因此,一个伟大的科学设想就这样胎死腹中。

2007年6月7日,美国麻省理工学院以Marin Soljacic为首的研究团队在《科学》杂志的网站上发表了研究成果,首次演示了利用电磁感应原理的灯泡无线供电技术,他们可以在1m距离内无线给60W的灯泡提供电力,电能传输效率高达75%。

研究小组把共振运用到电磁波的传输上而成功"抓住"了电磁波,利用铜制线圈作为电磁共振器,一团线圈附在传送电力方,另一团在接收电力方。传送方传送出某特定频率的电磁波后,经过电磁场扩散到接收方,电力就实现了无线传导。

传输线圈的工作频率在兆赫兹范围,接收线圈在非辐射磁场内部发生谐振,以相同的频率振荡,然后有效地通过磁感应进行电能传输。研究者由此设想电源可以在这种范围内为电池进行无线充电,进而推想只需要安装一个电源,即可为整个屋里的用电器供电。无线电力传输展示如图12.5所示。

图12.5 无线电力传输展示

12.3.2　无线充电原理及实现方法

传统的充电方式需要使用线缆连接电路和终端设备，这在某种程度上限制了终端设备的设计，在安全性和灵活性上都做出让步，如今无线充电技术使得终端设备和充电器等各个环节都摆脱了线路的限制，实现电器和电源完全分离，无线充电技术已经开始在各领域中探索运用，显示出了广阔的发展前景。

无线充电利用电磁波感应原理（见图 12.6）进行充电，原理类似于变压器。在发送端和接收端各有一个线圈，发送端线圈连接有线电源产生电磁信号，接收端线圈感应发送端的电磁信号从而产生电流。

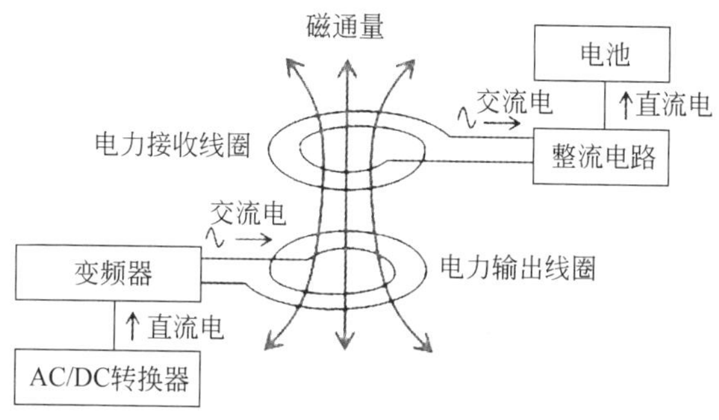

图 12.6　无线充电原理

实现无线充电技术主要通过 4 种方式：电磁感应式、磁场共振式、无线电波式、电场耦合式。

1. 电磁感应式

1890 年，物理学家兼电气工程师尼古拉·特斯拉就已经做了无线输电实验，实现了交流发电。迈克尔·法拉第发现电磁感应原理，电流通过线圈会产生磁场，其他未通电的线圈靠近磁场就会产生电流，如图 12.7 所示。

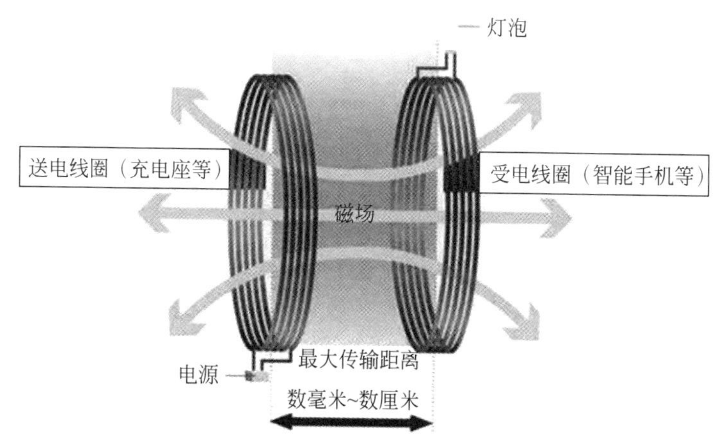

图 12.7　电磁感应式的原理

电磁感应式充电是在初级线圈通过一定频率的交流电,通过电磁感应在次级线圈中产生一定的电流,从而将能量从传输端转移到接收端。电磁感应式是当前最成熟、最普遍的无线充电技术,原理有些类似于变压器。

对无线供电或充电的装置而言,其初级线圈与次级线圈处于两个分离的部件中,因而线圈间的耦合是比较松散的。最早使用电磁感应原理的是电动牙刷。

电动牙刷经常接触水,不宜采用直接充电方案,在充电座和牙刷中各有一个线圈,当牙刷放在充电座上时就有磁耦合作用,类似一个变压器,感应电压整流后就可对镍镉电池充电,整个电路消耗功率约3W。电动牙刷整套装置的示意图如图12.8所示。

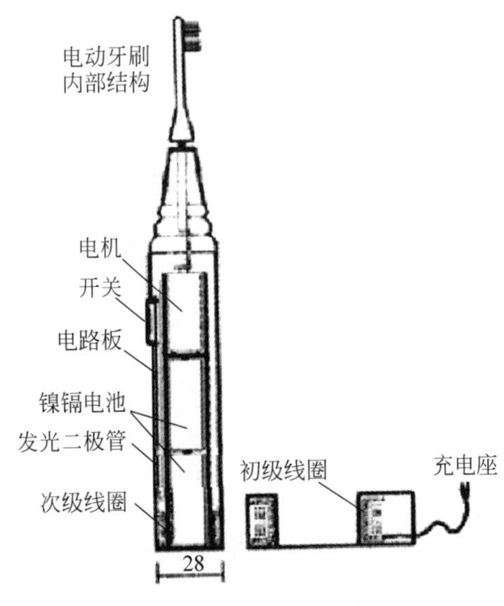

图12.8 电动牙刷

近年来由于新能源汽车的发展,电动汽车的充电问题被技术人员予以极大的关注,开始研究电动汽车的无线充电技术(见图12.9所示)。电动汽车充电的基本原理依然遵循电磁感应式充电原理,相对有线充电,主要是增加了接收线圈,简略了充电接口。

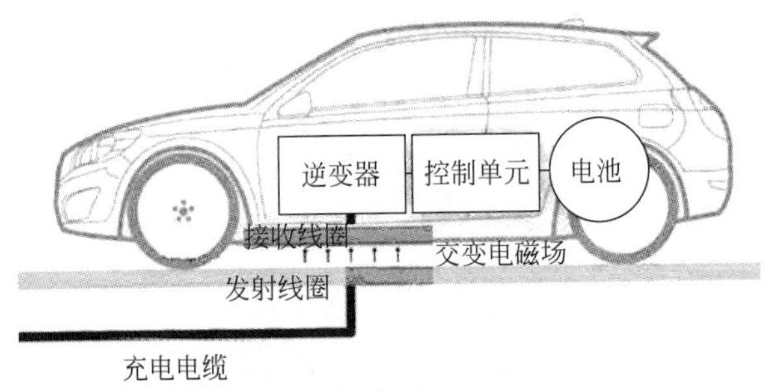

图12.9 电动汽车无线充电

2. 磁场共振式

磁场共振充电由能量发送装置和能量接收装置组成,当两个装置调整到相同频率,或者说在一个特定的频率上共振,它们就可以交换彼此的能量,是目前正在研究的一种技术。磁场共振方式的原理如图12.10所示。

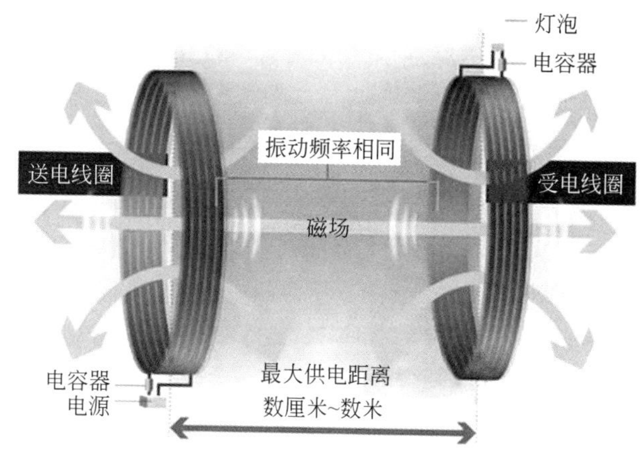

图 12.10　磁场共振式的原理

相比电磁感应式，利用共振可延长传输距离。磁场共振式不同于电磁感应式，无须使线圈间的位置完全吻合。

3. 无线电波式(微波谐振式)

无线电波式充电(其原理见图 12.11)：这是发展较为成熟的技术，类似于早期使用的矿石收音机，主要由微波发射装置和微波接收装置组成，可以捕捉到从墙壁弹回的无线电波能量，在随负载做出调整的同时保持稳定的直流电压。这种方式只需一个安装在墙身插头的发送器，以及可以安装在任何低电压产品的"蚊型"接收器。

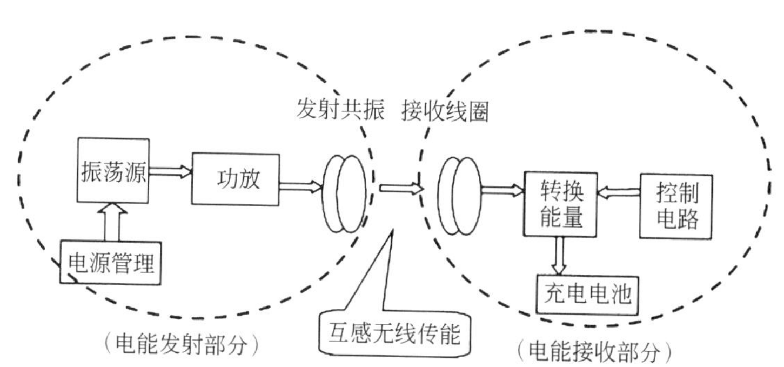

图 12.11　无线电波式的原理

整个传输系统包括微波源、发射天线、接收天线 3 部分。微波源内有磁控管，能控制源在 2.45GHz 频段输出一定的功率。

这项技术采用微波作为能量的传递信号，接收方接收到能量波以后，再经过共振电路和整流电路将其还原为设备可用的直流电。这种方式相当于人们常用的 WiFi 无线网络，发收双方都各自拥有一个专门的天线，所不同的是，这一次传递的不是信号而是电能量。

微波的频率在 300MHz～300GHz 之间，波长则在毫米-分米-米级别，微波传输能量的能力非常强大，家庭中的微波炉即是用到它的热效应，而微波无线充电技术，则是将微波能量转换回电信号。

微波谐振方式的缺点相当明显：能量是四面八方发散的，导致其能量利用效率低得出奇,乍看起来实用性相当有限。而它的优点,则是位置高度灵活,只要将设备放在充电设备附近即可,对位置的要求很低,是最符合自然的一种充电方式,如图12.12所示。

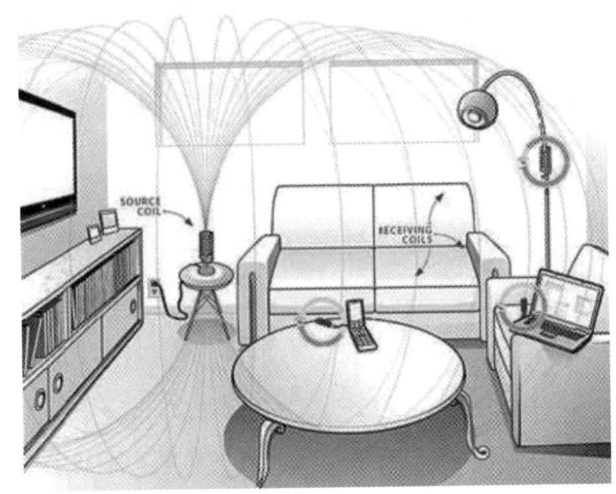

图12.12 无线电波充电

可以看到,当设备收发双方完全重合时,电磁感应和微波谐振方式的能量效率都达到峰值,但电磁感应明显优胜。不过随着 X-Y 方向发生位移,电磁感应方式出现快速衰减,而微波谐振则要平缓得多,即便位移较大也具有相当的可用性。

尽管能量和效率处于较低的水平上,乍看实用价值较为有限,但有一种做法也相当巧妙:将笔记本计算机设计为无线充电的发送端,手机作为接收端,这样只要手机放在笔记本计算机旁边,就能够在不知不觉中、连续不断地充电——相信在上班时,大多数用户都有将手机放在桌面上的习惯,此时充电工作就可以在后台开始了。

即便微波谐振方式只能充入很低的电量,但在长时间的充电下,智能手机产品的电力几乎将永不衰竭,至少从用户角度上看是这样,因为只要他携带着笔记本计算机,就根本不再需要关注充电问题。无线微波方式虽然能效很低,但使用最为方便。

4. 电场耦合式

电场耦合式充电原理:利用通过沿垂直方向耦合两组非对称偶极子而产生的感应电场来传输电力。一般充电模块是由2个非对称偶极子按垂直方向排列而成,这组偶极子各由供电部分和接收部分的活性炭电极和接地电极组成。无线供电模块就是通过这2个非对称偶极子的电场耦合而产生的感应电场来供电的。电力传输需要使用两组电极,如图12.13所示。

相对于传统的电磁感应式,电场耦合式有三大优点:充电时设备的位置具备一定的自由度;电极可以做得很薄,更易于嵌入;电极的温度不会显著上升,对嵌入也相当有利。

因此不仅能够提供便利性,而且还可降低系统成本。目前已试制完成为平板终端及电子书等便携终端进行无线供电的供电台。

现将以上的4种无线充电技术进行技术参数比较如表12.1所示,可以看出4种技术在技术原理、传输功率、传输距离、使用频率范围、充电效率等方面都有不同,也存在各自方案的优缺点和适用范围。

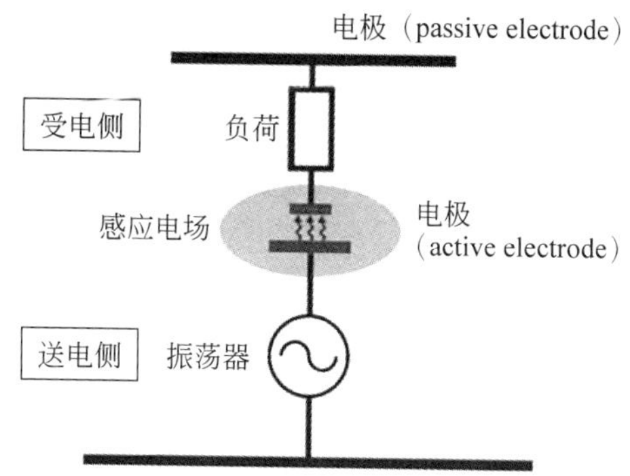

图 12.13　电力传输需要使用两组电极

表 12.1　无线充电方式参数比较

无线充电方式	电磁感应式	磁共振式	无线电波式	电场耦合式
英文	Magnetic Induction	Resonance	Radio Reception	Capacitive Coupling
技术原理	电流通过线圈，线圈产生磁场，对附近线圈产生感应电动势，产生电流	发送端能量遇到共振频率相同的接收端，由共振效应进行电能传输	将环境电磁波转换为电流，通过电路传输电流	利用通过沿垂直方向耦合两组非对称偶极子而产生的感应电场来传输电力
示意图				
传输功率(W)	数瓦～5W	数千瓦	大于 100mW	1～10W
传输距离	数毫米～数厘米	数厘米～数米	大于 10m	数毫米～数厘米
使用频率范围	22kHz	13.56MHz	2.45GHz	560～700kHz
充电效率	80%	50%	38%	70%～80%
优点	适合短距离充电，转换效率较高	适合远距离大功率充电，转换效率适中	适合远距离小功率充电，自动随时随地充电	适合短距离充电，转换效率较高同，发热较低，位置可不固定
挑战(限制)	特定摆放位置，才能精确充电；金属感应接触会发热	效率较低；安全与健康问题	转换效率较低；充电时间较长(传输功率小)	体积较大；功率较小
解决方案供应商	Ti、Powermat、Splashpower 等	MIT、Intel、日本富士通	Powercast	Murata 村田制作所竹中工务店

12.3.3　无线充电的技术标准

主流的无线充电标准有 5 种：Qi 标准、Power Matters Alliance(PMA)标准、Alliance for Wireless Power(A4WP)标准、iNPOFi 技术、Wi-Po 技术。

1. Qi标准

Qi是全球首个推动无线充电技术的标准化组织——无线充电联盟(Wireless Power Consortium,WPC)推出的"无线充电"标准,具备便捷性和通用性两大特征。首先,不同品牌的产品,只要有一个Qi的标识,都可以用Qi无线充电器充电。其次,它攻克了无线充电"通用性"的技术瓶颈,在不久的将来,手机、相机、计算机等产品都可以用Qi无线充电器充电,为无线充电的大规模应用提供可能。

Qi采用了最为主流的电磁感应技术。在技术应用方面,中国公司已经站在了无线充电行业的最前沿。据悉,Qi在中国的应用产品主要是手机,这是第一个阶段,以后将发展运用到不同类别或更高功率的数码产品中。

2. Power Matters Alliance标准

Power Matters Alliance标准是由Duracell Powermat公司发起的,而该公司则是由宝洁与无线充电技术公司Powermat合资经营,拥有比较出色的综合实力。除此以外,Powermat还是Alliance for Wireless Power(A4WP)标准的支持成员之一。

已经有AT&T、Google和星巴克三家公司加盟了PMA联盟(Power Matters Alliance)。PMA联盟致力于为符合IEEE协会标准的手机和电子设备,打造无线供电标准,在无线充电领域中具有领导地位。

Duracell Powermat公司推出过一款WiCC充电卡采用的就是Power Matters Alliance标准。WiCC比SD卡大一圈,内部嵌入了用于电磁感应式非接触充电的线圈和电极等组件,卡片的厚度较薄,插入现有智能手机电池旁边即可,利用该卡片可使很多便携终端轻松支持非接触充电。

3. A4WP标准

A4WP是Alliance for Wireless Power标准的简称,由美国高通公司、韩国三星公司以及前面提到的Powermat公司共同创建的无线充电联盟创建。该联盟还包括Ever Win Industries、Gill Industries、Peiker Acustic和SK Telecom等成员,目标是为包括便携式电子产品和电动汽车等在内的电子产品无线充电设备设立技术标准和行业对话机制。

4. iNPOFi技术

iNPOFi(invisible power field,即"不可见的能量场")无线充电是一种新的无线充电技术。其无线充电系列产品采用智能电传输无线充电技术,具备无辐射、高电能转化效率、热效应微弱等特性。

iNPOFi技术与现有其他的无线充电技术相比,iNPOFi没有辐射,采用电场脉冲模式,不产生任何辐射。在高效方面,该技术的产品充电传输效率高达90%以上,彻底改变了传统无线充电最高70%以下电转换低效率问题。

值得一提的是,对于智能设备厂商而言,iNPOFi以一颗极小的芯片为核心,实现了超微化设计,仅有1/4个五角硬币大小,可以方便地集成到任何设备中,也可以集成到各种形态的可穿戴设备中。这是传统电磁原理的产品无法达到的。

iNPOFi技术作为新一代无线充电技术标准,高效、绿色、便捷、经济。采用该技术的充电设备包含电源发射装置和电源接收装置两部分，发射装置大小、薄厚与普通手机相当，接收装置嵌入手机保护套中，将手机套上保护套，平放在发射装置上进行充电。充电过程中，手机不需要插上任何连接线。相关检测显示，充电过程中电磁辐射为零，电能效率转换达 94.7%，接近有线充电。充电设备支持低电压供电，兼容普通 USB 供电；实现低温充电，有效保障设备及电池的使用安全及寿命。

5. Wi-Po 技术

Wi-Po 技术为 Wi-Po 磁共振无线充电技术，利用高频恒定幅值交变磁场发生装置，产生 6.78MHz 的谐振磁场，实现更远的发射距离。

该技术通过蓝牙 4.0 实现通信控制，安全可靠，并且可以支持一对多同步通信，同时还具有过温、过压、过流保护和异物检测功能。该技术由于使用的载体为空间磁场，能量不会像电磁波那般发射出去，所以不会对人体造成辐射伤害。

Wi-Po 磁共振无线充电可应用于手机、计算机、智能穿戴、智能家居、医疗设备、电动汽车等各种场景。

12.4 未来的电源与能量存储技术

在未来的物联网之中，自主的"物品"要想参与到物联网及其应用之中，要完成它们在物联网中的各种任务以及工作，就不但需要具有处理和执行能力，而且需要拥有对于情况变化和触发事件的监控能力。而所有这些都需要能源供给的支持。

今天，具有足够能量的微型电池正在为物品提供它们生命周期中所需的电能，并且能量捡拾技术(Energy Scavenging Technologies)也正在如火如荼地发展，以便于物品可以从它们所处的环境中收集能源并且为己所用。

但是，由于环境是变化的，物品被使用的地点和方式也经常进行调整，所以未来物联网的能源收集方法和手段也将会是多种多样的，如可以采用射频/无线电、太阳能、声音、振动、热能等方式。

出于节能的需要，未来的物联网的物品，特别是那些具有本地电源的物品将很少主动发送信息。对于未来物品的能源技术来说，要考虑的是如何让物品的读取设备或者是物品所构成的环境来为发送与接收信息支付相应的能量开销。因此，有必要开发低功耗的环境信息传递技术。举例来说，就像现在的大热门——无线传感器网络，如果对于特定情况和条件，大量存在具有传感功能的物品，并且空间分布比较均匀。那么，只要读取设备进入到这个网络中来，并经由距离最近的"物品"开始发起传送行为，这个网络的通信功能所消耗的能量就有可能被降低到尽可能低的水平上来。

电源和能量存储技术是未来物联网及其应用发展和部署的关键引擎。要满足这样的要求，这些技术还要提供高密度能量生产和采集解决方案。同时，当与低功耗纳米电子学技术相结合时，能源技术将会得到全面的升华与提高。就单拿传感器技术来说，上面这种技术的融合就使得人们有希望在未来开发出具有自供电功能的无线可标识智能传感器系统了。

为了适应于未来物联网其应用的能源需要，人们需要研究能量生产和采集技术的相关内容。从现在的研究来看，一个典型的能量生产与采集单元一般需要具有如下 4 个主要的组成部分：能量采集设备、能量转换设备、能量存储设备以及能量传送装置。希望这种划分可以为人们接下来的研究工作提供一些基础的出发方向。

通过本节的讨论，本领域中一些需要解决的问题和主要研究内容包括如下。

(1) 电池和能量存储技术。

(2) 能量采集技术。

(3) 能源消耗映射与关联技术。

(4) 允许"物品"可以针对各硬件部件进行细粒度精细能源需求、使用与消耗估计及测量的相关技术。

(5) 未来物联网中的物品可以根据具体的能量需求安排软件的优先级并且调度相关软件的技术。

12.5 应用案例：手机无线充电

1. 手机无线充电的技术原理

随着物联网、可穿戴和便携式设备的发展，消费者开始厌倦杂乱的电缆和需要频繁充电的电池。

前面已经说过无线充电的方式有电磁感应式、磁场共振式、电场耦合式和无线电波式。手机的无线充电大多采用的是电磁感应原理。

手机无线充电一般使用电磁感应式无线充电方式，当电源的电流通过线圈(无线充电器的送电线圈)会产生磁场，其他未通电的线圈(手机端的受电线圈)靠近该磁场就会产生电流，为手机充电，如图 12.14 所示。

充电底座以及手机终端分别内置了线圈，二者靠近以后，发射线圈通过一定频率的交流电，通过电磁感应在手机接收线圈中产生一定的电流，从而将电能量从发射端转移到接收端。便开始从充电座向手机进行供电。

2. 苹果手机无线充电

无线充电是指采用无线充电技术，通过某种条件使得电能能够在不需要线材情况下发生能量转移，如图 12.15 所示。我们知道，目前苹果手机支持无线充电的有 iPhone 8/iPhone 8 Plus/iPhone X，下面以 iPhone 8 为例说明。

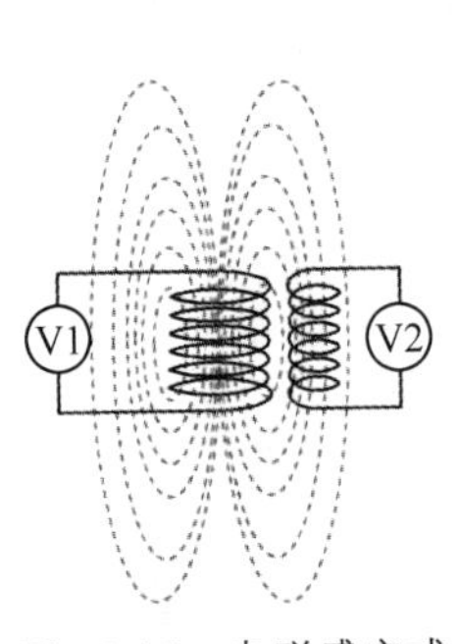

图 12.14 电磁感应式

图 12.15 苹果手机无线充电

1）充电标准

通用的手机充电标准一般有 Qi(Chee)无线充电标准、Power Matters Alliance(PMA)和 Alliance for Wireless Power(A4WP)这 3 种，而苹果手机采用的是第一种，其中 Qi 由首个无线充电的行业标准组织 WPC 推出。

2）电磁感应充电方案

iPhone 8 采用的是最早的无线充电方案，即电磁感应式，它的原理与变压器类似，都利用电磁感应原理，电磁感应无线充电利用的是电生磁和磁生电的电磁感应原理，即电与磁可以实现相互转化。

具体做法是在初级线圈给定一定频率的交流电，通过电磁感应在次级线圈中产生一定的电流，从而将能量从传输端转移到接收端。它是第一代手机无线充电，技术成熟，但只能单对单短距充电(Qi 标准，1cm 内，5W 以内)，而不能类似 WiFi 那样单对多充电。

在无线充电区域有较强的电磁场能量，在这里加上一些线圈，就会感应有电压。感应电压可以转换成手机电池接受的能量。电磁感应充电方案如图 12.16 所示。

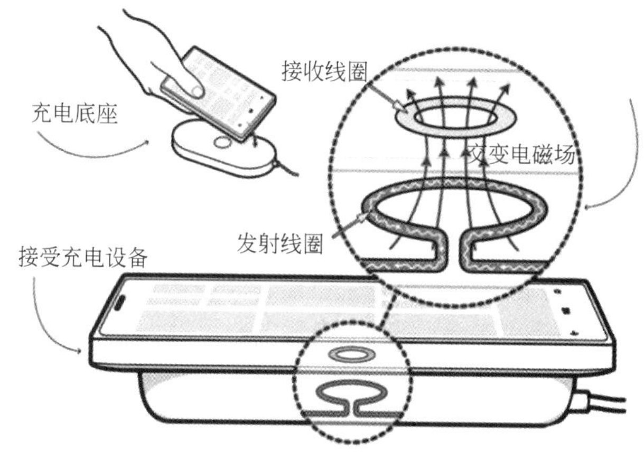

图 12.16　电磁感应充电方案

因此，完成充电需要两个线圈：一个是初级线圈，这个其实在充电器上面；另一个是次级线圈(见 12.17)，这部分在手机上面，因此人们会感觉到手机比其他的手机稍重。

图 12.17　手机次级线圈

3）充电过程

输入电源后产生交变电流，磁芯中就会产生一个交变磁场，从而在次级线圈上感应出一个相同频率的交流电压，随机产生感应电流，若在接收端的线圈靠近初级线圈，即把手机放在充电器上面，这时候当电能传输到初级线圈，就产生交变电压，经过整流等一系列电路最终输出5V电压给电池供电，如图12.18所示。

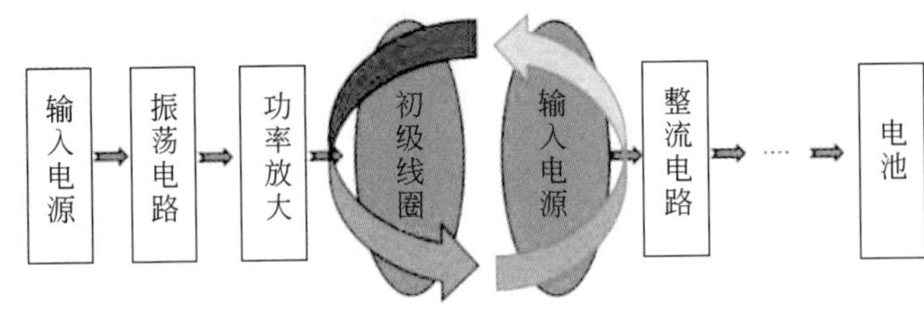

图12.18 充电过程

3. 无线充电的优缺点

1）无线充电的优点

安全：无通电接点设计，可以避免触电的危险。

耐用：电力传送元件无外露，因此不会被空气中的水分、氧气等侵蚀；无接点的存在，也因此不会有在连接与分离时的机械磨损及跳火等造成的损耗。

方便：充电时无须以电线连接，只要放到充电器附近即可，无须占用多个电源插座，没有多条电线互相缠绕的麻烦。

2）无线充电的缺点

效率略低：一般充电器内也有变压器，但无线充电以发射线圈及接收线圈组成的变压器由于在结构上有限制，能量传送效率理论上会略低于一般充电器。

充电速度慢：由于当前手机等接收设备，多数限制了输入的功率，因此充电速度较慢。

成本高：在充电器需要有推动线圈的电子线路，而在受电装置需要有电力转换的电子装置，两者都需要有线圈，而且需要高频滤波电路以满足电磁兼容性，因此成本比直接充电更高。

目前最为常见的手机无线充电解决方案就采用了电磁感应，它的工作频率很低，危害不大。

习题与思考题

(1) 简述能源采集转换技术。

(2) 什么是光伏技术?

(3) 压电技术的主要特性有哪些?

(4) 简述能量之间转换的各种类型及方法。

(5) 试述锂离子电池的分类。

(6) 光电池的主要特性有哪些?

(7) 举例说明无线供电技术。

第 13 章　安全与隐私技术

13.1　物联网安全概述

13.1.1　物联网安全的必要性

在未来的物联网中，每一个物品都会被连接到一个全球统一的网络平台上，并且这些物品时时刻刻与其他物品之间进行各式各样的交互行为，这无疑会给未来的物联网带来形式各异的安全性和保密性挑战。例如，物品之间可视性和相互交换数据过程中所带来的数据保密性、真实性以及完整性等问题。

要想让消费者全面地投入未来的物联网的怀抱，要想让用户充分体验未来物联网所带来的巨大潜在优势，要想让未来物联网的参与者尽可能避免通用性网络基础平台所带来的各种安全与隐私风险，物联网就必须实现这样一种方式，可以简便而安全地完成各种用户控制行为。也就是要求未来的物联网的技术研究工作充分考虑安全和隐私等内容。

传统意义上的隐私是针对人而言的。但是在物联网的环境中，人与物的隐私需要得到同等地位的保护，以防止未经授权的识别行为以及追踪行为的干扰。随着物品自动化能力以及自主智慧的不断增加，像物品的识别问题、物品的身份问题、物品的隐私问题，以及物品在扮演的角色中的责任问题将成为重点考虑的内容。

同时，通过将海量的具有数据处理能力的物品置于一个全球统一的信息平台和全球通用的数据空间之中，未来的物联网将会给传统的分布式数据库技术带来翻天覆地的变化。在这样的背景下，现实世界中对于信息的兴趣将分布并且覆盖数以亿计的物品，其中将有很多物品随时地进行实时的数据更新，同时更有成百上千、成千上万的物品之间正在按照各种时刻变化、时刻更新的规则进行着千变万化的数据传输和数据转换行为。

上面所有这些必将给物联网的安全和隐私技术提出各种各样、严峻的挑战，也必将为多重规则与多重策略下的安全性技术开创更为广阔的研究空间。

最后，为了防止在未经授权的情况下随意使用保密信息，并且为了可以完善未来物联网的授权使用机制，还需要在动态的信任、安全和隐私/保密管理等领域开展安全和隐私技术研究工作。

13.1.2　物联网安全的层次

在分析物联网安全时，也相应地将其分为 3 个逻辑层，即感知层、传输层和处理层。除此之外，在物联网的综合应用方面还应该有一个应用层，它是对智能处理后的信息的利用。在某些框架中，尽管智能处理应该与应用层可能被作为同一逻辑层进行处理，但从信息安全的角度考虑，将应用层独立出来更容易建立安全架构。本章试图从不同层次分析物联网对信息安全的需求和如何建立安全架构。

其实,对物联网的几个逻辑层,目前已经有许多针对性的密码技术手段和解决方案。但需要说明的是,物联网作为一个应用整体,各个层独立的安全措施简单相加不足以提供可靠的安全保障。而且,物联网与几个逻辑层所对应的基础设施之间还存在许多本质区别。最基本的区别可以从下述几点看到。

(1) 已有的对传感网(感知层)、互联网(传输层)、移动网(传输层)、安全多方计算、云计算(处理层)等的一些安全解决方案在物联网环境可能不再适用。首先,物联网所对应的传感网的数量和终端物体的规模是单个传感网所无法相比的;其次,物联网所连接的终端设备或器件的处理能力有很大差异,它们之间可能需要相互作用;最后,物联网所处理的数据量将比现在的互联网和移动网都大得多。

(2) 即使分别保证感知层、传输层和处理层的安全,也不能保证物联网的安全。这是因为物联网是融几个层于一体的大系统,许多安全问题来源于系统整合;物联网的数据共享对安全提出更高的要求;物联网的应用对安全也提出新要求,如隐私保护不属于任一层的安全需求,但是许多物联网应用的安全需求。

鉴于以上诸原因,对物联网的发展需要重新规划并制定可持续发展的安全架构,使物联网在发展和应用过程中,其安全防护措施能够不断完善。

13.1.3 感知层的安全需求和安全框架

在讨论安全问题之前,首先要了解什么是感知层。感知层的任务是全面感知外界信息,或者说是原始信息收集器。该层的典型设备包括RFID装置、各类传感器(如红外、超声、温度、湿度、速度等)、图像捕捉装置(摄像头)、全球定位系统(GPS)、激光扫描仪等。这些设备收集的信息通常具有明确的应用目的,因此,传统上这些信息直接被处理并应用,如公路摄像头捕捉的图像信息直接用于交通监控。但是在物联网应用中,多种类型的感知信息可能会同时处理,综合利用,甚至不同感应信息的结果将影响其他控制调节行为,如湿度的感应结果可能会影响温度或光照控制的调节。

同时,物联网应用强调的是信息共享,这是物联网区别于传感网的最大特点之一。例如,交通监控录像信息可能还同时被用于公安侦破、城市改造规划设计、城市环境监测等。于是,如何处理这些感知信息将直接影响信息的有效应用。为了使同样的信息被不同应用领域有效使用,应该有综合处理平台,这就是物联网的智能处理层,因此,这些感知信息需要传输到一个处理平台。

在考虑感知信息进入传输层之前,人们把传感网络本身(包括上述各种感知器件构成的网络)看作感知部分。感知信息要通过一个或多个与外界网连接的传感结点,称为网关结点(Sink或Gateway),所有与传感网内部结点的通信都需要经过网关结点与外界联系。因此,在物联网的传感层,人们只需要考虑传感网本身的安全性即可。

1. 感知层的安全挑战和安全需求

感知层可能遇到的安全挑战包括下列情况。

(1) 网关结点被敌手控制——安全性全部丢失。

(2) 普通结点被敌手控制(敌手掌握结点密钥)。

(3) 普通结点被敌手捕获(由于没有得到结点密钥,所以没有被控制)。

(4) 结点(普通结点或网关结点)受来自于网络的拒绝服务(Denial of Service,DoS)攻击。

(5) 接入到物联网的超大量结点的标识、识别、认证和控制问题。

敌手捕获网关结点不等于控制该结点,一个网关结点实际被敌手控制的可能性很小,因为需要掌握该结点的密钥(与内部结点通信的密钥或与远程信息处理平台共享的密钥),而这是很困难的。如果敌手掌握了一个网关结点与内部结点的共享密钥,那么他就可以控制网关结点,并由此获得通过该网关结点传出的所有信息。但如果敌手不知道该网关结点与远程信息处理平台的共享密钥,那么他不能篡改发送的信息,只能阻止部分或全部信息的发送,但这样容易被远程信息处理平台觉察到。因此,若能识别一个被敌手控制的传感网,便可以降低甚至避免由敌手控制的传来的虚假信息所造成的损失。

遇到比较普遍的情况是某些普通网络结点被敌手控制而发起的攻击,网络与这些普通结点交互的所有信息都被敌手获取。敌手的目的可能不仅仅是被动窃听,还通过所控制的网络结点传输一些错误数据。因此,安全需求应包括对恶意结点行为的判断和对这些结点的阻断,以及在阻断一些恶意结点后,网络的连通性如何保障。

通过对网络分析,更为常见的情况是敌手捕获一些网络结点,不需要解析它们的预置密钥或通信密钥(这种解析需要代价和时间),只需要鉴别结点种类,如检查结点是用于检测温度、湿度还是噪声等。有时候这种分析对敌手是很有用的。因此,安全的传感网络应该有保护其工作类型的安全机制。

既然最终要接入其他外在网络,包括互联网,那么就难免受到来自外在网络的攻击。目前能预期到的主要攻击除了非法访问外,应该是拒绝服务攻击了。因为结点的通常资源(计算和通信能力)有限,所以对抗DoS攻击的能力比较脆弱,在互联网环境里不被识别为DoS攻击的访问就可能使网络瘫痪,因此,安全应该包括结点抗DoS攻击的能力。考虑到外部访问可能直接针对传感网内部的某个结点(如远程控制启动或关闭红外装置),而内部普通结点的资源一般比网关结点更小,因此,网络抗DoS攻击的能力应包括网关结点和普通结点两种情况。

网络接入互联网或其他类型网络所带来的问题不仅仅是如何对抗外来攻击的问题,更重要的是如何与外部设备相互认证的问题,而认证过程又需要特别考虑传感网资源的有限性,因此认证机制需要的计算和通信代价都必须尽可能小。此外,对外部互联网来说,其所连接的不同网络的数量可能是一个庞大的数字,如何区分这些网络及其内部结点,有效地识别它们,是安全机制能够建立的前提。

针对上述挑战,感知层的安全需求可以总结为如下几点。

(1) 机密性:多数网络内部不需要认证和密钥管理,如统一部署的共享一个密钥的传感网。

(2) 密钥协商:部分内部结点进行数据传输前需要预先协商会话密钥。

(3) 结点认证:个别网络(特别当数据共享时)需要结点认证,确保非法结点不能接入。

(4) 信誉评估:一些重要网络需要对可能被敌手控制的结点行为进行评估,以降低敌手入侵后的危害(某种程度上相当于入侵检测)。

(5) 安全路由:几乎所有网络内部都需要不同的安全路由技术。

2. 感知层的安全架构

了解了网络的安全威胁,就容易建立合理的安全架构。在网络内部,需要有效的密钥管理机制,用于保障传感网内部通信的安全。网络内部的安全路由、连通性解决方案等都可以相对独立地使用。由于网络类型的多样性,很难统一要求有哪些安全服务,但机密性和认证都是必要的。机密性需要在通信时建立一个临时会话密钥,而认证性可以通过对称密码或非对称密码方案解决。使用对称密码的认证方案需要预置结点间的共享密钥,在效率上也比较高,消耗网络结点的资源较少,许多网络都选用此方案;而使用非对称密码技术的传感网一般具有较好的计算和通信能力,并且对安全性要求更高。在认证的基础上完成密钥协商是建立会话密钥的必要步骤。安全路由和入侵检测等也是网络应具有的性能。

由于网络的安全一般不涉及其他网路的安全,因此是相对较独立的问题,有些已有的安全解决方案在物联网环境中也同样适用。但由于物联网环境中遭受外部攻击的机会增大,因此用于独立的传统安全解决方案需要提升安全等级后才能使用。也就是说,在安全的要求上更高,这仅仅是量的要求,没有质的变化。相应地,安全需求所涉及的密码技术包括轻量级密码算法、轻量级密码协议、可设定安全等级的密码技术等。

13.1.4 传输层的安全需求和安全框架

物联网的传输层主要用于把感知层收集到的信息安全可靠地传输到信息处理层,然后根据不同的应用需求进行信息处理,即传输层主要是网络基础设施,包括互联网、移动网和一些专业网(如国家电力专用网、广播电视网)等。在信息传输过程中,可能经过一个或多个不同架构的网络进行信息交接。例如,普通电话座机与手机之间的通话就是一个典型的跨网络架构的信息传输实例。在信息传输过程中跨网络传输是很正常的,在物联网环境中这一现象更突出,而且很可能在正常而普通的事件中产生信息安全隐患。

1. 传输层的安全挑战和安全需求

网络环境目前遇到前所未有的安全挑战,而物联网传输层所处的网络环境也存在安全挑战,甚至是更高的挑战。同时,由于不同架构的网络需要相互连通,因此在跨网络架构的安全认证等方面会面临更大挑战。初步分析认为,物联网传输层将会遇到下列安全挑战。

① DoS 攻击、DDoS(Distributed Denial of Service,分布式拒绝服务)攻击;②假冒攻击、中间人攻击等;③跨异构网络的网络攻击。

在物联网发展过程中,目前的互联网或者下一代互联网将是物联网传输层的核心载体,多数信息要经过互联网传输。互联网遇到的 DoS 和 DDoS 攻击仍然存在,因此需要有更好的防范措施和灾难恢复机制。考虑到物联网所连接的终端设备性能和对网络需求的巨大差异,对网络攻击的防护能力也会有很大差别,因此很难设计通用的安全方案,而应针对不同网络性能和网络需求有不同的防范措施。

在传输层,异构网络的信息交换将成为安全性的脆弱点,特别在网络认证方面,难免存在中间人攻击和其他类型的攻击(如异步攻击、合谋攻击等)。这些攻击都需要有更高的安全防护措施。

如果仅考虑互联网和移动网以及其他一些专用网络,则物联网传输层对安全的需求可以概括为以下几点。

(1) 数据机密性：需要保证数据在传输过程中不泄露其内容。

(2) 数据完整性：需要保证数据在传输过程中不被非法篡改，或非法篡改的数据容易被检测出。

(3) 数据流机密性：某些应用场景需要对数据流量信息进行保密，目前只能提供有限的数据流机密性。

(4) DDoS 攻击的检测与预防：DDoS 攻击是网络中最常见的攻击现象，在物联网中将会更突出。物联网中需要解决的问题还包括如何对脆弱结点的 DDoS 攻击进行防护。

(5) 移动网中认证与密钥协商(Authentication and Key Agreement，AKA)机制的一致性或兼容性、跨域认证和跨网络认证(基于 International Mobile Subscriber Identification Number，IMSIN)：不同无线网络所使用的不同 AKA 机制对跨网认证带来不利。这一问题亟待解决。

2. 传输层的安全架构

传输层的安全机制可分为端到端机密性和结点到结点机密性。对于端到端机密性，需要建立如下安全机制：端到端认证机制、端到端密钥协商机制、密钥管理机制和机密性算法选取机制等。在这些安全机制中，根据需要可以增加数据完整性服务。对于结点到结点机密性，需要结点间的认证和密钥协商协议，这类协议要重点考虑效率因素。机密性算法的选取和数据完整性服务则可以根据需求选取或省略。考虑到跨网络架构的安全需求，需要建立不同网络环境的认证衔接机制。另外，根据应用层的不同需求，网络传输模式可能区分为单播通信、组播通信和广播通信，针对不同类型的通信模式也应该有相应的认证机制和机密性保护机制。简言之，传输层的安全架构主要包括如下几个方面。

(1) 结点认证、数据机密性、完整性、数据流机密性、DDoS 攻击的检测与预防。

(2) 移动网中 AKA 机制的一致性或兼容性、跨域认证和跨网络认证(基于 IMSI)。

(3) 相应密码技术。密钥管理(密钥基础设施(Public Key Infrastructure，PKI)和密钥协商)、端对端加密和结点对结点加密、密码算法和协议等。

(4) 组播和广播通信的认证性、机密性和完整性安全机制。

13.1.5　处理层的安全需求和安全框架

处理层是信息到达智能处理平台的处理过程，包括如何从网络中接收信息。在从网络中接收信息的过程中，需要判断哪些信息是真正有用的信息，哪些信息是垃圾信息甚至是恶意信息。在来自于网络的信息中，有些属于一般性数据，用于某些应用过程的输入；有些可能是操作指令。在这些操作指令中，又有一些可能是多种原因造成的错误指令(如指令发出者的操作失误、网络传输错误、得到恶意修改等)，或者是攻击者的恶意指令。如何通过密码技术等手段甄别出真正有用的信息，又如何识别并有效防范恶意信息和指令带来的威胁是物联网处理层的重大安全挑战。

1. 处理层的安全挑战和安全需求

物联网处理层的重要特征是智能，智能技术的实现少不了自动处理技术，其目的是使处理过程方便迅速,而非智能的处理手段可能无法应对海量数据。自动过程对恶意数据特别是恶意指令信息的判断能力是有限的,而智能也仅限于按照一定规则进行过滤和判断,攻击者很容易避开这些规则,正如垃圾邮件过滤一样,这么多年来一直是一个棘手问题。因此,处理层的安全挑战包括如下几个方面。

①来自于超大量终端的海量数据的识别和处理;②智能变为低能;③自动变为失控(可控性是信息安全的重要指标之一);④灾难控制和恢复;⑤非法人为干预(内部攻击);⑥设备(特别是移动设备)的丢失。

物联网时代需要处理的信息是海量的,需要处理的平台也是分布式的。当不同性质的数据通过一个处理平台处理时,该平台需要多个功能各异的处理平台协同处理。但首先应该知道将哪些数据分配到哪个处理平台,因此,数据类别分类是必需的。同时,安全的要求使得许多信息都是以加密形式存在的,因此,如何快速有效地处理海量加密数据是智能处理阶段遇到的一个重大挑战。

计算技术的智能处理过程与人类的智力相比还是有本质的区别,但计算机的智能判断在速度上是人类智力判断所无法比拟的。因此,期望物联网环境的智能处理在智能水平上不断提高,而且不能用人的智力去代替。也就是说,只要智能处理过程存在,就可能让攻击者有机会躲过智能处理过程的识别和过滤,从而达到攻击目的。在这种情况下,智能与低能相当。因此,物联网的传输层需要高智能的处理机制。

如果智能水平很高,那么可以有效识别并自动处理恶意数据和指令。但再好的智能也存在失误的情况,特别在物联网环境中,即使失误概率非常小,因为自动处理过程的数据量非常庞大,所以失误的情况还是很多。在处理发生失误而使攻击者攻击成功后,如何将攻击所造成的损失降低到最小限度,并尽快从灾难中恢复到正常工作状态,是物联网智能处理层的另一重要问题,也是一个重大挑战,因为在技术上没有最好,只有更好。

智能处理层虽然使用智能的自动处理手段,但还是允许人为干预,而且是必需的。人为干预可能发生在智能处理过程无法做出正确判断的时候,也可能发生在智能处理过程有关键中间结果或最终结果的时候,还可能发生在其他任何原因而需要人为干预的时候。人为干预的目的是为了处理层更好地工作,但也有例外,那就是实施人为干预的人试图实施恶意行为时。来自于人的恶意行为具有很大的不可预测性,防范措施除了技术辅助手段外,更多地需要依靠管理手段。因此,物联网处理层的信息保障还需要科学管理手段。

智能处理平台的大小不同,大的可以是高性能工作站,小的可以是移动设备,如手机等。工作站的威胁是内部人员恶意操作,而移动设备的一个重大威胁是丢失。由于移动设备不仅是信息处理平台,而且其本身通常携带大量重要机密信息,因此,如何降低作为处理平台的移动设备丢失所造成的损失是重要的安全挑战之一。

2. 处理层的安全架构

为了满足物联网智能处理层的基本安全需求,需要如下安全机制。

①可靠的认证机制和密钥管理方案;②高强度数据机密性和完整性服务;③可靠的密钥管理机制,包括PKI和对称密钥的有机结合机制;④可靠的高智能处理手段;⑤入侵检测和病毒检测;⑥恶意指令分析和预防,访问控制及灾难恢复机制;⑦保密日志跟踪和行为分析,恶意行为模型的建立;⑧密文查询、秘密数据挖掘、安全多方计算、安全云计算技术等;⑨移动设备文件(包括秘密文件)的可备份和恢复;⑩移动设备识别、定位和追踪机制。

13.1.6 应用层的安全需求和安全框架

应用层设计的是综合的或有个体特性的具体应用业务，它所涉及的某些安全问题通过前面几个逻辑层的安全解决方案可能仍然无法解决。在这些问题中，隐私保护就是典型的一种。无论感知层、传输层还是处理层，都不涉及隐私保护问题，但它是一些特殊应用场景的实际需求，即应用层的特殊安全需求。物联网的数据共享有多种情况，涉及不同权限的数据访问。此外，在应用层还将涉及知识产权保护、计算机取证、计算机数据销毁等安全需求和相应技术。

1. 应用层的安全挑战和安全需求

应用层的安全挑战和安全需求主要来自于下述几个方面。

①如何根据不同访问权限对同一数据库内容进行筛选；②如何提供用户隐私信息保护，同时又能正确认证；③如何解决信息泄露追踪问题；④如何进行计算机取证；⑤如何销毁计算机数据；⑥如何保护电子产品和软件的知识产权。

由于物联网需要根据不同应用需求对共享数据分配不同的访问权限，而且不同权限访问同一数据可能得到不同的结果。例如，道路交通监控视频数据在用于城市规划时只需要很低的分辨率即可，因为城市规划需要的是交通堵塞的大概情况；当用于交通管制时就需要清晰一些，因为需要知道交通实际情况，以便能及时发现哪里发生了交通事故，以及交通事故的基本情况等；当用于公安侦查时可能需要更清晰的图像，以便能准确识别汽车牌照等信息。因此，如何以安全方式处理信息是应用中的一项挑战。

随着个人和商业信息的网络化，越来越多的信息被认为是用户隐私信息。需要隐私保护的应用至少包括如下几种。

(1) 移动用户既需要知道(或被合法知道)其位置信息，又不愿意非法用户获取该信息。

(2) 用户既需要证明自己合法使用某种业务，又不想让他人知道自己在使用某种业务，如在线游戏。

(3) 病人急救时需要及时获得该病人的电子病历信息，但又要保护该病历信息不被非法获取，包括病历数据管理员。事实上，电子病历数据库的管理人员可能有机会获得电子病历的内容，但隐私保护采用某种管理和技术手段使病历内容与病人身份信息在电子病历数据库中无关联。

(4) 许多业务需要匿名性，如网络投票。很多情况下，用户信息是认证过程的必需信息，如何对这些信息提供隐私保护，是一个具有挑战性的问题，但又是必须要解决的问题。例如，医疗病历的管理系统需要病人的相关信息来获取正确的病历数据，但又要避免该病历数据跟病人的身份信息相关联。在应用过程中，主治医生知道病人的病历数据，这种情况下对隐私信息的保护具有一定困难性，但可以通过密码技术手段掌握医生泄露病人病历信息的证据。

在使用互联网的商业活动中，特别是在物联网环境的商业活动中，无论采取什么技术措施，都难免恶意行为的发生。如果能根据恶意行为所造成后果的严重程度给予相应的惩罚，那么就可以减少恶意行为的发生。技术上，这需要搜集相关证据。因此，计算机取证就显得非常重要，当然这有一定的技术难度，主要是因为计算机平台种类太多，包括多种计算机操作系统、虚拟操作系统、移动设备操作系统等。

与计算机取证相对应的是数据销毁。数据销毁的目的是销毁那些在密码算法或密码协议实施过程中所产生的临时中间变量,一旦密码算法或密码协议实施完毕,这些中间变量将不再有用。这些中间变量如果落入攻击者手里,可能为攻击者提供重要的参数,从而增大成功攻击的可能性。因此,这些临时中间变量需要及时安全地从计算机内存和存储单元中删除。计算机数据销毁技术不可避免地会被计算机犯罪提供证据销毁工具,从而增大计算机取证的难度。因此,如何处理好计算机取证和计算机数据销毁这对矛盾是一项具有挑战性的技术难题,也是物联网应用中需要解决的问题。

物联网的主要市场是商业应用,在商业应用中存在大量需要保护的知识产权产品,包括电子产品和软件等。在物联网的应用中,对电子产品的知识产权保护将会提高到一个新的高度,对应的技术要求也是一项新的挑战。

2. 应用层的安全架构

基于物联网综合应用层的安全挑战和安全需求,需要如下安全机制。

①有效的数据库访问控制和内容筛选机制;②不同场景的隐私信息保护技术;③叛逆追踪和其他信息泄露追踪机制;④有效的计算机取证技术;⑤安全的计算机数据销毁技术;⑥安全的电子产品和软件的知识产权保护技术。

针对这些安全架构,需要发展相关的密码技术,包括访问控制、匿名签名、匿名认证、密文验证(包括同态加密)、门限密码、叛逆追踪、数字水印和指纹技术等。

13.1.7 影响信息安全的非技术因素和存在的问题

1. 影响信息安全的非技术因素

物联网的信息安全问题不仅仅是技术问题,还会涉及许多非技术因素。下述几方面的因素很难通过技术手段来实现。

(1) 教育。让用户意识到信息安全的重要性和如何正确使用物联网服务以减少机密信息的泄露机会。

(2) 管理。严谨的科学管理方法将使信息安全隐患降低到最小,特别应注意信息安全管理。

(3) 信息安全管理。找到信息系统安全方面最薄弱环节并进行加强,以提高系统的整体安全程度,包括资源管理、物理安全管理、人力安全管理等。

(4) 口令管理。许多系统的安全隐患来自于账户口令的管理。

因此,在物联网的设计和使用过程中,除了需要加强技术手段提高信息安全的保护力度外,还应注重对信息安全有影响的非技术因素,从整体上降低信息被非法获取和使用的概率。

2. 存在的问题

物联网的发展,特别是物联网中的信息安全保护技术,需要学术界和企业界协同合作来完成。许多学术界的理论成果看似很完美,但可能不很实用,而企业界设计的在实际应用中满足一些约束指标的方案又可能存在可怕的安全漏洞。信息安全的保护方案和措施需要周密考虑和论证后才能实施,设计者对设计的信息安全保护方案不能抱有任何侥幸心理,而实践也证明攻击者往往比设计者想象得更聪明。

然而,现实情况是学术界与企业界几乎是独立的两种发展模式,其中交叉甚少。学术界认为企业界的设计没有新颖性,而企业界看学术界的设计是乌托邦,很难在实际系统中使用。这种现象的根源是学术机构与企业界的合作较少,即使有合作,也是目标导向很强的短期项目,学术研究人员大多不能深入理解企业需求,企业的研究人员在理论深度方面有所欠缺,而在信息安全系统的设计中则需要很强的理论基础。

信息安全常常被理解为政府和军事等重要机构专有的东西。随着信息化时代的发展,特别是电子商务平台的使用,人们已经意识到信息安全更大的应用在商业市场。尽管一些密码技术,特别是密码算法的选取,在流程上受到国家有关政策的管控,但作为信息安全技术,包括密码算法技术本身,则是纯学术的东西,需要公开研究才能提升密码强度和信息安全的保护力度。

13.2　RFID 电子标签安全机制

RFID 电子标签在国内的应用越来越多,其安全性也开始受到人们重视。RFID 电子标签自身都是有安全设计的,但是 RFID 电子标签具备足够的安全吗?个人信息存储在电子标签中会泄露吗?RFID 电子标签的安全机制到底是怎样设计的?本节围绕目前应用广泛的几类电子标签探讨 RFID 电子标签的安全属性,并对 RFID 电子标签在应用中涉及的信息安全方面提出建议。

RFID 技术最初源于雷达技术,借助于集成电路、微处理器、通信网络等的技术进步逐渐成熟起来。RFID 技术经美国军方在海湾战争中军用物资管理方面的成功应用,使其在交通管理、人员监控、动物管理、铁路和集装箱等方面得到推广。

随着全球几家大型零售商 WalMart、Metro、Tesco 等出于对提高供应链透明度的要求,它们相继宣布了各自的 RFID 计划,并得到供应商的支持,取得了很好的成效。从此,RFID 技术打开了一个巨大的市场。随着成本的不断降低和标准的统一,RFID 技术还将在无线传输网络、实时定位、安全防伪、个人健康、产品全生命周期管理等领域进行广泛的应用。

可以预见,随着数字化时代的发展,以网络信息化管理、移动计算、信息服务等为迫切需求和发展动力,RFID 这项革命性的技术将对人类的生产和生活方式产生深远的影响。

13.2.1　RFID 电子标签的安全设置

RFID 电子标签的安全属性与标签分类直接相关。一般来说安全性等级中存储型最低,CPU 型最高,逻辑加密型居中,目前广泛使用的 RFID 电子标签中也以逻辑加密型居多。存储型 RFID 电子标签没有做特殊的安全设置,标签内有一个厂商固化的不重复不可更改的唯一序列号,内部存储区可存储一定容量的数据信息,不需要进行安全认证即可读出或改写。虽然所有的 RFID 电子标签在通信链路层都没有采用加密机制,并且芯片(除 CPU 型外)本身的安全设计也不是非常强大,但在应用方面因为采取了很多加密手段使其可以保证足够的安全性。

CPU 型的 RFID 电子标签在安全方面做得最多,因此在安全方面有很大的优势。但从严格意义上来说,此种电子标签不应归属为 RFID 电子标签范畴,而应属非接触智能卡类。由于使用 ISO 14443 Type A/B 协议的 CPU 非接触智能卡与应用广泛的 RFID 高频电子标签通信协议相同,所以通常也被归为 RFID 电子标签类。

逻辑加密型的 RFID 电子标签具备一定强度的安全设置,内部采用逻辑加密电路及密钥算法。可设置启用或关闭安全设置,如果关闭安全设置则等同存储卡。如 OTP(一次性编程)功能,只要启用了这种安全功能,就可以实现一次写入不可更改的效果,可以确保数据不被篡改。另外,还有一些逻辑加密型电子标签具备密码保护功能,这种方式是逻辑加密型的 RFID 电子标签采取的主流安全模式,设置后可通过验证密钥实现对存储区内数据信息的读取或改写等。采用这种方式的 RFID 电子标签使用密钥一般不会很长,四字节或六位字节数字密码。有了安全设置功能,逻辑加密型的 RFID 电子标签还可以具备一些身份认证及小额消费的功能。例如,第二代公民身份证、Mifare(菲利普技术)公交卡等。

CPU 类型的广义 RFID 电子标签具备极高的安全性,芯片内部的 COS 本身采用了安全的体系设计,并且在应用方面设计有密钥文件、认证机制等,比前几种 RFID 电子标签的安全模式有了极大的提高;也保持着目前唯一没有被人破解的纪录。这种 RFID 电子标签将会更多地被应用于带有金融交易功能的系统中。

13.2.2 RFID 电子标签在应用中的安全机制

本节探讨存储型 RFID 电子标签在应用中的安全设计。存储型 RFID 电子标签的应用主要是通过快速读取 ID 号来达到识别的目的,主要应用于动物识别、跟踪追溯等方面。这种应用要求的是应用系统的完整性,而对于标签存储数据要求不高,多是应用唯一序列号的自动识别功能。

如果部分容量稍大的存储型 RFID 电子标签想在芯片内存储数据,对数据做加密后写入芯片即可,这样信息的安全性主要由应用系统密钥体系安全性的强弱来决定,与存储型 RFID 电子标签本身没有太大关系。

逻辑加密型 RFID 电子标签应用极其广泛,并且其中还有可能涉及小额消费功能,因此它的安全设计是极其重要的。逻辑加密型的 RFID 电子标签内部存储区一般按块分布,并有密钥控制位设置每个数据块的安全属性。先来解释一下逻辑加密型 RFID 电子标签的密钥认证功能流程,以 Mifare 为例,参见图 13.1。

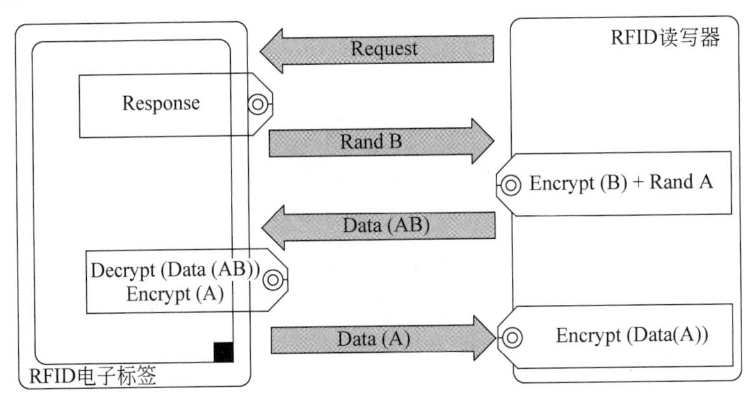

图 13.1 Mifare 认证流程图

由图13.1可知，认证的流程可以分成以下几个步骤。

(1) 应用程序通过RFID读写器向RFID电子标签发送认证请求。

(2) RFID电子标签收到请求后向读写器发送一个随机数B。

(3) 读写器收到随机数B后向RFID电子标签发送使用要验证的密钥加密B的数据包，其中包含读写器生成的另一个随机数A。

(4) RFID电子标签收到数据包后，使用芯片内部存储的密钥进行解密，解出随机数B并校验与之发出的随机数B是否一致。

(5) 如果是一致的，则RFID使用芯片内部存储的密钥对A进行加密并发送给读写器。

(6) 读写器收到此数据包后，进行解密，解出A并与前述的A比较是否一致。

如果上述每一个环节都成功，则验证成功，否则验证失败。这种验证方式是非常安全的，破解的强度也是非常大的，如Mifare的密钥为6B，也就是48b；Mifare一次典型验证需要6ms，如果在外部使用暴力破解的话，所需时间为248×6ms/3.6×106h，结果是一个非常大的数字，常规破解手段将无能为力。

CPU型RFID电子标签的安全设计与逻辑加密型类似，但安全级别与强度要高得多，CPU型RFID电子标签芯片内部采用了核心处理器，而不是如逻辑加密型芯片那样在内部使用逻辑电路；并且芯片安装有专用操作系统，可以根据需求将存储区设计成不同大小的二进制文件、记录文件、密钥文件等。使用FAC设计每一个文件的访问权限，密钥验证的过程与上述相类似，也是采用随机数+密文传送+芯片内部验证方式，但密钥长度为16B。并且还可以根据芯片与读写器之间采用的通信协议使用加密传送通信指令。

13.3　无线传感器网络安全机制

随着传感器、计算机、无线通信及微机电等技术的发展和相互融合，产生了无线传感器网络(Wireless Sensor Network，WSN)，目前WSN的应用越来越广泛，已涉及国防军事、国家安全等敏感领域，安全问题的解决是这些应用得以实施的基本保证。WSN一般部署广泛，结点位置不确定，网络的拓扑结构也处于不断变化之中。

13.3.1　WSN安全问题

1. WSN与安全相关的特点

WSN与安全相关的特点主要有以下几个。

(1) 资源受限，通信环境恶劣。WSN单个结点能量有限，存储空间和计算能力差，直接导致了许多成熟、有效的安全协议和算法无法顺利应用。另外，结点之间采用无线通信方式，信道不稳定，信号不仅容易被窃听，而且容易被干扰或篡改。

(2) 部署区域的安全无法保证，结点易失效。传感器结点一般部署在无人值守的恶劣环境或敌对环境中，其工作空间本身就存在不安全因素，结点很容易受到破坏，一般无法对结点进行维护，结点很容易失效。

(3) 网络无基础框架。在 WSN 中,各结点以自组织的方式形成网络,以单跳或多跳的方式进行通信,由结点相互配合实现路由功能,没有专门的传输设备,传统的端到端的安全机制无法直接应用。

(4) 部署前地理位置具有不确定性。在 WSN 中,结点通常随机部署在目标区域,任何结点之间是否存在直接连接在部署前是未知的。

2. 安全需求

WSN 的安全需求主要有以下几个方面。

(1) 机密性。机密性要求对 WSN 结点间传输的信息进行加密,让任何人在截获结点间的物理通信信号后不能直接获得其所携带的消息内容。

(2) 完整性。WSN 的无线通信环境为恶意结点实施破坏提供了方便,完整性要求结点收到的数据在传输过程中未被插入、删除或篡改,即保证接收到的消息与发送的消息是一致的。

(3) 健壮性。WSN 一般被部署在恶劣环境、无人区域或敌方阵地中,外部环境条件具有不确定性。另外,随着旧结点的失效或新结点的加入,网络的拓扑结构不断发生变化。因此,WSN 必须具有很强的适应性,使得单个结点或者少量结点的变化不会威胁整个网络的安全。

(4) 真实性。WSN 的真实性主要体现在两个方面:点到点的消息认证和广播认证。点到点的消息认证使得某一结点在收到另一结点发送来的消息时,能够确认这个消息确实是从该结点发送过来的,而不是别人冒充的。广播认证主要解决单个结点向一组结点发送统一通告时的认证安全问题。

(5) 新鲜性。在 WSN 中由于网络多路径传输延时的不确定性和恶意结点的重放攻击使得接收方可能收到延后的相同数据包。新鲜性要求接收方收到的数据包都是最新的、非重放的,即体现消息的时效性。

(6) 可用性。可用性要求 WSN 能够按预先设定的工作方式向合法的用户提供信息访问服务,然而,攻击者可以通过信号干扰、伪造或者复制等方式使 WSN 处于部分或全部瘫痪状态,从而破坏系统的可用性。

(7) 访问控制。WSN 不能通过设置防火墙进行访问过滤,由于硬件受限,也不能采用非对称加密体制的数字签名和公钥证书机制。WSN 必须建立一套符合自身特点,综合考虑性能、效率和安全性的访问控制机制。

13.3.2 传感器网络的安全机制

安全是系统可用的前提,需要在保证通信安全的前提下,降低系统开销,研究可行的安全算法。由于无线传感器网络受到的安全威胁和移动 Ad Hoc 网络不同,所以现有的网络安全机制无法应用于本领域,需要开发专门协议。目前主要存在如下两种思路。

一种思路是从维护路由安全的角度出发,寻找尽可能安全的路由以保证网络安全。如果路由协议被破坏导致传送的消息被篡改,那么对于应用层上的数据包来说没有任何安全性可言。一种方法是"有安全意识的路由"(SAR),其思想是找出真实值和结点之间的关系,然后利用这些真实值去生成安全的路由。该方法解决了两个问题,即如何保证数据在安全路径中传送和路由协议中的信息安全性。在这种模型中,当结点的安全等级达不到要求时,就会自动地从路由选择中退出以保证整个网络的路由安全。可以通过多径路由算法改善系统的稳健性(Robustness),数据包通过路由选择算法在多径路径中向前传送,在接收端内通过前向纠错技术得到重建。

另一种思路是把着重点放在安全协议方面,在此领域也出现了大量的研究成果。假定传感器网络的任务是为高级政要人员提供安全保护的,提供一个安全解决方案将为解决这类安全问题带来一个合适的模型。在具体的技术实现上,先假定基站总是正常工作的,并且总是安全的,满足必要的计算速度、存储器容量,基站功率满足加密和路由的要求;通信模式是点到点,通过端到端的加密保证了数据传输的安全性;射频层总是正常工作。基于以上前提,典型的安全问题可以总结如下。

(1) 信息被非法用户截获。

(2) 一个结点遭破坏。

(3) 识别伪结点。

(4) 如何向已有传感器网络添加合法的结点。

此方案是不采用任何路由机制。在此方案中,每个结点和基站分享一个唯一的64位密匙和一个公共的密匙,发送端会对数据进行加密,接收端接收到数据后根据数据中的地址选择相应的密匙对数据进行解密。

无线传感器网络中有两种专用安全协议:安全网络加密协议SNEP(Sensor Network Encryption Protocol)和基于时间的高效的容忍丢包的流认证协议μTESLA。SNEP的功能是提供结点到接收机之间数据的鉴权、加密、刷新,μTESLA的功能是对广播数据的鉴权。因为无线传感器网络可能是布置在敌对环境中,为了防止供给者向网络注入伪造的信息,需要在无线传感器网络中实现基于源端认证的安全组播。但由于在无线传感器网络中,不能使用公钥密码体制,因此源端认证的组播并不容易实现。传感器网络安全协议SP INK中提出了基于源端认证的组播机制μTESLA,该方案是对TESLA协议的改进,使之适用于传感器网络环境。其基本思想是采用Hash链的方法在基站生成密钥链,每个结点预先保存密钥链最后一个密钥作为认证信息,整个网络需要保持松散同步,基站按时段依次使用密钥链上的密钥加密消息认证码,并在下一时段公布该密钥。

13.3.3 传感器网络的安全分析

由于传感器网络自身的一些特性,使其在各个协议层都容易遭受到各种形式的攻击。下面着重分析对网络传输底层的攻击形式。

1. 物理层的攻击和防御

物理层中安全的主要问题就是如何建立有效的数据加密机制,由于传感器结点的限制,其有限的计算能力和存储空间使基于公钥的密码体制难以应用于无线传感器网络中。为了节省传感器网络的能量开销和提供整体性能,也尽量要采用轻量级的对称加密算法。

对称加密算法在无线传感器网络中的负载,在多种嵌入式平台构架上分别测试了RC4、RC5和IDEA等5种常用的对称加密算法的计算开销。测试表明在无线传感器平台上性能最优的对称加密算法是RC4,而不是目前传感器网络中所使用的RC5。

由于对称加密算法的局限性，不能方便地进行数字签名和身份认证，给无线传感器网络安全机制的设计带来极大困难。因此，高效的公钥算法是无线传感器网络安全亟待解决的问题。

2. 数据链路层的攻击和防御

数据链路层或介质访问控制层为邻居结点提供可靠的通信通道，在 MAC 协议中，结点通过监测邻居结点是否发送数据来确定自身是否能访问通信信道。这种载波监听方式特别容易遭到 DoS 攻击。在某些 MAC 层协议中使用载波监听的方法来与相邻结点协调使用信道。当发生信道冲突时，结点使用二进制值指数倒退算法来确定重新发送数据的时机，攻击者只需要产生一个字节的冲突就可以破坏整个数据包的发送。因为只要部分数据的冲突就会导致接收者对数据包的校验和不匹配。导致接收者会发送数据冲突的应答控制信息 ACK 使发送结点根据二进制指数倒退算法重新选择发送时机。这样经过反复冲突，使结点不断倒退，从而导致信道阻塞。恶意结点有计划地重复占用信道比长期阻塞信道要花更少的能量，而且相对于结点载波监听的开销，攻击者所消耗的能量非常小，对于能量有限的结点，这种攻击能很快耗尽结点有限的能量。所以，载波冲突是一种有效的 DoS 攻击方法。

虽然纠错码提供了消息容错的机制，但是纠错码只能处理信道偶然错误，而一个恶意结点可以破坏比纠错码所能恢复的错误更多的信息。纠错码本身也导致了额外的处理和通信开销。目前来看，这种利用载波冲突对 DoS 攻击还没有有效的防范方法。

解决的方法就是对 MAC 的准入控制进行限速，网络自动忽略过多的请求，从而不必对于每个请求都应答，节省了通信的开销。但是采用时分多路算法的 MAC 协议通常系统开销比较大，不利于传感器结点节省能量。

3. 网络层的攻击和防御

通常，在无线传感器网络中，大量的传感器结点密集地分布在一个区域里，消息可能需要经过若干结点才能到达目的地。由于传感器网络的动态性，没有固定的基础结构，所以每个结点都需要具有路由的功能。由于每个结点都是潜在的路由结点，所以更易于受到攻击。无线传感器网络的主要攻击种类较多，简单介绍如下。

1) 虚假路由信息

通过欺骗、更改和重发路由信息，攻击者可以创建路由环，吸引或者拒绝网络信息流通量，延长或者缩短路由路径，形成虚假的错误消息，分割网络，增加端到端的时延。

2) 选择性的转发

结点收到数据包后，有选择地转发或者根本不转发收到的数据包，导致数据包不能到达目的地。

3) 污水池(Sink Hole)攻击

攻击者通过声称自己电源充足、性能可靠而且高效，通过使泄密结点在路由算法上对周围结点具有特别的吸引力吸引周围的结点选择它作为路由路径中的点。引诱该区域的几乎所有的数据流通过该泄密结点。

4) Sybil 攻击

在这种攻击中，单个结点以多个身份出现在网络中的其他结点面前，使之具有更高概率被其他结点选作路由路径中的结点，然后与其他攻击方法结合使用，达到攻击的目的。它降低具有容错功能的路由方案的容错效果，并对地理路由协议产生重大威胁。

5）蠕虫洞(Worm Holes)攻击

攻击者通过低延时链路将某个网络分区中的消息发往网络的另一分区重放。常见的形式是两个恶意结点相互串通，合谋进行攻击。

6）Hello 洪泛攻击

很多路由协议需要传感器结点定时地发送 Hello 包，以声明自己是其他结点的邻居结点。收到该 Hello 报文的结点则会假定自身处于发送者正常无线传输范围内，而事实上，该结点离恶意结点距离较远，以普通的发射功率传输的数据包根本到不了目的地。网络层路由协议为整个无线传感器网络提供了关键的路由服务，如受到攻击后果非常严重。

7）选择性转发

恶意结点可以概率性地转发或者丢弃特定消息，从而使网络陷入混乱状态。如果恶意结点抛弃所有收到的信息将形成黑洞攻击，但是这种做法会使邻居结点认为该恶意结点已失效，从而不再经由它转发信息包，因此选择性转发更具欺骗性。其有效的解决方法是多径路由，结点也可以通过概率否决投票并由基站或簇头对恶意结点进行撤销。

8）DoS 攻击

DoS 攻击是指任何能够削弱或消除 WSN 正常工作能力的行为或事件，对网络的可用性危害极大，攻击者可以通过拥塞、冲突碰撞、资源耗尽、方向误导、去同步等多种方法在 WSN 协议栈的各个层次上进行攻击。可以使用一种基于流量预测的传感器网络 DoS 攻击检测方案，从 DoS 攻击引发的网络流量异常变化入手，根据已有的流量观测值来预测未来流量，如果真实的流量与其预测流量存在较大偏差，则判定为一种异常或攻击。在一种简单、高效的流量预测模型的基础上，设计了一种基于阈值超越的流量异常判断机制，使路径中的结点在攻击发生后自发地检测异常，最后提出了一种报警评估机制以提高检测质量。

13.3.4　WSN 安全研究重点

WSN 安全问题已经成为 WSN 研究的热点与难点，随着对 WSN 安全研究的不断深入，以下几个方向将成为研究的重点。

1. 密钥管理

(1) 密钥的动态管理问题。WSN 的结点随时都可能变化（死亡、捕获、增加等），其密钥管理方案要具有良好的可扩展性，能够通过密钥的更新或撤销适应这种频繁的变化。

(2) 丢包率的问题。WSN 无线的通信方式必然存在一定的丢包率，目前绝大多数的密钥管理方案都是建立在不存在丢包的基础上的，这与实际不相符，因此，需要设计一种允许一定丢包率的密钥管理方案。

(3) 分层、分簇或分组密钥管理方案的研究。WSN 一般结点数目较多，整个网络的安全性与结点资源的有限性之间的矛盾通过传统的密钥管理方式很难解决，而通过对结点进行合理的分层、分簇或分组管理，可以在提高网络安全性的同时，降低结点的通信、存储开销。因此，密钥管理方案的分层、分簇或分组研究是 WSN 安全研究的一个重点。

(4) 椭圆曲线密码算法在 WSN 中的应用研究。

2. 安全路由

WSN没有专门的路由设备,传感器结点既要完成信息的感应和处理,又要实现路由功能。另外,传感器结点的资源受限,网络拓扑结构也会不断发生变化。这些特点使得传统的路由算法无法应用到WSN中。设计具有良好的扩展性,且适应WSN安全需求的安全路由算法是WSN安全研究的重要内容。

3. 安全数据融合

在WSN中,传感器结点一般部署较为密集,相邻结点感知的信息有很多都是相同的,为了节省带宽、提高效率,信息传输路径上的中间结点一般会对转发的数据进行融合,减少数据冗余。但是数据融合会导致中间结点获知传输信息的内容,降低了传输内容的安全性。在确保安全的基础上,提高数据融合技术的效率是WSN实际应用中需要解决的问题。

4. 入侵检测

(1) 针对不同的应用环境与攻击手段,误检率与漏检率之间的平衡问题。

(2) 结合集中式和分布式检测方法的优点,更高效的入侵检测机制的研究。

5. 安全强度与网络寿命的平衡

WSN的应用很广泛,针对不同的应用环境,如何在网络的安全强度和使用寿命之间取得平衡,在安全的基础上充分发挥WSN的效能,也是一个急需解决的问题。

13.4 物联网身份识别技术

13.4.1 电子ID身份识别技术

在各种信息系统中,身份鉴别通常是获得系统服务所必须通过的第一道关卡。例如,移动通信系统需要识别用户的身份进行计费,一个受控安全信息系统需要基于用户身份进行访问控制等。因此,确保身份识别的安全性对系统的安全是至关重要的。

目前常用的身份识别技术可以分为两大类:一类是基于密码技术的各种电子ID身份识别技术,另一类是基于生物特征识别的识别技术。以下主要讨论和介绍电子ID的身份识别技术。

(1) 通行字识别方式(Password)是使用最广泛的一种身份识别方式。通行字一般由数字、字母、特殊字符、控制字符等组成的长为5~8个字符的字符串。通行字选择规则:易记,难以被别人猜中或发现,抗分析能力强,还需要考虑它的选择方法、使用期、长度、分配、存储和管理等。

通行字技术识别办法:识别者A先输入他的通行字,然后计算机确认它的正确性。A和计算机都知道这个秘密通行字,A每次登录时,计算机都要求A输入通行字。要求计算机存储通行字,一旦通行字文件暴露,就可获得通行字。为了克服这种缺陷,人们建议采用单向函数。此时,计算机存储的是通行字的单项函数值而不是存储通行字。

(2) 持证(Token)的方式是一种个人持有物,它的作用类似于钥匙,用于启动电子设备。一般使用一种嵌有磁条的塑料卡,磁条上记录有用于机器识别的个人信息。这类卡通常和个人识别号(PIN)一起使用,这类卡易于制造,而且磁条上记录的数据也易于转录,因此要设法防止仿制。为了提高磁卡的安全性,人们建议使用一种称为智能卡的磁卡来代替普通的磁卡,智能卡与普通的磁卡的主要区别在于智能卡带有智能化的微处理器和存储器(智能含义)。

智能卡是一种芯片卡/CPU卡(要有电池),它是由一个或多个集成电路芯片组成,并封装成便于人们携带的卡片,在集成电路中具有微计算机CPU和存储器。智能卡具有暂时或永久的数据存储能力,其内容可供外部读取或供内部处理和判断之用,同时还具有逻辑处理功能,用于识别和响应外部提供的信息和芯片本身判定路线和指令执行的逻辑功能。计算芯片镶嵌在一张名片大小的塑料卡片上,从而完成数据的存储与计算,并可以通过读卡器访问智能卡中的数据。日常应用的智能卡有打IC电话的IC卡、手机里的SIM卡、银行里的IC银行卡等。由于智能卡具有安全存储和处理能力,因此智能卡在个人身份识别方面有着得天独厚的优势。

1. 基于对称密码体制的身份鉴别

采用密码的身份识别技术从根本上来说是基于用户所持有的一个秘密。所以,秘密必须和用户的身份绑定。

1) 用户名/口令鉴别技术

这种身份鉴别技术是最简单、目前应用最普遍的身份识别技术,如Windows NT、各类UNIX操作系统、信用卡等,各类系统的操作员登录等,大量使用的是用户名/口令鉴别技术。

这种技术的主要特征是每个用户持有一个口令作为其身份的证明,在验证端,保存一个数据库来实现用户名与口令的绑定。在用户身份识别时,用户必须同时提供用户名和口令。

用户名/口令具有实现简单的优点,但存在以下安全方面的缺点。

大多数系统的口令是明文传送到验证服务器的,容易被截获。某些系统在建立一个加密链路后再进行口令的传输以解决此问题,如配置链路加密机。招商银行的网上银行就是以SSL建立加密链路后再传输用户口令的。

口令维护的成本较高。为保证安全性,口令应当经常更换。另外为避免对口令的字典攻击,口令应当保证一定的长度,并且尽量采用随机的字符。但是这样带来难以记忆、容易遗忘的缺点。

口令容易在输入的时候被攻击者偷窥,而且用户无法及时发现。

2) 动态口令技术

为解决上述问题,在发明著名公钥算法RSA基础上建立起来的美国RSA公司在其一种产品SecurID中采用了动态口令技术。每个用户发有一个身份令牌,该令牌以每分钟一次的速度产生新的口令。验证服务器会跟踪每一个用户的ID令牌产生的口令相位,这是一种时间同步的动态口令系统。该系统解决了口令被截获和难以记忆的问题,在国外得到广泛的使用。很多大公司使用SecurID,用于接入VPN和远程接入应用、网络操作系统、Intranets和Extranets、Web服务器及应用,全球累计使用量达800万个。

在使用时,SecurID与个人标识符(PIN)结合使用,也就是所谓的双因子认证。用户用其所知道的PIN和其所拥有的SecurID两个因子向服务器证明自己的身份,比单纯的用户名/口令鉴别技术有更高的安全性。

3) Challenge-Response鉴别技术

Challenge-Response是最为安全的对称体制身份识别技术。它利用Hash函数,在不传输用户口令的情况下识别用户的身份。系统与用户事先共享一个秘密 x。当用户要求登录系统时,系统产生一个随机数Random作为对用户的Challenge,用户计算Hash(Random,x)作为Response传给服务器。服务器从数据库中取得 x,也计算Hash(Random,x),如果结果与用户传来的结果一致,说明用户持有 x,从而验证了用户的身份。

Challenge-Response技术已经得到广泛使用。Windows NT的用户认证就采用了这一技术。IPSec协议中的密钥交换(IKE)也采用了该识别技术。该技术的流程示意图如图13.2所示。

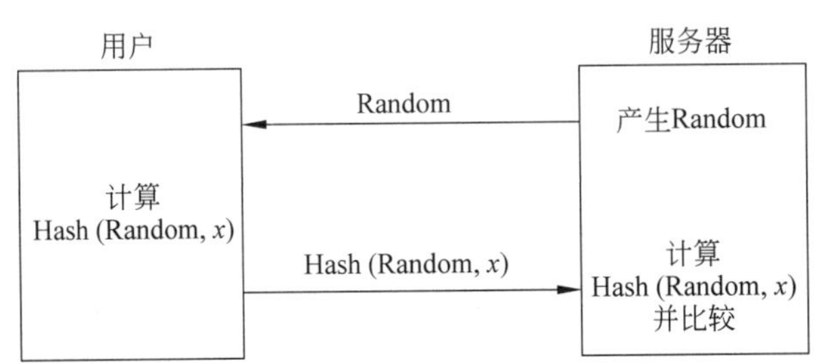

图13.2 Challenge-Response鉴别示意图

2. 基于非对称密码体制的身份识别技术

采用对称密码体制识别技术的主要特点是必须拥有一个密钥分配中心(KDC)或中心认证服务器,该服务器保存所有系统用户的秘密信息。这样对于一个比较方便进行集中控制的系统来说是一个较好的选择,当然,这种体制对于中心数据库的安全要求是很高的,因为一旦中心数据库被攻破,整个系统就将崩溃。

随着网络应用的普及,对系统外用户的身份识别的要求不断增加,即某个用户没有在一个系统中注册,但也要求能够对其身份进行识别。尤其是在分布式系统中,这种要求格外突出。这种情况下,非对称体制密码技术就显示出了它独特的优越性。

采用非对称体制每个用户被分配给一对密钥(也可由自己产生),称为公开密钥和秘密密钥。其中,秘密密钥由用户妥善保管,公开密钥则向所有人公开。由于这一对密钥必须配对使用,因此,用户如果能够向验证方证实自己持有秘密密钥,就证明了自己的身份。

非对称体制身份识别的关键是将用户身份与密钥绑定。CA(Certificate Authority)通过为用户发放数字证书(Certificate)来证明用户公钥与用户身份的对应关系。

目前证书认证的通用国际标准是X.509。证书中包含的关键内容是用户的名称和用户公钥,以及该证书的有效期和发放证书的CA机构名称。所有内容由CA用其秘密密钥进行数字签名,由于CA是大家信任的权威机构,所以所有人可以利用CA的公开密钥验证其发放证书的有效性,进而确认证书中公开密钥与用户身份的绑定关系,随后可以用用户的公开密钥来证实其确实持有秘密密钥,从而证实用户的身份。

采用数字证书进行身份识别的协议有很多,SSL(Secure Socket Layer)和SET(Secure Electronic Transaction)是其中的两个典型样例。它们向验证方证实自己身份的方式与

图 13.2 类似，如图 13.3 所示。验证方向用户提供一随机数；用户以其私钥 Kpri 对随机数进行签名，将签名和自己的证书提交给验证方；验证方验证证书的有效性，从证书中获得用户公钥 Kpub，以 Kpub 验证用户签名的随机数。

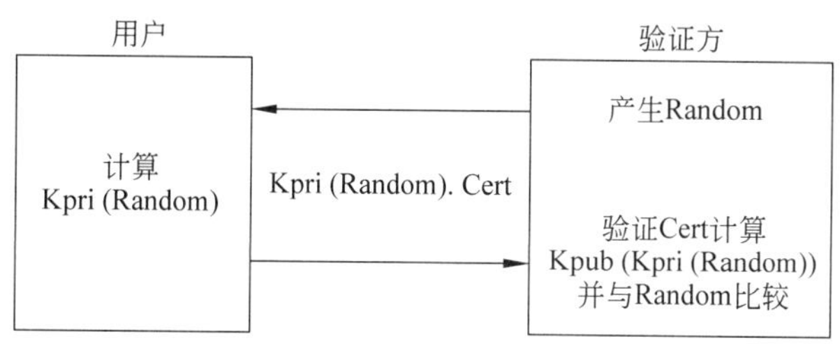

图 13.3　基于证书的鉴别过程示意图

13.4.2　个人特征的身份证明

传统的身份证明一般靠人工识别，目前身份证明正逐步由机器代替。在信息化社会中，随着信息业务的扩大，要求验证的对象集合也迅速加大，因而大大增加了身份验证的复杂性和实现的困难性。以下讨论几种可能的技术实现以数字化方式实现安全、准确、高效和低成本的认证。

1. 身份证明的基本概念

(1) 身份证明的必要性：在一个有竞争的现实社会中，身份欺诈是不可避免的，因此常常需要证明个人的身份。通信和数据系统的安全性也取决于能否正确验证用户或终端的个人身份。

(2) 传统的身份证明：一般是通过检验“物”的有效性来确认持该物的身份。“物”可以为徽章、工作证、信用卡、驾驶执照、身份证、护照等，卡上含有个人照片(易于换成指纹、视网膜图样、牙齿的 X 适用的射像等)，并有权威机构签章。这类靠人工的识别工作已逐步由机器代替。

(3) 信息化社会对身份证明的新要求：随着信息业务的扩大，要求验证的对象集合也迅速加大，因而大大增加了身份验证的复杂性和实现的困难性。需要实现安全、准确、高效和低成本的数字化、自动化、网络化的认证。

(4) 身份证明技术：又称为识别(Identification)、实体认证(Entity Authentication)、身份证实(Identity Verification)等。

实体认证与消息认证的差别在于，消息认证本身不提供时间性，而实体认证一般都是实时的。另外，实体认证通常证实实体本身，而消息认证除了证实消息的合法性和完整性外，还要知道消息的含义。

2. 身份证明系统的组成

身份证明系统一般由 4 部分组成。

(1) 示证者 P(Prover)，出示证件的人，又称为申请者(Claimant)，提出某种要求。

(2) 验证者 V(Verifier)，检验示证者提出的证件的正确性和合法性，决定是否满足其要求。

(3) 攻击者,可以窃听和伪装示证者骗取验证者的信任。

(4) 可信赖者,参与调解纠纷。必要时的第四方。

3. 对身份证明系统的要求

对身份证明系统一般有以下10个方面的要求。

(1) 验证者正确识别合法示证者的概率极大化。

(2) 不具可传递性(Transferability),验证者B不可能重用示证者A提供给他的信息来伪装示证者A,而成功地骗取其他人的验证,从而得到信任。

(3) 攻击者伪装示证者欺骗验证者成功的概率要小到可以忽略的程度,特别是要能抗已知密文攻击,即能抗攻击者在截获到示证者和验证者多次(多次式表示)通信下伪装示证者欺骗验证者。

(4) 计算有效性,为实现身份证明所需的计算量要小。

(5) 通信有效性,为实现身份证明所需通信次数和数据量要小。

(6) 秘密参数能安全存储。

(7) 交互识别,有些应用中要求双方能互相进行身份认证。

(8) 第三方的实时参与,如在线公钥检索服务。

(9) 第三方的可信赖性。

(10) 可证明安全性。

4. 身份证明的基本分类

1) 身份识别和身份证明的差异

(1) 身份证明(Identity Verification),要回答“你是否是你所声称的你?”即只对个人身份进行肯定或否定。一般方法是输入个人信息,经公式和算法运算所得的结果与从卡上或库中存的信息经公式和算法运算所得结果进行比较,得出结论。

(2) 身份识别(Identity Recognition),要回答“我是否知道你是谁?”一般方法是输入个人信息,经处理提取成模板信息,试着在存储数据库中搜索找出一个与之匹配的模板,然后给出结论。例如,确定一个人是否曾有前科的指纹检验系统。

显然,身份识别要比身份证明难得多。

2) 实现身份证明的基本途径

身份证明可以依靠下述3种基本途径之一或它们的组合实现。

(1) 所知(Knowledge),个人所知道的或所掌握的知识,如密码、口令等。

(2) 所有(Possesses),个人所具有的东西,如身份证、护照、信用卡、钥匙等。

(3) 个人特征(Characteristics),如指纹、笔迹、声纹、血型、视网膜、虹膜、DNA以及个人一些动作方面的特征等。

在安全性要求较高的系统,由护字符和持证等所提供的安全保障不够完善。护字符可能被泄露,证件可能丢失或被伪造。更高级的身份验证是根据被授权用户的个人特征来进行的确证,它是一种可信度高而又难以伪造的验证方法。这种方法在刑事案件侦破中早就采用了。自1870年开始沿用了40多年的法国Bertillon体制对人的前臂、手指长度、身高、足长等进行测试,是根据人体测量学(Anthropometry)进行身份验证。这比指纹还精确,使用以来未发现过两个人的数值完全相同的情况。伦敦市警厅已于1900年采用了这一体制。

新的含义更广的生物统计学(Biometrics)正在成为自动化世界所需要的自动化个人身份认证技术中的最简单而安全的方法。它利用个人的生理特征来实现身份证明。

个人特征种类：有静态的和动态的，如容貌、肤色、发长、身材、姿势、手印、指纹、脚印、唇印、颅相、口音、脚步声、体味、视网膜、血型、遗传因子、笔迹、习惯性签字、打字韵律以及在外界刺激下的反应等。当然，采用哪种方式还要为被验证者所接受。有些检验项目如唇印、足印等虽然鉴别率很高，但难以为人们接受而不能广泛使用。有些可由人工鉴别，有些则需借助仪器，当然不是所有场合都能采用。

个人特征都具有因人而异和随身携带的特点，不会丢失且难以伪造，极适用于个人身份认证。有些个人特征会随时间变化。验证设备需有一定的容差。容差太小可能使系统经常不能正确认出合法用户，造成虚警概率过大；实际系统设计中要在这两者之间做出最佳折中选择。有些个人特征则具有终生不变的特点，如 DNA、视网膜、虹膜、指纹等。

(1) 手书签字验证。

传统的协议、契约等都以手书签字生效。发生争执时则由法庭判决，一般都要经过专家鉴定。由于签字动作和字迹具有强烈的个性而可作为身份验证的可靠依据。

机器自动识别手书签字，机器识别的任务有二：一是签字的文字含义，二是手书的字迹风格。后者对于身份验证尤为重要。识别可从已有的手迹和签字的动力学过程中的个人动作特征出发来实现。前者为静态识别，后者为动态识别。静态验证根据字迹的比例、斜的角度、整个签字布局及字母形态等。动态验证是根据实时签字过程进行证实。这要测量和分析书写时的节奏、笔画顺序、轻重、断点次数、环、拐点、斜率、速度、加速度等个人特征。可能成为软件安全工具的新成员，将在 Internet 的安全上起重要作用。

可能的伪造签字类型：一是不知真迹时，按得到的信息(如银行支票上印的名字)随手签的字；二是已知真迹时的模仿签字或映描签字。前者比较容易识别，而后者的识别就困难得多。

(2) 指纹验证。

指纹验证早就用于契约签证和侦察破案。由于没有两个人(包括孪生儿)的皮肤纹路图样完全相同，而且它的形状不随时间而变化，提取指纹作为永久记录存档又极为方便，这使它成为进行身份验证的准确而可靠的手段。每个指头的纹路可分为两大类，即环状和涡状；每类又根据其细节和分叉等分成 50～200 个不同的图样。通常由专家来进行指纹鉴别。近年来，许多国家都在研究计算机自动识别指纹图样。

将指纹验证作为接入控制手段会大大提高其安全性和可靠性。但由于指纹验证常和犯罪联系在一起，人们从心理上不愿接受按指纹。此外，这种机器识别指纹的成本目前还很高，所以还未能广泛地用在一般系统中。

(3) 语音验证。

每个人的说话声音都各有其特点，人对于语音的识别能力是很强的，即使在强干扰下，也能分辨出某个熟人的话音。在军事和商业通信中常常靠听对方的语音实现个人身份验证。美国 AT&T 公司为拨号电话系统研制一种称为语音护符系统 VPS(Voice Password System)以及用于 ATM 系统中的智能卡系统的，它们都是以语音分析技术为基础的。

(4) 视网膜图样验证。

人的视网膜血管的图样(即视网膜脉络)具有良好的个人特征。这种识别系统已在研制中。其基本方法是利用光学和电子仪器将视网膜血管图样记录下来，一个视网膜血管的图样可压缩为小于35B的数字信息。可根据对图样的结点和分支的检测结果进行分类识别。被识别人必须合作允许采样。研究表明,识别验证的效果相当好。如果注册人数小于200万时,其Ⅰ型和Ⅱ型错误率都为0,所需时间为秒级,在要求可靠性高的场合可以发挥作用。视网膜图样验证已在军事和银行系统中采用,但其成本比较高。

(5) 虹膜图样验证。

虹膜是巩膜的延长部分,是眼球角膜和晶体之间的环形薄膜,其图样具有个人特征,可以提供比指纹更为细致的信息。可以在35~40cm的距离采样,比采集视网膜图样要方便,易为人所接受。存储一个虹膜图样需要256B,所需的计算时间为100ms。其Ⅰ型和Ⅱ型错误率都为1/133 000。可用于安全入口、接入控制、信用卡、POS、ATM(自动支付系统)、护照等的身份认证。

(6) 脸型验证。

Harmon等设计了一种从照片识别人脸轮廓的验证系统。对100个“好”对象识别结果正确率达100%,但对“差”对象的识别要困难得多,要求更细致的实验。对于不加选择的对象集合的身份验证几乎可达到的完全正确,可作为司法部门的有力辅助工具。目前有多家公司从事脸型自动验证新产品的研制和生产。他们利用图像识别、神经网络和红外扫描探测人脸的“热点”进行采样、处理和提取图样信息。目前已有能存入5000个脸型,每秒可识别20个人的系统。将来可存入100万个脸型但识别检索所需的时间将加大到2min。Ture Face系统,将用于银行等的身份识别系统中。Visionics公司的面部识别产品FaceIt已用于网络环境中,其软件开发工具(SDK)可以集入信息系统的软件系统中,作为金融、接入控制、电话会议、安全监视、护照管理、社会福利发放等系统的应用软件。

(7) 身份证实系统的设计。

选择和设计实用身份证实系统是不容易的。Mitre公司曾为美国空军电子系统部评价过基地设施安全系统规划。分析比较语音、手书签字和指纹3种身份证实系统的性能。要考虑3个方面问题:一是作为安全设备的系统强度,二是对用户的可接受性,三是系统的成本。

13.4.3 基于零知识证明的识别技术

安全的身份识别协议至少应满足两个条件。

(1) 识别者A能向验证者B证明他的确是A。

(2) 在识别者A向验证者B证明他的身份后,验证者B没有获得任何有用的信息,B不能模仿A向第三方证明他是A。

常用的识别协议包括询问-应答和零知识。

① 询问-应答协议是验证者提出问题(通常是随机选择一些随机数,称为口令),由识别者回答,然后验证者验证其真实性。

② 零知识身份识别协议是称为证明者的一方试图使被称为验证者的另一方相信某个论断是正确的,却又不向验证者提供任何有用的信息。

零知识证明的基本思想是向别人证明“你”知道某种事物或具有某种东西,而且别人并不能通过“你”的证明知道这个事物或这个东西,也就是不泄露“你”掌握的这些信息。

零知识证明条件包括最小泄露证明(Minimum Disclosure Proof)和零知识证明(Zero Knowledge Proof)。

现在假设用 P 表示示证者,V 表示验证者,要求如下。

(1) 示证者 P 几乎不可能欺骗验证者,若 P 知道证明,则可使 V 几乎确信 P 知道证明;若 P 不知道证明,则他使 V 相信他知道证明的概率接近为零。

(2) 验证者几乎不可能得到证明的信息,特别是他不可能向其他人出示此证明。

(3) 零知识证明除了以上两个条件外,还要满足验证者从示证者那里得不到任何有关证明的知识。

Quisquater 等人给出一个解释零知识证明的通俗例子,即零知识洞穴,如图 13.4 所示。

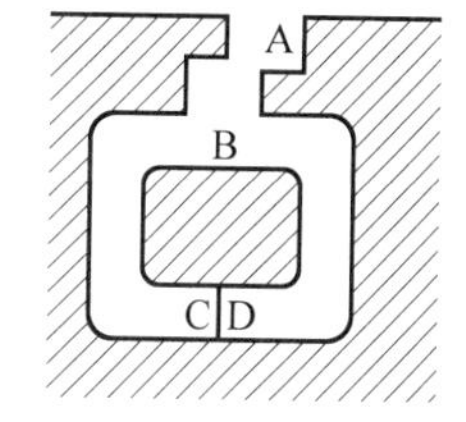

图 13.4　零知识洞穴

零知识证明的基本协议假设 P 知道咒语,可打开 C 和 D 之间的密门,不知道者都将走向死胡同。下面的协议就是 P 向 V 证明他知道这个秘密(钥匙),但又不让 V 知道这个秘密。(如蒙眼认人)验证协议如下。

(1) V 站在 A 点。

(2) P 进入洞中任一点 C 或 D。

(3) P 进入洞之后,V 走到 B 点。

(4) V 叫 P:从左边出来或从右边出来。

(5) P 按照 V 的要求实现(因为 P 知道该咒语)。

(6) P 和 V 重复执行上面的过程 N 次。

如果每次 P 都走正确,则认为 P 知道这个咒语。P 的确可以使 V 确信他知道该咒语,但 V 在这个证明过程中的确没有获得任何关于咒语的信息。该协议是一个完全的零知识证明。如果将关于零知识洞穴的协议中 P 掌握的咒语换为一个数学难题,而 P 知道如何解这个难题,就可以设计实用的零知识证明协议。

13.5　信息隐藏

13.5.1　信息隐藏概述

信息隐藏指在设计和确定模块时,使得一个模块内包含的特定信息(过程或数据),对于不需要这些信息的其他模块来说,是透明的。

1. 简介

“隐藏”的意思是有效的模块化,通过定义一组相互独立的模块来实现,这些独立的模块彼此之间仅仅交换那些为了完成系统功能所必需的信息,而将那些自身的实现细节与数据隐藏起来。信息隐蔽为软件系统的修改、测试及以后的维护都带来好处。通过抽象,可以确定组成软件的过程实体。通过信息隐蔽,可以定义和实施对模块的过程细节和局部数据结构的存取限制。

2. 发展历史

传统的信息隐藏起源于古老的隐写术。例如,在古希腊战争中,为了安全地传送军事情报,奴隶主剃光奴隶的头发,将情报文写在奴隶的头皮上,待头发长起后再派出去传送消息。我国古代也早有以藏头诗、藏尾诗、漏格诗以及绘画等形式,将要表达的意思和"密语"隐藏在诗文或画卷中的特定位置,一般人只注意诗或画的表面意境,而不会去注意或破解隐藏其中的密语。

信息隐藏的发展历史可以一直追溯到匿形术(Steganography)的使用。"匿形术"一词来源于古希腊文中"隐藏的"和"图形"两个词语的组合。虽然匿形术与密码术(Cryptography)都是致力于信息的保密技术,但是,两者的设计思想却完全不同。密码术主要通过设计加密技术,使保密信息不可读,但是对于非授权者来讲,虽然他无法获知保密信息的具体内容,却能意识到保密信息的存在。匿形术致力于通过设计精妙的方法,使得非授权者根本无从得知保密信息的存在与否。相对于现代密码学来讲,信息隐藏的最大优势在于它并不限制对主信号的存取和访问,而是致力于签字信号的安全保密性。

13.5.2 信息隐藏技术

信息隐藏将在未来网络中保护信息不受破坏方面起到重要作用,信息隐藏是把机密信息隐藏在大量信息中不让对手发觉的一种方法。信息隐藏的方法主要有匿形术、数字水印技术、可视密码技术等。

1. 分类

1) 匿形术

匿形术(Steganography):就是将秘密信息隐藏到看上去普通的信息(如数字图像)中进行传送。现有的匿形术方法主要有利用高空间频率的图像数据隐藏信息、采用最低有效位方法将信息隐藏到宿主信号中、使用信号的色度隐藏信息的方法、在数字图像的像素亮度的统计模型上隐藏信息的方法、Patchwork 方法等。当前很多匿形方法是基于文本及其语言的匿形术,如基于同义词替换的文本匿形术,一篇名为 *An Efficient Linguistic Steganography For Chinese Text* 的文章中就描述采用中文的同义词替换算法。其他的文本的匿形术有基于文本格式匿形术等。

2) 数字水印技术

数字水印技术(Digital Watermark)是将一些标识信息(即数字水印)直接嵌入数字载体(包括多媒体、文档、软件等)当中,但不影响原载体的使用价值,也不容易被人的知觉系统(如视觉或听觉系统)觉察或注意到。

目前主要有两类数字水印:一类是空间数字水印,另一类是频率数字水印。空间数字水印的典型代表是最低有效位(Least Significant Bit,LSB)算法,其原理是通过修改表示数字图像的颜色或颜色分量的位平面,调整数字图像中感知不重要的像素来表达水印的信息,以达到嵌入水印的目的。频率数字水印的典型代表是扩展频谱算法,其原理是通过时频分析,根据扩展频谱特性,在数字图像的频率域上选择那些对视觉最敏感的部分,使修改后的系数隐含数字水印的信息。

数字水印与加密技术不同，数字水印技术并不能阻止盗版活动的发生，但它可以判别对象是否受到保护，监视被保护数据的传播、真伪鉴别和非法复制、解决版权纠纷并为法庭提供证据。为了给攻击者增加去除水印的难度，目前大多数水印制作方案都采用密码（包括公开密钥、私有密钥）技术来加强，在水印的嵌入、提取时采用一种密钥，甚至几种密钥联合使用。

3）可视密码技术

可视密码技术是 Naor 和 Shamir 于 1994 年首次提出的，其主要特点是恢复秘密图像时不需要任何复杂的密码学计算，而是以人的视觉即可将秘密图像辨别出来。其做法是产生 n 张不具有任何意义的胶片，任取其中 t 张胶片叠合在一起即可还原出隐藏在其中的秘密信息。其后，人们又对该方案进行了改进和发展。主要的改进办法有：使产生的 n 张胶片都有一定的意义，这样做更具有迷惑性；改进了相关集合的造方法；将针对黑白图像的可视秘密共享扩展到基于灰度和彩色图像的可视秘密共享。

2. 现代应用

载体文件（Cover File）相对隐秘文件的大小（指数据含量）越大，隐藏后者就越加容易。

因为这个原因，数字图像（包含有大量的数据）在因特网和其他传媒上被广泛用于隐藏消息。这种方法使用的广泛程度无从查考。例如，一个 24 位的位图中的每个像素的 3 个颜色分量（红、绿和蓝）各使用 8 比特来表示。如果只考虑蓝色的话，就是说有两种不同的数值来表示深浅不同的蓝色。像 11111111 和 11111110 这两个值所表示的蓝色，人眼几乎无法区分。因此，这个最低有效位就可以用来存储颜色之外的信息，而且在某种程度上几乎是检测不到的。如果对红色和绿色进行同样的操作，就可以在差不多 3 个像素中存储一个字节的信息。

更正式一点地说，使隐写的信息难以探测的，也就是保证“有效载荷”（需要被隐蔽的信号）对“载体”（即原始的信号）的调制对载体的影响看起来（理想状况下甚至在统计上）可以忽略。也就是说，这种改变应该无法与载体中的噪声加以区别。

从信息论的观点来看，这就是说信道的容量必须大于传输“表面上”的信号的需求。这称为信道的冗余。对于一幅数字图像，这种冗余可能是成像单元的噪声；对于数字音频，可能是录音或者放大设备所产生的噪声。任何有着模拟放大级的系统都会有所谓的热噪声（或称 1/f 噪声），这可以用作掩饰。另外，有损压缩技术（如 JPEG）会在解压后的数据中引入一些误差，利用这些误差做隐写术用途也是可能的。

隐写术也可以用作数字水印，这里一条消息（往往只是一个标识符）被隐藏到一幅图像中，使得其来源能够被跟踪或校验。

13.6 未来的物联网安全与隐私技术

物联网需要面对两个至关重要的问题，那就是个人隐私与商业机密。物联网发展的广度和可变性，从某种意义上决定了有些时候它只具备较低的复杂度，因此从安全和隐私的角度来看，未来的物联网中由“物品”所构成的云将是极其难以控制的。

对于安全性相关技术，将有很多工作需要完成。首先，考虑到现存的很多加密技术，为了确保物联网的机密性，需要在加密算法的提速和能耗降低上下工夫。此外，为了保障物联网密码技术的安全与可靠,未来物联网的任何加密与解密系统都需要获得一个或几个统一密钥分配机制的支持。

对于那些小范围的系统,密钥的分配可能是在生产过程中或者是在部署时进行的。但是仅仅对于这种情况,依托于临时自组网络的密钥分配系统,也只是在最近几年才被提出。所以,工作难度和任务量可想而知。

对于隐私领域来说,情况就更加严峻了。从研究和关注度的角度来看,隐私性和隐私技术一直是整个技术和应用发展过程中的短板。其中一个原因当然是公众对于隐私的漠视。而对技术人员来说,最大的缺憾将是保护隐私的各种技术还没有被成熟到研究与发展出来。首先,现有的各种系统并不是针对资源受限访问型设备而设计的;其次,对于隐私的整体科学认知也仅仅处在起始阶段(如对于一个人整个生命过程中的隐私的相关认知观点)。

从技术上,物联网物品的多样性和可变性将会增加工作的难度与复杂度。而且仅从法律的角度上看,有些事情也还没有完全得到合理的解释。就像隐私法规的合理范围以及物品在物品协作云中的数据所有权等问题就将在相当长的时间内困扰着大家。

对安全与隐私技术领域来说,从现在的研究来看,可以相信网络和数据的匿名技术将为物联网的隐私提供某种程度的基础。但是,目前,由于考虑到计算能力和网络带宽的要求,这些技术只有那些功能强大的设备才能够进行支持。所以人们还要努力,不光是更加深入地研究网络与数据的匿名技术,同时要考虑将同样的观点引入到设备授权使用和信任机制建立上来,以促进整个物联网安全以及隐私技术领域的发展。

本领域中一些需要解决的问题和主要研究内容包括如下几方面。

(1) 基于事件驱动的代理机制的建立,从而帮助各种联网设备和物品实现智能的自主觉醒和自我认知能力。

(2) 对于各种各样不同设备所组成的集合的隐私保护技术。

(3) 分散型认证、授权和信任的模型化方法。

(4) 高效能的加密与数据保护技术。

(5) 物品(对象)和网络的认证与授权访问技术。

(6) 匿名访问机制。

(7) 云计算的安全与信任机制。

(8) 数据所有权技术。

13.7 应用案例:汽车芯片感应防盗系统

芯片式数码防盗器是现在汽车防盗器发展的重点,大多数轿车均采用这种防盗方式作为原配防盗器。

芯片式数码防盗器的基本原理是锁住汽车的马达、电路和油路,在没有芯片钥匙的情况下无法启动车辆。数字化的密码重码率极低,而且要用密码钥匙接触车上的密码锁才能开锁,杜绝了被扫描的弊病。目前进口的很多高档车,国产的大众、广州本田、派力奥等车型已装有原厂的芯片防盗系统。

目前芯片式防盗已经发展到第四代,最新面世的第四代电子防盗芯片,具有特殊诊断功能,即已获授权者在读取钥匙保密信息时,能够得到该防盗系统的历史信息。系统中经授权的备用钥匙数目、时间印记以及其他背景信息，成为收发器安全特性的组成部分。第四代电子防盗系统除了比以往的电子防盗系统更有效地起到防盗作用外，还具有其他先进之处：它独特的射频识别技术(RFID)可以保证系统在任何情况下都能正确识别驾驶者，在驾驶者接近或远离车辆时可自动识别其身份自动打开或关闭车锁；无论在车内还是车外，独创的TMS37211器件能够轻松探测到电子钥匙的位置。

汽车芯片感应防盗系统的相关内容如下。

1. 产品性能

汽车芯片感应防盗系统是秉承国际汽车界流行的"整车防盗"和"底层防范"的安全理念，运用RFID最新技术，本着安全可靠，简洁实用，更加人性化的设计思想，研发生产的新一代汽车防盗系列产品，实现汽车防盗防劫防破坏的安全目的。

2. 产品构成

该产品由控制主机、数码锁、电子钥匙三部分组成。

3. 产品特点

(1) 电子钥匙采用目前最安全的美国高科技防磁芯片，不需要电池供电，防水、防尘、防震。每一把电子钥匙都是滚码技术，全球唯一编码，不可复制，不可模仿，不可改变。

(2) 数码锁根据车主习惯可以装置于车厢内任何一个方便隐蔽的地方，只有车主才知道开锁的位置。

(3) 电子钥匙和芯片感应锁的身份识别距离控制在10cm之内，彻底解决了在空中以解码和扫描的方式来解码破解的可能性，真正地做到防干扰。

(4) 控制主机加装了内置二次防盗装置，更加有效地防止恶意剪线，破坏主机等盗车行为，进一步强化了防盗功能。

(5) 安装和使用简便，不改变原车系统状态，不舍弃原车遥控装置，更没有更换电池的烦恼，同时系统系统本身具有自我检测和自我保护的功能，使用更加方便。

4. 操作方法

(1) 汽车启动引擎前，先要进行身份验证，车主要用随身携带的电子钥匙去感应隐藏数码锁的位置，距离在10cm内即可。当听到"嘀嘀"连续两声时，提示身份识别成功，警戒指示灯灭，此时可以用车钥匙正常启动点火开车。若超过了30s未启动汽车，系统会再次自动进入防盗自锁状态。

(2) 汽车熄火关闭引擎后，防盗系统会在30s后自动上锁，警戒指示灯开始忽亮忽暗，提示防盗系统进入自动警戒状态。此时，如果没有电子钥匙对芯片感应锁的身份识别，汽车无法启动。

(3) 如用户选择接通报警喇叭方式，当未进行身份识别前就启动汽车，此时，汽车喇叭鸣叫报警，汽车无法启动。

(4) 修车模式，将主卡靠近防盗锁，持续8s后系统发出BiBiBi三声，此时进入修车模式，防盗系统被关闭。要接触修车模式，请重复上述操作。

习题与思考题

(1) 简述物联网安全的必要性。

(2) 简述物联网安全的层次。

(3) 什么是影响信息安全的非技术因素？存在的问题是什么？

(4) 简述RFID标签安全机制。

(5) 试分析物联网身份识别技术在各领域里的应用。

(6) 举例说明信息隐藏。

(7) 简述个人特征身份证明的常用方式，并简要说明其原理。

(8) 简述零知识证明系统的原理。

(9) 简述数字签名的基本原理。

(10) 简述密钥管理系统的原理以及管理流程。

(11) 无线传感器网络的安全研究要解决哪些问题？

第14章　标准化和相关技术

未来的物联网将要允许各种不同的数据源以及各种不同的设备之间进行相互通信并发生相互作用，而这些的实现都是依赖于标准化工作以及标准技术来支撑的。

14.1　物联网标准化的意义

通过使用各种各样的标准接口和标准的数据模型，未来的物联网将可以实现千差万别的系统之间的高级别互操作性。但是人们也需要注意到，不论是今天还是未来，在物联网领域都将有许许多多不同的标准共同存在，它们之间可能使用的语言不同、翻译的质量不同、叙述的方式不同、采用的定义和规范不同、技术方案以及算法也可能是有差异的，但是在实现过程中可能存在各种各样的交叉点。

从物联网架构的角度来看，未来物联网的标准将在其中发挥着极其重要的作用。

首先，通过标准，不但可以方便参与其中的各种物品、个人、公司、企业、团体以及机构实现标准技术，使用物联网的应用，享受物联网的建设成果和便利条件，而且可以在各个国家、地区和国际组织之间起到不可替代的协调作用。

其次，通过标准，可以促进未来的物联网解决方案市场的竞争性，增进各种技术解决方案之间的互操作能力，同时避免和限制垄断的形成，保证基于物联网开放基础平台的解决方案提供商可以不受限制地、平等地向他们的用户提供各种各样丰富精彩的应用与服务，从而保障任何个人以及组织可以享受这样一个富含竞争力的市场所带来的各种实惠。

同时，通过标准，可以允许参与物联网的个人和组织，在他们进行信息共享与数据交换时，高效地完成所需的工作，最大限度地减少和避免所交换信息的意义产生歧义的可能性。

再从技术方面的角度上看，随着技术的进步，今天人们标准化工作中遇到的很多问题将会得到解决。就拿无线电频段分配和空中接口领域来说，人们完全可以预期在未来，技术的发展，例如，数字交换等技术的发展，将会使新的无线电可用频段不断涌现，从而满足物联网规模增长和体系成型的需要。而且无线电频段分配、辐射功率水平和通信协议等领域的标准也将使得物联网及其应用可以与其他的使用无线电频段的用户（如移动电话的用户、广播、应急服务以及紧急情况服务等）之间进行相互的操作。

最后，随着人们对于作为未来基础网络平台之一的物联网更加依赖，随着全球/全局信息生成和信息收集基础设施的逐步建立，国际质量和诚信体系标准将变得至关重要。人们要保证这些标准不但可以得到进一步的研究和发展，同时更为重要的是保障这些标准可以在全球范围内顺利地部署到位。在这一过程中，人们要开展标准化和技术研究工作，使得在必要时可以按照这些标准查明数据的可信程度并且追溯其原始的真实数据来源，进而保障整个物联网安全、稳定、健康、有序地发展。

14.2 国际标准化组织和各国标准化组织

涉及物联网的相关标准分别由不同的国际标准化组织和各国标准化组织制定(见图14.1)，目前国际标准由ISO(国际标准化组织)、IEC(国际电工委员会)负责制定。

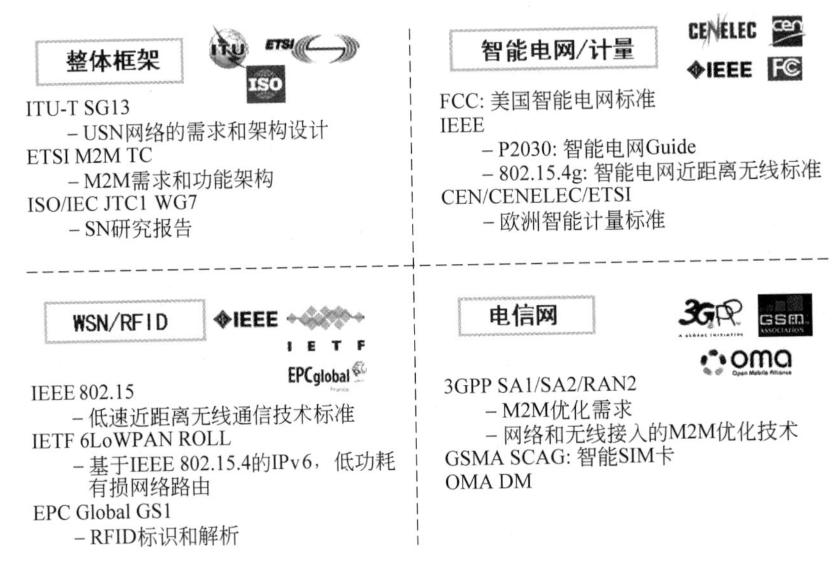

图14.1 物联网国际标准化组织

中国国家标准由中国工业与信息化部与国家标准化管理委员会负责制定。

而相关行业标准则由国际、国家的行业组织制定，例如，国际物品编码协会(EAN)与美国统一代码委员会(UCC)制定的用于物体识别的EPC标准；此外，还有涉及道德、伦理、健康、数据安全、隐私等的规范等。

物联网标准化关键需要：

(1) 面向公众应用标准统一(如移动支付业务等)。

(2) 面向行业和企业的标准(需要共性标准＋行业个性标准)。

(3) 共性标准(体系架构)。

(4) 业务需求/分类及特征：

标识/编号寻址：RFID、智能物体标识、通信标识等。

网络：网络的优化。

接口：各层及层间开放接口。

频谱：统筹协调、干扰协调。

14.3 射频识别技术的标准化工作

14.3.1 RFID的ISO IEC标准

1. 标准的作用

RFID标准化的主要目的在于通过制定、发布和实施标准，解决编码、通信、空中接口和数据共享等问题，最大限度地促进RFID技术及相关系统的应用。标准采用过早，有可能会制约技术的发展和进步；标准采用过晚，可能会限制技术的应用范围。

2. RFID标准涉及的主要内容

RFID标准涉及的主要内容如下。

(1) 技术(接口和通信技术，如空中接口、防碰撞方法、中间件技术、通信协议)。

(2) 一致性(数据结构、编码格式及内存分配)。

(3) 电池辅助及与传感器的融合。

(4) 应用(如不停车收费系统、身份识别、动物识别、物流、追踪、门禁等，应用往往涉及有关行业的规范)。

3. ISO制定的RFID标准概况

目前，ISO(国际标准化组织和国际电工委员会)制定的RFID标准主要涉及4个方面，即技术标准、数据结构标准、性能标准和应用标准。

1) 技术标准

技术标准包括ISO 10536、ISO 14443、ISO 18000系列标准等。

(1) ISO 18000系列标准(基于物品管理RFID的空中接口参数)，见图14.2左侧第一个方框内所示。

① ISO 18000-1：空中接口一般参数。

② ISO 18000-2：低于135kHz频率空中接口参数。

③ ISO 18000-3：135kHz频率下的空中接口参数。

④ ISO 18000-4：2.45GHz频率下的空中接口参数。

⑤ ISO 18000-5：目前空白。

⑥ ISO 18000-6：860～960MHz频率下的空中接口参数。

⑦ ISO 18000-7：433.92MHz频率下的空中接口参数。

(2) 非接触式集成电路卡系列标准，见图14.2左侧第二个方框内所示。

① ISO 10536：密耦合CICC(Close Coupled Cards)非接触式集成电路卡标准。

② ISO 14443：近耦合PICC(Proximity Coupling Smart Cards)非接触式超短距离智慧卡标准，距离小于10cm。

③ ISO 15693：疏耦合VICC(Vicinity Coupling Smart Cards)非接触式短距离智慧卡标准，距离约50cm。

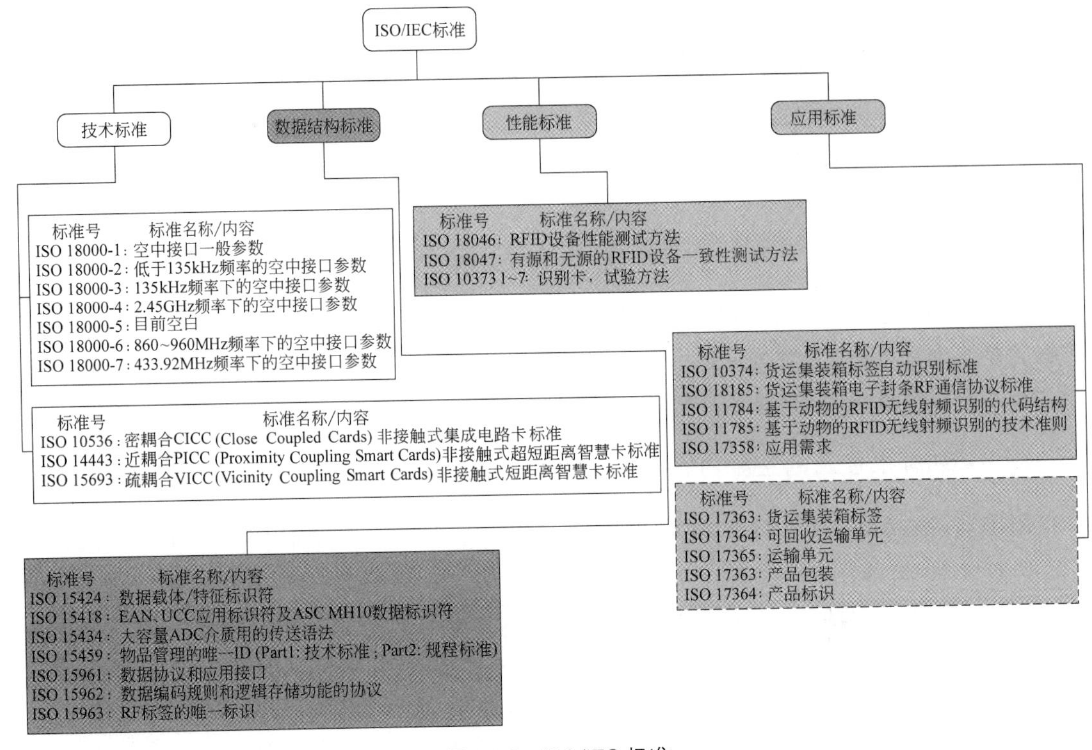

图 14.2 ISO/IEC 标准

2）数据结构标准

数据结构标准包括 ISO 15424、ISO 15418、ISO 15434 等，见图 14.2 左侧第三个方框内所示。

(1) ISO 15424：数据载体/特征标识符。

(2) ISO 15418：EAN、UCC 应用标识符及 ASC MH10 数据标识符。

(3) ISO 15434：大容量 ADC 介质用的传送语法。

(4) ISO 15459：物品管理的唯一 ID。

(5) ISO 15461：数据协议和应用接口。

(6) ISO 15462：数据编码规则和逻辑存储功能的协议。

(7) ISO 15463：RF 标签的唯一标识。

3）性能标准

性能标准包括 ISO 18046、ISO 18047、ISO 10373 等，见图 14.2 右侧第一个方框内所示。

(1) ISO 18046：RFID 设备性能测试方法。

(2) ISO 18047：有源和无源的 RFID 设备一致性测试方法。

(3) ISO 10373 1～7：按 ISO 14443 标准对非接触式 IC 卡进行参数识别与试验的方法。

4）应用标准

应用标准包括 ISO 10374、ISO 18185、ISO 11784 等，见图 14.2 右侧第二个方框内所示。

(1) ISO 10374：货运集装箱标签自动识别标准。

(2) ISO 18185：货运集装箱电子封条 RF 通信协议标准。

(3) ISO 11784：基于动物的 RFID 无线射频识别的代码结构。

(4) ISO 11785：基于动物的 RFID 无线射频识别的技术准则。

(5) ISO 17385：应用需求。

ISO 17363 和 ISO 17364 等一系列物流容器(如货盘、货箱、纸盒等)识别的规范，见图 14.2右侧第三个方框内所示。

(1) ISO 17363：货运集装箱标签。

(2) ISO 17364：可回收运输单元。

(3) ISO 17365：运输单元。

(4) ISO 17366：产品包装。

(5) ISO 17367：产品标识。

14.3.2　GS1 的 EPC 标准

1. GS1 的由来

1) 美国统一代码委员会

1970 年美国超级市场委员会制定出通用产品代码，即 UPC 码(Universal Product Code)，1973 年，UCC(Uniform Code Council)成立，随后北美国家 26 万家系统成员加入，成员主要集中于食品零售业。

2) 欧洲物品编码协会

1976 年 UPC 商品条码系统在成功应用，开发出和 UCC 系统兼容的欧洲物品编码系统，即 EAN 码(European Article Numbering System)。1977 年成立欧洲物品编码协会(European Article Numbering Association，EAN)，1981 年欧洲物品编码协会更名为国际物品编码协会(International Article Numbering Association，IAN)，成员状况与主要业务领域有 130 个会员组织，遍及六大洲(2002 年)。EAN 开发和维护包括标识体系、符号体系以及电子数据交换标准在内的全球跨行业的标识和通信的标准——EAN・UCC 系统。

3) EAN International

2002 年 11 月，美国统一代码委员会和加拿大电子商务委员会加入 EAN，EAN International 成立，这是一个划时代的里程碑，结束了 30 多年的分治、竞争。

EAN・UCC 系统的发展，实现无缝的、有效的、全球标准的共同目标。

2005 年 2 月，EAN International 改名为 GS1。

4) GS1(Global Standard 1)

GS1 系统是以全球统一的物品编码体系为中心，集条码、射频等自动数据采集、电子数据交换等技术系统于一体的服务于物流供应链的开放的标准体系。采用这套系统，可以实现信息流和实物流快速、准确地无缝连接。

GS1 拥有一套全球跨行业的产品、运输单元、资产、位置和服务的标识标准体系和信息交换标准体系，使产品在全世界都能够被扫描和识读。

GS1 的全球数据同步网络确保全球贸易伙伴都使用正确的产品信息；GS1 通过电子产品代码、射频识别技术标准提供更高的供应链运营效率。

GS1 可追溯解决方案，帮助企业遵守国际的有关食品安全法规，实现食品消费安全。

2. EPC global

EPC global 的主要职责是在全球范围内对各个行业建立和维护 EPC 网络，保证供应链各环节中信息的自动、实时识别采用全球统一标准。通过发展和管理 EPC 网络标准来提高供应链上贸易单元信息的透明度与可视性，以此来提高全球供应链的运作效率。

EPC global 是一个中立的、非营利性标准化组织。EPC global 由 EAN 和 UCC 两大标准化组织联合成立，它继承了 EAN · UCC 与产业界近 30 年的成功合作传统。

1) EPC global 网络

EPC global 网络是实现自动即时识别和供应链信息共享的网络平台。通过 EPC global 网络，提高供应链上贸易单元信息的透明度与可视性，以此各机构将会更有效运行。通过整合现有信息系统和技术，EPC global 网络将提供对全球供应链上贸易单元即时准确自动的识别和跟踪。

Auto-ID 实验室——由 Auto-ID 中心发展而成，总部设在美国麻省理工学院，与其他五所学术研究处于世界领先的大学通力合作研究和开发 EPC global 网络及其应用(这五所大学分别是英国剑桥大学、澳大利亚阿德莱德大学、日本庆应大学、中国复旦大学和瑞士圣加仑大学)。这方面的研究得到 100 多家国际大公司的通力支持。企业和用户是 EPC global 网络的最终受益者，通过 EPC global 网络，企业可以更高效弹性地运行，可以更好地实现基于用户驱动的运营管理。

2) EPC 编码体系

EPC 编码体系是新一代的与 GTIN 兼容的编码标准，它是全球统一标识系统的延伸和拓展，是全球统一标识系统的重要组成部分，是 EPC 系统的核心与关键。

EPC 代码是由标头、厂商识别代码、对象分类代码、序列号等数据字段组成的一组数字(见图 14.3)。

EPC编码结构				
	标头	厂商识别代码	对象分类代码	序列号
EPC-96	8位	28位	24位	36位

图 14.3　EPC 编码体系

当前，出于成本等因素的考虑，参与 EPC 测试所使用的编码标准采用的是 64 位数据结构，未来将采用 96 位的编码结构。

14.4　无线传感器网络技术的标准化工作

在现代社会中，任何一种新技术的发展大都建立在成功实现标准化的基础上，无线传感器网络也不例外。为了更进一步地降低成本，扩大应用，实现规模效益，WSN 必须实现标准化，以使来自不同生产厂商的产品能够在网络下协同工作，实现其无线传感器的互换性和互操作性。

到目前为止，WSN 通信协议的国际标准化工作正在进行中，与现场总线类似，WSN 的标准化也如春秋战国时代纷争不断，目前还难以统一到一个真正意义上的技术标准。其现状是：其中有的标准已正式颁布实施，有的还在讨论批准过程中，有的还尚处于研发阶段。下面将具有代表性的 WSN 系列标准或技术规范现状做简要介绍。

6LoWPAN、无线 HART、ISA100 和 ZigBee 等无线传感器网络标准或规范均是基于

IEEE 802.15.4-2006 低速率无线个域网标准。

1. 6LoWPAN

6LoWPAN 是 IPv6 over Low Power Wireless Personal Area Networks(低功率无线个域网上的 IPv6)的缩写,属 IETF(因特网工程任务组)中的一个工作组,负责制定基于 IEEE 802.15.4标准个域网上 IPv6 传输的通信技术标准。现已发布了 RFC 4944 基础性的技术规范。

2. 无线 HART

HART(Highway Addressable Romote Transducer)协议译为中文即为可寻址远程传感器高速通道协议,无线 HART(Wireless HART)标准是 HART 通信协议的扩展,专为如过程监视和控制等工业环境应用所设计。IEC 6259(Ed. 1.0)是国际电工委员会于 2010 年4 月批准发布的完全国际化的无线 HART 标准,是过程自动化领域的第一个无线传感器网络国际标准。该网络使用运行在 2.4GHz 频段上的无线电 IEEE 802.15.4 标准,采用直接序列扩频(DSSS)、通信安全与可靠的信道跳频、时分多址(TDMA)同步、网络上设备间延控通信(Latency-Controlled Communications)等技术。其无线 HART Mesh 网络拓扑结构如图 14.4 所示。

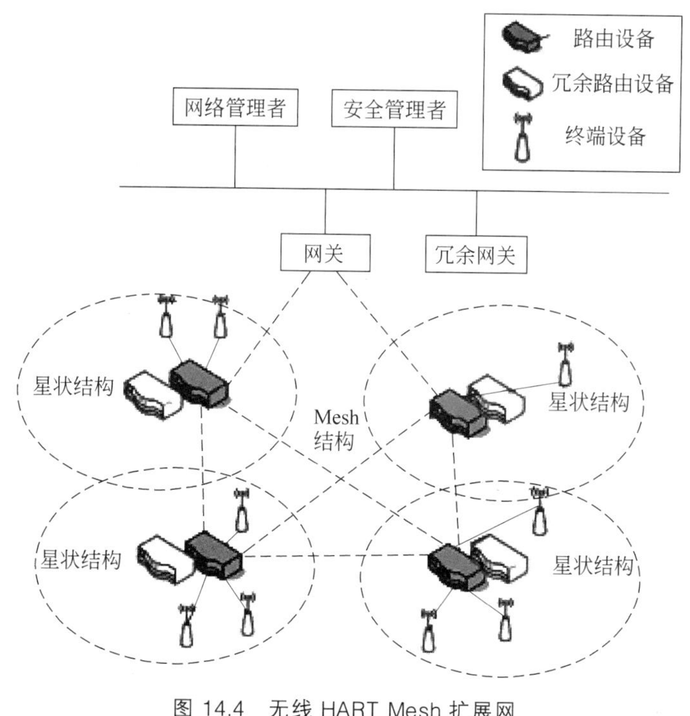

图 14.4　无线 HART Mesh 扩展网

3. ISA100

国际自动化学会(International Society Automation, ISA)是正处于发展过程中的相对较新的标准组织,ISA100 是采用了 6LoWPAN 技术,主要提供工业自动化与控制应用领域的、重点在现场级(Level 0)的无线系统标准。具体而言,ISA100 委员会主要致力于制定在无线技术应用环境、无线设备及系统的技术和生存周期、无线技术应用等方面的无线制造和控制系统类标准、技术报告和相关信息等。

2009年已发布了ISA-100.11a-2009(用于工业自动化的无线系统：过程控制和标准应用)标准，其在制定的标准还有ISA-100.15(无线回程主干网)、ISA-100.14(可信无线)、ISA-100.21(人员和资源跟踪和识别)、ISA-100.12等。

4. ZigBee

ZigBee是ZigBee联盟所定义的并在2004年12月获得批准的、基于IEEE 802.15.4标准频率2.4GHz的Mesh网络互连通信协议。ZigBee标准化组织主要致力于制定诸如嵌入传感、医疗数据收集、电视遥控类用户装置、家庭自动化等方面应用的IEEE无线标准联网规范，并受到许多大的工业联合体的支持。另外，ZigBee也已制定了如鉴别、加密、关联和应用服务等处于通信上层的附加通信性能方面的相关规定。

5. IEEE 1451系列标准

IEEE 1451系列标准是由IEEE仪器和测量协会的传感器技术委员会发起的，是专为智能传感器接口(其主要特点是具有数据处理的智能化)而制定的标准。其IEEE 1451.5-2007标准即为智能传感器无线通信协议和传感器电子数据表(TEDS)格式的相关标准。

6. EnOcean

EnOcean是楼宇自动化领域的一种无线通信系统，并未获得相应国际标准化组织的批准认可，但受到西门子等公司的大力支持。其技术是基于机械激发等能量捕获原理，其传感器不用电池，具有免维护功能。数据包仅为14B，传输速率120kb/s，设备传输频率868.3MHz，无线传输距离可达300m。

无线传感器网络的国际标准化尚未结束，用户在具体选择何种WSN标准时一定要在慎重考虑其应用领域、市场支持程度、安全性和可靠性等因素后，经综合评估后再选定适合自身的WSN技术类型和供应商。

14.5 设备对设备通信技术的标准化工作

M2M是机器对机器通信(Machine to Machine)或者人对机器通信(Man to Machine)的简称。主要是指通过通信网络传递信息从而实现机器对机器或人对机器的数据交换，也就是通过通信网络实现机器之间的互连。移动通信网络由于其网络的特殊性，终端侧不需要人工布线，可以提供移动性支撑，有利于节约成本，并可以满足在危险环境下的通信需求，使得以移动通信网络作为承载的M2M服务得到了业界的广泛关注。

M2M作为物联网在现阶段的最普遍的应用形式，在欧洲、美国、韩国、日本等国家实现了商业化应用。主要应用在安全监测、机械服务和维修业务、公共交通系统、车队管理、工业自动化、城市信息化等领域。提供M2M业务的主流运营商包括英国的BT和Vodafone、德国的T-Mobile、日本的NTT-DoCoMo、韩国SK等。中国的M2M应用起步较早，目前正处于快速发展阶段，各大运营商都在积极研究M2M技术，尽力拓展M2M的应用市场。

国际上各大标准化组织中 M2M 相关研究和标准制定工作也在不断推进。几大主要标准化组织(见图 14.5)按照各自的工作职能范围,从不同角度开展了针对性研究。ETSI 从典型物联网业务用例,例如,智能医疗、电子商务、自动化城市、智能抄表和智能电网的相关研究入手,完成对物联网业务需求的分析、支持物联网业务的概要层体系结构设计以及相关数据模型、接口和过程的定义。3GPP/3GPP2 以移动通信技术为工作核心,重点研究 3G、LTE/CDMA 网络针对物联网业务提供而需要实施的网络优化相关技术,研究涉及业务需求、核心网和无线网优化、安全等领域。CCSA 早在 2009 年完成了 M2M 的业务研究报告,与 M2M 相关的其他研究工作已经展开。

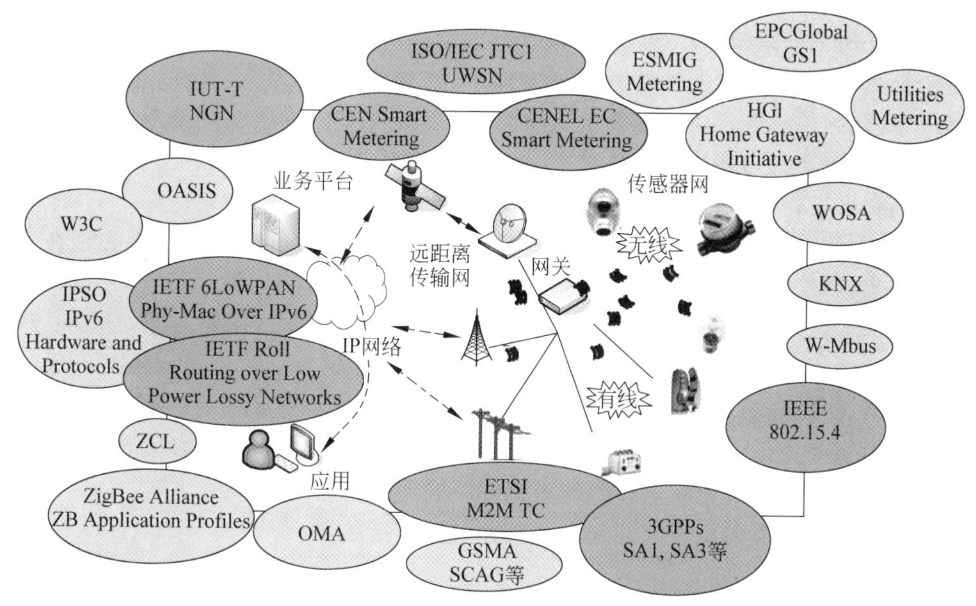

图 14.5　M2M 相关标准化组织和工业组织

标准化是物联网发展过程中的重要一环,研究和制定 M2M 的标准化工作对物联网的发展有重要的意义,对我国物联网技术发展,乃至对通信业与物联网应用行业间的融合有着重要的借鉴价值和指导意义。

14.6 未来的物联网标准化工作

不论是未来的物联网标准研发,还是今天的标准化工作都必须要遵循两个根本准则,即确实可行准则和广泛可行准则。确实可行准则是指研发的标准在技术上是正确的,在方案上是可行的,在叙述上是清楚的,要尽量减少标准技术产生错误和歧义的可能性。广泛可行准则是指标准要能够支持很大范围甚至是全球的应用,要可以解决很多行业的一般性需求,要能够使得具备一定条件的公司、组织以及个人可以实现标准中的方案,并且这些方案和技术要尽可能廉价甚至是免费的。同时标准还应顾及环境、社会和一般公民的各种需要。这样的标准才是具有生命力的,才是能够推动各行业、各地区、各个国家以及全球经济发展、技术进步的标准化技术。在这样的背景下,未来物联网中几个比较重要的标准化内容包括以下几个方面。

首先,未来的物联网中将有很多的技术和应用是基于语义的,那么就要求物联网的标准制定者尽可能研发出未来物联网环境下的标准化语义数据模型和语义数据本体,确定通用的接口和协议准则,并在抽象的层面上定义它们。这样,人们就可以将这些语义模型、语义本体、通用标准和协议以及各种物联网应用和实例与各种技术(如 XML 技术、Web Services 技术)相绑定形成未来物联网环境下完整的可以跨平台、跨语言的技术体系。

在物联网语义技术得到完善的环境下,通过使用语义本体以及机器可读的编纂技术将可以帮助人们在起草和阅读文本的过程中避免由于人为错误或者语言差异而产生的各种不同的理解结果。这样,不论在世界上的什么地区,不论使用何种语言,通过参照各种物联网或者未来互联网中的系统所产生的有用附加信息,都可以减少产生语言歧义的可能性。世界也将变得更容易沟通、更加和谐。

其次,物联网的标准化还包括大量的通信标准制定工作。像物品间的双向通信、物品与物品的信息交换、物品与环境的信息交换、物品与其他数据对等体的信息交换都需要未来物联网的标准化支持。

最后,未来物联网的标准化工作还会基于今天的标准化工作,还要尊重现在正在实施的很多标准。当然,这很可能会给人们的工作带来一些限制和麻烦。举个例子,在设计未来物联网通信标准的过程中,不但要考虑有效的使用能源、提供足够的网络容量,还需要尊重其他一些约束条件,如现行法规所规定的无线电频带限制和射频通信电源水平等。所以随着物联网的发展,人们要经常检查所制定的标准和方案是否符合这些监管原则和约束条件,同时要调查这些监管原则和约束条件是否满足物联网对于容量和可扩展性的要求,并在必要时采用像增加分配可能的无线电频段等形式解决遇到的实际问题。

本领域中一些需要解决的问题和主要研究内容包括如下。

(1) 物联网标准化体系。

(2) 基于语义本体的语义标准研究。

(3) 云内、云外及云间通信标准的研发。

14.7 应用案例:M2M 标准化工作

1. M2M 在 ETSI 的进展概况

ETSI 是国际上较早系统展开 M2M 相关研究的标准化组织,ETSI 研究的 M2M 相关标准有十多个,具体内容包括 M2M 业务需求和 M2M 功能体系架构等,重点研究为 M2M 应用提供 M2M 服务的网络功能体系结构,包括定义新的功能实体,与 ETSI 其他标准化组织标准间的标准访问点和概要级的呼叫流程。

图 14.6 给出了 M2M 的体系架构,从图 14.6 中可以看出,M2M 技术涉及通信网络中从终端到网络再到应用的各个层面,M2M 的承载网络包括了 3GPP、TISPAN 以及 IETF 定义的多种类型的通信网络。

2. IEEE 802.16 M2M 讨论情况

2010 年 4 月 ETSI 启动了需求、应用场景和网络架构讨论,初步确定 M2M 增强系统

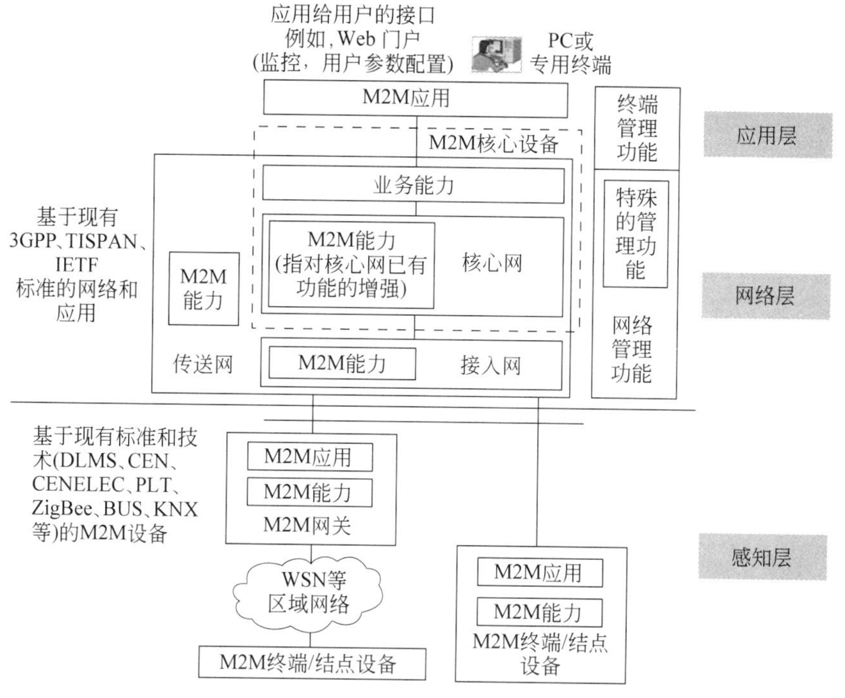

图 14.6 ETSI 定义的 M2M 体系架构

15 个特性和网络架构。从图 14.7 可以看出基于 802.16 的 M2M 终端、网关以及终端直连的情况。

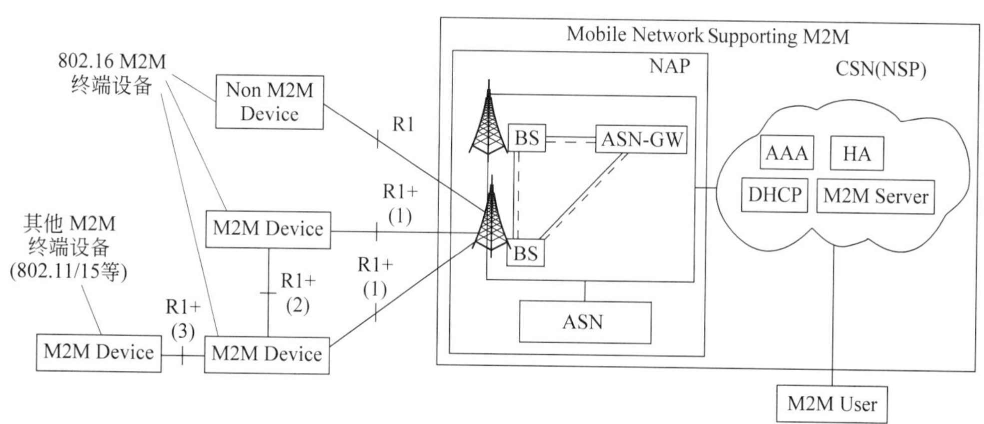

图 14.7 基于 802.16 的 M2M 终端、网关以及终端直连

M2M 研究是 ETSI 和 3GPP 以及 3GPP2 标准化组织的研究重点之一,研究相对更加系统,进展也比较快,在完成需求阶段工作基础上,第二阶段网络系统架构也已获得初步成果(见图 14.8)。3GPP 的研究重点在于移动网络优化技术,目前已经有了阶段性的研究成果。ETSI 研究了多种行业应用需求,成果向应用的移植过程比较平稳,同时这两个标准化组织注意保持两个研究体系间的协同和兼容,国内的标准化工作正在如火如荼地进行。

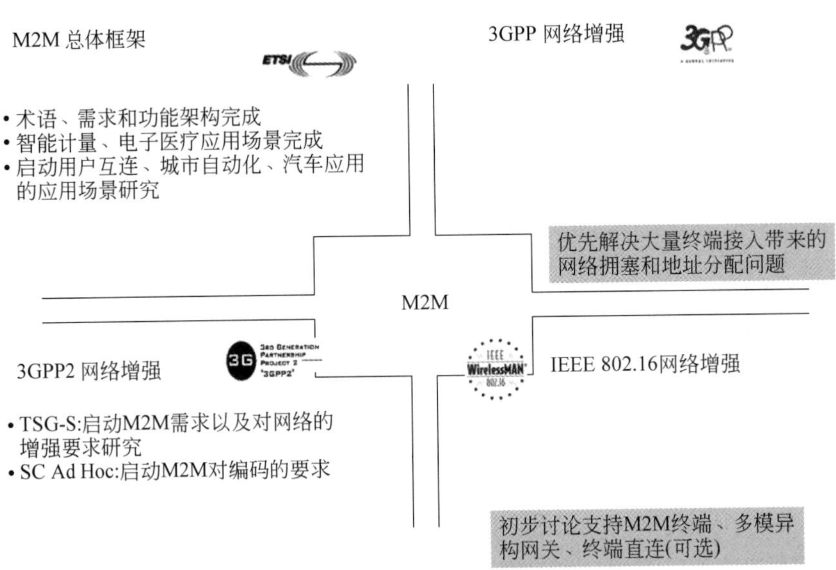
M2M 总体框架
ETSI
3GPP 网络增强
• 术语、需求和功能架构完成
• 智能计量、电子医疗应用场景完成
• 启动用户互连、城市自动化、汽车应用的应用场景研究
优先解决大量终端接入带来的网络拥塞和地址分配问题
M2M
3GPP2 网络增强
IEEE 802.16网络增强
• TSG-S:启动M2M需求以及对网络的增强要求研究
• SC Ad Hoc:启动M2M对编码的要求
初步讨论支持M2M终端、多模异构网关、终端直连(可选)

图 14.8　M2M 国际标准进展

习题与思考题

(1) 物联网标准化的意义是什么?

(2) 简述主要的国际标准化组织和各国标准化组织。

(3) RFID 标准化的主要目的是什么?

(4) 简述 EPC 编码体系。

(5) 试说明无线传感器网络技术(WSN)的标准化工作。

(6) 简述 M2M 国际标准进展。

(7) 未来物联网中几个比较重要的标准化内容有哪些部分?

参 考 文 献

[1] 刘云浩.物联网导论[M].北京：科学出版社，2010.

[2] 王志良.物联网：现在与未来[M].北京：机械工业出版社，2010.

[3] 吴功宜.智慧的物联网[M].北京：机械工业出版社，2010.

[4] 周洪波.物联网：技术、应用、标准和商业模式[M].北京：电子工业出版社，2010.

[5] 刘海涛.物联网技术应用[M].北京：机械工业出版社，2011.

[6] 杨正洪.云计算与物联网[M].北京：清华大学出版社，2011.

[7] 张春红.物联网技术与应用[M].北京：人民邮电出版社，2011.

[8] 刘幺和.物联网原理与应用技术[M].北京：机械工业出版社，2011.

[9] 郎为民.大话物联网[M].北京：人民邮电出版社，2011.

[10] 王志良.物联网工程实训教程——实验、案例和习题解答[M].北京：机械工业出版社，2011.

[11] 张新程.物联网关键技术[M].北京：人民邮电出版社，2011.

[12] 王志良.物联网——现在与未来[M].北京：机械工业出版社，2010.

[13] 胡铮.物联网[M].北京：科学出版社，2010.

[14] 张德干.物联网支撑技术[M].北京：科学出版社，2010.

[15] 黄玉兰.物联网核心技术[M].北京：机械工业出版社，2011.

[16] 庞明.物联网条码技术与射频识别技术[M].北京：中国物资出版社，2011.

[17] 伍新华.物联网工程技术[M].北京：清华大学出版社，2011.

[18] 李士宁.传感网原理与技术[M].北京：机械工业出版社，2014.

[19] 熊茂华.无线传感器网络技术及应用开发[M].北京：清华大学出版社，2015.

[20] 杜军朝.ZigBee 技术原理与实战[M].北京：机械工业出版社，2016.

[21] 杜小林.物联网信息安全[M].北京：机械工业出版社，2016.

[22] 王佳斌.RFID 技术及应用[M].北京：清华大学出版社，2016.

[23] 李联宁.大数据技术及应用教程[M].北京：清华大学出版社，2016.

[24] 陈红松.云计算与物联网信息融合[M].北京：清华大学出版社，2017.

[25] 范立南.物联网通信技术及应用[M].北京：清华大学出版社，2017.

[26] 桂小林.物联网技术导论(第 2 版)[M].北京：清华大学出版社，2018.

图 书 资 源 支 持

感谢您一直以来对清华版图书的支持和爱护。为了配合本书的使用，本书提供配套的资源，有需求的读者请扫描下方的“书圈”微信公众号二维码，在图书专区下载，也可以拨打电话或发送电子邮件咨询。

如果您在使用本书的过程中遇到了什么问题，或者有相关图书出版计划，也请您发邮件告诉我们，以便我们更好地为您服务。

我们的联系方式：

清华大学出版社计算机与信息分社网站：https://www.shuimushuhui.com/

地　　址：北京市海淀区双清路学研大厦 A 座 714

邮　　编：100084

电　　话：010-83470236　010-83470237

客服邮箱：2301891038@qq.com

QQ：2301891038（请写明您的单位和姓名）

资源下载：关注公众号“书圈”下载配套资源。

资源下载、样书申请

书圈

图书案例

清华计算机学堂

观看课程直播